LES

PRODUITS COLONIAUX

D'ORIGINE VÉGÉTALE

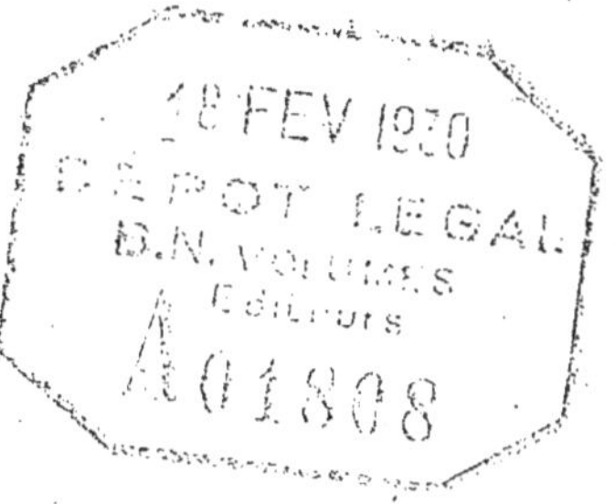

OUVRAGES PARUS DANS LA MEME COLLECTION

Histoire de la Colonisation française, par G. HARDY.

Géographie de la France Extérieure, par G. HARDY.

Législation Coloniale, par G. FRANÇOIS et H. MARIOL.

EN PRÉPARATION :

Histoire de la Colonisation Etrangère, par M. LANIER.

Histoire de la littérature coloniale en France, par R. LEBEL.

Comptabilité administrative, par M. SOL.

Ethnographie de Colonies françaises, par H. LABOURET.

LES MANUELS COLONIAUX

Collection publiée sous la direction de M. Georges HARDY, Directeur de l'École Coloniale.

GUILLAUME CAPUS

ANCIEN DIRECTEUR DU SERVICE GÉNÉRAL DE L'AGRICULTURE

EN INDOCHINE

Les Produits Coloniaux

d'origine végétale

Ouvrage illustré de 173 figures

PARIS Ve

LIBRAIRIE LAROSE

11, RUE VICTOR-COUSIN, 11

—

1930

AVANT-PROPOS

Il n'est plus permis aujourd'hui, à qui se préoccupe du présent et de l'avenir des pays, souvent très différenciés les uns des autres, du domaine colonial, de construire son jugement avec les seuls éléments d'ordre politique, moral ou administratif. L'économique, dans ses visées directement utilitaires et sur son plan matériel, doit lui apporter le complément de ses arguments afin que reçoive sa pleine signification cette locution si courante, si facilement conçue comme un programme d'action, mais si ardue et complexe dans ses formes de réalisation, de mise en valeur d'une Colonie.

Dire qu'il faut en connaître les ressources matérielles et figurées, exploitées ou latentes, serait un truisme si la connaissance de la nature, de la valeur, des conditions et des possibilités d'exploitation, d'industrialisation, de développement de ces ressources était plus répandue qu'elle ne l'est dans beaucoup de milieux, très intéressés cependant à la posséder d'une façon entendue et exacte.

Parmi ces ressources, les productions du sol — produits de culture et produits de cueillette — occupent la place la plus importante. Elles figurent, dans les statistiques de plusieurs de nos colonies, pour plus de 80 % du chiffre total de leur commerce d'exportation. C'est d'elles qu'il est traité dans cet ouvrage dont le plan et une partie du titre sont empruntés à un volume qu'il y a une quinzaine d'années nous avions publié en collaboration avec mon ami le Prof. D. Bois, du Muséum d'Histoire Naturelle. Ce volume constituait, à l'époque, un inventaire bref et raisonné des principaux produits de toutes origines, issus de nos colonies.

Depuis, le cadre de cet inventaire s'est élargi ; les technologies culturale et industrielle se sont perfectionnées et les chiffres de la production, amenant les fluctuations du commerce, ont subi des changements importants.

Il en est résulté un aspect très différent des conditions économiques de la production, aspect qu'il importe de fixer à sa nouvelle étape par une mise

* *

au point qui permettra de mieux estimer les possibilités de cette production et d'étayer d'arguments plus probants des projets mieux éclairés et des initiatives plus résolues. La matière, en effet, est mouvante. Elle subit le flux ou le reflux de l'état du marché, des entraînements grégaires, des spéculations financières, des répercussions de tout ordre qui créent des conditions nouvelles aux entreprises d'exploitation.

Le nombre des espèces végétales utiles, reconnues susceptibles d'une exploitation comme produit alimentaire, industriel ou autre, est considérable et s'accroît d'année en année.

Il serait assurément exagéré de vouloir présenter au lecteur de ce volume la liste si copieuse de toutes les espèces présumées utiles et exploitables, alors que cette liste ne contient qu'une proportion numérique relativement faible, jusqu'à ce jour, d'espèces réellement mises à contribution dans une exploitation organisée.

Ce sont évidemment les produits de grande culture qui accaparent l'intérêt et fixent l'effort et c'est d'eux qu'il sera question surtout dans cet ouvrage. C'est d'eux que la majorité des planteurs attendent la récompense de leur labeur et de leurs efforts financiers. Or, s'il est vrai que les produits de culture revendiquent la place dominante qu'ils occuperont toujours dans l'exploitation des ressources offertes par le sol, il existe aussi toute une catégorie de produits spontanés dits « de cueillette », dont certains ont une valeur commerciale et industrielle considérable. Une attention légitime leur est donnée dans notre inventaire raisonné.

Nous n'avons que trop souvent à déplorer la carence de nos colonies, virtuellement si riches cependant, lorsqu'il s'agit de l'approvisionnement de la métropole en denrées de toutes sortes, voire de première nécessité. Pas plus qu'une statistique des accidents de la rue n'en évitera le nombre, les statistiques d'importation de denrées coloniales étrangères en France n'en diminueront les pourcentages aussi longtemps que l'éducation de l'usager de la route et l'initiative du producteur colonial — et surtout celle de l'indigène — n'auront pas été performées.

Est-il permis d'escompter une amplification et une amélioration du système de notre production coloniale par une connaissance plus exacte de ses possibilités ? On peut l'espérer en tenant pour satisfaites deux conditions, à notre sens primordiales, du développement de cette production. La première est, en quelque sorte, d'ordre qualitatif. Elle se réclame, sans controverse possible, de la nécessité de conduire les cultures et les exploitations d'après des principes scientifiques, arrivés progresivement à la démonstration de la supériorité flagrante de leurs applications pratiques. Les méthodes empiriques, fussent-elles millénaires, sont périmées. De nos jours, la science agronomique moderne a la prétention justifiée d'amender, par exemple, les règles de la riziculture, bien que, depuis 3.000 ans, les Extrême-Orientaux la pratiquent à leur manière suivant les formules ancestrales de la tradition.

L'agriculture coloniale doit être la servante de l'agronomie coloniale. Elle en suivra les préceptes issus des stations d'essais, des champs d'expériences, des laboratoires scientifiques organisés dans toutes les colonies où l'exploitation du sol est une source de prospérité incessamment perfectible.

Aux publications nombreuses qui leur sont consacrées, ces préceptes doivent leur diffusion et le bénéfice de leur enseignement ; ils s'inscrivent, avec leur autorité, dans des ouvrages et des manuels, qui, comme celui-ci, colligent et résument les acquis du progrès.

L'autre condition de l'accroissement de la production est la participation souhaitable et, on peut dire grandement nécessaire, de l'indigène à son développement. Elle est, toutes choses égales d'ailleurs, d'ordre quantitatif. « Dans les Dominations tropicales, a dit Jules Harmand, où la population est presque exclusivement agricole, le véritable colon, c'est l'indigène, et le grand colonisateur, c'est l'Etat » (1).

L'opuscule si remarquablement clairvoyant « Nos grands problèmes coloniaux », de M. Georges Hardy contient la même appréciation. « Dans les régions tropicales, dit-il, les exploitations de grande étendue ne constituent que l'exception dans l'économie du pays et l'on peut poser en principe que, dans la zone intertropicale, le vrai colon, c'est l'indigène » (2).

Nous acceptons entièrement l'autorité de cette formule.

Or, s'il importe d'amener l'indigène à étendre ses cultures, vivrières ici et là industrielles, il est nécessaire également de lui apprendre à en perfectionner les méthodes afin d'en augmenter tout à la fois le rendement et la qualité du produit. Cette tâche n'appartient pas uniquement aux organes et aux agents officiels et administratifs qui doivent y être aidés par le concours éclairé et la collaboration permanente et attentive du planteur européen, au delà de ses intérêts directement personnels.

Cette solidarité et cette entente en vue de l'amplification du système de la mise en valeur du sol doivent présider à l'éducation patiente et tenace de l'indigène dans le domaine de la culture perfectible.

Serait-il prétentieux de revendiquer pour ce volume, pour ce manuel de vulgarisation, une place sur les rayons de la bibliothèque de nos planteurs et de nos administrateurs coloniaux ? Il évitera, je pense, des recherches peut-être lointaines dans des ouvrages spéciaux, ou malaisées dans des publications périodiques de science pure, non seulement à ceux qui se contentent de notions élémentaires, mais également à ceux qui attendent d'une consultation livresque la synthèse d'un enseignement technique plus approfondi et directement valable dans leurs entreprises.

---

(1) Jules Harmand, *Domination et Colonisation*. Paris, 1910, p. 150.
(2) Georges Hardy, *Nos grands problèmes coloniaux*. Coll. Armand Colin. Paris, 1929, p. 160.

Nous sommes — n'est-il pas vrai ? — convaincus de plus en plus de la nécessité de donner à nos plantes utiles un état civil exact et universel. Seule peut le lui assurer la nomenclature binaire par son nom scientifique en latin. On évite ainsi les confusions, si nombreuses encore, de produits d'origine botanique ou géographique et de qualités très différentes, apparaissant sous le même nom vulgaire en déroutant l'intéressé par une prétention patronymique regrettable. On trouvera dans ce volume la mise au point de quelques-unes de ces synonymies fallacieuses.

Une dernière remarque. Nous comprendrons sous l'appellation de produits coloniaux, les productions des colonies au sens territorial du mot en tenant compte de ce fait que certains d'entre eux, comme le riz, le maïs, le tabac, par exemple, n'appartiennent pas seulement aux cultures coloniales pratiquées dans les régions à climat tropical ou sub-tropical, mais sont également l'objet de cultures dans les pays de la zone tempérée.

Plusieurs des figures qui accompagnent le texte de cet ouvrage proviennent de photographies dont la reproduction a été gracieusement autorisée par MM. Prudhomme et Fauchère. La maison Vilmorin, Andrieux et Cie a bien voulu mettre à notre disposition un certain nombre de clichés lui appartenant. L'auteur les en remercie.

Guillaume CAPUS

Octobre 1929.

CHAPITRE PREMIER

PLANTES ALIMENTAIRES

A. — CEREALES

1. — Le riz

Origine et historique. — Botanique. — Espèces et variétés. — Culture du riz en Indo-Chine. — Opérations culturales. — Succession des récoltes. — Importance de l'irrigation. — Rizières hautes. — Riz de montagne. — Riz gluant. — Riz flottant. — Rendements des rizières. — Engrais. — Ennemis de la rizière. — Industrie du riz. — Usages du riz. — Production et commerce.

Le riz est une céréale qui nourrit près d'un milliard d'hommes. Il constitue en certains pays, comme ceux d'Extrême-Orient, la base fondamentale de l'alimentation indigène. Son importance dans nos colonies, notamment en Indochine et à Madagascar, est de tout premier ordre.

ORIGINE ET HISTORIQUE L'origine de cette graminée précieuse demeure incertaine ; on la rapporte cependant avec vraisemblance à l'Asie sud-orientale où des riz sauvages se rencondre dans les marais de Chine et de l'Indo-Chine. C'est d'ailleurs en Chine que la tradition écrite accuse, en l'an 2800 avant J.-C., non seulement sa culture, mais encore la respectueuse considération que, déjà, on lui témoignait. En effet, des cérémonies symboliques étaient consacrées, à cette époque, aux semailles solennelles de cinq espèces de plantes cultivées parmi les plus importantes : le riz, le froment, le sorgho, le millet et le soja. Il appartenait à la majesté de l'empereur de confier à la terre le riz, et à la dignité des princes, de semer les autres.

Le D' Schweinfurth a trouvé en abondance au bord des étangs, dans la région du Ghazal en Afrique centrale, un riz sauvage, *Oryza punctata,* dont les indigènes dédaignent la graine.

Dans l'Inde, des noms multiples d'origine aryenne font conclure à la haute ancienneté de la culture. Les Grecs ont connu le riz par l'expédition d'Alexandre.

Le Talmud en parle; mais les anciennes sépultures égyptiennes n'en contiennent pas. Les Arabes ont introduit la culture du riz en Espagne. L'Italie l'a apprise en 1468. Un roi de Siam la fit connaître à Java, au xie siècle, à l'époque où lui vinrent également de l'Occident les modèles de ses temples de si grandiose architecture.

L'aire de culture du riz dépasse, en Italie, le 45e degré de latitude N. L'Indochine, et plus particulièrement la Cochinchine, est, de toutes nos colonies, la plus· productive de riz. Elle constitue, après la Birmanie, le marché commercial le plus important du monde.

BOTANIQUE   Le riz appartient à la famille des *Graminées* et au genre *Oryza.* Noms communs : *arezi* (hindou); *arouz* (arabe); *padi* (javanais); *vary* (malgache); *lua* (annamite); *malakit* (tagal); *khao* (siamois); *srou* (cambodgien); *arunia, vrihi* (sanscrit).

Riz japonais blond.

Généralement plante annuelle, on en connaît une espèce vivace en Afrique centrale. Le port végétatif rappelle celui du blé. La feuille porte une ligule bifide et la tige atteint moyennement une longueur de 1 m. 50, qui peut être dépassée de beaucoup et atteindre plusieurs mètres dans l'espèce dite « riz flottant ». L'inflorescence est une panicule rameuse longue de 0 m. 30 à 0 m. 40, à épillets d'une fleur fertile hermaphrodite à six étamines.

Le grain est un véritable fruit, indéhiscent, ou caryopse, diversement coloré par la teinte des glumelles qui sont carénées, rigides et restent appliquées étroitement au grain, ou par l'enveloppe elle-même, très mince, du grain. La glumelle extérieure est souvent terminée en filament rigide qui caractérise les riz « barbus ».

Java. — Rizières en terrasses.

Le grain revêtu de ses enveloppes, ou cortiqué, est appelé *paddy*, riz en paille, ou *nelly*. Débarrassé de sa première enveloppe qui donne la *balle*, il devient *riz cargo* lorsqu'il garde une partie de son tégument propre, et *riz blanc* lorsqu'il en est entièrement dépourvu. On appelle communément dans le commerce : *riz cargo*, de l'ancienne appellation commerciale « riz de cargaison », un mélange de paddy et de riz décortiqué dans des proportions variant de 5 à 20 p. 100. Il a ainsi l'avantage d'assurer à la cargaison de meilleures conditions de transport et de conservation. Le riz blanc peut être *mondé* en mettant le grain complètement à nu, ou *glacé* en lui donnant du brillant par le frottement.

ESPECES ET VARIETES — Comme toutes les plantes de très ancienne culture, le riz a donné naissance à d'innombrables variétés nées sous l'influence du milieu, par sélection naturelle ou artificielle. Ces variétés se distinguent par la forme et les dimensions du grain, la coloration des téguments, la présence ou l'absence d'une arête, la durée de la végétation, etc., de sorte qu'on peut compter jusqu'à 2.000 et 3.000 variétés diverses dans les grands pays producteurs où l'habileté des indigènes à les reconnaître égale souvent la discrétion de leurs caractères apparents. Des études récentes sur les riz des Indes Néerlandaises ont permis d'y différencier plus de 5000 variétés. Certaines variétés se font rechercher par leur goût spécial et les Annamites, par exemple, aiment à trouver à leur riz un goût « de souris ». A Java, on cultive des variétés noires très appréciées; ailleurs, l'indigène préfère les rouges, mais le commerce d'exportation s'adresse de préférence aux gros riz blancs à destination industrielle, très riches en amidon, du type « Coromandel », de l'Inde.

Ces innombrables variétés appartiennent à trois groupes principaux dont on a pu faire des espèces : *Oryza sativa, O. montana, O. glutinosa.* Nous y ajouterons deux autres groupes spécifiques : le riz flottant, *Oryza fluitans* et le riz vivace *O. perennis, O. Barthii*. .

Oryza sativa. — Le riz ordinaire (ou riz aquatique, de plaine, des marais) se cultive dans l'eau durant la majeure partie de sa végétation. C'est donc avant tout une culture des régions alluvionnaires, deltaïques où l'inondation périodique ou l'irrigation facile amènent les quantités d'eau requises; mais elle peut être pratiquée également à des niveaux et à des altitudes plus élevées partout où l'apport des pluies est considérable qu l'irrigation praticable sur des terrasses en gradins. Dans nos colonies, ces deux types de culture sont réalisés, d'une part sur les terres basses de Cochinchine et du Tonkin, d'autre part sur les terres hautes de l'Imerina, à Madagascar.

Nous examinerons d'abord la culture typique du riz en Indochine.

CULTURE DU RIZ EN INDOCHINE — Les très nombreuses variétés locales étaient ramenées, jusqu'alors au point de vue pratique et commercial, à trois types (Cochinchine) caractérisés par la forme et la consistance du grain : *Gocong*, grain rond et gros; *Vinh-Long*, grain allongé, moins dur; *Bai-xau*, grain demi-long, aplati. Le premier est surtout demandé par l'Europe, les autres par l'Extrême-Orient où ils entrent en préférence dans l'alimentation. Ces types commerciaux qui empruntent leur nom de celui de la province où ils prédominaient dans les cultures, sont maintenant remplacés par des types plus standardisés sur le marché de Saïgon.

Repiquage du riz dans le centre de Madagascar.

Composition chimique du riz. — La composition chimique du riz varie dans d'assez grandes limites ainsi que l'indiquent les chiffres suivants obtenus de nombreuses analyses de provenances diverses : matières azotées, 5,68-9,94 p. 100; matières grasses, 0,40-2,20 p. 100; amidon et sucre, 61-78,10 p. 100.

Comparée au blé, la teneur du riz en amidon est supérieure, mais il est moins riche en matières azotées (gluten) et en matières grasses. Le riz imparfaitement décortiqué est plus nutritif que le riz parfaitement blanc.

La valeur nutritive des riz est donc inégale et c'est ainsi que le *Bai-xau* par exemple, plus riche en matières azotées, grasses et minérales, est un meilleur aliment que le *Go-cong*. La teneur en matières azotées peut varier jusqu'à plus de 4 p. 100.

OPERATIONS CULTURALES Ces opérations comprennent, pour la culture du riz de plaine : la préparation de la rizière, le semis, le repiquage, la conduite du régime de l'eau, la récolte.

La *préparation* de la rizière peut comporter le choix d'un terrain nouveau. Ce sol doit être meuble, ni sablonneux, ni argileux à l'excès, et choisi en vue de la retenue possible des eaux de pluie ou d'irrigation. Le meilleur est généralement fourni par les alluvions des deltas ou riveraines des cours d'eau paresseux, ou encore par les cônes de déjection dans les criques basses des contreforts de montagne.

Repiquage du riz.

La première opération consiste à établir, ou à rétablir, les diguettes bordières de la rizière en vue de retenir l'eau qui, durant la période de végétation, doit couvrir presque en permanence la rizière d'une nappe d'épaisseur suffisante, et d'en régler l'admission ou le départ au moyen de coupures ou de vannes appropriées.

La rizière nouvelle doit être bien dessouchée, de façon à ce que le sol puisse être transformé en une boue liquide homogène. Ce résultat est obtenu par des labours répétés et des hersages sous l'eau. Les instruments aratoires sont généralement des plus primitifs, traînés par le buffle qui est l'auxiliaire à peu près indispensable du riziculteur indigène. Ainsi préparée, la rizière reçoit les plants de repiquage apportés des pépinières.

Les *semis* sont faits à la volée drue, sur des carrés spéciaux de terre dont la superficie est calculée à raison de deux centièmes de la superficie de la rizière. Ils doivent être l'objet des meilleurs soins, confiés à une terre riche, à l'abri des inondations qui les asphyxient lorsque l'eau recouvre les jeunes plants. Craignant la sécheresse, on choisit le début de la période des grandes pluies; mais souvent le semis est à recommencer, parfois très tard dans la saison. Afin d'activer la germination, on fait aussi tremper le grain de paddy enfermé dans un sac, pendant un ou plusieurs jours. Il est regrettable de voir le riziculteur indigène apporter très peu de soins et d'attention à la sélection des grains de semences et des plants germés. Ces plants peuvent d'ailleurs faire l'objet d'un commerce local et spécial.

Lorsque, au bout d'une trentaine de jours, les jeunes plants — les *mâs*, en pays annamite — ont atteint une hauteur d'environ 0 m. 20, on les arrache avec leur chevelu de racines, on coupe le sommet des jeunes feuilles et on les mets en bottelettes pour être transportés sur la rizière prête à les recevoir.

Le *repiquage* se fait par touffes de quatre à six plants accolés, enfoncées à la main dans la boue semi-liquide, sous une couche d'eau dont le niveau ne doit pas dépasser le sommet des *mâs*. On plante au juger, à des intervalles réguliers de 0 m. 30 à 0 m. 40 en tous sens. Ce travail est confié généralement à des nuées de femmes et de jeunes filles, dans l'eau boueuse jusqu'à mi-jambe et dont la rapidité du travail égale la dextérité.

Désormais, pendant la *période de végétation*, la rizière sera tenue sous une hauteur d'eau variant de 15 à 40 centimètres, sans que jamais le riz ne doive être noyé sous une nappe d'eau le recouvrant entièrement.

L'eau des rizières ne doit être ni stagnante, ni chargée de principes chimiques nuisibles. L'eau en mouvement, ce mouvement fût-il imperceptible, doit amener à la plante l'oxygène dont elle a besoin et éviter la formation d'acides organiques délétères.

La présence d'une proportion excessive de sels d'alumine — comme dans les rizières dites « alunées » de Cochinchine — est une cause de dépérissement. Bien que la rizière admette sans danger, fort avant dans les terres du delta, des eaux quelque peu saumâtres, un excès de salinité — plus de 15 p. 100 — lui devient funeste.

Les raz de marée, pénétrant dans les rizières, les détruisent et peuvent les rendre impropres à la culture pendant des années.

La quantité totale annuelle d'eau nécessaire à la rizière normale est estimée, pour Java, à 10.000 mètres cubes à l'hectare et à 14-15.000 mètres cubes pour le Texas. La différence reconnaît vraisemblablement pour cause prépondérante le degré hygrométrique de l'air déterminant une évaporation plus ou moins active.

Au moment de l'épiage, lorsque le grain commence à se former, il est utile d'imiter le riziculteur birman en évacuant peu à peu complètement l'eau de la rizière, la maturation en terrain sec donnant un grain mieux conditionné. Au Texas, on abat toutes les digues, ce qui doit permettre également à la moissonneuse-lieuse de fonctionner sans obstacle.

La *récolte* s'annonce proche par le jaunissement et l'alourdissement de l'épi qui retombe sous le poids du grain. Les pluies deviennent alors inopportunes en égrenant l'épi et en exposant le grain trop longtemps mouillé à l'invasion de germes de pourriture.

On moissonne à la faucille, souvent munie d'un crochet latéral pour réunir le chaume sur pied en une petite javelle, coupée d'un coup. Les gerbes, coupées bas sur pied, ou à 25 centimètres environ du sol — suivant la quantité et la qualité de la paille que l'on veut récolter — sont liées et portées de suite à la grange si elles sont sèches; ou bien, mouillées encore, elles sont mises en petites meules, parfois posées sur le bord de la rizière ou en pleine rizière en haut des chaumes coupés. C'est, à ce moment, une animation extraordinaire dans la vaste plaine à perte de vue et un des spectacles les mieux faits pour donner l'impression d'un pays jouissant d'une richesse merveilleuse.

L'*égrenage* se fait par piétinage sous le pied des bœufs, buffles ou chevaux en manège, et quelquefois, comme au Cambodge, des jeunes gens, en manière de jeu; ou bien par battage à la main des gerbes contre le rebord d'un vaste panier, ou au fléau sur aire. Le paddy ainsi obtenu est nettoyé au van ou au tarare.

SUCCESSION DES RECOLTES Les riz aquatiques de plaine sont, en Cochinchine, des riz hâtifs ou des riz dits « de saison ». Les uns et les autres sont semés en août ou au commencement de septembre et mûrissent, les premiers, en cinq mois ou cinq mois et demi, et les riz de saison, un mois ou un mois et demi plus tard. Certaines variétés donnent des récoltes en quatre mois et leur culture mérite une attention particulière dans les régions menacées d'inondations ainsi que sur les terrains qui permettent des alternances avec d'autres cultures.

Tandis que la Cochinchine, pays soumis au régime des moussons régulières, ne fait généralement qu'une récolte annuelle de riz, le Tonkin, à saisons moins opposées, en fait le plus souvent deux sur rizières dites du cinquième et du dixième mois. (Le calendrier annamite retarde d'un mois sur le nôtre.)

Ailleurs, suivant les conditions météorologiques, il est possible d'en faire davantage. Dans telle province de l'Annam, comme le Phu-Yen, on peut voir sur pied simultanément des cultures de riz à tous les degrés de développement et, à supposer la terre assez riche, suffisamment reconstituée et les semis prêts, faire trois cultures de riz hâtif dans l'année. C'est dans ces conditions surtout que la sélection de bonnes variétés hâtives acquiert une grande importance.

Labour de la rizière (Inde).

IMPORTANCE DE L'IRRIGATION — Il résulte de ce qui précède que le rendement de la rizière dépend en partie de la quantité d'eau dont elle peut disposer. Les riziculteurs ne se font pas faute de la lui assurer en aménageant des systèmes irrigatoires et des provisions d'eau, à mettre à profit lorsque les pluies se font rares.

Le but de l'irrigation est de rendre la culture indépendante et de la mettre à l'abri des caprices des météores.

Les aménagements hydrauliques, à cet effet, sont nombreux, variés et souvent fort ingénieux. Dans les basses plaines des deltas de l'Indochine sur les alluvions riveraines des fleuves et des rivières, le jeu des marées permet, jusque fort avant dans l'intérieur des terres, d'alimenter les canaux d'irrigation, par les *rachs, arroyos, stungs* et de desservir une succession de rizières en pente très légère, sans le secours d'appareils élévatoires. Ailleurs, des différences de niveau entre la nappe d'alimentation et le plancher de la rizière nécessitent l'emploi d'engins élévatoires parmi lesquels le plus simple consiste en une sorte d'écope ou pelle creuse, en jonc ou bambou tressé, dont le manche est suspendu horizontalement par une corde fixée au sommet d'un trépied. Par un mouvement pendulaire imprimé à l'écope, l'eau est puisée dans son creux et rejetée à un niveau plus élevé dans le canal allant desservir la rizière. Si la différence de niveau dépasse la longueur du rayon de la corde de suspension, la même opération est reprise sur des réservoirs aménagés à des niveaux de plus en plus élevés jusqu'au palier de la rizière.

Un autre système emploie des paniers munis, en guise d'anses, de longues cordes — la longueur correspondant à la différence du niveau de l'eau dans le réservoir et de celui de la rizière — à l'aide desquels l'eau est puisée en contre-bas, soulevée dans le panier par les deux hommes qui le tirent de part et d'autre en rejetant leur buste en arrière, et déversée au haut de sa course dans un va-et-vient sans arrêt des bras et des torses.

Les Annamites se servent encore de norias à chapelet, à palettes, mues au *tread-mill,* ou de vis d'Archimède. En Annam et au Tonkin on peut voir, installées dans le lit des fleuves ou des grandes rivières, au milieu du courant qui les fait tourner, de grandes norias à palettes et à auges dont la roue verticale atteint jusqu'à 10 mètres de diamètre. Ces engins, tout en bambou, bois et rotin, sont construits avec un art et une ingéniosité remarquables. Au niveau normal de l'eau, 12 roues accouplées d'une noria de ce genre peuvent fournir jusqu'à 5.500 mètres cubes d'eau en vingt-quatre heures et irriguer 70 hectares de rizière pendant six mois de l'année (Quang-Ngai).

Lorsque la différence de niveau est très considérable, on peut installer des *djerbas,* et l'essai en a été fait; mais la rizière très exigeante ne saurait s'en accommoder.

Des procédés plus modernes de pompage à la vapeur sont maintenant mis en œuvre dans certaines régions, destinés à desservir sur une échelle industrielle les rizières de certains « casiers » situés au dessus du plan d'eau d'alimentation. Le Gouvernement d'Indochine, qui poursuit une « politique hydraulique » très clairvoyante, aménage progressivement de vastes casiers qui, par le jeu d'ouvrages importants de retenues d'eau, de barrages, éclusages et canalisations, a déjà mis à la disposition de la riziculture des centaines de mille hectares de terrains productifs nouveaux.

Jadis également, les anciens habitants Tiams de l'Annam, y avaient aménagé de vastes systèmes d'irrigation dont les vestiges témoignent d'une ampleur de conception remarquable.

Rizières hautes. — Les pays accidentés et montagneux comme l'Inde, Ceylan, et surtout Java, pratiquent la culture du riz aquatique de plaine en terrasses ou gradins étagés sur le flanc des collines ou des montagnes.

La rizière de Java (*Sawah darat*), établie jusqu'à plus de 1.000 mètres d'altitude, est irriguée artificiellement par une amenée d'eau qui alimente successivement par gravité tous les étages où les carrés et polygones, soigneusement clos de diguettes, n'abandonnant pas le moindre coin de terre sans touffe de riz. Ainsi peut-il se faire qu'on récolte dans la montagne lorsqu'on repique dans la plaine. Et c'est, dans le paysage, une avalanche de verdure du plus singulier effet.

Dans nos colonies, Madagascar, avec son relief accidenté des régions centrales, l'Emyrne surtout et le pays des Betsiléos où la riziculture est le plus développée, nous offre un exemple de la culture du riz de plaine en montagne. Des montagnes entières de régions volcaniques y sont transformées en terrasses. Suivant les époques des semis et l'administration de l'eau, on y distingue deux grandes catégories de riz : 1° le *vary aloha,* ou riz d'irrigation semé en avril, et récolté en janvier ;. 2° le *vary vaky ambiaty,* ou riz de pluie ou de deuxième saison, semé en août et récolté en avril et mai. C'est ce dernier qui est le plus cultivé jusqu'à présent, mais les *vary aloha* sont supérieurs, avec un meilleur rendement et un grain plus étoffé qui gonfle à la cuisson.

Il convient de généraliser la culture de ces dernières sortes par l'aménagement de systèmes d'irrigation en poursuivant d'ailleurs les travaux que le Gouvernement malgache, il y a plus d'un demi-siècle, avait entrepris dans ce sens.

A Madagascar, comme en Indochine, le riz est généralement repiqué, parfois, comme pour certaines variétés tardives *d'aloha,* dans des trous plusieurs mois après le semis en pépinière. Une variété, le *vary malady,* se développe en moins de quatre mois. Le *vary losy,* ou « riz de piétinement », reçoit sa dénomination du mode de préparation du terrain par les bœufs. Le *vary elatre,* ou « riz ailé », est semé à la volée.

D'une façon générale, le semis à la volée est un mode de culture pratiqué encore dans certaines régions parce qu'il est plus expéditif, nécessitant moins de main-d'œuvre, moins de labeur aussi des populations primitives mais pouvant, toutefois, répondre à des conditions culturales favorables comme en Italie, où le riz est parfois semé à la volée après submersion de la rizière. Il importe alors de veiller à la destruction des mauvaises herbes qui envahissent rapidement les cultures.

Pied de riz tallé.

Outillage moderne. — Le machinisme agricole n'est pas encore à la portée des riziculteurs indigènes de nos colonies qui continueront à employer leurs vieux outils : araire, herse, rouleau, etc., très simples en Indochine et plus simples encore à Madagascar où l'*angady*, pelle et bêche à la fois, faisant office de charrue, est généralement le seul instrument aratoire employé.

Ce qu'il faut noter ici, c'est le résultat des expériences faites surtout en plaine, à la station de riziculture expérimentale de Vercelli où l'emploi de semoirs mécaniques, plaçant la ligne de semences au sommet de sillons, et de la houe sarcleuse sur patins, a montré ses avantages d'économie de temps et de frais de main-d'œuvre. Dans un concours récent furent présentés plusieurs modèles de machines à repiquer le riz, d'aucuns très ingénieux par la rapidité de leur débit. Il n'en reste pas moins que des expériences comparées ont montré que les rendements sont supérieurs à tous autres par le repiquage à la main qui a pour principal effet de favoriser le tallage des jeunes plants.

RIZ DE MONTAGNE — Ainsi que son nom l'indique, l'*Oryza montana* (considéré comme espèce) se prête à la culture en pays élevé et accidenté, et particulièrement dans les défrichements forestiers. Sa culture est appelée improprement une « culture sèche », car, bien que la rizière ne demande pas à être couverte d'une nappe d'eau constante, il ne lui en faut pas moins l'apport d'eaux de pluie assez considérables et renouvelées. Ces rizières sont généralement établies, soit à l'orée des massifs boisés, soit au milieu des forêts, après que le feu y a fait son œuvre à la fois de défrichement et, trop souvent, de destruction.

Le riz de montagne — *lua-ray* des Annamites, *padi-tipar* ou *tegal* des Javanais, *vary-tavy* des Malgaches — est semé à la volée ou en poquets dans le terrain vierge, fécondé par les cendres des incendies de brousse, ou plus souvent de forêts. Le premier rendement est bon, mais la fertilité du sol s'épuise rapidement et, comme l'apport d'un nouvel engrais ne peut être considéré, les populations qui s'adonnent à ce genre de culture préfèrent pratiquer le nomadisme cultural : elles transportent sur un autre point de la forêt, incendié à son tour, une rizière nouvelle, en échange de l'ancienne qu'elles abandonnent. C'est la pratique désastreuse connue en Indochine sous le nom de *ray*, à laquelle se livrent, au grand détriment des richesses forestières du pays, les tribus montagnardes ou primitives des hautes régions : Mâns, Thaïs, Moïs, etc. Il serait malaisé et dangereux même, au point de vue politique, de supprimer, par une répression excessive, des errements aussi invétérés; mais il n'en demeure pas moins nécessaire de les restreindre progressivement afin de les faire cesser entièrement le jour où le nomade primitif pourra se résoudre à devenir sédentaire, en devenant propriétaire du sol qu'il cultivera.

C'est par des modes de culture de ce genre que la grande sylve de Madagascar a été progressivement détruite sur de vastes étendues et c'est aussi le danger qui menace l'Indochine. On peut, dans une certaine mesure, restreindre les dévastations en faisant la part du feu. A l'exemple de l'Inde anglaise, il convient d'obliger l'indigène à limiter l'incendie d'une parcelle de la forêt à un périmètre déterminé dans lequel les abatis sont rassemblés et la mise à feu surveillée afin que l'incendie ne gagne pas les parties voisines.

Cette méthode restrictive, connue sous le nom de *rab*, est à généraliser.

RIZ GLUANT   Le grain de l'*Oryza glutinosa* — le *nêp* des Annamites, le *motsi* des Japonais — diffère du riz ordinaire par une teneur moindre en amidon et plus forte en matière azotée et grasse. La cuisson lui donne une consistance gluante et pâteuse. Il entre de préférence dans la confection de gâteaux, dans la préparation de colles et surtout, en pays annamite, dans la distillation indigène où il donne la boisson si répandue : le *ruoï annam*, ou vin d'Annam, qui est une eau-de-vie communément appelée *choum-choum*.

RIZ FLOTTANT   Cette variété de riz, qui a des caractères d'espèce, appelle l'attention à cause du rôle économique qu'elle peut jouer dans les régions exposées à des inondations périodiques. Nous la connaissons en Cochinchine et au Cambodge. Ce riz a la propriété de croître avec le niveau de l'eau et sa tige flottante peut atteindre de la sorte jusqu'à 5 ou 6 mètres de longueur. Il faut toutefois que le chaume ait le temps de s'allonger et ne soit pas dépassé par l'eau, sous peine d'asphyxie.

La partie immergée émet à chaque nœud des radicelles adventives qui atteignent 10 centimètres de longueur. Les Annamites l'appellent *luâ-song-lôn*, « riz de grand fleuve », et le sèment en avril, avant la montée des eaux, sur un sol trempé, dans des trous de 3 à 4 centimètres de profondeur, espacés de 50 centimètres. Chacun de ces poquets reçoit de 12 à 15 grains, préalablement trempés dans l'eau pendant 10 ou 12 heures, et qu'on recouvre légèrement de terre. Lorsque le chaume a poussé à la longueur de deux entre-nœuds, il n'a plus à craindre de surprise. Planté en avril, ce riz fleurit en novembre et se récolte en décembre : c'est donc un riz tardif.

La récolte se fait en pirogue ou *sampan*; l'épi est coupé à ras d'eau, mais le grain ne doit pas être mouillé.

Ce grain est blanchâtre avec petites taches rouges qui disparaissent à la cuisson. Il est ovale, très allongé, plus gros que celui du riz ordinaire et moins « parfumé ».

Le rendement est élevé, et atteint jusqu'à 3.800 kilogrammes calculé à l'hectare. Ce riz est non seulement commercial, apte à être cultivé également en rizière normale, mais il peut constituer une ressource importante dans certaines régions où, comme dans le bassin du Niger par exemple, le régime des eaux se prête à sa culture saisonnière sur les parties riveraines du fleuve.

RIZ VIVACE — Cette espèce, originaire de l'Afrique centrale, est rhizomateuse et produit de petites semences peu adhérentes et sa récolte est malaisée. Elle est à considérer comme une plante fourragère possible dans des pays comme l'Indochine où les Légumineuses fourragères ne peuvent prospérer.

RENDEMENTS DES RIZIERES — Les rendements sont fort variables suivant les qualités des terres, les conditions ou les accidents météorologiques, les soins apportés à la culture, etc. En Indochine, les rizières sont classées par catégories d'après le rendement ou la valeur locative, en vue de la répartition de l'impôt foncier.

En Cochinchine, nous admettons un rendement *moyen* à l'hectare de 2.000 kilogrammes. Mais, dans les bonnes terres de l'ouest et du centre, la rizière de première catégorie donnera facilement 3.000 kilogrammes et peut rendre jusqu'à 4.000 kilogrammes de paddy. Au Tonkin, nous trouvons des chiffres inférieurs, soit, en moyenne, 1.500 kilogrammes, et les deux récoltes annuelles réunies restent souvent au-dessous du chiffre moyen de l'unique récolte en Cochinchine.

A Madagascar, on obtient de beaux rendements dans l'Emyrne, atteignant 3.800 et 4.000 kilogrammes et jusqu'à 5 tonnes à l'hectare dans les bonnes rizières de Marovoay. Ces mêmes variations se retrouvent dans les autres pays rizicoles. Le maximum a été constaté dans certaines rizières d'Espagne, avec plus de 7 tonnes à l'hectare. Dans les dernières années, les rendements moyens ont été augmentés dans des pays comme Java, les Philippines, la Cochinchine où la sélection par pedigree a permis d'obtenir des variétés prolifiques à caractères fixes.

ENNEMIS DE LA RIZIERE — Les inondations qui asphyxient, détruisent mécaniquement ou ensablent la rizière ; les sécheresses prolongées qui tuent la végétation ; les eaux salines et les eaux « alunées » ; les oiseaux pillards qui grapillent semences et récoltes ; les maladies cryptogamiques ne sont pas seuls à craindre pour la rizière. Elle est souvent envahie par des quantités énormes de chenilles parmi lesquelles, en Indochine, une espèce très vorace, le *sau-kéo*, peut devenir redoutable. Pour les combattre, les indigènes mènent à la rizière des bandes de canards qui en sont friands. Deux Lépidoptères : *Schoenobius bipunctiferus* et une espèce de *Leucania* sont signalés par Cérighelli en Cochinchine comme commettant d'importants dégâts dans les rizières. A Madagascar un petit coléoptère que Vayssière a identifié sous le nom d'*Hyspa Gestroï*, fait de grands ravages jadis attribués à des accidents météorologiques, mais contre lesquels on désirerait trouver un remède. Les crabes de terre peuvent faire beaucoup de dégâts en brisant les jeunes mâs; mais l'ennemi le plus déprédateur est le rat de rizière qui pullule en certaines années et cause des dégâts qui se chiffrent par des millions de francs. Cette plaie ratière est difficile à combattre et les moyens employés jusqu'à présent sont demeurés insuffisants. L'emploi du virus Danysz a donné peu de résultats, peut-être parce qu'il n'était pas de préparation assez fraîche. Les Annamites disposent des pièges-refuges, amas de pierres et de paille où les rongeurs vont nicher et qu'on brûle ensuite après arrosage au pétrole : destruction bien insuffisante comme l'est également celle que pourraient faire le chien ratier ou la mangouste dont il faudrait des effectifs impossibles à réunir et à entretenir.

Les expériences de claytonisation qui emploient, comme on sait, l'anhydride sulfureux produit dans des appareils portatifs par la combustion du soufre, ne nous ont pas donné la satisfaction espérée parce que la pénétration du gaz dans les terriers n'est pas complète.

Parfois, mais rarement en Indochine, des vols de sauterelles s'abattent sur la région rizicole et détruisent toute verdure sur leur passage. Il en est ainsi à Madagascar, en certaines années, et la seule lutte possible contre les redoutables Acridiens réside dans la recherche et la destruction *ab ovo*, de leurs territoires de ponte.

Le déprédateur le plus redoutable du paddy récolté est le charançon du riz (*Calandra oryzae* L.) dont les dégâts se chiffrent par centaines de millions sur les récoltes mondiales. L'insecte dépose sa larve dans le grain où il est difficile de la détruire.

L'insecticide le plus efficace semble être la chloropicrine dont toutefois le maniement n'est pas sans danger pour l'opérateur négligent; le gaz sulfureux aussi — il en suffit de 5 p. 100 dans l'atmosphère pour tuer larves et charançons sans que soit transformé le gluten du riz comme l'est celui des autres céréales.

Un moyen de destruction également efficace et peu coûteux serait l'acide carbonique qui se développe dans les magasins à riz rendus absolument étanches à la suite de la respiration des graines, des insectes et de quelques fermentations aérobies.

AMELIORATIONS DE LA RIZICULTURE — Le riziculteur indigène, en dépit de l'ancestralité reculée de ses pratiques de culture, a beaucoup à apprendre de nos méthodes modernes qui, peu à peu, dégagent leur enseignement des laboratoires et des champs d'expériences, depuis une vingtaine d'années très actifs aux Indes Néerlandaises, aux Philippines, dans l'Inde Anglaise, aux Etats-Unis, au Japon et en Cochinchine. Une mention spéciale est due à la station expérimentale de Vercelli, au Piémont.

Les points critiques importants sont le rôle des engrais et la sélection des semences, appelés à favoriser la culture intensive en augmentant à la fois le rendement de la rizière et en améliorant le produit.

En Cochinchine, beaucoup de rizières demeurent productives pendant une longue suite d'années sans assolement ni administration d'engrais. Nous en trouvons l'explication dans la présence d'une faune naine abondante : poissons, crustacés, mollusques, infusoires, etc., véritable plankton dont les dépouilles abandonnent au sol leurs principes fertilisants. De plus, les eaux pluviales orageuses apportent à la rizière des quantités assez importantes d'azote combiné sous l'action des décharges électriques dans l'atmosphère et les nitrates ainsi formés constituent un véritable élément fertilisateur. Ailleurs, c'est l'apport périodique et renouvelé d'alluvions fertiles amenées par les canaux d'irrigation à l'époque des crues des cours d'eau.

Certaines rizières du nord de l'Italie servent à l'élevage de la carpe et ces rizières « encarpées » ont des récoltes d'un rendement plus élevé, constatation faite également à Madagascar avec les mêmes pratiques (1).

Le riz est, de toutes les céréales, celle qui emporte du sol le plus fort pourcentage d'acide phosphorique, ce qui désigne les phosphates comme engrais particulièrement recommandables, les superphosphates ayant une action beaucoup plus rapide que les phosphates simples.

Les engrais azotés sont non moins précieux et nécessaires. L'emploi des engrais verts par la culture et l'enfouissement de Légumineuses choisies — il y en a de nombreuses espèces — est à recommander. La vertu fertilisante de ces plantes est connue depuis longtemps des Japonais et des Hindous qui cultivent dans le voisinage de leurs rizières, ou y apportent de loin, des Légumineuses arbustives dont ils jettent les branchages à pourrir et à enfouir dans le sol de la rizière.

Au Tonkin, l'engrais humain, soigneusement récolté à l'exemple du maraîcher chinois, est porté généralement sur la rizière. Les divers tourteaux constituent un excellent engrais, mais demeurent d'un prix d'achat assez élevé.

L'Indochine ne profite pas encore, comme le font les Japonais, d'une source de matière fertilisante importante : les déchets de poisson qu'elle pourrait obtenir en abondance de ses vastes pêcheries des côtes et des lacs cambodgiens.

Certains éléments chimiques tels que le manganèse, le soufre et le fer,

---

(1) En Italie, la « rizicarpiculture » est pratiquée sur quelque 140.000 hectares de rizières et certains riziculteurs japonais et chinois déposent du frai de carpe dans leurs rizières. Les Annamites pêchent dans leur rizière une sorte de tanche — le *câ lap* — et les Malgaches du Cyprin doré (*Carassius auratus*), mais ni les uns ni les autres n'assurent l'empoissonnement méthodique de ces sortes de viviers. Le Docteur J. Legendre a étudié la question au point de vue économique et il préconise, pour cet empoissonnement, d'abord le cyprin doré qui, dans une rizière bien ensemencée, donne jusqu'à 200 kilos à l'hectare. La carpe-miroir et la perche (*Paratilapia Polleni*) conviennent également à cette pisciculture et peuvent ajouter de 30 à 40 kilos de récolte à celle du cyprin. L'amélioration de la rizière peut être due à la fois à l'apport de matières fertilisantes organiques — déjections et détritus de poisson — et à l'oxygénation plus active de l'eau provoquée par les mouvements de cette faune remuante.

jouent, par leur présence dans le sol, le rôle de promoteurs de combinaisons chimiques utiles dans lesquelles ils n'entrent pas eux-mêmes, ce qui les fait désigner sous le nom d'« agents de coussinet ». Notons ici, une fois pour toutes, que le chimisme du sol dans les régions tropicales, avec ses manifestations microbiologiques et ses phénomènes d'activité bactérienne, loin d'être connu, prête encore à de nombreuses études dont les résultats auraient une valeur d'application pratique incontestable. On a ainsi constaté que la présence de ces éléments de catalyse pouvait favoriser le développement du riz.

La riziculture profite maintenant de l'application des méthodes de sélection des semences sorties des laboratoires de génétique et des champs d'expériences, organisés dans les grands centres rizicoles, parmi lesquels l'Indochine française.

La sélection *biologique* ou *individuelle* de semences sur porte-graines choisies et prélevées successivement sur chaque récolte, est à pratiquer avant tout pour l'amélioration de la culture et de ses produits. C'est par ce procédé que l'empereur de Chine Kang-Hi, obtenait, il y a plusieurs siècles, son riz impérial d'excellente qualité.

Le tri des semences peut être obtenu à l'aide de cribles à mailles graduées, de l'élimination des grains légers par immersion dans une solution densifiée de gomme arabique, d'empois de farine ou par l'emploi de la « table de Certani » qui est un pupitre éclairé de l'intérieur, à 4 pans transparents, le long desquels on fait glisser les semences dont la propriété de germination peut être déterminée par transparence.

La sélection par *pedigree*, selon la méthode de Swalöf, part d'un grain unique dont les caractères, reconnus et recherchés, sont retenus dans ses descendants, par unités encore, jusqu'à leur fixation chez la descendance entière. On obtient ainsi la stabilisation héréditaire de ces caractères dans l'homogénéité des cultures. C'est de la sorte qu'en Cochinchine, sur l'exemple des Indes Néerlandaises et des Philippines, nous avons obtenu plusieurs variétés fixes, tels que *Huèky* et le *Ramaï*, qu'il s'agit à présent de faire accepter par la riziculture indigène afin de réaliser l'homogénéité des paddys sur de grandes régions de culture, en écartant les variétés aberrantes et très diverses dont le trop grand nombre était longtemps une cause d'infériorité de nos riz d'Indochine.

Il importe, de plus, de produire les semences sélectionnées en quantités commercialement suffisantes pour être distribuées. En 1927, les sept stations de Cochinchine ont produit 190 tonnes dont 150, permettant un ensemencement de 1300 hectares, ont été distribuées aux riziculteurs. Ce chiffre est faible encore au regard des 160.000 tonnes qui conviendraient à la Cochinchine, mais l'indigène a fini par comprendre l'avantage de la récolte homogène, dans une certaine mesure déjà standardisée et il s'applique lui-même à la sélection biologique de ses semences.

INDUSTRIE DU RIZ

Le riz égrené au paddy est conservé en vrac dans des greniers ou magasins surélevés, ou dans des paniers, à l'abri des moisissures et des charançons qui l'envahiraient à la longue. L'indigène annamite, trop souvent encore à la merci de l'intermédiaire chinois, commence cependant à comprendre le mécanisme des transactions commerciales modernes plus prudentes et à suivre les fluctuations du marché. En Cochinchine, les centres rizicoles reçoivent, par les soins de l'administration, l'indication périodique du cours du marché à Saïgon-Cholon. Néanmoins, les achats des usiniers de Cholon s'y font encore « à la course » en grande partie, et

Décortiquage au pilon.

les mélanges de qualités et de variétés différentes, entrant pêle-mêle à l'usine, furent, jusque dans les dernières années, une des causes de l'infériorité, par rapport aux riz de Birmanie, par exemple, des riz commerciaux de Cochinchine.

A présent, le tri des paddys se fait à l'entrée des grandes usines par un groupe d'appareils de nettoyage et de classement mécaniques.

Les grandes usines, les *rizeries*, existent dans les grands centres d'exportation du riz et notamment à Rangoon, Saïgon-Cholon, Bangkok, Haïphong, etc.

L'usinage du paddy s'y fait à l'aide d'un outillage mécanique très perfectionné dans le détail duquel nous ne saurions entrer ici.

Qu'il suffise d'indiquer que la succession des opérations comporte : le *nettoyage* ou vannage du paddy, le *criblage*, le transport sous les meules pour le *décorticage*, le *pilonnage* et le *brossage* pour la décortication complète, le *polissage* et le *glaçage*, le *triage*, etc., enfin la mise en sac. La décortication, commencée par la meule et le pilon, est complétée par des brosses dures frottant le grain contre des plaques de tôle piquées, et le grain reçoit son poli dans des troncs de cône métalliques dans lesquels tourne un tambour recouvert d'une peau de daim ou de mouton.

Les produits obtenus à la suite de ces opérations sont : le riz cargo, le riz blanc, le riz glacé, des brisures, de la farine, du son et des balles.

Pour devenir riz cargo, le paddy laisse jusqu'à 25 p. 100 de déchet.

Afin de donner au paddy plus de résistance sous la meule, on a l'habitude, dans certains pays comme le Bengale et les Guyanes, de l'étuver préa-

Tonkin. — Décortiquage du paddy au pilon à bascule.

lablement en vase clos avec de la vapeur d'eau. C'est le « boiled rice » qui passe pour mieux se conserver ainsi et être plus digeste.

Quant à la décortication du paddy par les appareils à bras des indigènes, l'outil le plus simple est le mortier-pilon, répandu partout chez les peuplades primitives jaunes ou noires. Plus perfectionné est le moulin à bras formé de deux meules horizontales dont la supérieure, mobile, est tournée à la main sur l'inférieure, fixe autour d'un pivot commun, à la façon de la *drifa* arabe.

Au lieu d'être mu à bras, le pilon du mortier peut être fixé à angle droit à l'une des extrémités d'une poutre pivotant à bascule, actionnée à l'autre extrémité par le poids du corps d'un homme qui lève le pilon en montant sur la poutre, et le laisse retomber dans le mortier en la quittant. Cet appareil est très usité dans les petites décortiqueries chinoises.

Il est possible aussi de faire fonctionner ce système à bascule automatiquement en remplaçant le pied et le poids du corps d'un coolie par un godet à déversement se remplissant d'un poids liquide suffisant pour dresser le pilon, et renouvelé par le débit d'un petit canal de dérivation d'eau.

D'importantes rizeries établies en France usinent maintenant les riz d'importation de l'Indochine et leur donnent leurs façons finales.

USAGES DU RIZ En dehors de son rôle dans l'alimentation humaine, le rix est appelé à de nombreux et importants emplois industriels. La brasserie l'utilise de plus en plus avec le malt d'orge ; il se prête, d'ailleurs, en Indochine par exemple, à la fabrication d'une bière légère fort agréable. Il alimente des amidonneries, et les Extrêmes-Orientaux en fabriquent un vermicelle très employé. La médecine attribue à sa décoction des vertus adoucissantes des inflammations du tube digestif. La poudre dite « de riz » est faite de farines de brisures diversement colorées et parfumées.

Sous l'action d'une fermentation produite par· le *Bacterium macerans,* le riz donne de l'acétone qui, mélangé avec de l'alcool, constitue un carburant pour moteur, facile à obtenir et, de ce fait, intéressant pour nos colonies rizicoles.

Une très forte consommation est assurée au riz gluant en Extrême-Orient, par la fabrication de l'eau-de-vie de riz : *choum-choum* des Annamites, *saki* des Japonais, *arak* des Javanais, *deguet* des Nègres, etc. Le Dr Calmette qui en a fait une étude spéciale, y distingue la méthode chinoise ou annamite, et la méthode japonaise.

La première obtient la fermentation à l'aide d'une levure qui se vend couramment sous forme de petites galettes sèches de farine de riz et d'aromates roulés dans de la balle de paddy. Elle contient deux ferments : l'un aérobie (*Amylomyces Rouxii*), l'autre anaérobie (*Saccharomyces*) intervenant successivement, alors que le *saki* japonais est obtenu avec une moisissure, l'*Aspergillus Oryzae* qui produit une diastase transformant l'amidon en glucose.

Le *choum-choum* annamite, obtenu dans les alambics indigènes primitifs, est un alcool impur à goût empyreumatique, d'environ 36°, incolore. Il constitue en quelque sorte, sous le nom de *ruoï Annam,* le « vin » du pays, et prête à une consommation étendue, entrant d'ailleurs dans les cérémonies rituelles du culte comme offrande aux autels des ancêtres et des génies. Il a été remplacé en grande partie par l'alcool de riz sortant des distilleries européennes qui fonctionnent avec un outillage très perfectionné, sur plusieurs points du territoire.

Les tribus *moïs* de la chaîne annamitique préparent, avec du riz fermenté dans de grandes jarres, une boisson quelque peu capiteuse dont ils se

grisent volontiers, en la pipant par un long tuyau de bambou, aussi sou
vent que possible.

Mais il convient d'ajouter qu'en Indochine, l'alcoolisme n'atteint pas le
degré de développement ni d'abjection que nous lui trouvons dans beaucoup de pays d'Europe, très jaloux de leur état de civilisation avancée.

La balle de paddy a été trouvée impropre à la fabrication d'une pâte à
papier; elle sert de médiocre combustible dans les chaufferies des rizeries
où il lui faut des grilles spéciales et ses tas, amoncelés autour des usines,
sont mis à feu qui laisse, après une ignition lente, des cendres répandues
comme engrais.

Bien plus grande est l'importance industrielle du son de riz, obtenu des
polissures — le *pola di rizo* des Italiens — que constituent les couches
externes du grain, l'embryon et quelques déchets. Cette sorte de farine basse
contient jusqu'à 15 p. 100 de matières azotées et autant de matières grasses.
C'est donc un produit de grande valeur nutritive dans l'alimentation du
bétail. Il se conserve mieux lorsqu'on le débarrasse de ses matières grasses
et c'est ce déshuilage du son qui permet d'obtenir une huile industrielle,
très acide, employée en savonnerie. Une grande fabrique s'en est fait une
spécialité en Angleterre.

En Indochine et aux Philippines, on cultive un champignon comestible
sur de la paille de riz pilée et arrosée d'une eau de lavage du riz. Il est su-
perflu d'indiquer les multiples usages de la paille de riz.

Le rôle du riz dans l'alimentation humaine prête à quelques commentaires auxquels nous attachons une importance considérable.

Quelle qu'en soit l'abondance dans la ration journalière chez les populations oriziphages, une alimentation exclusive par le riz serait insuffisante.
Aussi ces mangeurs de riz ajoutent-ils à leur ration l'appoint d'un aliment
plus azoté, soit graines de légumineuses, condiments ou, le plus souvent
à défaut de viande, le poisson sous de nombreuses formes et apprêts :
frais, salé, sec, boucané, en saumure (*nuoc-mâm* et *mâm* annamites), etc.

Retenons ce que les analyses chimiques et les expériences ont démontré :
les beaux riz blancs, polis et glacés, qui atteignent les plus hauts prix
dans le commerce des denrées de consommation, sont moins nutritifs,
moins sapides aussi que les sortes de moins belle apparence, mal ou même
insuffisamment décortiqués, et qui, méprisés généralement à l'épicerie et
à l'office, sont volontiers abandonnés à la volaille et à l'étable.

Ce sont pourtant ces vilains grains de riz qui ont gardé, dans les tissus
de leur enveloppe dont la meule ne les a pas entièrement dépouillés, les
matières les plus nutritives, azotées et grasses, ainsi que ces principes sub-
tils, les *vitamines complétines*, dont le rôle physiologique est à présent reconnu comme des plus importants et des plus nécessaires dans l'économie
de l'organisme.

L'une de ces vitamines, extraite des polissures de riz, est antinévritique

et une autre, déterminée sous le nom de vitamine B, différente de la première, est considérée comme élément d'accroissement du poids. L'absence
de ces substances dans l'alimentation peut produire des maladies dites
« de carence » et l'une de celles-ci, le *béri-béri*, fréquente surtout en Extrême-Orient parmi les mangeurs de riz où elle est endémique, reconnaîtrait
communément comme étiologie le manque de vitamines dans leur ration
journalière (1).

Voilà une maladie qui ne risque pas de sitôt de s'implanter dans nos
pays d'Europe. La consommation du riz de table est très restreinte en
France et il est vraiment regrettable de voir l'économie familiale et culi-
naire négliger à ce point l'usage d'une céréale qui occupe un rang élevé
sur l'échelle des éléments nutritifs offerts à l'homme. La cause de cette
abstention est dans l'ignorance de sa préparation par la cuisson **pour obtenir**, non pas ce plat de riz en bouillie, pâte ou colle, mais bien du **riz
sec** dont chaque grain se détache de son voisin comme il arrive lorsque
le riz est préparé à l'orientale, en *pilaff*, *risotto*, ou pour le *Kari* (*curry*),
par une cuisson à l'étuvée. Cette préparation est si facile, que certaines
tribus primitives, comme les Moïs de l'Indochine, la confient sans plus à un
tube de bambou vert placé dans la braise d'un feu ouvert (2).

A la question de l'introduction du riz sur le menu familial du Français
se rattache celle de son introduction dans la panification.

De nombreuses expériences ont démontré, pendant et après la guerre,
que la farine de froment à laquelle on ajoute de 5 à 15 p. 100 de farine
de riz, donne un bon pain blanc jusqu'au pourcentage de 15, et un pain
excellent au pourcentage de 5, sans que, dans ce dernier cas, le levain de-

---

(1) Le Dr Noël Bernard, par contre, accuse une cause différente : d'après lui, le *béri-
béri* serait une maladie d'origine infectieuse due à une toxine élaborée par un agent spécifique, le *Bacillus asthenogenes*, dans le tube digestif surchargé d'hydrates de carbone
du bol alimentaire. Cette toxine se porterait en particulier sur le système nerveux en
provoquant des nevraxites d'origine infectieuse. M. Trabaud également vient de conclure
d'observations récentes que la maladie serait due, moins aux effets de l'avitaminose,
qu'à une intoxication alimentaire.

(2) Nous avons constitué récemment un « Comité du riz » qui, sous les auspices
de plusieurs Ministères, entreprend de répandre et de vulgariser la consommation du
riz de table en France. Il est indispensable d'en faire connaître l'un ou l'autre des
modes de cuisson les plus appropriés pour éviter la transformation du riz en bouillie
pâteuse, qui répugne généralement au consommateur à de trop nombreuses reprises.
Voici une recette de cuisson à l'annamite, simple et expéditive. Choisir du riz de
Saïgon, du Tonkin, de Madagascar, de Java ou de l'Inde — ceux de nos colonies
se vendent maintenant aussi sous le nom de riz des colonies et sortent de nos rizeries
de France avec très belle apparence — laver le riz en le frottant avec les doigts ou
entre les paumes des mains jusqu'à ce que l'eau demeure claire, de façon à ce que
le grain de riz soit entièrement débarrassé de la fine couche farineuse qui l'entoure
et le rendrait pâteux. Prendre mesure égale d'eau et de riz. Mettre l'eau à bouillir et,
au premier bouillon, y jeter le riz. Laisser revenir à l'ébullition puis couvrir la cas-
serole (en fer ou, de préférence, en terre) et la laisser à très petit feu en la fermant
le plus possible de son couvercle pour empêcher la vapeur de s'échapper. La cuisson à
l'étuvée est terminée au bout de 20 à 25 minutes. Ne pas mettre de sel. L'assaisonnement
se fera après la cuisson.

mande un traitement spécial. Or, le législateur, intervenant à diverses reprises sans doctrine arrêtée, a fini par proscrire l'admission de la farine de riz dans le pain de France comme est proscrite celle de la farine de maïs, de manioc, de fèverolles, etc., ce qui se traduit par l'achat à l'étranger, d'une quantité équivalente de blé, c'est-à-dire, d'une exportation d'or, alors que l'Indochine française est le second pays exportateur du riz du monde (1).

PRODUCTION ET COMMERCE — D'après des statistiques officielles de l'année 1925, les surfaces cultivées en rizière, ainsi que leur production dans les principaux pays rizicoles du monde, se répartissent de la façon suivante :

Inde britannique (y compris la Birmanie)..	32.965.000	47.499.900
Japon, Corée, Formose	5.160.000	14.650.800
Indochine	5.072 000	5.762.000
Java et Madura	3.307.000	4.765.000
Siam	2.700.000	4.947.200
Philippines	1.700.000	1.280.000
Madagascar	520.000	1.040.000
Etats-Unis	365.000	993.000
Ceylan	325.000	250.000
Europe	200.000	950.700
TOTAL..............	52.314.000	82.138.600

En 1926-27, la superficie cultivée est estimée à 54.500.000 hectares et la production, en *riz blanc*, à 59.600.000 tonnes. On prévoit le chiffre de 65.000.000 de tonnes en 1928-1929.

Ce tableau est incomplet. Il y manque, entre autres, la production très importante de la Chine où toutes estimations statistiques, en dehors des chiffres de la Direction des Douanes, demeurent irréalisables. On n'y trouve pas non plus les chiffres de la production de l'Asie Centrale, de l'Amérique centrale et méridionale, de diverses régions africaines, des îles de la Sonde, etc., de sorte qu'il est malaisé d'établir avec quelque approximation le chiffre global de la production mondiale qui doit être de l'ordre de grandeur de 120 millions de tonnes.

La culture du riz est en progrès : de 48 millions d'hectares, avant la guerre, la superficie en culture dépasse actuellement 54 millions d'hectares.

---

(1) En 1926, le Ministère de l'Economie Nationale italien fit faire des essais de panification au taux de 10 p. 100 de farine de riz dans de la farine de froment blutée à 82 p. 100. Dans des expériences faites à Vercelli sur les instances du Prof. Novello, la meilleure proportion fut estimée à 5 p. 100 et c'est à la suite de ces résultats que le Gouvernement ordonna l'extension de la mesure à toute la province et qu'un arrêté du Préfet en renforça l'application.

En Europe, le centre rizicole le plus florissant est le nord de l'Italie, la Lombardie et le Piémont. On trouve des rizières en Toscane, en Sicile, et en Espagne. La Camargue a gardé quelques rizières établies sur des terrains salins.

Les plus gros pays producteurs ne sont pas les plus forts exportateurs. Le chiffre très élevé de la population y revendique, pour sa consommation, la majeure partie des récoltes. Les exportations les plus fortes appartiennent à la Birmanie, avec un chiffre annuel moyen de 2 millions de tonnes. L'Indochine française la suit de près avec 1 millions et demi de tonnes et le Siam, avec 900.000 tonnes. Les exportations de l'Indochine suivent une progression constante.

La riziculture dans les colonies françaises. — D'après la même statistique citée plus haut, la répartition des rizières entre les cinq parties de l'Union indochinoise serait la suivante :

Cochinchine	1.870.000	1.990.000
Cambodge	530.000	651.700
Annam	925.000	954.000
Tonkin	1.287.000	1.816.300
Laos	460.000	350.000
TOTAL	5.072.000	5.762.000

Ce chiffre de la production est d'estimation manifestement trop faible; il dépasse vraisemblablement à présent 7 millions de tonnes dont 5 millions environ sont retenus pour la consommation locale et 2 millions disponibles pour le commerce d'exportation.

Le plus gros client de la colonie est la Chine qui lui achète, pour son alimentation, plus du tiers de son exportation (531.000 tonnes par l'entrepôt de Hong-Kong) y compris brisures et farines.

Le Japon et les Indes Néerlandaises demeurent encore d'importants acheteurs. Leurs achats viennent combler les vides que font, dans les besoins de la consommation locale, les ventes de leur paddy du cru qui réalisèrent jusque dans les dernières années, des cotes commerciales supérieures à celles des riz de Saïgon. L'Indochine n'envoie en France que 200.000 tonnes de riz sous toutes les formes.

Les expéditions se font dans des sacs de jute (*gunnies*); le commerce les achète à l'Inde anglaise qui a la spécialité de la culture et de l'industrie de cette plante textile.

Notons enfin qu'il y a quelque cinquante ans seulement, la Cochinchine n'exportait que difficilement des quantités insignifiantes de son paddy.

A Madagascar, la situation était la même il y a vingt ans. Jusqu'en 1907, la Grande Ile devait importer du riz; en 1913, elle en exporte 10.000 tonnes et actuellement, 80.000 tonnes. Ce développement est dû surtout à la construction du chemin de fer de la côte vers les centres rizicoles de l'intérieur qui sont assurés de la sorte de l'embarquement de leur récolte pour l'exportation.

En Afrique occidentale française, le riz est encore denrée de luxe pour l'indigène. Quelques centres de riziculture peuvent en approvisionner la région et même entreprendre des transactions interrégionales. Développée dans la Haute Gambie, la riziculture y est pratiquée sur les rives du fleuve et les bords des marigots en retrait des eaux des crues. Dans la vallée du Niger, on trouve des rizières le long du fleuve; elles prennent de l'importance entre Kouroussa et Tombouctou où la surface cultivée est de près de 35.000 hectares produisant 50.000 tonnes de paddy. Une usine de décortiquage fonctionne à Mopti.

Enfin, la Guinée française développe sa riziculture grâce à des efforts constants d'amélioration de ses méthodes culturales et de son outillage qui comporte maintenant la vulgarisation de la charrue due à la patience d'un gouvernement clairvoyant.

Faut-il noter finalement que la rizière assainit les régions marécageuses en mettant en mouvement des eaux stagnantes où croupît la malaria? Novello Novelli s'autorise de ses observations pour admettre que l'*anophélisme malarien* se transforme peu à peu, dans les régions de riziculture spécifique du nord de l'Italie, en anophélisme sans malaria.

Le riz est la céréale de l'avenir, celle qui, par ses relatives facilités de culture dans une large marge climatérique et agrologique, est destinée à nourrir l'immense majorité des futures générations du globe.

---

2. — Le Maïs

Historique. — Description. — Principales variétés. — Culture. — Ennemis de la culture. — Rendements. — Emplois et usages. — Pays producteurs.

HISTORIQUE — Le maïs (*Zea Mays* Linné) appartient à la famille des Graminées. C'est une des plantes les plus précieuses au double titre de céréale et de plante fourragère et on la trouve aujourd'hui cultivée dans tous les pays chauds et tempérés chauds.

Le maïs est d'origine sud-américaine, mais on ne l'a jamais trouvé à l'état sauvage. Son origine botanique est si incertaine, qu'on a pu le considérer comme issu d'une mutation de l'*Euchlaena mexicana*, ou Téosinthe, grande graminée fourragère du Mexique.

Au moment de la découverte de l'Amérique, le maïs jouait un rôle capital dans l'agriculture de vastes contrées s'étendant du Pérou jusqu'au delà du Mexique, alors qu'il était inconnu sur les autres continents. Les Indiens fêtaient tous les ans leur dieu du soleil, Pachaamas, qui était à la fois le dieu tutélaire du maïs. Les auteurs anciens, comme Gracia Lasso

de la Vega, ont parlé du maïs de l'agriculture péruvienne; des découvertes
d'épis et de grains de maïs, appartenant à un très grand nombre de variétés,
ont été faites dans les sépultures incasiques de la période précolombienne.

Le maïs fut apporté en Espagne par Christophe Colomb, en 1493, lors
de son premier voyage, mais c'est seulement en 1535 que les premiers
essais de culture en furent tentés dans ce pays. A la fin du XVIe siècle, il
passa d'Espagne en Italie, puis en Turquie, d'où le nom de *blé de Turquie*
donné à cette céréale. Il poursuivit sa course de l'Orient jusqu'aux Indes
et en Chine et il supplanta le sorgho dans une partie de l'Afrique.

DESCRIPTION   Le maïs est une herbe annuelle, monoïque, à tige
robuste pouvant atteindre de 50 centimètres à plus
de 4 mètres de hauteur, munie de nœuds ou renflements
dont les inférieurs produisent des racines adventives. Les feuilles sont
alternes, longues, larges, ru-
banées, retombantes. Les fleurs
mâles sont disposées en panicule terminale, composée
d'épillets à deux fleurs contenant deux étamines. Les fleurs
femelles sont groupées en épis
à l'aiselle des feuilles moyennes, épis sur lesquels elles
constituent des épillets biflores,
sessiles, pressées les uns contre
les autres autour d'un axe
épais en forme de cône. Des
deux fleurs de chaque épillet,
l'une est stérile ; l'autre, fertile, possède un ovaire surmon-
té de deux styles très longs et
très fins, communément désignés sous le nom de *stigmates*.
Chaque épi est enveloppé par
des spathes, ou feuilles membraneuses, qui les recouvrent
entièrement et d'où s'échappent
des styles filiformes qui retom-
bent en offrant l'aspect d'une
barbe pendante. Chaque **ovaire**
donne naissance à **un** grain
de maïs, qui est un caryopse
(fruit sec indéhiscent), à ovule
adhérent aux parois de l'ovaire.

Maïs jaune gros.
(Cliché Vilmorin, Andrieux et Cie).

On connaît plus de 300 variétés de maïs qui diffèrent les unes des autres par la taille des plantes, la croissance plus ou moins rapide (trois à sept mois), la forme des épis portant un plus ou moins grand nombre de rangées de grains, la forme, la grosseur, la consistance, la couleur des grains, qui peuvent être blancs, jaunes, rouges, noirs, unicolores ou panachés.

Ces variétés, surtout nombreuses aux Etats-Unis, se groupent en un certain nombre de catégories dont les principales sont les suivantes.

PRINCIPALES VARIETES — *Maïs à bec* (maïs pointu) (*Zea Mays, var, rostrata*), à grain jaune, moyen, à extrémité terminée en pointe crochue.

Maïs tendres, ou *maïs à dent* (*Dent corn*), très farineux, sans enveloppe cornée. Ce sont les plus importants en industrie; ils donnent une excellente farine. La variété *Tuscarora* a le grain d'un blanc mat, gros, aplati; dans la variété *Caragua* (M. dent de cheval; m. géant), le grain est blanc, gros, aplati, déprimé; la plante atteint une grande taille, de hauts rendements et sa végétation rapide la rend précieuse comme fourrage vert.

Le *Softcorn*, ou maïs tendre des Américains, a un grain entièrement farineux qui s'écrase sous le doigt. Consommé à table.

Maïs durs. Flint Corn, maïs silex. — Les variétés de ce groupe ont un grain à enveloppe cornée, dure; ils sont moins farineux, mais ils se conservent plus longtemps sans perdre leurs qualités et se défendent mieux contre les insectes. L'épi a de 8 à 12 rangées de grains.

Maïs sucré (M. doux), *Sweet Corn*, à grain ridé, blanc ambré, sucré, non farineux. On consomme l'épi comme légume, avant maturité. On le cultive aussi comme fourrage vert.

Maïs enveloppé (*Zea Mays, var. tunicata*), à grains entièrement revêtus par les glumes fortement accrues.

Maïs Cuzco, variété géante, à épi énorme, dont les grains peuvent atteindre presque la grosseur d'une fève. C'est le plus volumineux de tous les maïs. Il en existe des variétés à grain blanc, rouge et panaché. Ce grain non corné, à pellicule très fine, est très farineux et d'excellente qualité. Le maïs *Cuzco* n'est guère cultivé qu'au Pérou, son pays d'origine.

Maïs fulminant (*Pop Corn*), à grain sphérique (*pearl corn*), ou pointu, (*rice corn*) en rangs spiralés, très farineux, nacré ; placé sur une plaque de fer chauffée à point, ce grain éclate avec un bruit sec, mettant à nu son contenu blanc, floconneux, neigeux, comestible.

Les variétés les plus importantes pour l'agriculture, l'industrie et le commerce appartiennent aux groupes des maïs durs et des maïs tendres, ceux-ci plus productifs que les premiers.

On peut dire que chaque pays possède maintenant ses variétés de maïs. A citer parmi celles de l'Indochine, le maïs *géant,* de l'Annam et des Moïs, dont un essai d'introduction a été fait dans le midi de la France

(Agen). Un des plus connus est le M. *Cinquantini,* d'Italie, à petits grains, qui est très cultivé; et le M. *Petit Côton,* introduit de la Réunion, qui donne de très bons résultats au Tonkin.

Composition chimique. — La farine de maïs est, après celle de l'avoine et du mil, la plus riche en matières grasses que fournissent les céréales : elle vient en troisième ligne, après l'avoine et le froment, comme valeur nutritive, ainsi que le montre la moyenne suivante des analyses :

Eau	10,04
Cendres	1,22
Huile	5,20
Hydrates de carbone	70,69
Cellulose	2,09
Albuminoïdes	10,46

CULTURE — Le maïs demande de la chaleur et de la lumière, un sol profond, meuble, fertile. Il n'est pas très exigeant en ce qui concerne la nature minéralogique du sol ; les terrains alluvionnaires lui sont particulièrement favorables.

Donner un labour profond et enfouir le fumier. Le maïs est un gros mangeur d'engrais et reconnaissant, sans craindre la verse, de l'administration de 30 tonnes de fumier, de nitrates, chlorure de potasse et superphosphates.

Les semis se font, à raison d'environ 40 kilos de semence à l'hectare, sur ligne à la houe pour les poquets, à la charrue et au semoir pour les grains espacés à raison de 3 à 6 au mètre courant. Interlignes de 0 m. 75 à 1 mètre, selon la taille et la variété. Poquets à 5 ou 6 grains, à démarier lorsque les plants levés ont de 12 à 15 centimètres de hauteur en n'en conservant que trois.

Quelque temps après, on butte légèrement en ramenant la terre au pied de chacune des plantes pour provoquer le développement des racines adventives.

Lorsque les épis femelles ont été fécondés, il y a lieu de supprimer la partie supérieure de la tige qui les surmonte et qui donne un excellent fourrage vert très recherché du bétail ; les maïs, après cette opération, murissent plus rapidement leurs épis.

L'hybridation entre pieds voisins étant très facile, il convient de supprimer les panicules mâles des variétés à éliminer. On laisse deux épis sur pied de maïs dans une terre généreuse et un seulement dans une culture sans engrais.

La récolte se fait par arrachage ou coupage du pied, ou par enlèvement des épis, qui est le moyen le plus expéditif. Les pieds arrachés ou coupés sont mis en moyettes à sècher pour être engrangés au bout d'une quinzaine de jours, au grenier ou en silo. Aux Etats-Unis, dans le Middle-West, qui est le gros producteur de maïs, le champ de maïs est abandonné en pâture aux porcs, après que les pieds ont été coupés à une certaine hauteur.

Les épis, bien secs pour éviter les moisissures, sont égrenés au *raspador*, simple égreneuse à roue dentée qui détache le grain du rachis. Les stocks industriels bénéficient de l'application d'un des désinfectants dont nous avons parlé plus haut à propos de la conservation du paddy. Dans le centre et le sud de la France, les bouquets d'épis de maïs sont souvent conservés en guirlande sous l'auvent de la maison qu'ils égayent de leurs couleurs vives.

Suivant la précocité ou la tardiveté de la variété, l'époque des semis doit être choisie en adaptation aux phénomènes saisonniers météorologiques (1).

La culture de variétés hâtives, dont la durée de développement ne dépasse pas trois mois, permettrait théoriquement de faire trois récoltes par an sur le même champ, en supposant satisfaites les conditions de température, de travail du sol, de maintien de sa fertilité par l'engrais, d'irrigation, etc...

La culture du maïs comme plante fourragère est pratiquée jusque dans les régions à climat tempéré. Les semis se font généralement à la volée et, successivement effectués, assurent un fourrage abondant, d'excellente qualité, très recherché des animaux.

ENNEMIS DE LA CULTURE   Parmi les principales maladies qui attaquent le maïs, on peut citer : le *charbon du maïs*, dû à un champignon parasite, l'*Ustilago Maydis*, qui attaque les bractées des fleurs femelles les panicules des fleurs mâles et les tiges elles-mêmes, déterminant de grosses tumeurs qui détruisent une partie des récoltes ; la *rouille du maïs* et du sorgho (*Puccinia Sorghi, P. Maydis*), qui se présente sur les deux faces des feuilles, sous forme de taches pulvérulentes arrondies, elliptiques ou ovales, brunes, dont la poussière est constituée par les spores du champignon.

Un autre champignon, le *Pythium Debaryanum*, attaque les jeunes plants de maïs.

Plusieurs insectes déprédateurs se sont mis, dans les dernières années, à exercer des ravages de plus en plus étendus dans les cultures américaines.

---

(1) Leplaë rapporte la maxime des Indiens Peaux-Rouges suivant laquelle le maïs doit être semé lorsque la feuille du chêne atteint la dimension du pied d'un écureuil. Il ne serait pas sans intérêt de trouver, pour d'autres cultures et dans d'autres milieux de cultivateurs indigènes aux colonies, des points de repère phénologiques du même ordre.

Tel est le *corn borer*, ou ver rongeur, qui atteint 4 centimètres de longueur ; il attaque la base de la tige, qu'il brise intérieurement ; au Massachussets il a détruit jusqu'à 20 % de la récolte entière.

Telle est encore une éspèce de Pyrale, bien connue en Europe, introduite au Canada il y a sept ans, et maintenant répandue dans toute l'Amérique, où elle constitue un fléau redoutable, alors qu'en Europe elle laisse indemnes les plantations de maïs.

Roubier a constaté que cette immunité est due à la présence, chez nous, de l'armoise, que l'insecte préfère au maïs, de sorte que le remède prophyllactique à recommander est la plantation d'armoises dans le voisinage des champs de maïs.

Par contre, un fait inverse, c'est-à-dire de la prédilection d'un insecte déprédateur pour le maïs, a été constaté au Congo belge, où le *boll worm* du cotonnier (*Heliothis obsoleta* et *Earias biplaga*) affectionne de pondre sur l'épi de maïs à côté du cotonnier.

Enfin, le plus redoutable et malfaisant déprédateur du maïs est le *Pyrausta nubilalis* Hubn., originaire de l'Asie centrale, importé aux Etats-Unis il y a une vingtaine d'années, et maintenant répandu en Asie, dans le Nord Africain et en Amérique, où il fait des dégâts immenses, sans que, jusqu'à présent, on ait pu le combattre efficacement. La larve de ce lépidoptère attaque la tige et l'axe des épis qui se creusent, s'abattent et tombent.

A côté de ces fléaux, l'appétit des oiseaux, qui sont très friands de semences de semis, et qu'un peu de surveillance écarte des plantations, est peu de chose.

RENDEMENT — Le rendement varie selon les variétés cultivées et selon les pays. En France, en terre fertile et bien cultivée, le maïs *gros jaune* peut donner de 35 à 45 hectolitres de grain à l'hectare ; en Italie, dans les terres arrosées, on atteint jusqu'à 80 hectolitres. Le *maïs blanc* donne un rendement inférieur de 1/5. Le *maïs quarantain* produit de 25 à 30 hectolitres.

Les cultures sans engrais, ce qui est souvent le cas aux colonies, donnent de 1.000 à 2.000 kilos à l'hectare.

L'Annamite, qui associe généralement le maïs avec d'autres cultures, n'obtient que 800 à 1.000 kilogs. A la station expérimentale de Phuthy, en Cochinchine, nous avons obtenu 2.600 kgs avec du fumier de ferme. Ce rendement peut, avec le même engrais, aller jusqu'à 4 et 5 tonnes de grain à l'hectare dans les bonnes régions de l'Amérique du Nord (*Corn-belt*).

En culture fourragère, à Madagascar par exemple, le maïs *Caragua* ou *Dent de cheval*, semé très serré, en sol bien fumé, à raison de 150 à 200 litres de graines par hectare, a donné des récoltes variant entre 30.000 et 50.000 kilogrammes de fourrage.

EMPLOIS ET USAGES DU MAIS

Le grain de maïs est beaucoup employé en industrie; la France en importe chaque année des quantités considérables pour la fabrication de l'alcool, après saccharification de l'amidon et la fermentation du moût sucré. On l'utilise aussi en brasserie.

Il sert à l'alimentation humaine et à celle du bétail.

L'Italie, la Turquie, les deux Amériques, l'Afrique du Sud en consomment des quantités énormes sous la forme de grain, de farine ou d'épis.

L'Américain du Nord affectionne le maïs sucré qu'il prépare d'innombrables façons à la manière d'un légume, l'épi cueilli avant complète maturité.

La farine, connue dans le midi de la France sous le nom de *farine jaune*, sert à l'alimentation de l'homme, soit en bouillies épaisses (*gaudes*), soit en pâte bouillie (*polenta*), soit en pâtes cuites au four (*miliasse*); on peut en faire du pain en l'additionnant de farine de froment. Le rancissement de la matière huileuse contenue dans le grain est une cause de détérioration de la farine, plus prompte que celle du blé. On retarde cette altération en conservant les grains sans les moudre. Les grains à enveloppe dure sont naturellement d'une conservation plus facile.

On a accusé la farine de maïs, consommée trop exclusivement, de provoquer la pellagre.

On fabrique, dans l'Amérique du Sud, et notamment au Pérou, une sorte de bière de maïs, la *chicha*, dont il se fait une grande consommation à cause de sa saveur fort agréable qui rappelle, dit-on, quand la boisson est fraîche, le bon cidre mousseux (1).

Les Moïs de la chaîne annamitique savent fabriquer également une boisson fermentée de maïs assez forte.

L'extraction de l'huile de maïs est une industrie florissante aux Etats-Unis. L'huile de maïs se trouve presque exclusivement dans le germe; elle est très fluide, de couleur d'ambre que ne trouble pas la rancidité, d'un goût et d'une odeur de maïs très prononcé. Un hectolitre de grain donne 12 litres d'huile; il reste un tourteau constituant une bonne nourriture pour le bétail.

Aux Etats-Unis encore, l'élevage des porcs, dans le Middle-West surtout — plus de 50 millions de têtes —, vit sur une production quinquennale

---

(1) Il nous paraît utile et intéressant pour nos coloniaux, de leur donner la recette de la *chicha*. Laisser tremper le maïs pendant 48 heures dans la même eau; le mettre ensuite à germer dans une grande terrine pendant une semaine environ et, la germination commencée, le faire sécher. Le malt ainsi obtenu est broyé puis mis à bouillir dans la proportion de 25 kilogr. de malt pour 100 litres d'eau. Passer à travers une grosse toile et ajouter 10 à 15 kilogr. de mélasse. On laisse fermenter de 1 à 8 jours, suivant la température. En tenant la *chicha* à l'abri de l'air et de la chaleur, elle peut se conserver pendant des mois et, au besoin, plus d'un an. (D'après Henri Brainne)

moyenne de plus de 3 milliards de boisseaux de maïs. Ces deux facteurs économiques interdépendants sont parfois, comme en 1924, en déséquilibre de sorte qu'une récolte de maïs déficitaire amène une forte diminution du cheptel porcin, très difficile à reconstituer ensuite. On a pu dire, en manière de boutade, que l'industriel de Chicago sème du maïs et récolte du cochon.

Le maïs est de plus en plus utilisé pour l'engraissement de la volaille.

Il y a, de plus, quelques menus emplois secondaires. C'est ainsi qu'en France les axes des épis dégarnis de leurs grains et imprégnés de résine sont vendus comme allume-feux sous le nom d'*allumettes landaises*. Les spathes séchées servent à l'emballage des fruits, à rembourrer les paillasses, etc.; les plus fines sont utilisées en Amérique du Sud et aux Etats-Unis comme enveloppes de cigarettes, etc. On peut extraire de la feuille une fibre textile.

Enfin, voici le maïs en passe de devenir un rival de la canne à sucre. Il résulte d'expériences faites naguère en Pensylvanie, répétées ensuite dans le midi de la France et en Cochinchine, que la castration du maïs, c'est-à-dire l'enlèvement des épis lorsque le grain laiteux n'a pas encore formé son amidon, est suivie de l'accumulation de saccharose dans le jus de la tige et de la formation de cellulose dans les fibres. Le vesou de maïs ainsi formé contiendrait une moyenne de 13 p. 100 de sucre; la fibre cellulosique donnerait une excellente pâte à papier et les grains, rachis, enveloppes, etc., contenant des matières fermentescibles, pourraient fournir de l'alcool en laissant un résidu comme tourteau d'alimentation pour le bétail.

En dépit de ces perspectives de rendement considérable de la culture industrialisée, des usines ne se sont pas créées, jusqu'à présent, sur le modèle de celle qui fut installée en Pensylvanie.

PAYS PRODUCTEURS D'après de Candolle, les limites de culture du maïs sont : en Europe, le 50ᵉ degré de latitude nord; en Amérique méridionale, le 40ᵉ degré de latitude sud; en Amérique septentrionale, le 54ᵉ de latitude nord. On en trouve les dernières cultures jusqu'à plus de 4.000 mètres d'altitude sur le plateau bolivien.

En 1926, la République Argentine a produit 4.732.239 tonnes de maïs dont 2.935.956 livrées à l'exportation.

La France consomme des quantités considérables de maïs : 427.600 tonnes en 1907; 244.300 tonnes en 1908, qu'elle importe surtout des Etats-Unis, de la Roumanie et de la République Argentine; mais certaines de ses colonies tendent à prendre une place de plus en plus grande parmi ses fournisseurs, bien loin cependant encore de l'approvisionner d'une partie importante de ses 300.000 tonnes en moyenne à l'importation actuelle.

En 1926, les colonies françaises et pays sous mandat ont exporté :

Indochine, 647.233 quintaux ; Nouvelles-Hébrides, 2.074 ; Côte d'Ivoire, 580; Dahomey, 121; Togo, 39.868; Madagascar, 100.490. Soit au total : 79.037 tonnes, chiffre très faible qui, en certaines années, s'est trouvé plus que doublé. C'est ainsi que l'Indochine a pu exporter, en 1913, jusqu'à 134.000 tonnes de maïs produits surtout par le Tonkin et Annam. La diminution des exportations a reconnu une cause à laquelle le commerce s'applique maintenant à porter remède : le conditionnement au départ et le certificat d'origine, afin d'écarter les maïs insuffisamment secs ou charançonnés.

---

3. — *Le sorgho ou gros mil*

Historique. — Description. — Variétés. — Culture. — Usages.

A cette même famille des Graminées dont nous venons d'examiner deux représentants de grande importance culturale, appartient une autre plante qui joue un rôle capital dans la vie économique de certains pays, comme plante alimentaire : le *sorgho*.

Il existe plusieurs sortes de *sorgho* ou *gros mil*, appelés aussi « blés de Guinée » (arabe : *bechna*), que certains botanistes ont érigées au rang d'espèces, mais que l'on s'accorde à considérer comme étant de simples variétés d'une espèce unique : l'*Andropogon Sorghum* Linné ou *Sorghum vulgare* Pers.

HISTORIQUE De Candolle admet, par déduction, l'indigénat du sorgho dans l'Afrique équatoriale, à l'époque préhistorique, avec transmission à l'Egypte, à l'Inde et à la Chine : cette céréale était connue dans l'Inde au commencement de l'ère chrétienne; elle est mentionnée en Chine au IV° siècle. Piédallu a identifié le sorgho sur des sculptures de monuments chaldéens du VII° siècle av. J.-C.

Toutefois, les anciens Egyptiens ne semblent pas l'avoir connu ou, du moins, cultivé.

Le nom de sorgho dériverait du latin *surgere*, « s'élever », à cause de la taille que la plante peut atteindre.

L'origine incertaine de la plante type a permis de soupçonner une dérivation du sorgho d'Alep (*S. halepense*), espèce commune et vivace de la région méditerranéenne, alors que d'autres lui attribuent une descendance par mutation des sorghos sauvages, non traçants, découverts en Afrique tropicale.

DESCRIPTION — Le *sorgho* est une grande herbe annuelle dont le port rappelle celui du maïs et qui peut atteindre jusqu'à 4 mètres de hauteur. Les feuilles sont alternes, longues, rubanées, à moitié inférieure dressée et à extrémité infléchie, scabres sur les bords. L'inflorescence est terminale : c'est une panicule ramifiée, lâche ou plus ou moins ramassée selon les variétés. Les ramifications de troisième ordre portent 2 ou 3 épillets uniflores dont 1 ou 2 sont ordinairement mâles ou stériles, l'autre étant hermaphrodite et donnant un grain (caryopse) de 4 à 5 millimètres de long et d'une largeur un peu moindre, entouré de ses 2 glumes, plus ou moins développées, qui la recouvrent entièrement ou seulement en partie. Ce grain varie de forme, de taille et de coloration; il peut présenter les nuances comprises entre le blanc, le jaunâtre, le rouge et le noir; les glumes elles-mêmes peuvent être jaune paille, rougeâtres ou noires.

CLASSIFICATION ET VARIETES — On connaît plus d'une centaine de variétés, mal définies et qui attendent que la classification botanique en soit faite.

Celle-ci viendrait mettre d'accord celles qui ont été proposées et qui reposent sur des bases très différentes, tels que l'état juteux ou sec de la moelle, l'absence ou l'existence d'un rhizome, la distribution géographique, etc...

Les agronomes américains distinguent pratiquement, d'après Gèze, trois classes de sorghos : les sorghos fourragers et le sorgho à balais ; les sorghos sucrés ; les sorghos non sucrés. Parmi ces derniers ils comprennent deux groupes d'origine africaine : les *Kâfirs* et les *Dourras* ; un groupe, les *Koaliangs*, originaires de Chine et de Mandchourie, et le groupe des *Shallus*„ dans l'Inde, où on les rapporte au *Sorghum*, var. *Roxburgii*.

Nous avons groupé dans le tableau suivant, sous une clef dichotomique d'application facile, les principales espèces qui nous intéressent au point de vue économique :

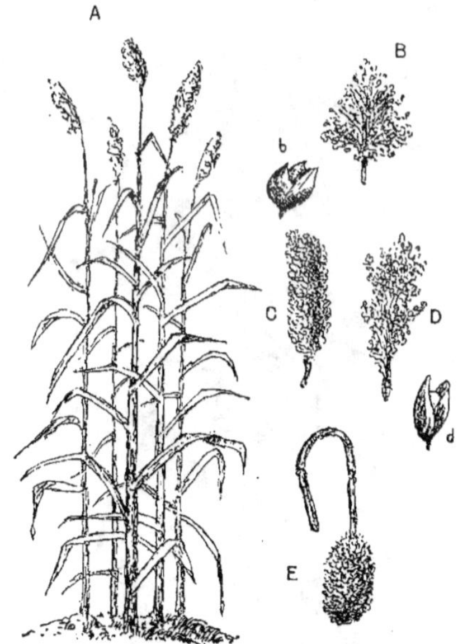

Sorgho. — A. *Sorghum vulgare*
B. C. D. E. Diverses formes
de panicules suivant les variétés.

1° Panicule lâche, caryopse inclus dans les glumes.

a) Axe principal de la panicule court : rameaux secondaires longs, var. *technicum* (Sorgho à balais);

b) Axe principal allongé, var. *saccharatum* (S. sucré).

2° Panicule dense.

Caryopse inclus :

a) Panicule dressée, var. *vulgare*.

b) Panicule penchée, var. *cernuum*.

Caryopse dépassant les glumes : var. *Doura*.

Le *Sorgho à balais* (*A. Sorghum*, var. *technicum*) est une grande plante à panicule très développée, à rameaux secondaires longs, rigides ou plus ou moins élastiques, dressés ou infléchis. Le grain, complètement revêtu par les glumes, est jaunâtre. Comme son nom l'indique, cette variété sert surtout à la confection des balais (inflorescence dépouillée de ses graines). Ses grains ne sont guère utilisés que pour la nourriture des volailles. On en connaît de nombreuses variétés dans le midi de la France (principalement dans les régions d'Orange et de Carpentras), mais surtout en Italie, où existent les sortes les plus estimées.

Les sorghos à balai, dont l'appellation indique surtout l'emploi industriel, intéressent la culture en Provence, en Languedoc et en Algérie. Ils fournissent des grains à l'aviculture, du fourrage à l'éleveur et de la paille à confectionner des balais. C'est l'industrie des balais, surtout florissante en Italie et en Espagne qui approvisionne la France, annuellement, pour plus de deux millions de francs, à l'importation de paille blanche à usage domestique.

L'Algérie, autant que le midi de la France, aurait intérêt à dé-

Sorgho sucré hâtif du Minnesota.
(*Cliché Vilmorin, Andrieux et Cie*).

velopper cette culture à laquelle la graineterie pourrait, de son cfiôté, montrer moins d'indifférence.

Le *Sorgho à sucre* (*A. Sorghum*, var. *saccharatum*; *Sorghum saccharatum*), désigné aussi sous les noms vulgaires de *Sorgho des Cafres, Imphy*, est une grande plante à panicule lâche, diffuse, à grain arrondi, blanc ou noir, luisant, revêtu par les glumes. Cette plante est cultivée pour son grain alimentaire, bien que de qualité inférieure, et comme plante fourragère. On peut tirer, de sa tige, du sucre qu'elle renferme en assez grande abondance. Sa culture en Amérique, comme plante saccharifère, est de plus en plus abandonnée, parce qu'insuffisamment rémunératrice par suite de la difficulté de séparer le sucre cristallisable du sucre incristallisable qu'elle contient dans une forte proportion. Les Américains en obtiennent surtout du sirop.

Le *Sorgho commun* (*A. Sorghum*, var. *vulgare*) est très répandu en Asie et en Afrique; il en existe de nombreuses variétés. Son inflorescence est dressée, compacte; ses grains sont sphériques, enveloppés par les glumes, de coloris variés.

Le *Sorgho penché* (*A. Sorghum*, var. *cernuum, Sorghum cernuum*) présente tous les caractères du S. commun; mais son inflorescence, au lieu d'être dressée, est retombante, l'axe qui la supporte étant recourbé en forme de crosse. Le grain est gros, globuleux, d'un beau blanc. On le trouve dans les mêmes régions.

Le *Sorgho Doura* (*Doura, Dari*) (*A. Sorghum*, var. *Doura*) rappelle beaucoup ceux des races précédentes, sa panicule est compacte, dressée; mais les grains, au lieu d'être enveloppés dans les glumes, sont presque à nu, globuleux, de couleur variant du blanc au rouge foncé. C'est à ce groupe qu'appartiennent les sorghos les plus estimés pour l'alimentation de l'homme.

COMPOSITION CHIMIQUE — La composition chimique du Dari montre qu'il possède une valeur nutritive intermédiaire entre celles du riz et du maïs.

Analyses chimiques du Dari, d'après M. Grandeau :

Matières protéiques	10,2	9,8
Cellulose	1,7	2,5
Matières amylacées	71,3	67,5
Graisse	3,1	3,3
Eau	11,1	15,2
Cendres	2,6	1,7
	100	100

CULTURE C'est la plante qui répond le mieux à la méthode culturale du *dry farming* par laquelle, comme suite du maintien de la surface du sol dans un état d'ameublissement permanent, les eaux de pluies incidentes sont conservées dans le sous-sol à la disposition des plantes à racines profondes.

Les conditions de végétation sont à peu près celles du maïs, sauf que le Sorgho demande plus de chaleur (il accepte des climats plus tempérés lorsqu'on le cultive seulement comme plante fourragère). Les opérations culturales sont semblables. On sème en poquets de 2-4 graines, en lignes et parfois à la volée, comme en Algérie où on compte 45 kilogrammes de semence nécessaire pour un hectare ensemencé à la volée, et 18 seulement au semoir. La durée de la culture varie de trois à cinq mois suivant qu'il s'agit de variétés hâtives ou tardives. En Algérie, on sème en avril et on récolte en août.

Au Sénégal et au Soudan, les opérations normales comportent l'incendie des herbes sur place, en juin, au commencement de la saison des pluies. Les graines sont placées dans des trous de 8 à 10 centimètres de profondeur, à distance de 30 à 40 centimètres, et quelquefois dans des sillons. La récolte est faite en saison sèche (novembre ou décembre). En certaines régions, comme le Sandougou, on fait deux récoltes, l'une des terres hautes, l'autre sur alluvions de rivière, après le retrait des eaux.

A Madagascar (côte ouest), on sème en novembre-décembre ; aux Antilles, en juin.

La récolte est moissonnée à la main et battue à la main, à la machine. ou, comme en Algérie, piétinée sur aire par des bœufs.

RENDEMENT En Algérie, les rendements à l'hectare sont très variables, entre 10 et 20 quintaux. Aux Etats-Unis, on récolte fréquemment de 25 à 50 hectolitres.

Le sorgho cultivé comme plante fourragère peut donner deux coupes; il ne faut pas attendre que les feuilles deviennent grandes et dures.

La variété « Kâfir » peut donner de 15 à 50 tonnes de fourrage vert pour l'ensilage.

Le midi de la France, au témoignage de Gèze, cultive maintenant de plus en plus une variété que Trabut a fait connaître sous le nom de *Tunis Grass*, ou « Sorgho menu », dont le fourrage est bien apprécié du bétail. C'est une plante de petite taille, ne dépassant pas 2 m., à tige grêle et.dont les graines tombent facilement.

ENNEMIS DE LA CULTURE Les oiseaux pillards prélèvent une forte dîme sur les récoltes que les indigènes s'efforcent de protéger par l'aménagement de petits miradors où s'installent les enfants pour faire l'épouvantail vivant. Ainsi que le maïs, le sorgho est attaqué par un charbon, *Ustilago Sorghi*, qui détruit surtout le grain et souvent l'inflorescence. C'est le *Kernel Smut* des Américains qu'on recommande de combattre par la désinfection des semences (1).

USAGES Le principal emploi du sorgho ou gros mil, chez les populations africaines, réside dans la préparation du *couscous*, gruau d'un usage si répandu que le sorgho peut être considéré, après le riz et le blé, comme le grain le plus consommé dans le monde. Le commerce en est réduit parce que les indigènes consomment eux-mêmes leurs récoltes.

Sa farine n'est pas panifiable, mais peut être incorporée à de la farine de froment.

Les indigènes en fabriquent, sous les noms de *sam*, de *pouh*, *dolo* (Sénégal), *tialva* (Cafrérie), *talla* (Abyssinie), *pombé*, *pipi* (Afr. orientale et centrale), une sorte de bière assez capiteuse dont ils font de grandes beuveries. Ces bières de mil sont obtenues par l'action d'un *Schizo-Sacharomyces* spécifique.

En Kabylie, le *bechna* atteint, dans l'arrière-saison, la valeur du blé. Le sorgho noir, ou *Dra*, constitue la nourriture du pauvre.

Les sorghos sucrés sont exploités aux Etats-Unis comme plante saccharifère dont le jus titre jusqu'à 16 p. 100 de sucres, en majeure partie non cristallisables.

Les Américains en obtiennent des sirops mielleux, dont il se fait une certaine exportation et que nous avons connus en France, pendant la guerre, sous le nom de mélasse.

En 1873 existait encore une fabrique de sucre de sorgho à Chirabo, près de Turin. Elle traitait, à cette époque, 1.300 tonnes de tiges.

Le sorgho sert à l'alimentation du bétail, en grain ou en fourrage. Nous avons dit plus haut l'intérêt du grain de sorgho à balais pour l'aviculture. Au Soudan, la cavalerie est alimentée au sorgho. Porcs, moutons, bœufs, vaches laitières et veaux en profitent bien.

Les variétés à tiges pâteuses constituent un fourrage de premier ordre. Il faut en éviter l'administration à l'état vert et frais, parce que les jeunes organes de la plante contiennent un glucoside, la *dourrhine*, voisin de la *phaséolunatine*, de la *manihotoxine*, de la *dioscoréine*, etc., qui, par dédoublement sous l'action d'une diastase, donne de l'acide cyanhydrique, capable de provoquer des accidents mortels (2). Ce principe toxique disparaît avec les progrès de la maturation, ainsi que par la dessiccation du fourrage.

---

(1) Moyens de désinfecter : Plonger les semences pendant 10 minutes dans une solution de sulfate de cuivre à 0,5 %$_o$; ou dans une eau formolée à 0,25 %$_o$ pendant une heure; ou pendant 15 minutes dans une eau à la température de 50 à 55° C.

(2) Ces accidents furent signalés pour la première fois, en 1858, dans la Beauce Gèze rapporte qu'un moyen simple de reconnaître la présence de la *dourrhine* serait de mâcher la feuille qui laisserait dans la bouche un goût d'amande amère.

Piédallu signale d'autres possibilités d'emploi du sorgho.

La bagasse des variétés à sucre ainsi que la paille donneraient une bonne pâte à papier.

Un sous-produit des fabrications sucrières et papetières serait une cire végétale.

Enfin, les variétés teintées peuvent fournir toute une gamme de couleurs d'un joli effet, utilisables dans la teinture des tapisseries en laine et des étoffes.

Les artisans indigènes du Soudan et les corroyeurs algériens se servent du *faraoro* ou mil des teinturiers, connu aussi sous le nom de *diélicanion*, pour teindre les cuirs.

Le sorgho de nos colonies africaines entrant presque totalement dans l'alimentation totale, n'y donne pas lieu à un commerce d'exportation notable.

---

4. — *Le mil à chandelles ou petit mil*

Description. — Variétés. — Culture. — Usages. — LE FONIO.

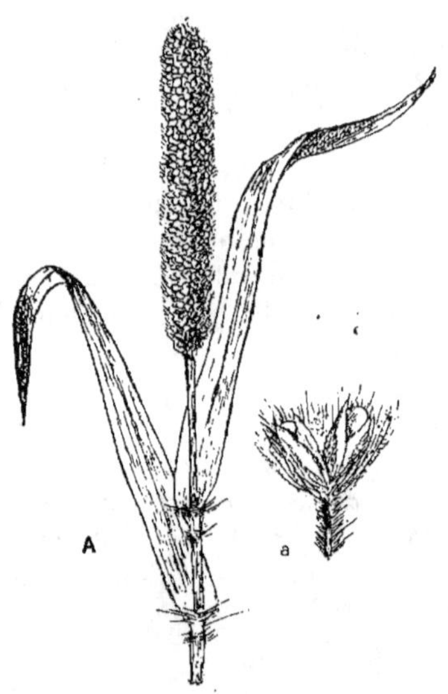

A. Petit mil.
a, épillet et grain.

Le mil à chandelles (*Pennisetum typhoidum* Richard; *Penicillaria spicata* Willdenow) est une Graminée voisine des sorghos. On la rencontre à l'état cultivé dans les mêmes régions que ces plantes, c'est-à-dire en Afrique et dans l'Inde. Son origine est incertaine.

DESCRIPTION C'est une plante annuelle, dont l'aspect rappelle celui du sorgho, mais de taille moindre, car elle dépasse rarement 2 mètres de hauteur; elle se distingue très nettement par son inflorescence qui est un épi cylindrique, dressé, terminal, de 15 à 20 centimètres de longueur, sur 2 à 3 centimètres de diamètre, rappelant par sa forme l'inflorescence des massettes (*Typha*), ce qui a valu à la plante le nom de « mil à chandelles ».

Les épillets, très pressés les uns contre les autres, sont fasciculés, entourés de soies nombreuses et persistantes; ils sont biflores, la fleur supérieure étant hermaphrodite, l'inférieure mâle.

Les grains (caryopse), très nombreux dans l'épi, sont plus petits que ceux du sorgho, oblongs ou ovoïdes, plus ou moins comprimés, à enveloppe dure, lisse, blancs, jaunâtres, violacés, rougeâtres ou noirs suivant les variétés.

VARIETES Il existe, en Asie et en Afrique, un bon nombre de variétés de mil à chandelles encore mal connues. Dans l'Afrique centrale, la plante est désignée sous le nom de *Doughn*, c'est le *Benitché* des Berbères d'Algérie, le *Dekkelé* des Sénégalais, le *Bujra* des Bengalais, le *Camboul* (Kambu) des Hindoustanis.

Grenier à mil au Soudan.

Le petit mil est un aliment très nutritif, dont la composition chimique est voisine de celle du sorgho. Il contient :

Eau	12
Amidon	75
Matières azotées	10
Matières grasses	3
	100

CULTURE. USAGES La culture du mil à chandelles est la même que celle du sorgho.

Le grain est très recherché pour la préparation du couscous : au Sénégal et au Soudan, il sert en outre à fabriquer une bière nommée *dolo*. On le conserve dans des greniers surélevés d'architecture bizarre. La paille du mil à chandelles constitue un excellent fourrage; la plante peut aussi être très avantageusement cultivée comme fourrage vert.

5. — *Le Fonio*.

Le *Fonio* (*Paspalum longiflorum* Retzius) est une Graminée de petite taille, ne dépassant pas 35 centimètres de hauteur, dont les tiges portent. à leur extrémité, 2 ou 3 épis longs et grêles garnis de grains extrêmement petits, grisâtres.

La plante croît à l'état sauvage dans la boucle du Niger, mais est l'objet de cultures relativement importantes dans le Soudan, la Haute-Gambie, la Haute-Casamance, le Fouta-Djallon.

Le fonio donne maintenant un rendement élevé de 1200-1400 kilos à l'hectare ; il est très apprécié et sa récolte est attendue avec impatience, comme étant la plus précoce. Elle arrive à une époque de l'année où les provisions sont épuisées et elle permet d'attendre la récolte des autres céréales.

Il existe plusieurs variétés de Fonio. Les plus hâtives, semées au commencement de la saison des pluies, peuvent être récoltées au bout de trois ou quatre mois.

Le *Fonio* donne un bon couscous; les Européens l'emploient surtout dans les potages comme la semoule (1).

---

6. — *Céréales frumentaires. Blé. Seigle. Orge.*

Blé. seigle, orge, sont des plantes de culture vieille comme l'humanité. aussi ont-elles donné naissance (le blé et l'orge surtout) à d'infinies variétés ayant chacune ses qualités locales appréciées.

Leurs caractères distinctifs généraux sont les suivants, d'après la structure de l'inflorescence et de la fleur:

1° Epis formés d'épillets solitaires sur l'axe principal :

a) Epillets à 3-5 fleurs, à glumes larges, à glumelle sans arête : *Triticum* (blé).

---

(1) Em. Perrot espère pouvoir faire accepter le *Fonio* par le marché français. Nourriture très agréable même pour le palais européen, il suffirait de le faire connaître par une propagande avisée. Telle est du moins l'opinion optimiste d'un connaisseur confiant dans la curiosité du consommateur. Le *Fonio* est consommé comme le riz cuit à l'eau ou, mieux, à la vapeur après lavages répétés pour dépouiller le grain de sa couche farineuse.

b) Epillets à 2 fleurs, fertiles, à glumes étroites, à glumelle à arête : *Secale* (seigle).

2° Epis formés d'épillets groupés par 3 et ne possédant chacun qu'une seule fleur. Glumelles à longue arête : Grain soudé avec les glumelles (rarement nu) : *Hordeum* (orge).

BLE — BLÉ (*Triticum vulgare* Villars). En agriculture, on applique le nom de *froment* aux blés dont le grain est nu (dépouillé de ses enveloppes ou balles, à la maturité). Le nom d'*épautre* désigne ceux dont le grain est vêtu.

Les FROMENTS se subdivisent en :

Blés tendres (*Triticum sativum* Linné), groupe très important, aux variétés très nombreuses caractérisées par la consistance farineuse, non cornée de leur grain. Quelques-unes d'entre elles peuvent être cultivées dans les régions les plus septentrionales.

Blés poulards (*Triticum turgidum* Linné), à épis très gros, carrés, lourds, toujours barbus. De qualité inférieure aux blés tendres, ils sont rustiques, productifs. C'est à cette catégorie qu'appartient le blé *de miracle*, variété plus curieuse qu'utile, à épi très gros, ramifié.

Blés durs (*Triticum durum* Linné), à épis barbus, à grain allongé et pointu, de contexture cornée et à cassure vitreuse. Ce sont des blés de pays chauds et secs.

EPAUTRES (blés vêtus)) :

Epautres proprement dits (*Triticum Spelta* Linné), à épi long et frêle, formé d'épillets étroits, espacés. Comprennent des variétés barbues et d'autres sans barbes.

Amidonniers (*Triticum amyleum* Seringé), à épis barbus formés d'épillets serrés sur l'axe, ce qui les distingue des précédents.

Engrains (*Triticum monococcum* Linné), à épis plats, formés d'épillets étroits, régulièrement imbriqués, constitués par 2 fleurs dont l'une est généralement stérile. Barbes faibles, courtes.

Dans chacune de ces diverses catégories de blé, on trouve des variétés qui diffèrent par les épis glabres ou velus, blancs, rouges, bruns ou noirs ; par le grain blanc, jaune ou rouge. Il existe enfin des blés qui diffèrent par leur précocité ou leur tardivité, ce qui les fait désigner sous les noms de blés d'hiver, d'automne, de printemps. Certaines variétés cultivées dans des régions froides donnent leur récolte en cinq ou six mois de végétation.

Les *blés durs* sont particulièrement adaptés aux régions subtropicales ; ils acceptent une chaleur relativement élevée, résistent mieux au grapillage des oiseaux et aux vents violents, mais leur paille est moins bonne comme fourrage. Leur grain est moins riche aussi en substances amylacées, mais possède une plus forte proportion d'éléments azotés, comme le montre le tableau comparatif suivant, dû à M. Garola.

	BLES TENDRES Moyenne de 39 variétés	BLES DURS Moyenne de 5 variétés	
Gluten			
Albumine	12,44	15,9	
Amidon		57,6	
Dextrine	67,40	6,7	64,3
Graisse	1,31	1,5	
Cellulose	2,80	2,3	
Sels minéraux	2,05	1,7	
Eau	14,00	14,2	

Les blés durs d'Algérie ont toujours été très appréciés; on les cultive dans les terres fortes (régions des plateaux élevés) fréquemment arrosées par la pluie en hiver et au printemps. Leur grain est utilisé pour l'alimentation des indigènes, mais il est surtout recherché pour la fabrication des pâtes et des semoules alimentaires. Les fabricants français et italiens s'en approvisionnent de plus en plus dans notre colonie.

L'Algérie produit aussi des blés tendres. Lorsque le terrain le permet, les colons le cultivent de préférence au blé dur parce qu'il se vend généralement plus cher.

Le blé est également l'objet de cultures très importantes en Tunisie et au Maroc, pour la consommation locale et pour l'exportation.

SEIGLE   Est seulement cultivé dans les régions tempérées et froides. C'est une céréale précieuse par sa grande rusticité et la rapidité de sa croissance ; elle prospère même dans les sols peu fertiles.

ORGE   L'orge est la céréale la mieux adaptée aux climats extrêmes. C'est celle qui se cultive aux latitudes les plus septentrionales et c'est aussi celle qui résiste le mieux aux chaleurs et aux sécheresses des régions subtropicales. Il en existe de nombreuses variétés que l'on classe dans les trois espèces suivantes :

Orge commune (*Hordeum vulgare* Linné), à épi formé d'épillets imbriqués sur 6 rangs, dont deux opposés peu saillants et 4 proéminents, ce qui rend l'épi presque tétragone, d'où le nom d' « orge carrée » qu'elle porte communément.

Orge à 6 rangs (*Hordeum hexastichum* Linné), qui diffère de la précé·
dente par son épi court, plûs épais, plus serré, à épillets disposés sur 6
rangs réguliers, tous également saillants.

Orge à 2 rangs (*Hordeum distichum* Linné), à épi étroit, comprimé, formé d'épillets disposés sur 6 rangs dont 4 déprimés, sans barbes; les 2
autres saillants, pourvus de longues barbes. L'*orge à 2 rangs* est surtout
employée en brasserie où elle donne le *malt* (orge germée), pour la fabrication de la bière.

La valeur alimentaire de l'orge est moindre que celle du blé. Elle remplace l'avoine pour les bestiaux dans les régions subtropicales.

C'est la céréale la plus cultivée par les indigènes en Algérie et celle à·
laquelle ils consacrent la majeure partie de leurs terres, parce qu'elle a le
grand avantage de mûrir vite et, celle d'hiver, d'être mûre avant les grandes chaleurs.

L'*orge d'Algérie*, sous-variété de l'*orge Escourgeon*, donne les meilleurs
rendements ; elle est remarquable par la longueur parfois extraordinaire de
son chaume.

On ignore assez communément que le blé, céréale des régions tempérées,
peut être cultivé jusque dans le nord du Soudan et qu'il est cultivé d'une
manière générale, dans toutes les oasis, jusque dans le Sahara. Les blés
durs y sont moins répandus que les blés tendres et les épautres sont représentés en de nombreuses variétés.

Dans l'Ahaggar, à Tazerouk, on peut faire deux récoltes de blé par an,
au dire de Chudeau. Dans l'Aïr, il rapporte le 45ᵉ grain; il est semé avec
l'orge fin novembre et récolté en avril.

Très répandu sur la rive occidentale du lac Tchad, la culture du blé
s'étend jusqu'au Kanem : elle y donnait en 1913, d'après le colonel Moll,
40 tonnes. A Iférouane, les indigènes savent fabriquer une sorte de vermicelle grossier de bonne conservation. Chudeau indique la région du lac
Faguibine comme centre le plus important de la culture du blé au Soudan.

La production, où domine le blé dur, y serait de 15 quintaux à l'hectare. Ce sont les blés de Goundam qui ont alimenté en 1898 la petite mi-
noterie Lenfant à Koulikoro et qui a pu donner jusqu'à 200 kilos de farine
par jour. A présent, beaucoup d'Européens utilisent au Soudan le blé de
provenance locale. Le général de Trentinian attachait beaucoup d'intérêt à
cette culture.

Des essais de culture du blé en Haute-Volta ont donné des résultats in-
certains.

A Madagascar, des colons européens, établis dans la région volcanique de
Betafo, à 1.400 m. d'altitude, avaient réussi à produire 300 tonnes de blé
en 1912, puis abandonnèrent lorsque les maladies crpytogamiques atta-

quèrent les récoltes. Dans le centre de l'île, le blé est cultivé en saison froide et sèche, semé en avril et mai et récolté en octobre et novembre, mais sur une échelle insuffisante pour satisfaire la consommation locale européenne.

La culture de l'orge et de l'avoine pourrait bien réussir dans la province de Vakinankaratra; mais la consommation en est très minime.

En Indochine, le blé est cultivé dans la Haute Région par les Thôs et les Nungs de la province de Caobang ; culture sans importance réelle, fournissant un grain menu, allongé, brunâtre, difficile à conserver dans l'humidité du climat et ne pesant que 64 kgs l'hectolitre. Des cultures plus importantes se trouvent au Yunnan en cultures d'hiver.

L'orge s'accommoderait mieux du climat du Tonkin; elle n'y est pas cultivée.

Plantes diverses cultivées pour leur grain. — Nous citons ici, pour mémoire, un certain nombre d'espèces dont le grain, en divers pays, est récolté au titre alimentaire, comme succédané éventuel de la grande culture de céréales, adjuvant parfois en cas de disette ou recommandable par la facilité de sa culture.

Panicum miliaceum L., ou millet à grappe, cultivé dans l'Inde, en Chine et au Japon pour son fourrage et son grain.

Setaria italica P. Deauv, notre millet des oiseaux, cultivé dans les mêmes pays et dans les mêmes conditions de rusticité de culture.

Eleusine Coracana Gaertn, cultivé dans l'Inde, le nord de l'Afrique, l'Abyssinie, comme ressource éventuelle en cas de défaillance d'autres cultures vivrières.

Coix Lacryma L., ou « larme de Job », « larmille des Indes », originaire de l'Inde, récolté en Extrême Orient en cas de disette. Cette graminée est représentée dans la zone tropicale par une variété à grain tendre connue sous le nom d'*Adlay* aux Philippines où sa farine est très employée jusque dans la panification qui en obtient des produits remarquables. Cette farine contient jusqu'à 5,43 % de matières grasses. Le grain se décortique comme le paddy. Le rendement atteint 2 tonnes et demie à l'hectare.

Il est intéressant de signaler enfin la récolte que beaucoup de tribus indigènes de l'Inde et de la Malaisie font, en cas de disette, des graines de *bambou*. Les peuplements de bambou fleurissent à de très longs intervalles et tous ceux issus d'une même souche, la même année quel que soit leur habitat.

B. — *PLANTES FÉCULENTES*

TUBERCULES, RHIZOMES, TIGES

Il convient de ne pas confondre les racines, les tubercules et les rhizomes.

La racine est un organe de fixation, mais son principal rôle est d'absorber l'eau et les matières minérales nécessaires à la nutrition de la plante; elle est sans épiderme, ne porte pas de feuille, et se trouve revêtue, à l'extrémité de son point végétatif, d'une *coiffe* protectrice. C'est par les *poils absorbants* (poils radicaux) dont elle est pourvue sur une certaine partie de sa longueur, dans le voisinage de la coiffe, que la racine puise les sucs nourriciers dans le sol.

La tige est un organe de soutien : elle porte les feuilles, les fleurs et les fruits; son rôle principal est de transporter, au moyen de ses vaisseaux, les matières nutritives que les racines ont puisées dans le sol (sève ascendante) par les vaisseaux du bois, ainsi que les aliments préparés dans les feuilles, par les vaisseaux du liber.

Les rhizomes sont des *tiges* souterraines, enterrées plus ou moins profondément, qui émettent des rameaux aériens avec des feuilles vertes, normales et portent, sur leur partie souterraine, des feuilles réduites à l'état d'écailles minces, incolores. Certains rhizomes dits *indéfinis*, s'allongent sans cesse, souterrainement, par leur bourgeon terminal, et, seuls, les bourgeons auxiliaires donnent naissance aux feuilles aériennes et aux fleurs.

Dans les rhizomes *définis*, tous les bourgeons : terminal et auxiliaires, épanouissent leurs feuilles au-dessus du sol.

La tige et la racine font souvent office de magasins de réserve dans lesquels s'accumulent des substances nutritives, destinées à l'alimentation de la plante dans une période ultérieure. Dans certains cas, elles se renflent pour constituer des bulbes ou des tubercules, masses charnues dans les tissus desquelles s'amassent surtout des hydrates de carbone : amidon ou substances analogues, rarement des albuminoïdes ou des matières grasses. Les plantes ainsi tubérisées peuvent traverser l'hiver ou une saison chaude et sèche en se réduisant à leurs parties charnues généralement enfoncées dans le sol; elles passent ainsi à l'état de vie ralentie. Lorsque la saison redevient favorable, elles émettent des tiges foliaires en épuisant peu à peu leurs réserves; ensuite, pendant la période de végétation, de nouveaux tubercules se forment par la migration des produits de l'assimilation foliaire.

Certains tubercules sont constitués par le renflement de la racine (manioc, patate) : dans ce cas, ils ne portent pas de bourgeons. Le plus généralement ce sont les rhizomes qui se tubérisent (taro, igname, pomme de terre): les tubercules portent alors des bourgeons disposés comme sur les rameaux.

Du fait que ces magasins de substances nutritives souterrains sont gorgés principalement d'amidon, ils deviennent précieux pour l'alimentation de l'homme.

Parmi les plantes des colonies les plus importantes, à ce point de vue, se place le manioc.

---

1. — Le Manioc

Historique. — Description. — Variétés : Manioc amer. Manioc doux. — Composition chimique. — Culture. — Rendements. — Usages du manioc. — Préparation. — Tapioca. — Commerce.

Le *Manioc* appartient au genre Manihot, de la famille des Euphorbiacées. Ce genre comprend de nombreuses espèces, entre autres le *M. Glaziovii*, arbre qui produit le *caoutchouc de Céara* dont il sera question ailleurs.

HISTORIQUE   D'origine américaine, sans doute du Brésil, le manioc fut cultivé en Amérique tropicale avant l'arrivée des Européens. Il fut introduit à l'île Bourbon par le gouverneur de Labourdonnais et se répandit en Asie relativement tard.

DESCRIPTION   Le genre *Manihot* renferme deux espèces alimentaires considérées par certains botanistes comme simples variétés d'une seule espèce, mais qui se distinguent par leurs caractères et leurs propriétés :

1° Le *Manioc amer* (*Manihot utilissima* Pohl, *Jatropha Manihot* Linné), *mandioca, yucca amarga*, arbrisseau pouvant atteindre 2 à 4 mètres de hauteur; à tiges plus ou moins tortueuses, anguleuses; à feuilles alternes, palmatilobées comme celles du ricin, mais plus petites, à pétioles bruns ou noirs, à folioles relativement étroites et atténuées en pointe; à fleurs les unes mâles, les autres femelles sur la même plante (monoïques), petites, jaunâtres, disposées en grappes. Le fruit est une capsule relevée d'expansions en forme d'ailes, à 3 coques dont chacune renferme une graine qui rappelle celle du ricin par sa forme et par sa couleur, mais de plus petites dimensions.

Les racines se renflent dès le collet en formant un faisceau de longs et gros tubercules, qui mesurent en moyenne de 30 à 50 centimètres de long et peuvent atteindre jusqu'à 1 mètre de longueur et peser jusqu'à 3 kilogrammes ; ils ont une pellicule brunâtre ou rougeâtre.

2° Le *Manioc doux*, *yucca dolce*, *soso*, *camanioc* des Antilles (*Manihot palmata* Mueller, *M. Aipi* Pohi, *M. dulcis* Baillon, *Jatropha dulcis* Rottboell), plante de plus petites dimensions que la précédente, à tige plus dressée, non anguleuse, à pétioles d'un vert jaunâtre, à folioles plus larges, moins atténuées en pointe, à fruits dépourvus d'ailes et légèrement anguleux au sommet.

Les tubercules du manioc

Manioc amer (d'après H. Jumelle).
A, Rameau fructifère, B. Fruit,
C. Fleur femelle, D. Graine.

doux sont plus petits que ceux du manioc amer : 10 à 15 centimètres de longueur sur 3 à 5 centimètres de diamètres; ils rappellent ceux du dahlia.

Les racines du manioc sont fasciculées; elles se gorgent dès le collet d'une farine blanche dans la variété douce, grisâtre dans le manioc amer : c'est la *moussache*. Elles contiennent également, en proportion très faible dans le manioc doux et plus forte dans le manioc amer, un glucoside, la *manihotoxine*, cyanogénétique, c'est-à-dire pouvant donner naissance, par dédoublement, à de l'acide prussique ainsi que nous l'avons déjà noté pour la *dourrhine* du sorgho.

La présence de ce principe toxique dans le tissu de la racine, et surtout dans l'écorce teintée du manioc amer, en devient un danger pour le consommateur s'il n'avait soin préalablement d'éliminer le poison, ce qui est facile par le lavage ou la cuisson.

La racine fraîche du manioc doux ne présente pas cet inconvénient bien qu'il y ait, sous ce rapport, des observations d'après lesquelles les Indiens de l'Amérique du Sud affectionnent parfois et consomment sans risque des racines très teintées.

A Madagascar, à la Réunion et à la Guyane, on se dispense volontiers de peler le manioc et il se peut que ces variétés contiennent un contre-poison annihilant l'action de la manihotoxine dans l'organisme.

VARIETES — Le manioc, en effet, présente de très nombreuses variétés assez mal différenciées les unes des autres pour pouvoir se réclamer de l'une ou de l'autre espèce, de telle sorte qu'on a vu des maniocs doux acquérir les caractères du manioc amer sous l'influence d'un changement de sol et de climat. Yves Henry a constaté cette inversion sur les variétés du Dahomey.

De plus, la teneur en manihotoxine est variable dans les diverses parties du tubercule. Un manioc doux, par exemple, en accuse 0,030 p. 100 dans l'écorce et 0,007 p. 100 dans le tissu central. Un manioc amer en accusera 0,024 p. 100 dans la pellicule et autant dans le cylindre central.

Les variétés se distinguent surtout et se font apprécier par la durée de leur végétation qui peut varier du simple au triple, c'est-à-dire de 8 mois à plus de 2 ans. On les différencie également par la grosseur des tubercules et leur teinte.

Composition chimique. — La valeur nutritive du manioc n'est pas élevée. Il ne contient, à l'état frais, qu'un faible pourcentage de matières azotées : 1 à 1,5 % ; de 23 à 24 % de fécule et plus de 60 % d'eau. Dans l'analyse des matières sèches, on dose de 1,87 à 3,68 % de matières azotées; 1,37 à 1,99 % de matières grasses et 87,77 à 91,89 % d'amidon.

Dans certaines variétés, Ammann a trouvé de 4,33 à 7,43 % de matières azotées et de 70 à 77,60 % d'hydrates de carbone.

La composition est donc très variable suivant les variétés et l'état de développement des racines qu'il importe de mettre à profit au maximum de leur teneur en fécule.

CULTURE — Le manioc n'aime pas les terres lourdes, argileuses, humides; il lui faut un sol léger, meuble, sablonneux, dans des fonds de vallées ensoleillées, en légère pente. Il réussit encore jusqu'à 1.000 mètres d'altitude, mais la production diminue avec l'abaissement de la température.

L'époque de sa culture doit être déterminée par la distribution saisonnière des pluies fortes et des sécheresses qu'il craint, les unes pour ses tubercules qui pourrissent lorsqu'elles sont excessives, les autres pour la fanaison de ses tiges. Il faut donc choisir le moment de la fin des pluies fortes ou le commencement, si elles ne doivent pas être trop abondantes.

Les maniocs amers sont beaucoup plus cultivés dans les régions tropicales que les maniocs doux qui réussissent bien dans les climats plus tempérés.

Les plantations doivent être abritées des grands vents.

La multiplication est facile par semis de graines, mais on préfère le bouturage qui conserve les caractères de la variété. On plante sur sillon en ligne, ou en poquets, à raison de 10.000 à 12.000 pieds à l'hectare, chaque poquet recevant généralement 2 boutures couchées obliquement dans le sol. Deux ou trois semaines après la plantation, les pousses émergent du sol.

On éclaircit ensuite à deux ou trois tiges. Des binages répétés sont néces-

Maniocs doux et amer du Tonkin.

saires pour contrarier l'envahissement des mauvaises herbes jusqu'à ce que l'ombre des branches, assez développées, en arrête la poussée. Ou butte à l'apparition des premières branches.

La culture du manioc est épuisante : elle demande des engrais et nécessite des assolements. Elle est très sensible à l'action du fumier de ferme, généralement rare dans les pays tropicaux et augmente ses rendements par l'effet des engrais potassiques, les cendres par exemple. La qualité du terrain est donc d'importance primordiale.

Les cultures intercalaires sont possibles et fréquentes : de maïs, légumineuses et surtout de tabac.

La récolte du manioc doux peut être obtenue à moins d'un an de végé·
tation et se prolonger pendant une année au gré des besoins pour l'alimentation.

Les maniocs amèrs industriels sont récoltés au bout de dix-huit mois
ou de deux ans suivant les variétés, le principe étant de récolter après
que la racine a emmagasiné le maximum de sa réserve de fécule et avant
que les progrès du développement durcissent les fibres et entament la réserve de fécule.

Les tiges sont coupées au sabre d'abatis à 25 ou 30 centimètres du sol
et les racines, déchaussées à la main, à la bêche ou au pic, sont arrachées
par traction ou déterrées à la charrue sans soc. Une bonne arracheuse
reste à trouver. Il est indispensable, sur les grandes plantations, d'évacuer
la récolte vers l'usine dans le plus bref délai, soit dans les vingt-quatre
heures, sous peine d'altération de la fécule qui devient impropre à la fabrication du tapioca. L'usine doit être installée au centre économique des
plantations et bénéficier de moyens de transport rapides.

ENNEMIS — Les rats sont des ennemis plus redoutables que les insectes. Les grands vents sont à craindre. L'humidité excessive du sol provoque la pourriture des racines. En
certaines régions tropicales la « fourmi manioc », opérant en masses, peut
dévaster un champ entier dans l'espace d'une nuit.

En A. E. F. les potamochères sont souvent de grands ravageurs des
plantations de manioc.

RENDEMENTS — Certains rendements ont été singulièrement exagé-
rés par des chiffres de calcul d'après lesquels on
obtiendrait en Amérique jusqu'à 120 tonnes de tu-
bercules à l'hectare et au Brésil, 100 tonnes. On a cité les chiffres de 42
tonnes en Nouvelle-Calédonie, 30 à la Réunion, 10 à 50 à Madagascar.

Sans doute, y a-t-il de grandes différences de rendement suivant la qualité
du sol, la variété et surtout la qualité de la bouture et les soins donnés à
la culture; mais il résulte d'études comparées faites par Tracy aux Etats-
Unis, qu'une récolte de 30 tonnes à l'hectare, sur une plantation de faible
étendue, est un beau rendement, et que, sur une grande plantation, il faut
compter, en moyenne, de 15 à 20 tonnes à l'hectare. Il va sans dire que
l'emploi des engrais peut augmenter ce chiffre.

L'expérience a montré également que le labour préalable et soigné du sol
peut augmenter le rendement de plus du quart.

Le rendement en fécule atteint jusqu'à 36 p. 100 comme c'est le cas pour
certaines variétés de Colombie; mais il est ordinairement de 16 à 20 p. 100.

USAGES DU MANIOC
PRÉPARATION

Les maniocs sont des plantes précieuses pour les pays chauds; leur culture est facile; ils donnent un aliment sain, d'une facile digestion, mais de peu de saveur. Ils constituent la base de l'alimentation et quelquefois la seule nourriture des indigènes dans la région tropicale.

C'est, dans l'Amérique du Sud, une denrée de grande consommation courante et populaire et les modes de préparation en sont nombreux. Au Brésil, la *feijoada*, mélange de haricots noirs et de farine de manioc, est un mets en quelque sorte national et les indigènes sont très habiles à s'en lancer des pincées dans la bouche.

Les Indiens obtiennent du manioc râpé le *couac* et la *cassave*, qui sont: le premier, des grumeaux de pâte de racine séchée à la chaleur, criblée ensuite et légèrement torréfiée dans des chaudières en fer; le second, la pâte de racine râpée et exprimée, étendue à la façon d'une crêpe très épaisse sur une plaque chauffée qui en fait un biscuit solide.

Ces préparations sont de bonne conservation et constituent l'indispensable viatique du voyageur.

Pour obtenir la pâte de manioc débarrassée de son principe toxique, les Indiens se servent de la « couleuvre » qui est un boyau en fibre tressé de palmier, long de 1 m. 50, large de 0 m. 20, suspendu verticalement, auquel on attache à l'extrémité inférieure un récipient pesant dont le poids, en allongeant le boyau, en comprime le contenu et en exprime le liquide. La bouillie de racine râpée est dépouillée de la sorte d'une partie de son eau qui entraîne également une certaine quantité de farine très fine : la *moussache*. Le liquide ainsi exprimé, appelé *manicuéra*, est réduit par la cuisson et donne le *tucupay*, une sauce condimentaire que les Anglo-Saxons apprécient sous nom de *pepper-pot* et qui est le *calrou* de la Guyane.

Au Brésil également, le manioc sert à la préparation de diverses boissons dont la recette est donnée par Aublet. C'est d'abord le *cachiri*, boisson capiteuse à goût de poiré, obtenu de la râpure fraîche de manioc, bouillie avec de la patate et du jus de canne à sucre, abandonnée à la fermentation pendant 48 heures. Le *vicou* en est une variante obtenue par l'eau dans laquelle la pâte de même composition a été mise à fermenter. Cette liqueur est acide et rafraîchissante.

La *paya* est préparée avec des cassaves fraîchement cuites, mises en tas, pétries ensuite avec des patates et de l'eau et mises à fermenter pendant deux jours.

Cette liqueur rappelle le vin blanc par son goût.

La *voua-paya* en est une variante, piquante comme le cidre et capiteuse en vieillissant.

En Amazonie, la feuille du manioc s'accommode et se consomme, sous le nom de *maniçoba*, à la façon des épinards.

Dans toutes nos colonies où le manioc est cultivé, il entre dans des préparations culinaires variées et figure à la table de l'européen comme entremets ou au dessert sous la forme de tranche bouillie, glacée au sirop sucré et parfumé. Il y aurait intérêt à le faire servir dans la pâtisserie.

La farine de manioc, fine, pure et bien sèche, entre facilement dans la panification au taux de 5 à 7 p. 100.

A la Réunion, le manioc est de consommation populaire et se vend au menu, dans la rue, après cuisson, chaud, assaisonné au sel. On y prépare, avec de la râpure de racine dépelliculée, mise dans un sac de jute dont on a exprimé l'eau par pression entre deux planches, des galettes minces, sortes de crêpes, cuites sur plaques de tôle chaude qui se conservent plus d'une semaine et se mangent comme biscuit, au lait ou au bouillon. On y confectionne aussi des galettes susceptibles de conservation pendant cinq ou six mois, et qui sont des boules de râpure de manioc soumises à une dessication complète au four.

La farine, ou moussache de manioc, trouve son emploi le plus important dans la fabrication de ce produit alimentaire de consommation mondiale : le *tapioca*. La préparation de cette denrée se fait dans des usines locales, ou même en Europe; elle demande un outillage mécanique perfectionné.

Tapioca. — Une des conditions de bonne marche de l'usine est la possibilité de s'alimenter suffisamment et régulièrement en matière première.

Les racines sont d'abord lavées; elles passent ensuite dans des machines à râper qui les réduisent en bouillie grossière.

La pulpe ainsi obtenue est mise dans des tamis cylindriques tournant horizontalement et dans lesquels circule constamment un courant d'eau qui entraîne la fécule.

Le liquide laiteux tombe dans une rigole qui le conduit dans une série de trois bassins de décantation qu'il parcourt successivement et très lentement, laissant déposer une fécule de plus en plus fine et d'où il sort presque clair.

La *moussache* ainsi déposée est récoltée après décantation. On la fait passer à l'étuve pour la sécher, puis on la broie et on la transforme en tapioca à l'aide des granulateurs.

A cet effet, on humecte cette fine fécule et on la fait passer, par pression, à travers un tamis d'où elle sort en fins filaments pour tomber sur les plaques ou dans des bassines chauffées et agitées, soit à la main, soit à la machine. Les filaments, brisés au contact de la plaque en mouvement, forment de petits grains ou perles qui sont le tapioca lorsque le grain devient cassant sous la dent.

Dans une usine moderne, ces opérations sont faites par une machine qui broie, tamise, presse, torréfie, nettoie et trie à la fois.

Les grains obtenus en diverses grosseurs passent sur des tamis et les plus fins donnent la « crème de tapioca ». Le parfait paquetage du tapioca acheté chez l'épicier est obtenu en mettant le paquet dans de l'air humide qui gonfle le contenu et fait tendre la ficelle qui l'enserre.

On fabrique aussi des tapiocas (soi-disant) avec d'autres fécules, surtout avec celle de pomme de terre qu'on appelle dans l'épicerie *tapiocas indigènes* pour les distinguer du tapioca de manioc dit *exotique*. Il est facile de reconnaître ces sortes à l'examen au microscope de la fécule où les grains d'amidon accusent leur forme caractéristique.

L'amidon de manioc donne, à l'eau bouillante, un empois très employé à la Réunion pour l'empesage du linge.

C'est également la Réunion qui, depuis longtemps, associe le manioc à la ration d'alimentation du bétail; on y obtient d'excellents résultats chez la vache laitière. Dans la ration du veau et du porcelet, on emploie la farine et dans celle du cheval et du bœuf à l'engraissement, la cossette ou la rondelle (1).

Les cossettes sèches contiennent jusqu'à 80 p. 100 de matières nutritives constituées surtout par des hydrates de carbone. Les protéines n'y figurent que pour 3 à 3,5 p. 100 et les matières minérales pour 1 à 2 p. 100, proportions insuffisantes pour donner à la ration les qualités requises dans la formation du muscle et de la charpente osseuse.

Bien que séchée à complète siccité, la cossette de manioc amer demande quelques précautions contre la présence du principe toxique, facile d'ailleurs à reconnaître à l'analyse sommaire. On emploie également dans l'alimentation du bétail, notamment en Angleterre, la pulpe desséchée, l'*ampas* des Malais, en poudre ou en morceaux, qui reste du manioc après l'extraction de la farine.

En France, l'alimentation du porc et du veau s'adresse de plus en plus aux cossettes de manioc, importés principalement de Madagascar et de la Réunion qui les exporte en sacs de 55 à 60 kgs.

Les racines séchées au soleil peuvent servir, aux colonies, à la fabrication d'un alcool industriel.

PRODUCTION ET COMMERCE — Les grands fournisseurs de la France en tapioca et en fécule de manioc sont le Brésil, la Malaisie et les Etats-Unis. La Malaisie envoie ses produits à Singapour qui en exporte annuellement plus de 25.000 tonnes.

Dans nos colonies, la Réunion vient en première ligne avec son *camanioc* (soua) dont elle peut exporter près de 2.000 tonnes sous forme de tapioca et de fécule.

Madagascar, qui n'a commencé réellement à produire qu'en 1906, cultive

---

(1) La cossette est obtenue en coupant la racine verticalement en quatre morceaux qu'on fait sécher au soleil ou dans des appareils. C'est le *gaplek* des Malais. Les rondelles sont des ronds de tige coupée transversalement.

avec le manioc amer, du manioc doux, le *mangahazo*, variété venue de Bourbon.

La Nouvelle-Calédonie, les Antilles, la Guyane, Tahiti, l'Indochine, nos possessions de la côte occidentale d'Afrique cultivent aussi le manioc, mais surtout pour la consommation locale indigène. En Algérie, cette culture n'a pas donné de résultats encourageants.

Etant donné les demandes croissantes de l'industrie européenne et métro-politaine, la facilité relative de la culture et des envois, il est à souhaiter que nos colonies lui donnent plus d'attention.

La France consomme annuellement environ 18.000 tonnes de manioc brut et desséché, et 3.000 tonnes de tapioca.

En 1925, les colonies françaises ont exporté :

Manioc brut ou desséché : Madagascar, 388.527 quintaux; Sénégal : 4.453 quintaux; l'Indochine et l'A. O. F. des quantités insignifiantes.

Farine de manioc : Madagascar, 36.977 quintaux.

Fécule de manioc : Madagascar, 19.461 quintaux; Réunion : 1.202 quintaux.

Tapioca : Madagascar, 14.549 quintaux; Réunion, 10.474 quintaux.

Culture en Afrique. — En Afrique équatoriale française la culture du manioc acquiert une importance particulière au regard des possibilités d'alimentation des indigènes des régions forestières. Cette plante vivrière constitue, avec le facile bananier, souvent la seule ressource accordée à l'indolence du noir et l'on ne sait que trop à quel point la sous-alimen-tation de ces populations misérables affecte leur état physiologique et arrête leur développement numérique. Or, l'indigène n'accorde à la cul-ture du manioc aucuns soins, négligeant le choix des boutures, abandon-nant à eux-mêmes les plants dès qu'ils sont racinés, prélevant les racines au bout de six mois au fur et à mesure des besoins, ignorant des métho-des de conservation autres que la dessiccation et la confection de la farine. Il serait utile de leur apprendre la confection du couac et de la cassave selon la mode brésilienne, afin de mieux les mettre à l'abri de la disette vite venue avec l'épuisement d'un aliment très périssable. Ils consomment le manioc après macération des tubercules dans une mare et lavage, puis désagrégation pour enlever les fibres, la chair comestible étant mise à cuire à l'étuvée dans des feuilles de marantacées. La pâte épaisse ainsi obtenue est consommée avec une sauce condimentaire obtenue des feuilles de dif-férentes plantes.

Les Dahoméens, qui connaissent le manioc rouge et le manioc noir, plus prévoyants, s'arrangent de façon à récolter successivement des variétés précoces (rouge et noire) et la variété tardive (noire) qu'ils laissent même en terre pendant deux ou trois ans lorsqu'ils veulent transformer leur manioc en farine. Ainsi, au témoignage d'Yves Henry et d'Ammann, récoltent-ils du manioc (*félien*) toute l'année, et principalement aux mois de décembre et de janvier.

2. — *L'arrow-root*

Si le tapioca nous donne de bons potages, l'*Arrow-root* nous fournit une fécule alimentaire très digestible, destinée de préférence aux enfants et aux valétudinaires. Elle a un emploi considérable en Angleterre.

La fécule d'arrow-root est produite par les tubercules de plusieurs plantes de la famille des Cannacées, à laquelle appartient le *Balisier* (*Canna*), bien connu comme plante ornementale cultivée dans nos jardins, en France.

Ici, la fécule s'accumule, non dans les racines proprement dites, mais dans de véritables tiges souterraines, ou rhizomes.

L'*arrow-root* type est produit par le *Maranta arundinacea* Linné, herbe vivace originaire de l'Amérique méridionale, introduite en 1740 dans l'Inde où on le cultive maintenant, ainsi qu'en Malaisie et quelque peu chez les Annamites.

Dans nos colonies, la culture en est faite à la Réunion, à la Guyane et surtout aux Antilles où on l'appelle *moussache de Barbade*.

Elle est surtout importante aux Bermudes, à St-Vincent, aux Etats-Unis et au Natal.

La plante qui donne l'*arrow-root* dit *de tous les mois* ou *tolomane* existe aux Antilles; les Anglais désignent son produit sous le nom d'*arrow-root du Queensland* parce qu'ils le cultivent beaucoup en Australie. C'est le *Canna edulis* Ker-Gawl., belle plante vivace de l'Amérique tropicale, à tiges robustes pouvant atteindre 2 à 3 mètres de hauteur. D'autres espèces de Cannas, très répandus dans nos colonies, possèdent également des rhizomes féculents qu'il serait possible d'utiliser pour la production de l'arrow-root et que l'on peut consommer cuits comme légume.

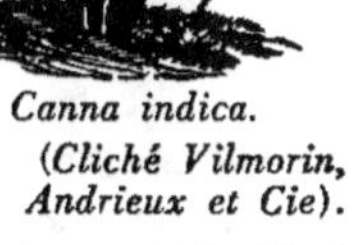

Canna indica.
(Cliché Vilmorin, Andrieux et Cie).

Le *Maranta arundinacea* et les *Canna* aiment un sol léger, un peu sablonneux, assez humide, dans les dépressions.

On peut les reproduire à l'aide de graines, mais il est préférable de se servir de fragments de rhizomes que l'on plante dans des sillons, de manière à ménager un espace d'un mètre entre eux, car ces racines sont traçantes. La récolte a lieu au bout d'un an ou de dix mois en coupant d'abord les feuilles et les tiges et en arrachant les rhizomes ensuite.

Les tubercules de *Maranta* contiennent de 16 à 25 % de fécule. La farine elle-même donne à l'analyse, de 0,45 à 1,69 % de matières azotées, 0,10 à 0,25 % de matières grasses et 83,77 à 85,95 % d'hydrates de carbone.

Un autre arrow-root est tiré d'une plante de la famille des Taccacées, le *Tacca pinnatifida* Forster (*T. involucrata* Schumann et Th.), qui croît en Océanie, à Madagascar et en Afrique tropicale : c'est le *Pia* de la Polynésie, le *tavolo* de Madagascar, le *bouré* du Soudan. En 1925, Madagascar a exporté 997 tonnes de farine de *tavolo*. La fécule que l'on extrait de son tubercule, surtout à Tahiti d'où on l'exporte quelque peu, est connue sous le nom d'*arrow-root de Tahiti*.

La fécule de ces diverses sortes d'arrow-root est retirée des tubercules par des opérations analogues à celles que nous avons décrites pour le manioc : râpage, lavages, décantage, séchage.

Pour l'arrow-root vrai, les lavages doivent être répétés, car la qualité du produit est déterminée, en partie prépondérante, par sa belle couleur blanche et nacrée. Aussi ne faut-il pas laisser la récolte fraîche exposée à l'air ni au soleil qui la jauniraient. Le résidu, ou *couac*, peut être donné au bétail.

La nature, l'emploi et la fréquence de ces tubercules les ont fait qualifier à juste titre de pommes de terre des tropiques.

---

3. — *Les taros*

Variétés. — Culture. — Chou caraïbe.

Le *Taro* (*Colocasia antiquorum* Schott, *C. esculenta* Schott. *Caladium esculentum* Ventenat) de la famille des Aracées, est une plante herbacée, vivace par sa partie souterraine qui est tubéreuse ; il est souvent cultivé en France, comme plante ornementale en raison de ses grandes et belles feuilles peltées, cordiformes, d'un vert gai. Il est originaire de l'Extrême-Orient et probablement aussi des régions forestières de l'Afrique tropicale; mais on le trouve aujourd'hui cultivé dans toutes les parties humides de la région tropicale, pour le renflement en gros tubercule de la partie inférieure de sa tige (rhizome), qui se charge de fécule comestible. Le nom de *taro* lui vient de Polynésie où il forme une des bases de l'alimentation des indigènes; aussi cette plante possède-t-elle de nombreuses variétés locales dans cette partie du monde. Elle est désignée sous le nom de *madère* aux Antilles françaises; sous celui de *Songe*, à Madagascar et à la Réunion. C'est le *Khoai nuoc*, *Khoai môn* (*Khoai* = tubercule) des Annamites; le *lengué* du Bas-Congo; le *diabéré* des Soudanais.

VARIETES Les variétés de *taros* sont caractérisées, non seulement par la coloration des feuilles, mais par la couleur et la forme des tubercules, arrondis, diversement irréguliers, parfois en forme de navet; la couleur de leur chair qui renferme, en proportion plus ou moins grande, un principe âcre, toxique, voisin de celui qui existe chez le *Phaseolus lunatus* (haricot de Java) et qui donne de l'acide cyanhydrique, mais que le lavage et la cuisson font complètement disparaître. Il est enfin des variétés qui donnent des récoltes dans un temps plus ou moins long; d'autres qu'il faut cultiver en sol très humide, comme des plantes aquatiques, alors que certaines prospèrent en sol relativement sec. Il n'existe pas moins de treize variétés différentes à Tahiti, une vingtaine en Nouvelle-Calédonie, une dizaine en Indochine.

Le principe âcre est plus abondant dans les variétés à tubercules teintés (gris, brun, violets), que dans les blancs qui sont préférés des Européens. Les indigènes de l'Océanie, au contraire, affectionnent les variétés teintées à cause de leur saveur pimentée, provenant du glucoside, mal éliminé.

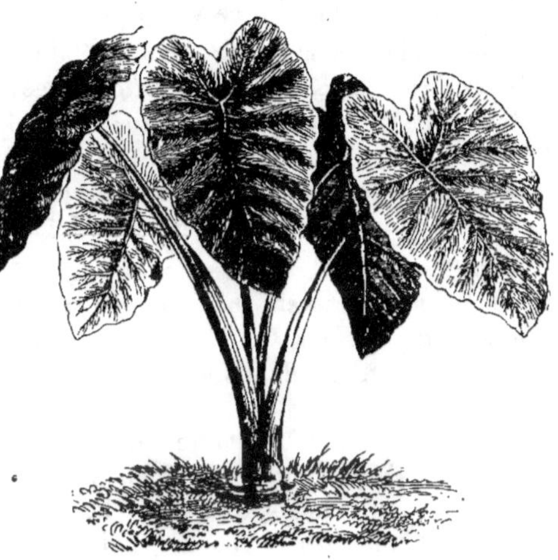

Caladium esculentum.
(*Cliché Vilmorin, Andrieux et Cie*).

Les tubercules de certains taros peuvent atteindre jusqu'à 5 kilogrammes ; les plus riches en fécule en contiennent jusqu'à 33 %. Pairault donne, de variétés de taros des Antilles, l'analyse suivante : 2,55 % de matières azotées; 0,36 % de matières grasses; 16,64 % d'hydrates de carbone. La substance sèche peut donner 33 % de fécule.

Dans le commerce européen, la fécule de taro est connue sous le nom d'*arrow-root de Portland*.

Les taros sont consommés cuits à l'eau et assaisonnés. Un voyageur gourmet préconise, comme mets délicieux, de jeunes pousses de taro cuites à l'intérieur d'un cochon de lait !

Dans les régions méridionales des Etats-Unis on a introduit et on cultive avec succès une variété de taro appelée *dasheen*. Elle remplace la pomme de terre dont la culture y est difficile.

CULTURE — La culture des taros doit se faire en terre humide, noire, riche en humus, quelquefois même, pour certaines variétés, en sol marécageux plus ou moins inondé. D'autres variétés se plaisent en terrain sec.

La plantation s'établit au commencement de la saison des pluies et, si celles-ci sont insuffisantes, la nécessité s'impose d'amener de l'eau par des canaux. Pour planter, on se sert de fragments de tubercules munis de bourgeons que l'on enterre à une profondeur de 20 à 30 centimètres et à une distance de 1 mètre les uns des autres.

On peut récolter déjà au bout de huit mois et pendant longtemps, en s'arrangeant de manière à ce que la « tarodière » produise indéfiniment.

En Nouvelle-Calédonie, les Canaques établissent très intelligemment leurs tarodières dans des canaux d'irrigation, avec un aménagement qui permet d'associer plusieurs cultures et de tirer le meilleur parti du terrain. L'eau est amenée dans des fossés séparés par des terre-pleins disposés symétriquement : parallèlement, en lignes concentriques ou en spirale. Les fossés servent à la culture du taro; les terre-pleins à celle de la canne à sucre, du bananier, etc.

Les taros se conservent mal hors du sol et doivent être récoltés au fur et à mesure des besoins. On peut les garder pendant un mois, au maximum. en les enterrant dans du sable, dans un endroit sec.

CHOU CARAÏBE — Une autre Aracée, le *Chou Caraïbe* (*Xanthosoma sagittifolium* Schott), joue, dans l'Amérique tropicale, mais à un degré beaucoup moindre, le même rôle que le *taro* en Océanie. On la connaît également sous le nom de *Malanga* aux Antilles et de *Taye* ou *Tayove*, à la Guyane.

La plante rappelle le *taro* par son port, mais on l'en distingue facilement par les caractères suivants : dans le *taro*, la feuille est peltée, c'est-à-dire que le pétiole est fixé à la face inférieure du limbe et à une certaine distance du bord de ce limbe (comme dans la capucine de nos jardins); dans le *chou caraïbe*, au contraire, le limbe de la feuille est attaché au pétiole par son bord. Le tubercule du *chou caraïbe* est moins gros, plus allongé que celui du *taro*; sa surface est plus rugueuse.

Le *chou caraïbe* est cultivé, surtout dans nos colonies d'Amérique, non seulement pour ses tubercules, mais aussi pour ses feuilles (herbe à Calalou), qui entrent dans la préparation d'un mets très compliqué, connu aux Antilles sous le nom de *Calalou*.

Le nom de « chou caraïbe » lui vient de ce que ses feuilles se mangent à la façon du chou alors que ses tubercules sont consommés cuits comme ceux de la pomme de terre.

Cette plante a donné naissance à un certain nombre de variétés que l'on cultive en terres basses, humides, comme les *taros*.

A. Chevalier a trouvé le *X. Mafaffa* Schott, une espèce différente, cultivée par les indigènes de la Guinée Française ; les feuilles atteignent 2 mètres de hauteur et les tubercules la grosseur du bras.

L'*Amorphophallus Rivieri* Durieu, le *Konjakii* des Japonais est cultivé un peu en Extrême Orient pour son tubercule très gros dont la fécule est mise à profit comme produit alimentaire après que des lavages répétés lui ont fait perdre son âcreté très prononcée.

---

4. — *Les ignames*

Les *Dioscorea*. — *D. alata*. — *D. bulbifera*. — *D. prehensilis*. — *D. trifida*.

Il ne faut pas confondre les *Ignames* (*Dioscorea*), de la famille des Dioscoréacées, du groupe des Monocotylédones, avec la *Patate*, qui est une Dicotylédone. La confusion est due à une espèce connue dans les pays tempérés, l'*Igname de Chine* ou *Igname Patate* (*Dioscorea Batatas* Decaisne), qu'on a introduite en Europe lorsque la pomme de terre fut menacée de succomber sous les attaques du *Phyphthora infestans*, mais qui fut abandonnée en tant que plante agricole en raison des embarras de sa culture, longueur de la végétation, nécessité de fixer les tiges grimpantes à des tuteurs, difficulté de l'arrachage du tubercule, très long et fragile.

LES DIOSCOREA — Le genre *Dioscorea* renferme de nombreuses espèces (plus de 200) réparties dans les diverses régions du globe et souvent difficiles à distinguer les unes les autres. Ce sont des plantes dioïques, ou monoïques, grimpantes, généralement polymorphes. La tige, volubile, est cylindrique ou anguleuse et elevée d'ailes membraneuses ; les feuilles, alternes ou subopposées, sont le plus souvent glabres, à limbe entier, fréquemment cordiformes, ou lobées, ou même à 3, 5 ou 7 folioles. Beaucoup émettent, à l'aisselle des feuilles, les bourgeons tubéreux (bulbilles) qui servent à leur propagation et que l'homme recherche, dans certains cas, comme aliment.

Les fleurs sont en épis ou en grappes, de petite dimension, blanches, verdâtre ou pourprées. Le fruit est une capsule triquêtre, ailée, à 3 loges contenant chacune 2 graines membraneuses.

Le tubercule, parfois très gros, est simple ou lobulé, fasciculé ou multiple; il est, dans certaines espèces, doux et comestible, alors qu'il est âcre et vénéneux chez d'autres.

Le principe vénéneux qui existe dans les bulbilles et les tubercules serait, d'après Boorsma, la *dioscoréine*, glucoside qui peut s'éliminer, comme la manihotoxine du manioc, par lavage et par cuisson.

Les indigènes, dans certains pays, tiennent l'igname en grande estime : les Dahoméens lui ont consacré une fête spéciale; aux îles Fidji, les diverses phases de sa culture et l'époque de sa récolte ont servi de base à l'établissement d'un calendrier divisé en onze mois.

Le nom d' « igname » paraît dériver du mot *Yam* qui désigne le tubercule et qui signifie « manger » dans certains dialectes des nègres de la côte de Guinée. Le nom de *Yam* est appliqué d'une manière générale aux ignames dans les colonies anglaises et dans diverses parties de l'Amérique.

Igname de Chine (*Dioscorea batatas*).

(*Cliché Vilmorin, Andrieux et Cie*).

Parmi les nombreuses espèces ou variétés dont l'étude systématique approfondie reste à faire — D. Bois met en relief la difficulté de leur identification — il faut citer le *Dioscorea Batatas* Decaisne, ou « Igname de Chine » cultivé dans les régions à climat tempéré d'Extrême-Orient et qui fut introduit de Chine en France, en 1850.

DIOSCOREA ALATA   L'igname la plus répandue et la plus recherchée est l'*I. ailée* (*Dioscorea alata* Linné). C'est l'*Ubi* de l'Océanie, l'*Igname Saint-Martin* de la Martinique, l'*I. blanche* de la Guadeloupe, l'*I. franche* de la Guyane, le *Khoaï* ordinaire des Annamites. On la croit originaire de la Malaisie et elle est l'objet de cultures importantes dans toute l'Océanie où elle joue un grand rôle dans l'alimentation des indigènes. Elle a été introduite en Asie, en Afrique et en Amérique. Sa tige est verte ou violette, quadrangulaire, avec les angles relevés d'une expansion membraneuse (aile) ondulée. Les feuilles sont cordiformes.

Il en existe de nombreuses variétés produisant, suivant les cas, de 1 à 3 tubercules en forme de massue, ou digités, blancs, rougeâtres ou violacés,

La fête des Ignames en Nouvelle-Calédonie.

pesant de 3 à 5 kilogrammes et parfois jusqu'à 15 kilogrammes; ils contiennent 18 p. 100 d'amidon et 2 p. 100 de matières azotées.

Ce tubercule se consomme cuit comme celui de la pomme de terre; sa fécule est très fine, blanche, difficile à extraire.

L'*Igname ailée* prospère surtout dans les pays à climat chaud et humide: elle exige un sol fertile, meuble, plutôt léger et profond. La plantation se fait au commencement de la saison des pluies, à l'aide des collets de tubercules de la récolte précédente coupés à 10 centimètres au-dessous du bourgeon terminal et placés à une distance de 1 mètre les uns des autres. Les tiges doivent être munies de tuteurs; elles atteignent 2 mètres à 2 m. 50 de hauteur.

La récolte a lieu neuf à douze mois après la plantation; elle peut donner 400 kilogrammes à l'are; mais, comme la plante peut vivre durant plusieurs années, sa culture peut être conduite de manière à ne jamais manquer de tubercules, que l'on peut arracher au fur et à mesure des besoins.

La variété annamite appelée *Cu Cay*, très appréciée au Tonkin, a donné en culture au champ d'expériences d'Ong Yèm, en Cochinchine, 20 tonnes à l'hectare.

DIOSCOREA BULBIFERA — Une autre igname très répandue dans les régions tropicales est l'*I. bulbifère* (*Dioscorea bulbifera* Linné) que l'on croit originaire de l'Inde, d'où elle se serait propagée en Océanie, en Afrique et en Amérique. C'est la *Pomme en l'air* ou *Hoffe blanche* de la Réunion, l'*Igname Bois* de la Guyane.

Sa tige est cylindrique, ses feuilles cordiformes. Le tubercule est sphérique, de 10 à 15 centimètres d'épaisseur. Ce tubercule est rarement consommé; mais, par contre, on utilise comme aliment les nombreuses bulbilles qui se développent aux aisselles des feuilles supérieures, bulbilles globuleuses, de 5 à 10 centimètres de diamètre, toxiques à l'état frais, mais qui deviennent comestibles par la cuisson, après avoir été préalablement coupées en tranches minces et lavées.

DIOSCOREA PREHENSILIS — Parmi les ignames à feuilles simples, A. Chevalier indique le *Dioscorea prehensilis* Bentham, qui croît à l'état sauvage en Guinée, comme très répandu en Afrique tropicale. C'est, d'après lui, l'espèce de beaucoup la plus répandue en Afrique occidentale, où elle forme pour ainsi dire le fond des plantations. Dans la zone guinéenne qui va des sources du Niger aux sources du Chari, les tubercules d'ignames jouent, dit-il, un rôle important dans l'alimentation de plusieurs millions d'hommes, et certaines peuplades comme les Baoulés, les Achantis, quelques tribus de Sénoufos et de Mandés, les populations du nord du Dahomey, etc., vivent presque exclusivement de ces tubercules. Le *D. prehensilis* a les tiges cylindriques plus ou moins épineuses, sans tubercules aériens. Le tubercule est allongé ou presque globuleux et, dans certaines variétés, « de saveur très fine, comparable à nos meilleures variétés de pomme de terre ».

DIOSCOREA TRIFIDA — L'*Igname à feuilles trilobées* (*Dioscorea trifida* Linné, *D. triloba* Willdenow), originaire de l'Amérique tropicale, se distingue des précédentes espèces par ses feuilles divisées en 3 ou 5 lobes au lieu d'être entières; sa tige est anguleuse, ailée et ne porte pas de bulbilles. On la connaît sous le nom de *Couche-couche* dans les Antilles françaises.

Les tubercules sont d'excellente qualité et renferment 38 % d'amidon et 2,50 % de matières azotées. Ils sont arrondis ou oblongs et dépassent rarement 20 centimètres de longueur, mais chaque plante en produit plusieurs. C'est la principale espèce cultivée dans l'Amérique tropicale. La culture de ces diverses espèces d'ignames est la même que celle du *D. alata*.

Madagascar possède plusieurs espèces comestibles cultivées par les Malgaches depuis des siècles, assez abandonnées ensuite. Perrier de la Bathie a étudié les espèces sauvages et les espèces cultivées qui sont nombreuses et qui, la plupart, contiennent de la dioscoréine. Certaines variétés, comme le *Soso* et le *Fandra*, sont aqueuses, rappelant la pastèque, et peuvent être consommées crues.

De Wildeman cite également des espèces alimentaires cultivées par les indigènes du Congo belge.

---

5. — *Les patates*

La *Patate* a une valeur économique égale, sinon supérieure, à celle de l'igname. Elle appartient à une famille tout à fait différente, celle des Convolvulacées, représentée dans nos champs par les liserons et dans nos jardins, par les volubilis.

Botaniquement, la *Patate* est l'*Ipomea Batatas* Poiret (*Convolvulus Batatas, B. edulis* Choisy). On suppose qu'elle est originaire de l'Amérique méridionale. D'autres lui attribuent une origine asiatique : question difficile à résoudre parce qu'on ne l'a jamais trouvée à l'état sauvage. Elle est aujourd'hui cultivée dans toutes les régions chaudes et même subtropicales.

Patate rouge.
(*Convolvulus Batatas*).
(*Cliché Vilmorin, Andrieux et Cie*).

Son tubercule n'est pas un rhizome, mais une racine renflée qui se gorge de fécule et acquiert du sucre ; il a le goût de la pomme de terre sucrée et les Anglais l'appellent *sweet Potato*.

Les navigateurs du XVIe siècle la confondaient si bien avec la pomme de terre, qu'ils donnèrent aux deux tubercules lé même nom : *Batate*, qui est devenue Patate par transposition erronée.

C'est une herbe vivace, à tiges rampantes ou couchées sur le sol, puis dressées, portant des feuilles cordiformes, entières ou trilobées, glabres ou un peu velues. Les fleurs, dont la forme rappelle celle du grand liseron de nos haies, sont disposées en grappes ; elles sont purpurines, violettes ou blanches. La plante fructifie rarement.

Chaque pied donne naissance à un ou plusieurs tubercules de forme, de grosseur et de couleur variables, pesant de 1 à 3 kilogrammes. On a même récolté, en Tunisie, des patates de 6 kilogrammes. La couleur blanche, jaune, violette ou rouge des racines, ainsi que la forme des feuilles, servent à distinguer les variétés. La chair entamée laisse écouler un liquide laiteux employé pour le tatouage en Nouvelle-Calédonie.

La composition chimique de la patate varie, naturellement, suivant les variétés et aussi selon l'époque de la récolte; elle indique en moyenne 26 à 28 % d'amidon et 4 % de sucre (glucose). La teneur en sucre est parfois plus élevée, puisqu'il y a des variétés dont on peut faire du sirop et des confitures (patate confite).

Les variétés rouges à chair jaune ou rosée sont les plus sucrées.

CULTURE — La patate est une plante précieuse par la qualité de son tubercule, sa production abondante et rapide. Elle est peu exigeante quant à la qualité du terrain, à la condition qu'il soit meuble et frais; une bonne fumure favorise son développement.

Dans les pays chauds et pluvieux, on peut la planter en toute saison partout où la température ne s'abaisse pas au-dessous de 12 à 15° C. Elle exige beaucoup d'eau et demande des arrosages soutenus ou des irrigations, en saison sèche. Elle prospère surtout pendant la saison pluvieuse.

En Algérie, c'est une culture estivale avec fumure abondante et arrosages fréquents.

La multiplication de la patate se fait par le bouturage. On se sert, à cet effet, de fragments de tiges de 20 à 30 centimètres de longueur que l'on enterre obliquement dans des sillons, de manière à laisser émerger leur extrémité de 3 à 4 centimètres. Les boutures doivent être placées à une distance de 40 à 60 centimètres les unes des autres. L'enracinement est très rapide et la récolte peut se faire au bout de quatre à six mois, suivant les pays et les variétés.

Dans les sols favorables, le rendement peut atteindre 20 tonnes à l'hectare; Haffner, en Cochinchine, a obtenu jusqu'à 35 tonnes à l'hectare avec une bonne fumure. Malheureusement le tubercule se conserve difficilement après l'arrachage; il faut le mettre en lieu sec pour éviter la pourriture.

La patate se consomme bouillie ou frite, après avoir été coupée en tranches; on peut aussi la faire cuire à l'étuvée. Sa saveur sucrée est difficilement acceptée des Européens qui l'utilisent surtout pour la préparation d'entremets sucrés, mais elle remplace la pomme de terre dans beaucoup de pays.

L'industrie en fabrique de l'alcool.

Les feuilles sont un excellent fourrage pour le bétail; elles peuvent même, lorsqu'elles sont jeunes, être consommées à table comme succédané de l'épinard. Un hectare peut produire jusqu'à 60 tonnes de fourrage.

La patate est, en somme, une plante à laquelle on doit donner toute son attention aux colonies.

En France, la patate eut un moment de vogue lorsque l'impératrice Joséphine, d'origine créole, l'eut introduite à la Malmaison et mise à la mode chez les courtisans. Actuellement elle n'est cultivée qu'à titre de curiosité.

---

6. — *Le dolique bulbeux*

Les Doliques sont des plantes de la famille des Légumineuses, voisines des haricots et qui, comme eux, sont cultivés pour leur gousse et leur graine comestible. L'espèce dont nous nous occupons ici est, au contraire, recherchée pour son tubercule. Elle a été d'ailleurs détachée du genre *Dolichos*.

C'est le *Pachyrhizus angulatus* Richard (*Dolichos bulbosus* Linné). On le dit originaire des Philippines, mais on le trouve à l'état cultivé dans un grand nombre de pays chauds. Il est désigné sous les noms de *Bang-bang*, à Java; *Cusan*, en Indochine; *Pois-Cochon*, à la Réunion; *Patate-Cochon*, à la Martinique.

La plante a l'aspect d'un haricot grimpant, mais à folioles larges, deltoïdes et grossièrement dentées. Ses gousses ne sont pas comestibles et ses graines sont vénéneuses. Le tubercule a la forme d'un énorme navet arrondi, bosselé, jaunâtre; son poids dépasse souvent un kilogramme; il contient 22 % d'amidon, 11 % de saccharose et 11 % de matières azotées. On peut le consommer cru ou bouilli, à la condition qu'il soit récolté avant d'être devenu filandreux. Sa culture est des plus recommandable pour l'alimentation du bétail, en raison de ses qualités nutritives.

Il donne rapidement (en trois ou quatre mois) une abondante récolte de tubercules qui atteint jusqu'à 190 kilogrammes à l'are.

Comme toutes les plantes tubéreuses, qui épuisent rapidement le sol, le *Dolique bulbeux* doit être cultivé en terre fertile, meuble; des irrigations lui sont nécessaires en cas de sécheresse. On le reproduit à l'aide des graines que l'on récolte sur des plantes cultivées spécialement comme porte-graines. Les plantes dont on veut consommer les tubercules doivent être arrachées avant la floraison; ils deviennent durs et filandreux en vieillissant.

---

7. — *Les sagoutiers*

Les *Metroxylon*. — Extraction du Sagou. — *Caryota urens*. — *Arenga saccharifera*. — *Mauritia flexuosa*. — Les *Cycas*.

Pour terminer l'examen des plantes féculentes comestibles de nos colonies, nous allons jeter un rapide coup d'œil sur les *Sagoutiers*, qui produisent une fécule alimentaire appelée *Sagou*, rivale du tapioca.

Cette fécule, au lieu de s'accumuler dans les racines ou les rhizomes, s'emmagasine dans la tige de certains arbres, principalement de la famille des Palmiers, d'où on la retire en abattant l'arbre et en débitant le tronc pour exploiter la moelle féculifère.

LES METROXYLON Les *Sagoutiers* proprement dits sont des Palmiers du genre *Metroxylon*. On en connaît deux espèces principales, le *M. Sagu* Rottboel et le *M. Rumphii* Martius, qui croissent à l'état sauvage au Siam, en Malaisie, à Sumatra, Bornéo et en Indochine.

Ce sont des arbres de 12 à 15 mètres de hauteur, à longues feuilles pennées, qui ressemblent un peu au dattier. Ils croissent sporadiquement sur des terrains marécageux dans une atmosphère chaude et humide. Ils ne fleurissent qu'une seule fois, vers l'âge de douze à quinze ans, et meurent après la maturité des fruits provenants de cette unique floraison.

On distingue ces deux espèces par l'examen des feuilles dont le pétiole
est lisse dans le *M. Sagu,* alors qu'il est épineux dans le *M. Rumphii.*

EXTRACTION DU SAGOU — On l'exploite avant que se produise la floraison, c'est-
à-dire au moment où l'arbre possède en réserve un ami-
don plus abondant et de qualité plus parfaite. C'est le
M. Sagu qui fournit la plus grande partie du sagou que nous consommons.
A cet effet, on abat l'arbre au ras du sol, on enlève l'écorce, les feuilles
et leurs gaines, puis on débite le tronc en tronçons de 1 à 2 mètres de
longueur pour en extraire la moelle que l'on découpe en lanières. Ces
lanières, broyées ou pilonnées dans de l'eau froide, donnent un liquide
trouble qui, passé sur un tamis, est recueilli dans un récipient où se dépose
une pâte finement poudreuse qu'on fait sécher après décantation: la *farine
de Sagou.* Comme cette farine brute craint l'humidité, on la transforme,
pour l'expédition et le marché lointain, en *Sagou granulé* et aussi *grillé.*
Par une succession de lavage et séchage, on agglutine la farine en petits
grains arrondis (granulé) qui sont légèrement *grillés* sur des poêles chauf-
fés à feu doux. C'est sous cette forme que le sagou est exporté, principalement de Singapour qui en est le grand marché, et dont l'exportation
atteint environ 30.000 tonnes.

Le sagou brut qui arrive à Singapour provient surtout de la presqu'île
de Malacca, de Sumatra et de Bornéo.

On estime qu'un sagoutier peut donner jusqu'à 350 kilogrammes de fécule, représentant 150 kilogrammes de sagou granulé.

Dans les pays de production, le sagou sert à l'alimentation des indigènes;
chez nous, on l'emploie dans la préparation de potages et quelquefois de
pâtisseries.

Ajoutons que les sagoutiers donnent un *Chou palmiste* très apprécié,
comme celui de l'aréquier, et que, de sa sève, on fait un vin palmiste et de
eau-de-vie.

La culture des sagoutiers peut être avantageuse dans les régions favorables; le seul inconvénient, c'est qu'il faille attendre la récolte pendant une
dizaine d'années.

Ils ne prospèrent qu'en sols marécageux, irrigués en cas de sécheresse
prolongée. On peut les reproduire à l'aide de graines qui doivent être
semées dès la récolte, car elles perdent rapidement leur aptitude à germer:
elles doivent, en outre, être semées aux lieu et place que l'arbre doit occuper, car ces Palmiers supportent très mal la transplantation.

Le meilleur mode de reproduction consiste dans l'emploi des rejets
que les troncs émettent à leur base et que l'on plante en ménageant un
espace de 5 mètres entre eux.

Parmi les autres plantes qui donnent une fécule analogue au sagou, on
peut citer divers Palmiers, notamment :

Le *Caryota urens* Roxburgh, de l'Inde, et qui croît en Indochine. La fécule que l'on tire de sa moelle est de qualité un peu inférieure à celle du sagou vrai. L'arbre est l'objet de cultures importantes dans l'Inde pour la production du vin de palme.

L'*Areng* (*Arenga saccharifera* Labillardière) est encore un Palmier à tronc féculifère. Il croît surtout en Malaisie où il est principalement exploité comme producteur de sucre et de vin de palme. Son sagou, d'extraction difficile, passe pour être de qualité médiocre. Cet arbre croît aussi en Indochine.

Le *Corypha umbraculifera* Linné, ou *Talipot* de l'Inde et de l'Afrique tropicale.

Le *Medemia nobilis* Drude, de Madagascar.

Le *Mauritia flexuosa* Linné fils, Palmier à vin de l'Amérique méridionale (Brésil, Guyanes, Vénézuéla) où il habite les régions marécageuses, contient également dans sa moelle une sorte de sagou, l'*ipuruma* des Indiens.

Cycas revoluta.
(*Cliché Vilmorin, Andrieux et Cie*).

Les *Cycas*, arbres de la famille des Cycadacées, renferment aussi une forte proportion de fécule alimentaire dans la moelle de leur tronc. Leur produit est inférieur au véritable sagou et, comme ils sont à croissance très lente, on n'exploite que ceux qui croissent à l'état sauvage. Il en existe plusieurs espèces qui habitent l'Indochine, la Nouvelle-Calédonie, les Moluques, l'Australie, le Japon, etc.

C. — LES LEGUMES

IMPORTANCE DE LEUR CULTURE SOUS LES TROPIQUES — L'une des grandes préoccupations des Européens qui vont se fixer dans les pays chauds est d'y introduire et d'y cultiver les excellentes variétés de plantes potagères de la zone tempérée. Les introduire dans l'alimentation, répond à un véritable besoin.

Il est en effet nécessaire, au point de vue de la santé, de donner, dans les régions tropicales, une grande prédominance aux produits alimentaires végétaux. Pour cela, la création de jardins potagers s'impose.

Malheureusement, toutes les plantes potagères des pays tempérés n'acceptent pas le climat tropical. Il en est dont les produits sont nuls ou insuffisants dans les parties basses des régions équatoriales, où la chaleur et l'humidité règnent d'une manière constante pendant toute l'année, mais qui donnent des récoltes parfois excellentes, lorsqu'on les cultive à de grandes altitudes. C'est le cas de la *pomme de terre*, de l'*artichaut*, de l'*oignon* (bulbes), du *fraisier*.

D'autres, bien que prospérant surtout aux grandes et aux moyennes altitudes, peuvent donner de bons résultats dans les pays où la saison sèche et fraîche est assez longue pour leur permettre d'évoluer : *asperge, betteraves, carottes, céleri, chicorée frisée, choux, ciboule, cresson de fontaine, navets, oignon blanc, poireau, pois* (pour consommer en vert), *salsifis*.

Enfin, il existe toute une catégorie de légumes que l'on peut récolter partout et en toutes saisons : *aubergine, cerfeuil*, certains *choux* non pommés, *concombres*, diverses variétés de *courges, cresson alénois, épinard, haricots* (à consommer à l'état de jeunes cosses ou filets), *laitues. oseille. persil, piments, pourpier, radis, scarole, tomates*.

Mais, dans certaines de nos colonies, les ressources alimentaires que peuvent donner ces plantes seraient insuffisantes si elles n'étaient complétées par celles d'espèces, mieux adaptées aux pays chauds, que consomment les indigènes et que l'on aurait grand tort de dédaigner.

Dans un chapitre précédent, nous avons passé en revue les tubercules féculents : *ignames, patate, taros*, qui remplacent la pomme de terre dans les pays chauds.

La pomme de terre. — La culture de la pomme de terre, néanmoins, n'est pas exclue des possibilités climatériques des régions chaudes.

Elle peut être pratiquée avec succès dans les stations d'altitude comme on en trouve à la Réunion, Madagascar, sur les plateaux intérieurs de l'Indochine, le Fouta Djallon, etc.

Au Camcroun, l'administration allemande avait introduit la pomme de terre et distribué des semences aux indigènes des cercles de Yaoundé et d'Ebolowa, de sorte que les colonnes alliées eurent la surprise d'y trouver des récoltes de pommes de terre nouvelles provenant des plantations indigènes.

La culture de la pomme de terre en Afrique tropicale semble très possible dans les régions à saison sèche de longue durée. A. Chevalier l'a trouvée, avec un beau développement, dès la première année, pratiquée au Sénégal, au Soudan et dans la région de Brazzaville. Des rendements de douze à dix-huit fois le poids des semences n'y sont pas rares, même sous l'équateur, au Moyen Congo. Des maraîchers indigènes en fournissent Dakar et Bamako. Les variétés que Chevalier recommande pour les pays tropicaux d'Afrique sont : *Early rose,* Marjolin, Belle de Fontenay, variétés des Canaries (1).

A Madagascar la pomme de terre est cultivée sur une assez grande échelle dans les sols volcaniques élevés de l'Ankaratra ; avec le maïs, elle y forme la base de la nourriture de l'indigène et la principale ration alimentaire du porc, élevé dans tous les villages. A Antsibaré, l'élevage du porc était poussé activement avant la guerre pour l'industrialisation de la viande, et la culture de la pomme de terre développée en conséquence. Les porcs vont chercher leur nourriture dans les champs, en affouillant le terrain en tous sens.

La culture, facile, est généralement établie sur terrain neuf, labourée une première fois en juillet, émottée ensuite en novembre. En saison froide, les terrains sont souvent écobués. La pomme de terre est vivace à Madagascar et occupe le terrain pendant plusieurs années.

La pomme de terre vient mal sous le climat d'Indochine. Elle n'est pas encore entrée dans les habitudes des populations extrême-orientales. La preuve est faite cependant de la possibilité de sa culture dans le delta du Tonkin en saison d'hiver, dans un sol léger et frais. On la trouve dans quelques potagers français et chez des maraîchers chinois et annamites qui fournissent de la « pomme nouvelle » aux marchés des grands centres. A

---

(1) On plante les tubercules, entiers ou coupés, au début de la saison sèche ou à la fin de la saison des pluies — en novembre au Sénégal et au Soudan — en faisant des plantations échelonnées pour recueillir de la pomme nouvelle jusqu'en juin.

Planter en sol léger, bien fumé à l'avance, sur billon, la semence sur le bord des ados à 0 m. 30 de distance. Biner, butter, arroser modérément. Pailler légèrement. On peut déterrer selon les besoins en ayant soin de ne pas blesser les souches.

loson, sur le bord de la mer, l'humidité du sol en saison sèche suffit à la
onne venue de la pomme de terre, dont la culture s'étend. Crevost indi-
ue l'avantage de la culture dans les interlignes de plantations de mûriers.
)e très bons résultats sont obtenus à présent dans les stations d'altitude de
intérieur, telles que Chapa et le Langbian.

LES COLEUS On trouve, dans la famille des Labiées, un certain
nombre d'espèces à tubercules comestibles cultivées, entre autres, dans nos colonies de l'Afrique tropicale et
e Madagascar. Les plus intéressantes appartiennent au genre *Coleus* ou
lectranthus, deux genres botaniquement assez mal séparés l'un de l'autre.
. Chevalier et Perrot ont signalé surtout l'intérêt que présentent le *Coleus
otundifolius* et le *Coleus Dazo*. Une variété du premier, la *var. nigra*,
onnue également sous le nom de *Plectranthus Cop-
ini*, est très répandue au Soudan français, où les
idigènes la désignent sous le nom d'*Oussouni-fing*,
etite patate noire. Elle produit des tubercules ovoï-
es, à peau noirâtre, de la grosseur d'un œuf de
igeon.

Une autre variété, *var. rubra*, est connue depuis le
VIIe siècle à Madagascar, sous le nom de *Voamitza*;
n l'appelle *Matambala* au Transvaal. Pierre et
hollon l'introduisirent, il y a une trentaine d'an-
es, en Afrique équatoriale française, où elle a fait

Coleus
var *butterfly* ornemental.
*Cliché Vilmorin, Andrieux
et Cie).*

rtune sous le nom de « pomme de terre de Madagascar ».
La variété blanche, l'*Oussou-ni-gué* des Bambaras, est cultivée en grand

Crosne
Stachys tubérifère).
*Cliché Vilmorin,
Andrieux et Cie).*

dans la région du Chari-Tchad, où A. Chevalier l'a
découverte, ainsi que le *Coleus Dazo*, dont les rhizomes charnus et fasciculés peuvent remplacer le
salsifis.

D. Bois appelle judicieusement l'attention sur l'intérêt que ces plantes à tubercules présentent en pays
tropical au point de vue alimentaire, leur culture
étant facile et le rendement assez élevé. Leur composition chimique indique de 1,31 à 2,08 % de matière azotée, 0,20 à 0,54 % de matières grasses et
18,29 à 23,40 % de matières amylacées.

Le *Coleus-Dazo* A. Chevalier, du moyen Congo, du
Haut-Oubanghi et du Haut-Chari, donne des tubercules ramifiés, de la grosseur du petit doigt, dont la

iveur peut être comparée à celle du salsifis et du *Crosne (Stachys affinis)*
qui peut être mangé en friture, au gratin ou bien en ragoût, avec diverses
ortes de viande. Les membres de la *mission Chari-Lac Tchad* en ont fait
ès fréquemment usage sans jamais s'en fatiguer.

1. — *Plantes de la famille des légumineuses cultivées pour leur graine ou leur gousse*

Les Haricots. — La phaséolunatine. — Les Doliques. — L'Ambrevade. Le Soja. — Le Pois chiche. — L'Arachide. — Le Voandzou.

Ces plantes, dont les principaux représentants dans nos pays sont les haricots, les pois, les fèves, les lentilles, sont précieuses en raison de la haute valeur nutritive de leurs produits ; aussi, convient-il que nous signalions au moins les plus importantes d'entre elles.

LES HARICOTS Les *haricots* (*Phascolus*) sont légion et comptent parmi les hôtes les plus communs et les plus utiles de nos jardins.

Les variétés cultivées en France peuvent être classées, au point de vue pratique, en deux catégories : les *variétés naines*, non grimpantes ou qui le sont à peine; les *variétés à rames* ou grimpantes, auxquelles il est nécessaire de fournir des tuteurs. Ce sont ces dernières variétés que l'on cultive de préférence dans les colonies, à cause de la vigueur et de la rapidité de leur végétation sous un climat chaud.

Certaines variétés sont cultivées pour leur graine qui se conserve pendant des années (haricots à écosser); mais il en est que l'on mange surtout à l'état de très jeune gousse (filet) comme *haricots verts*, alors que d'autres sont consommés dans un état plus avancé (*haricots mange-tout*), la gousse charnue non entièrement mûre avec son contenu.

A part quelques espèces originaires des pays chauds (dont nous parlons plus loin) que l'on cultive pour la production du grain mûr, le potager colonial n'admet ces légumineuses que pour la consommation à l'état de filets ou de mange-tout, et certaines variétés, comme les haricots *d'Alger, noir de la Chine, noir de Belgique*, etc., réussissent bien. Le *haricot d'Espagne* (*Phaseolus multiflorus* Linné), plante de l'Amérique méridionale, à végétation vigoureuse, de grande taille, à fleurs ornementales, rouge cocciné, blanches ou bicolores, selon les variétés, produit de grosses graines panachées ou blanches, ces dernières plus recherchées pour la table bien qu'encore un peu indigestes. On doit les consommer avant complète maturité. Ce haricot vit plusieurs années.

Le haricot du Cap. — Le haricot le plus répandu dans les pays chauds est le *haricot de Lima* ou *pois de sept ans* (*Phaseolus lunatus* Linné). Il est originaire de l'Amérique méridionale, mais cultivé aujourd'hui dans toute la zone tropicale. C'est une plante vigoureuse, pouvant atteindre 3 mètres de hauteur, vivace dans les pays chauds. On le reconnaît facilement à ses fleurs nombreuses, petites, d'un blanc verdâtre; à ses gousses courtes, larges, très comprimées; à ses graines blanches ou verdâtres, aplaties, larges, en forme de rein, relevées de stries qui rayonnent de l'ombilic à la périphérie. Il en existe plusieurs variétés à graines blanches ou diversement pana-chées de rouge violacé, ou brunâtre sur fond blanc. Dans la variété connue sous le nom de *haricot de Siéva*, le grain est plus petit, blanc ou panaché de rouge ou de noir. La variété désignée sous celui de *haricot du Cap, haricot de Madagascar*, diffère du haricot de Lima par sa graine blanche, avec une grande tache rouge plus ou moins foncé qui couvre le tiers du grain, le reste étant pointillé de rouge.

Ces haricots, cultivés en bon sol, donnent des récoltes abondantes et soutenues de graines que l'on consomme fraîches ou à l'état sec, très farineuses et d'une saveur agréable. La production est moindre pendant les

Pois du Cap.

grandes pluies et les sécheresses prolongées. Les grains blancs sont les plus recherchés pour la table.

LA PHASEOLUNATINE — L'attention a été attirée, dans ces dernières années, sur ce haricot dit du « Cap » parce que des envois provenant de Java et de la Birmanie avaient occasionné des cas d'empoisonnement. Des travaux d'analyse ont, en effet, permis de découvrir, dans cette graine, la présence d'un glucoside, la *phaséolunatine* qui, sous l'influence d'une diastase, se dédouble en donnant de .l'*acide cyanhydrique*, très toxique puisqu'il suffit d'un milligramme par kilogramme du poids d'un homme pour l'empoisonner. Or, le *haricot de Java*, surtout les variétés de coloris très foncé, ont montré, à l'analyse, jusqu'à 0,08 % du principe toxique. Les graines pâles et surtout les blanches, probablement améliorées par la culture, au contraire, peuvent être consommées sans danger.

Guignard a signalé un procédé aussi sûr que pratique pour déceler la présence de l'acide cyanhydrique.

Ce procédé est basé sur la propriété que possède l'acide cyanhydrique, même en quantité très faible, de donner avec les alcalis et l'acide picrique une coloration rouge intense due à la formation de l'acide iso-purpurique. La réaction peut se faire avec du papier préparé de la façon suivante.

On trempe du papier buvard dans une solution aqueuse d'acide picrique à 1 % environ et on le laisse sécher. Puis, on le trempe de nouveau dans une solution de carbonate de soude à 1 %. Après dessiccation, ce papier présente une coloration jaune d'or et se conserve parfaitement.

On pulvérise au moulin une vingtaine de haricots suspects (cette quantité est plus que suffisante), que l'on introduit dans un tube ou un petit flacon. On y ajoute de l'eau froide ou tiède, de façon à former une pâte liquide, puis l'on y suspend, à l'aide du bouchon, une petite bande de papier picro-sodé. Du jour au lendemain, ou après quelques heures, suivant la température et la quantité d'acide cyanhydrique formé, le papier prend une teinte orangée, puis rouge, sous l'influence des vapeurs d'acide cyanhydrique.

En présence des vapeurs dégagées par quelques grammes seulement de la poudre de haricots, traités par l'eau, et ne donnant, par exemple, que 0 gr. 015 d'acide cyanhydrique, la coloration

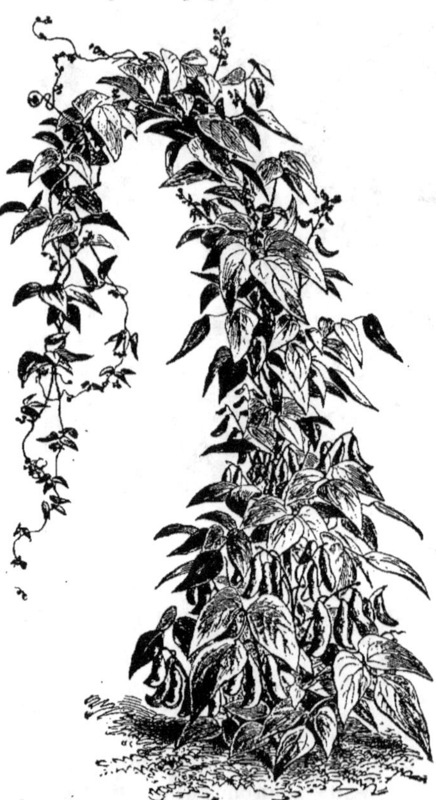

Haricot de Lima. (*Phaseolus lunatus*).
(*Cliché Vilmorin, Andrieux et Cie*).

tion devient rouge orange après douze heures et s'accentue encore dans la suite. Elle se manifeste même avec une solution qui ne renferme que 0 gr. 0001 d'acide cyanhydrique.

Aucune autre substance volatile ne colore le papier picro-sodé préparé comme il vient d'être indiqué; en outre, ce papier se conserve assez longtemps avec sa coloration caractéristique (1).

A la Réunion, ce haricot cultivé et à graines blanches porte le nom de *pois doux*. On le connaît à Madagascar sous le nom de *Kabaro* ou *Kamalaka*, et les indigènes en consomment de grandes quantités. Il en existe plusieurs variétés aux Antilles françaises. La plante est aussi très cultivée en Cochinchine : c'est le *dau rua* des Annamites ou « haricot de Baria » dont Loureiro a fait le *Phaseolus tunkinensis*.

Prudhomme et Rigotard donnent l'analyse suivante du haricot de Madagascar : 19 % de matières azotées; 1,28 % de matières grasses ; 46,15 % d'hydrates de carbone.

La teneur en glucoside varie, pour les variétés blanches à grosse fève, depuis des traces jusqu'à 0,0068 % et pour les petites variétés teintées de jaune ou de brun acajou, de 18 à 25 milligr. par 100 grammes de fève (2).

Le danger dans l'emploi alimentaire de ces haricots réside dans le manque de contrôle, à leur embarquement, des envois exotiques comme le cas s'est présenté, il n'y a pas longtemps, pour des arrivages de Birmanie.

Sous le nom de *butter bean*, l'Angleterre en fait une grande consommation; elle absorbe la plus grande partie de l'exportation de Madagascar.

En 1925, Madagascar a exporté 11.028 tonnes de « pois du Cap », contre 7.538 tonnes en 1913, soit une augmentation de 46 p. 100.

Le *Phaseolus Mungo* Linné (*Ph. radiatus* L.), très cultivé en Asie et quelque peu en Afrique, est remarquable par la gracilité de ses gousses cylindriques, longues de 5 à 6 centimètres ayant 3 à 4 millimètres de diamètre, velues, contenant de très petites graines dépassant à peine la grosseur d'un grain de chénevis, ovales, tronquées aux deux extrémités, blanches, vertes, jaunes ou noires selon les variétés qui sont très nombreuses.

L'Indochine est celle de nos colonies où la plante est le plus cultivée; les Annamites la connaissent sous le nom de *dau Xanh*.

La teneur du grain en matières azotées qui atteint jusqu'à 24 %, en fait un aliment de premier ordre. On en fait d'excellents vermicelles en Chine et il y aurait grand intérêt à développer, comme Crevost a essayé de le faire, cette fabrication en Indochine où le produit constitue un important article d'importation. La variété à graines vertes est surtout recherchée.

En Indochine et à Java, les indigènes consomment habituellement les

---

(1) Boucley (Rev. Agric. Afrique du Nord, 126) indique un papier réactif dont l'emploi peut rapidement déceler la présence de l'acide cyanhydrique. Ce papier — bandes de papier à filtrer — est obtenu par son immersion dans une solution de résine de gaïac (1 gr.) et d'alcool à 90° (25 cent. cube). Au moment de l'emploi, on imprègne légèrement avec une solution aqueuse de sulfate de cuivre à 0,25 gr. pour 100 cent. cubes.

(2) L'acide cyanhydrique est mortel à 1 milligr. par kilogramme de poids vif.

graines du *Phaseolus Mungo* qui sont apportées sur les marchés après avoir subi un commencement de germination dans l'obscurité, le germe ayant de 3 à 5 centimètres de longueur. Ces germes se mangent en salade ou cuits, associés au riz, à de la viande ou du poisson. Nous les avons connus à Paris, pendant la guerre, sous la fausse désignation de « germes de Soja ».

LES DOLIQUES   A côté des *Haricots* se placent les *Doliques*, mieux adaptés aux régions tropicales. Ces plantes se distinguent facilement par le simple examen de leurs fleurs. Dans les *Phaseolus*, la carène est contournée en spirale, alors qu'elle est non tordue, simplement recourbée à l'angle droit dans les *Dolichos*.

Le *Lablab* (*Dolichos Lablab* Linné) est l'espèce la plus répandue. Elle est originaire de l'Inde, mais se trouve à l'état cultivé dans les régions tropicales où elle donne d'abondants produits. C'est une plante grimpante de 2 à 5 mètres de hauteur, à feuilles d'un vert sombre, à fleurs disposées en longues grappes assez grandes, ornementales, blanches ou violettes, selon les variétés. La gousse, courte, aplatie, rugueuse, contient 3 à 4 graines ovoïdes, un peu déprimées, blanches, fauves, brunes ou noires selon les variétés, avec un hile très saillant, linéaire, blanc, couvrant près d'un tiers de la circonférence du grain.

Ces graines, consommées avant leur complète maturité, sont tendres et de bonne qualité, mais elles deviennent ensuite dures et peu agréables. C'est le *Pois indien, Pois d'un sou*, des Antilles françaises ; l'*Antaque*, de la Réunion; le *Pois Boucoussou*, de la Guyane; l'*Ossangué*, du Congo.

Dolique Lablab.
(Cliché Vilmorin, Andrieux et Cie).

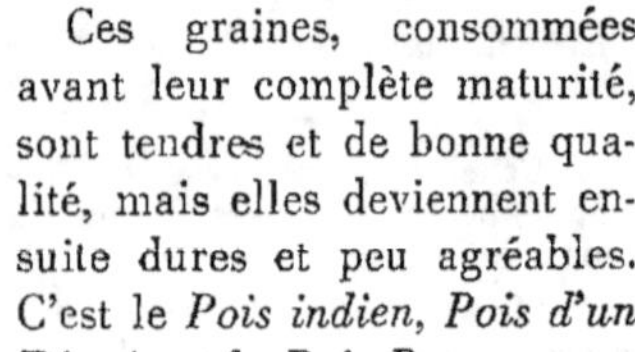

Le lablab est peu recherché des Européens bien qu'il soit très nutritif. Il ontient 10 % d'amidon et 22 à 24 % de matières azotées.

Le *Dolique Mongette* (*Dolichos Catiang* Linné, *D. sinensis* Linné, *D. inguiculatus* Linné, *D. melanophthalmus* D. C. *Vigna Catiang* Walpers). lette plante, dont il existe de nombreuses variétés, est cultivée dans toute Europe méridionale et dans tous les pays tropicaux. Elle est originaire de Amérique du Sud. C'est la *Mongette* ou *Bannette* des Provençaux, le *Lou-*
ia beledi des Arabes, le *Voamba* des Mal-
aches,, le *Voème* de la Réunion, le *Pois chi-*
ue des Antilles.

L'espèce est annuelle, de taille variable
50 centimètres à 2 mètres), suivant les va-
iétés ; elle se distingue des haricots par sa
ousse presque droite, cylindrique, de 20 à
0 centimètres de longueur et par ses graines
etites en forme de rein, obtuses ou tronquées
ux deux bouts, blanches avec une tache noi-
e ou hile, ou diversement colorées selon les
ariétés. Ces graines servent surtout à l'ali-
nentation des indigènes. Les jeunes cosses
euvent être mangées comme les haricots
erts.

Dolique de Floride.

Cliché Vilmorin, Andrieux
et Cie).

Le *Dolique asperge* (*Dolichos sesquipedalis* Linné), *Dolique à longue osse, D. à l'aune, Haricot asperge,* est une plante originaire de l'Amérique léridionale, de 1 m. 50 à 3 mètres de hauteur, qui se distingue nettement es autres doliques et des haricots par ses gousses cylindriques, très étroi-s, mais extrêmement longues, atteignant jusqu'à 60 centimètres, contenant n petit nombre de graines réniformes, rougeâtres ou violacées, ne dépas-ant guère 1 centimètre de longueur. Les gousses de cette espèce sont ex-ellentes lorsqu'elles sont récoltées vertes et tendres et préparées à la ma-ière des haricots verts.

L'AMBREVADE — L'*Ambrevade*, ou *Pois d'Angole* (*Cajanus indicus* Sprengel), est une Légumineuse qu'on présume ori-ginaire de l'Inde ou de l'Afrique. Elle est, en effet, iconnue à l'état sauvage et de culture très ancienne en Extrême-Orient. liment très nutritif, elle joue un rôle important chez les populations de Inde et elle est appréciée à la Réunion et aux Antilles.

C'est un petit arbrisseau rameux, de 1 m. 50 à 3 mètres de hauteur, qui it habituellement trois ans. On en connaît deux variétés principales, l'une . fleurs ayant l'étendard jaune (*Cajanus flavus*), l'autre à étendard strié de ouge ou de brun (*Cajanus bicolor*).

Les gousses de cette plante s'ouvrent à peine; elles contiennent 4 ou 5 raines de la grosseur d'un pois, sphériques, blanches, jaunâtres, rouges.

noires ou tachetées, suivant les variétés. Ces graines sont nutritives; elles renferment environ 60 % d'amidon et 20 % de matières azotées. Elles sont très agréables à consommer lorsqu'elles sont récoltées à l'état encore vert et préparées comme les petits pois; elles sont moins estimées à l'état sec.

L'ambrevade n'exige aucuns soins particuliers; elle convient surtout aux pays à pluies modérées et elle est d'autant plus précieuse qu'elle fournit des produits pendant plusieurs années.

Cette plante est intéressante à un autre titre. Elle hospitalise le *Carteria lacca*, un hémiptère dont la piqûre sur la tige produit la gomme-laque et elle nourrit de sa feuille le *Borocera Madagascariensis* ou « landibé » un Bombicyde qui donne à Madagascar une soie sauvage très appréciée sous le nom de « soie bétsiléo ».

LE SOYA — Le *Soya* ou *Soja* (*Soja hispida* Moench, *Glycine Soja* Bentham) est une Légumineuse annuelle dont la culture en Chine et au Japon remonte à une antiquité reculée, mais qui semble originaire de la région comprise entre la Cochinchine, Java et le Japon méridional. Elle est aujourd'hui répandue dans toute l'Asie où il en existe un très grand nombre de variétés.

Soja hispida.
(*Cliché Vilmorin, Andrieux et Cie*).

C'est le *téou* des Chinois, le *daidzou* des Japonais, le *dau nanh* ou *dau tuong* des Annamites. Il fut introduit en France, dès 1740, par des missionnaires de Chine, mais demeura sans attraction ni intérêt jusqu'en 1874, époque à laquelle M. Blavet fit de la propagande pour la culture du « Soja d'Etampes », qui est une variété jaune assez productive.

La plante atteint de 75 centimètres à 1 m. 50 de hauteur et ressemble à notre haricot commun, sauf que sa tige, la face intérieure des feuilles et les gousses sont velues. Les fleurs sont très petites, verdâtres ou lilacées. Les gousses contiennent 2 ou 3 graines arrondies, de la grosseur d'un petit haricot, blanchâtres, jaunes, vertes, noires, unicolores ou tachetées, selon les variétés.

Le soja aime un sol argilo-sablonneux et les nodosités de ses racines lui permettent de subsister même dans des terrains pauvres. Il s'accommode aussi d'une sécheresse temporaire et d'une température modérée. Dans le sud de l'Italie, il prospère encore à 450 mètres d'altitude.

Son meilleur engrais est l'acide phosphorique.

Le semis se fait généralement sur lignes de 50 centimètres d'interligne et à 5 centimètres de distance; mais ces chiffres varient beaucoup. A Java, la culture du soja suit souvent celle du riz sur la rizière; au Japon, on en fait volontiers une culture intercalaire et aux Etats-Unis, elle entre en assolement avec le riz, le maïs ou le coton.

La durée de la végétation varie suivant les variétés, le climat, etc., de deux mois et demi à cinq mois et demi. Les pieds arrachés ou coupés au collet, sont séchés au soleil et battus au fléau ou à la machine. Les maladies parasitaires sont relativement peu redoutables.

Les rendements varient beaucoup. A. Zimmermann a réuni des chiffres qui donnent, pour la Mandchourie, de 450 à 2.240 kilos à l'hectare. A Java, au Japon et dans l'Inde, on peut admettre une moyenne de 1.000 kilos.

La graine du soja est surtout remarquable par sa composition chimique, dans laquelle apparaît un haut pourcentage de matières grasses et de protéine et l'absence d'hydrates de carbone, sous la forme d'amidon et de sucre, soit 11,8 à 25,4 % de matières grasses et 34,1 à 46,9 % de protéine (légumine ou caséïne végétale digestible). Les variétés à grain jaune ont le plus haut pourcentage en huile.

Le soja passe pour contenir en bonnes proportions les deux vitamines profitables à l'organisme humain.

EMPLOIS DU SOJA — La composition chimique de la graine de soja justifie de multiples emplois industriels et alimentaires.

En Chine et en Mandchourie, l'extraction de l'huile se fait sur une grande échelle pour la consommation humaine, alors qu'en Angleterre, principal pays importateur de soja en Europe, l'industrie en tire de la margarine et en fait du savon.

H. Brenier note que les Chinois n'en retirent que 8 à 10 % d'huile avec leur outillage rudimentaire, alors que les presses hydrauliques modernes permettent d'en obtenir de 12 à 14 %. Les tourteaux restants trouvent leur emploi dans l'alimentation du bétail, à l'exemple du Danemark qui importe à cet effet de fortes quantités de soja. Les tourteaux peuvent également, comme les graines elles-mêmes, donner du « lait de soja ».

Le fromage de soja — *tofou* des Japonais, *téou-fou* des Chinois, *dau phu* des Annamites — est consommé en énormes quantités en Chine et se trouve répandu partout où sont les fils du Ciel. C'est la nourriture du pauvre par excellence, car le kilogramme se vend quelques centimes. Ce fromage est fabriqué simplement par mouture des graines et macérations répétées après cuisson. Frais, il se conserve mal, mais salé ou avec une sauce, il peut s'expédier et se conserver pendant très longtemps.

Le soja sert également, au Japon, à la fabrication de cette sauce ou condiment appelé *Sho-you,* saumure indispensable à la table japonaise comme le *nuoc mâm* ou le *mâm* le sont à celle de l'Annamite. On y connaît également une saumure appelée *miso.* Ces sauces sont introduites aux Etats-Unis et en Angleterre où elles entrent dans des produits condimentaires du pays. Les gousses jaunes du soja peuvent être consommées comme légume. Les graines trempées dans l'eau sont torréfiées et mangées comme la cacahouète.

En Autriche, on en fait un succédané du café. Aux Etats-Unis, le « soya flower » ou farine de soja, entre pour 25 %, avec 75 % de farine de froment, dans la fabrication d'un pain spécial très nutritif. On connaît aussi des biscuits de soja.

Pour l'Européen, le soja peut être consommé à l'état de grain vert, comme le *Haricot flageolet,* mais l'extraction de la cosse est alors longue et difficile. Ses graines sèches sont dures et doivent subir une longue macération dans l'eau avant la cuisson. Réduites en farine, ces graines servent à préparer un pain pour les diabétiques. Les fanes constituent un excellent fourrage vert.

Enfin, en Amérique, le soja est cultivé comme plante fourragère, pour l'ensilage et aussi comme engrais vert au titre de plante améliorante.

Production. — Notons que le soja peut être cultivé en Algérie et dans le midi de la France où les variétés à grains noirs réussissent le mieux. Dans les dernières années, l'intérêt médiocre accordé en France aux efforts de Blavet pour en répandre la culture, fut ravivé par de nouvelles tentatives dues à des amateurs et à des chercheurs de nouveauté séduits par la composition chimique de la graine et ses multiples emplois à l'étranger. Des projets de cultures industrielles en grand furent même conçus en Italie où ils trouvèrent un accueil officiel favorable.

La grande production pour l'exportation, jusqu'en 1908, fut presque exclusivement celle de la Mandchourie. Depuis, les Etats-Unis, l'Inde, l'Indochine et la Malaisie sont devenus également producteurs notables.

En 1925, l'exportation de Mandchourie, par les ports de Dairen et de Vladivostock, se chiffrait par 1.531.000 tonnes de graines ; 128.000 t. d'huile et 1.393.000 t. de tourteaux. L'Europe en recevait 790.000 t. de graines ; Rotterdam 31.000 t. et Hambourg 8.300 t. d'huile ; le Japon 1.126.000 t. de tourteaux.

Le Japon, gros consommateur de Soya, consacre environ 9 % de ses ter-

res cultivables à la production de cette graine ; elles lui donnent annuellement 420.000 t. en moyenne, quantités insuffisantes à la consommation
locale qui reçoit de Chine un gros appoint complémentaire.

Les Etats-Unis ont introduit la culture du soya dans leurs régions côtiè-
res du Pacifique et dans les provinces de l'Est ; la récolte en 1924 a atteint
246.000 tonnes de graines dont la plus forte part est réservée à l'alimentation du bétail.

LE POIS CHICHE   Le *Pois Chiche* (*Cicer arietinum* Linné), connu
aussi sous les noms de *Pois cornu, Pois pointu,
Garbanzos Espagne*, est une Légumineuse an-
nuelle originaire de l'Europe méridionale, qui est principalement cultivée
dans les régions subtropicales; c'est l'une des légumineuses à graines alimentaires qui résistent le mieux à la sécheresse. Le grain sec est arrondi,
un peu déprimé sur les côtés et présente l'aspect d'une tête de bélier flanquée de ses cornes enroulées. Ce grain, produit en abondance en Algérie,
constitue une précieuse ressource pour les Kabylès et les Arabes; il est
nutritif, mais dur. Le *Pois chiche* est très cultivé dans l'Inde et en Nouvelle-Calédonie.

L'ARACHIDE   L'*Arachide, Pistache de terre, Cacahouète* (*Arachis
hypogœa* Linné) ne figure ici que pour mention, en raison de son rôle important comme graine alimentaire ;
nous en parlerons plus longuement au chapitre des plantes oléagineuses.

LE VOANDZOU   Le *Voandzou*, ou *Pois Bambara* (*Voandzeia sub-
terranea* Dupetit-Thouars) est, pense-t-on, originaire
de l'Afrique tropicale. C'est une Légumineuse an-
nuelle qui présente, comme l'arachide, la curieuse particularité d'enterrer
ses fruits dans le sol où ils se développent et mûrissent.

Il est répandu dans toute l'Afrique tropicale, à Madagascar et aussi
dans l'Amérique méridionale.

Son mode de végétation rappelle celui de l'arachide. Le fruit est une
gousse ovoïde globuleuse contenant 1 ou 2 graines rouge brun plus ou
moins foncé, noires, blanches ou tachetées, selon les variétés.

Dans nos colonies de la côte occidentale d'Afrique et à Madagascar, on
consomme ces graines frites dans du beurre ou de l'huile, ou encore préparées comme nos pois d'Europe. Elles sont beaucoup moins oléagineuses
que l'arachide et, par suite, d'une digestion plus facile; leur richesse en
matières azotées les rend très nutritives. D'après une analyse de M. Balland,
elles contiennent 18 p. 100 de matières azotées, 58 p. 100 d'amidon et
6 p. 100 de matières grasses.

On sème les graines de *Voandzou* au commencement de la saison des
pluies: la récolte a lieu quatre ou cinq mois après.

2. — *Plantes cultivées pour leur fruit*

Le Bénincasa. — Le Sechium edule. — Le Gombo

LE BENINCASA — Parmi les plantes potagères des pays chauds cultivées pour leur fruit, nous citerons surtout le *Benincasa* (*Benincasa cerifera* Savi), Cucurbitacée annuelle, originaire de l'Asie austro-orientale où son fruit constitue un des légumes classiques les plus estimés en raison de la qualité de sa chair et de la facilité de sa conservation. Ce fruit est cylindrique, de 25 à 50 centimètres de longueur sur 20 à 25 centimètres d'épaisseur; il est verdâtre, revêtu d'une exsudation cireuse qu'il conserve longtemps après avoir été cueilli. On le consomme comme le concombre.

LE SECHIUM EDULE — La *Chayote, Christophine, Chouchoute* (*Sechium edule* Swartz) est une Cucurbitacée, vivace cette fois, originaire du Mexique. C'est une vigoureuse plante grimpante dont le fruit, piriforme ou oblong, de 10 à 15 centimètres de longueur, relevé de côtes irrégulières, ne renferme qu'une seule graine de grande taille. Il existe plusieurs variétés de chayote, à fruit plus ou moins gros, verdâtre ou de couleur blanc crème. C'est un légume de saveur agréable, que l'on peut utiliser comme les courges.

La multiplication de la plante se fait en plantant le fruit entier. On peut faire grimper les tiges sur des treillages; la récolte est abondante. La plante a été introduite à la Réunion. On extrait de ses tiges une fibre d'un blanc argenté brillant, exporté en Europe sous le nom de *Paille de Chuchu*, pour la fabrication des chapeaux.

LE GOMBO — Le *Gombo* (*Hibiscus esculentus* Linné), de la famille des Malvacées, est une plante annuelle de 50 centimètres à 1 m. 50 de hauteur. C'est le *Bamyah* ou *Bâmiat des* Arabes. Malgré l'origine certainement africaine de cette plante, dit de Candolle, il ne semble pas qu'elle ait été cultivée dans la Basse-Egypte, avant l'époque de la domination arabe.

La tige est dressée, simple; les feuilles sont cordiformes, profondément divisées en 5 lobes dentés. Les fleurs sont grandes, jaune soufre avec le centre pourpre; elles rappellent celles du cotonnier. Le fruit est une capsule pyramidale, de 10 à 15 centimètres de longueur sur 2 à 3 centimètres de diamètre, s'ouvrant en 5 valves, contenant de nombreuses graines sphériques de la grosseur d'un grain de poivre.

La plante est cultivée dans tous les pays chauds pour son fruit que l'on récolte très jeune, alors que les graines commencent à se former. A l'état frais ou séchés les fruits entrent dans la préparation de potages et de sauces très appréciées, notamment du *Calalou*, fameux mets créole des Antilles. On les mange aussi en salades, mêlés au riz avec de la viande ou **du pois-son**. Leur saveur est faible, mais ils sont très mucilagineux.

---

3. — *Plantes cultivées pour leur feuille*

La Baselle. — Le Tétragone. — Le Zizania. — Le Bambou. — Les Choux-Palmistes

LA BASELLE
LE TETRAGONE

Les feuilles d'un bon nombre de plantes des pays chauds sont souvent utilisées à la façon de l'épinard ; telles sont les nombreuses sortes de « Brèdes » qui ne peuvent trouver place ici (1). Parmi les plantes de cette catégorie, il en est de particulièrement recommandables pour le potager colonial. Nous citerons comme étant de ce nombre : la *Baselle à feuilles cordiformes* (*Basella cordifolia*), plante vivace grimpante, qui produit, sans interruption, des feuilles charnues, abondantes ; le *Tétragone ou Epinard de la Nouvelle-Zélande* (*Tetragone expansa* Murray), plante annuelle de la Nouvelle-Zélande, précieuse par son abondante production de feuilles excellentes à consommer sous forme d'herbe cuite.

Le *Zizania latifolia* Turczan est une graminée vivace, voisine du riz, de très ancienne culture en Chine (*Co-ba*), cultivée également au Tonkin sous le nom de *Cu-Niang*. On en consomme les jeunes pousses cuites, qui portent des tubercules et passent pour être un légume très délicat.

Nous signalons à l'attention de nos importateurs de produits coloniaux un légume de conserve dont il se fait une consommation de plus en plus forte aux Etats-Unis : la *pousse de bambou*. Nous avons tenté sans succès l'introduction en France, il y a quelques années, de ce produit, que nous connaissons au Tonkin sous le nom d' « asperge annamite ». Or, en 1924, la Chine a exporté vers l'étranger près de 500 tonnes de ces jeunes tourions, sans compter la consommation intérieure. La province de Fou-Kien en fournit le plus fort contingent par ses peuplements de bambous qui forment des fourrés disséminés dans le pays.

L'espèce la plus exploitée est le *Phyllostachys pubescens* ou « mao chu »; il donne des pousses d'hiver et des pousses de printemps, les premières

---

(1) On trouvera de nombreuses et intéressantes données à ce sujet dans le *Potager d'un curieux*, de A. Paillieux et D. Bois.

plus recherchées parce que, n'ayant pas encore percé au-dessus du sol, elles demeurent tendres à l'état de bourgeon. On a soin, du reste, à leur apparition à la lumière, de les recouvrir de terre ou d'un vase, afin d'éviter leur verdissement et le durcissement de leurs fibres. Les pousses destinées à l'exportation sont mises en conserve après cuisson, les unes dans de l'eau salée, les autres après dessiccation au soleil ou sur un feu au-dessus duquel on les suspend. On en connaît sur le marché de Ningpo et de Changhaï une demi-douzaine de sortes commerciales, provenant les unes du *Phyllostachys*, les autres d'un *Dendrocalamus*. En Indochine, on exploite également le *Bambusa arundinacea*.

L'*Hibiscus sabdariffa* L., connu sous le nom d' « Oseille de Guinée », donne à la consommation des feuilles acidulées.

En Indochine, et surtout au Tonkin, ou cultive beaucoup la patate aquatique, *Ipomaea aquatica* Forskal, le *rau muong* des Annamites, qui est une plante vivace poussant dans les mares et à ce point envahissant qu'elle couvre entièrement la surface de l'eau. Les Annamites cueillent l'extrémité très tendre des tiges pour la consommer crue ou cuite. Ce légume est très apprécié et se vend couramment au marché où les Européens s'en approvisionnent pour le préparer en guise d'épinards ou en salade.

Au témoignage de D. Bois, sa saveur est douce et agréable. L'espèce est très répandue en Chine.

L'Aubergine, *Solanum Melongena* L., très anciennement cultivée en Asie, est susceptible de donner de bonnes récoltes dans les régions subtropicales. Elle est connue aux Etats-Unis sous le nom de « plante aux œufs », — *egg plant*. Elle demande un sol sec et meuble, enrichi d'engrais, la plante ayant des racines profondes. Les semis sont repiqués parfois dans des pots ou des récipients en carton. On en connaît de nombreuses variétés.

LES CHOUX-PALMISTES — On désigne sous le nom de *Chou palmiste* le bourgeon terminal de certains Palmiers, débarrassé de ses enveloppes extérieures, Les jeunes feuilles qui le constituent, blanches et tendres, ont une saveur de noisette extrêmement délicate qui les font rechercher comme l'un des meilleurs légumes connus. On le mange surtout en salade. Malheureusement, la récolte entraîne la mort de l'arbre ; aussi, n'utilise-t-on ainsi que les palmiers surabondants condamnés, ou épuisés par l'âge.

Le *Chou-palmiste* le plus apprécié est celui de l'*Oreodoxa oleracea* Martius, grand et beau palmier des Antilles. Le cocotier, l'aréquier donnent aussi d'excellents choux-palmistes et l'on recherche également les bourgeons de l'*Euterpe oleracea*, de la Guyane; des *Kentia*, de la Nouvelle-Calédonie; de divers *Acanthophœnix*, de la Réunion et de Madagascar; de plusieurs espèces de *Raphia*, de la côte occidentale d'Afrique; du Ronier

(*Borassus flabelliformis*), de l'Indochine méridionale et de l'Inde ; du palmier nain d'Algérie, du dattier, du palmier à huile, du sagoutier, etc.

En somme, beaucoup de Palmiers fournissent ainsi un légume de premier choix, mais il en est dont le bourgeon est trop petit pour qu'il soit vraiment utilisable, alors que chez d'autres, il est amer ou de saveur désagréable.

LE JARDIN POTAGER TROPICAL

Lorsqu'un Européen est appelé à se fixer dans les pays chauds, l'une de ses premières préoccupations — nous le répétons — doit être la création d'un jardin potager destiné à lui fournir les légumes indispensables pour son alimentation. Nos plantes potagères d'Europe y tiendront naturellement une grande place, mais il ne faut pas espérer les voir donner de parfaits résultats, ni surtout les obtenir avec des qualités comparables à celles qui les caractérisent dans les pays tempérés.

Le choix de l'emplacement du potager a une importance capitale. S'il s'agit d'alimenter en légumes une colonie qui possède des régions élevées, on le placera à une certaine altitude. C'est en effet entre 1.000 et 2.000 mètres, dans la région tropicale, qu'il est possible d'obtenir les meilleurs résultats. On peut citer comme exemple la Réunion qui, grâce à ses montagnes, peut récolter et exporter des pommes de terre, des oignons, etc.

C'est dans les parties basses, chaudes et humides que les résultats sont les moins satisfaisants.

Lorsque la chose est possible, il est bon d'avoir deux emplacements : l'un pour la saison des pluies, situé à une certaine élévation pour éviter l'excès d'humidité; l'autre, pour la saison sèche, placé dans un endroit où l'eau abonde, auprès d'un marigot, par exemple, de manière à pouvoir donner aux plantes les arrosages nécessaires.

Un sol de consistance moyenne devra être préféré; cependant, à part les sols compacts difficiles à travailler, on peut dire que tous conviennent, car ils s'ameublissent et s'améliorent rapidement par l'apport des engrais et le travail des labours.

On évitera la présence des grands arbres dont les racines nuisent au développement des plantes cultivées dans leur voisinage, et aussi parce qu'elles absorbent une partie des engrais.

Le potager aura autant que possible une forme rectangulaire, de manière à pouvoir le diviser plus facilement en plates-bandes parallèles de 1 m. 30 à 2 m. 30 de largeur, selon les dimensions des plantes à cultiver, et séparées par des sentiers de 50 à 60 centimètres.

Les plates-bandes seront aménagées de manière à présenter une surface bombée en billon pendant la saison des pluies, ce qui assure l'écoulement de l'eau pluviale en excès.

Pendant la saison sèche, au contraire, elles seront planes ou un peu concaves pour qu'elles puissent retenir les eaux provenant des pluies ou des arrosages.

Après certaines opérations, tel que le repiquage, il est indispensable de disposer au-dessus des plantes des nattes, des claies, des branchages ou des feuilles de palmier soutenus par des pieux, et destinés à les abriter contre les rayons du soleil. Ces couvertures sont également nécessaires pour protéger les jeunes semis, non seulement contre le soleil, mais contre les pluies torrentielles qui bouleversent tout.

L'engrais est un des éléments de bonne venue du jardin potager et son emploi est d'autant plus indispensable que l'on a à faire à un terrain neuf, ou depuis peu en culture. Le fumier de ferme est l'engrais qui donne les meilleurs résultats, mais l'on peut aussi employer le terreau de feuilles et les composts résultant de la décomposition des matières végétales et animales (déchets divers), accumulées dans une partie du potager disposée *ad hoc.*

Les travaux d'entretien du potager consistent en labours, binages répétés, et sarclages tels qu'on les pratique en Europe.

Les semis se font *à la volée, en lignes* (les graines disposées dans des rayons), ou *en poquets* (les graines mises par petite quantité dans des trous régulièrement espacés). Le semis *en lignes* a l'avantage d'économiser la graine et de faciliter les binages; celui *en poquets* est employé surtout pour les plantes qui atteignent un grand développement, qui se repiquent difficilement et qui exigent un espace déterminé pour croître normalement.

On *sème en place* les plantes qui ne supportent pas, ou qui supportent mal le repiquage, et *en pépinière*, celles qui ont besoin d'être repiquées. Le repiquage provoque le développement de nombreuses racines; il permet aussi d'espacer régulièrement les plantes et d'obtenir ainsi, pour deux raisons, un rendement plus élevé de produits plus parfaits.

On s'attachera à ne recueillir des graines que sur les plantes (porte-graines) qui présentent au plus haut degré les qualités de la variété cultivée.

Les graines récoltées qui doivent servir aux ensemencements futurs doivent être placées dans des récipients bien clos, à l'abri de l'humidité et des insectes. Pour les légumes des pays tempérés qui grènent peu ou mal dans la région tropicale et dont la descendance dégénère rapidement, il est nécessaire de faire venir les semences de la métropole (1).

---

(1) La maison Vilmorin, Andrieux et Cie a composé des collections de semences de plantes potagères spécialement destinées aux colonies.

LA CULTURE DES LEGUMES DE PRIMEUR EN ALGERIE

La culture maraîchère est très florissante en Algérie. Elle est de plus en plus pratiquée pour alimenter le commerce d'exportation des légumes de primeur, recherchés pendant l'hiver dans les pays du Nord.

Tous les légumes de France y sont cultivés avec succès; mais les *Artichauts*, les *Tomates*, les *Pommes de terre*, les *Haricots verts* et les *Pois* font surtout l'objet d'une exportation considérable.

En 1907, la production maraîchère de notre colonie a été évaluée à 5 millions et demi de francs pour l'exportation et à environ 3 millions et demi de francs pour la consommation locale, soit, en tout, 8 millions et demi.

C'est surtout dans le voisinage de la mer, à proximité des ports desservis par des services réguliers de bateaux, que cette culture est pratiquée. La région d'Alger, puis celle de Philippeville et le littoral oranais sont les principaux centres de production.

D. — LES FRUITS

PRODUCTION DES FRUITS TROPICAUX

Les arbres fruitiers des pays tempérés donnent rarement de bons produits lorsqu'on les cultive dans la zone intertropicale. Seuls, le pêcher et la vigne peuvent être introduits avec succès dans les parties élevées des montagnes.

Beaucoup de coloniaux se consolent de l'absence de ces produits par la préférence même que leur goût donne à certains fruits des tropiques. Sans partager absolument leur avis, sachons être éclectiques et attachons-nous à distinguer les meilleurs d'entre ces fruits et à en cultiver les variétés qui ont atteint le plus haut degré de perfection.

Certains sont d'ailleurs excellents et il en est qui tendent à prendre une place de plus en plus grande sur les marchés de la métropole même, lorsque leur constitution leur permet de supporter de longs voyages et lorsqu'ils parviennent dans la saison de pénurie de fruits indigènes.

L'extraordinaire développement pris dans ces dernières années par le commerce des oranges, des dattes, des ananas, des cocos, et surtout des bananes, montre que cette question a une réelle importance, du moins pour celles de nos colonies qui sont les moins éloignées de la métropole.

La consommation des fruits tropicaux augmentera certainement en France lorsqu'ils arriveront plus nombreux sur les marchés, ce qui permettra d'abaisser le prix de vente. Mais pour que ces fruits soient appréciés à leur juste valeur, il faut qu'ils soient consommés à bonne maturité. Il est nécessaire, en conséquence, qu'ils aient acquis certaines propriétés au moment de la récolte et qu'ils arrivent sur les marchés en parfait état de conservation.

Les cultures fruitières pourraient occuper une place importante en Basse-Guinée et au Dahomey, par exemple. La traversée de la Guinée en France s'effectue en une douzaine de jours et pourrait être réduite, avec des paquebots à marche rapide.

L'expédition des fruits n'exige pas, d'ailleurs, de grands aménagements à bord des navires. Les ananas et les bananes, notamment, supporteraient le voyage en étant simplement placés dans une cale spéciale pouvant s'aérer facilement. Pour les mangues et les avocats, une chambre froide où la température pourrait être maintenue à 5 ou 6° C. au-dessus de zéro, assurerait à ces fruits une bonne arrivée en Europe. Mais ces installations sont indispensables et c'est d'elles que dépend l'avenir du commerce de ces fruits avec la métropole.

1. — *Les agrumes*

Historique. — L'Oranger. — Le Bigaradier. — Le Mandarinier. — Le Citronnier. — Le Cédratier. — Le Limier. — Le Bergamottier. — Le Pamplemoussier. — Usages et emplois. — Essences et extraits. — Production.

Les Oranges, Citrons et fruits voisins appartiennent au genre *Citrus*, de la famille des Rutacées. Ils sont connus sous le nom général d'*Agrumes* dans la région méditéranéenne, où ils sont produits en grande abondance.

HISTORIQUE Ce sont de petits arbres originaires de l'Asie orientale et australe, Chine et Cochinchine, d'où ils se sont répandus dans les autres parties du monde. L'Europe a reçu le *Bigaradier* à l'époque des croisades (Nice en faisait commerce au XIVe siècle); le *Mandarinier* n'a été introduit qu'en 1800 et, en Algérie, seulement vers 1850.

Les Grecs et les Romains n'ont pas connu l'oranger et on présume que cet arbre n'a été cultivé qu'assez tard dans l'Inde occidentale et à Ceylan.

Cependant, le sanscrit avait un nom pour l'orange : *Nagarunga,* dont les Arabes ont fait *Narunj,* les Italiens *Naranzi, Aranzi* et qui est devenu pour nous *Orange.*

Les orangers et citronniers sont des arbres trop connus pour qu'il soit nécessaire d'en donner ici une longue description : nous nous bornerons à indiquer sommairement les caractères qui permettent de distinguer les unes des autres les principales espèces.

L'ORANGER PROPREMENT DIT (*Citrus Aurantium* Linné). Feuilles ayant le pétiole ailé; fleurs blanches; fruit ayant une forme généralement sphérique, parfois ovoïde; graines à embryon non teinté de vert. Il en existe de nombreuses variétés de saveur parfois délicieuse.

LE BIGARADIER (*Citrus Bigaradia* Risso et Poiteau), *Orange amère.* Très voisin de l'oranger. L'arbre a une taille un peu moindre; le pétiole est plus largement ailé; la fleur est plus grande; le fruit, rugueux et teinté de rouge, a une écorce très aromatique et amère et une pulpe à suc abondant, acide et très amer. Le *Chinois* est une variété de bigaradier à petites feuilles et à petits fruits, à pulpe acide.

LE MANDARINIER (*Citrus nobilis* Loureiro, *C. deliciosa* Tenore) est de plus petite taille que l'oranger (2 à 5 mètres), à jeunes rameaux épineux, à feuilles de petites dimensions, ayant le pétiole non ailé. Les fleurs sont blanches, petites; le fruit est petit, de la grosseur d'une pomme d'api. La pulpe contient un suc abondant, sucré, délicieux; les graines ont un embryon vert.

LE CITRONNIER (*Citrus Limonum* Risso, *C. medica* Linné, *var. acida*). — C'est le citronnier des Français, le *Lemon* des Anglais, le *Cedro* des Italiens. Arbrisseau moins élevé que l'oranger, à feuilles d'un vert glauque, les jeunes purpurines, à pétiole non ailé; les fleurs sont blanches, teintées de pourpre extérieurement; le fruit est ovoïde ou oblong, mamelonné au sommet, jaune soufre, à écorce mince, rugueuse ou lisse, aromatique et amère; la pulpe possède un suc abondant, très acide, parfumé. L'embryon n'est pas coloré. Il existe en Indochine une curieuse variété de citronnier désignée sous le nom de *Main de Boudha*, dont le fruit est formé par les carpelles indépendants sur une grande partie de leur longueur, digités, dont l'ensemble simule une main.

LE CÉDRATIER (*Citrus medica* Risso), voisin du citronnier, en diffère par ses rameaux plus robustes; ses feuilles plus grandes, moins glauques; par son fruit plus volumineux, très gros, oblong, d'abord rouge pourpre, puis jaunâtre mêlé de vert. L'écorce est très épaisse, charnue, aromatique; la pulpe, peu abondante, a un suc acide.

LE LIMIER (*Citrus Lumia* Poiteau et Risso) possède des feuilles petites, à pétiole largement ailé. Il est voisin de l'oranger, et, comme lui, possède des fleurs de couleur blanche, mais plus petites. Le fruit est gros, globuleux ou ovoïde, jaune pâle, à écorce spongieuse. Il en existe deux variétés : les *Limes acides*, souvent confondues avec les citrons, mais à fruit non mamelonné au sommet, cultivées dans les régions tropicales pour l'extraction du *Lime juice*; les *Limes douces*, à fruit mamelonné au sommet, à pulpe douce.

LE BERGAMOTTIER. — La *Bergamotte* (*Citrus Bergamia* Risso et Poiteau) diffère des *Limes* par ses fleurs plus petites; son fruit de volume moindre, piriforme ou plus ou moins arrondi ou anguleux, non mamelonné; son écorce jaune pâle; sa pulpe légèrement acide, parfumée.

LE PAMPLEMOUSSIER. — Le *Pamplemousse* (*Citrus Decumana* Murray), *Pompoléon, Shadock*. — L'arbre, de 5 à 10 mètres de hauteur, possède des rameaux robustes. On le distingue facilement des autres arbres du même genre, par ses jeunes pousses, velues au lieu d'être glabres; les feuilles très amples (10 centimètres $\times$ 5 centimètres) ont un pétiole largement ailé; les fleurs, grandes (3 à 5 centimètres), d'un blanc pur, ont les pétales épais; le fruit, globuleux, déprimé, est très volumineux, atteignant la grosseur de la tête d'un enfant; il possède une écorce très épaisse et une pulpe peu abondante, à suc acide, plus ou moins amer.

USAGES ET EMPLOIS — La plus grande partie des Agrumes se consomment en nature; d'autres, au contraire, exigent une certaine préparation, comme, par exemple, les *Pamplemousses* et leurs variétés, que les Américains désignent sous le nom de *Pomela* et dont ils font, ainsi que les Anglais, une très grande consommation. Ils les mangent au premier déjeuner après les avoir coupés en fragments et glacés avec une grande quantité de sucre. Ils attribuent à leur amertume des propriétés toniques et apéritives.

Le *Koum-quat* est le fruit du *Citrus Japonica* Thunberg. Introduit sur les côtes de la Méditerranée et surtout en Algérie, ce fruit se fait accepter par le marché de Paris où il apparaît en deux variétés : ronde ou oblongue. La peau en est surtout comestible.

ESSENCES ET EXTRAITS — La *Bigarade* est employée en confiserie; on en fait les *confitures d'Oranges amères*, objet d'une industrie importante en Angleterre.

Les *jus d'Oranges* et de *Citrons*, extraits au moyen de presses spéciales, peuvent être consommés directement avec addition de sucre; ils constituent, étendus d'eau, des boissons hygiéniques très précieuses.

Le *jus de Citron* préparé industriellement, sous forme de conserve, sert de base à d'excellentes boissons. L'acide citrique est contenu dans le jus de citron dans la proportion de 5 à 7 p. 100.

L'*écorce de l'Orange douce* et de l'*Orange amère*, celle de la *Mandarine* servent à préparer des liqueurs, notamment le *Curaçao*.

Les *Cédrats*, les *Chinois* confits, la peau de *Citron* et d'*Orange*, préparés au sucre, sont des objets de consommation importante.

Le *zeste*, ou écorce du fruit, de la plupart des Agrumes contient des essences logées dans les glandes de la partie superficielle. L'extraction de ces essences est une véritable industrie qui atteignait en Italie avant la guerre, pour le citron et la bergamotte seuls, 800.000 kilogrammes d'une valeur de 40 millions de francs.

On extrait aussi des essences des feuilles et des fleurs de plusieurs *Citrus*. Telles sont :

L'*essence de Néroli*, obtenue par la distillation, avec de l'eau, des fleurs du *Bigaradier*. Cette essence sert en parfumerie; elle est la base de l'*eau de Cologne*;

L'*essence de Bergamotte*, qui entre également dans la composition de l'eau de Cologne; elle est obtenue du *Citrus bergamia*, cultivé en Italie et qui pourrait être introduit dans nos colonies. La France reçoit jusqu'à 25.000 kilogr. de cette essence d'Italie;

L'*eau de fleur d'Oranger*;

L'*essence de petit grain*, que l'on obtient par la distillation des feuilles de plusieurs *Citrus* : bigaradier, mandarinier, bergamottier, citronnier, etc., donnant dans chaque cas un produit de qualité et de valeur différente.

Sous les tropiques, l'oranger et ses congénères sont des arbres de 3 à

4 mètres de hauteur, cultivables dans les régions à température moyenne supérieure à 14° C. et où il n'y a pas de périodes de froids continus au-dessous de + 3° à + 4° C.

PRODUCTION   En France, les oranges de vente ne sont produites que dans les Alpes-Maritimes et la Corse ; la récolte était, avant la guerre, d'environ 40.000 quintaux d'oranges et 16.000 quintaux de citrons.

L'Italie méridionale et la Sicile sont les pays les plus grands producteurs d'Agrumes.

En 1926, la France a importé (chiffres de la mise en consommation) en quintaux métriques :

1° *Citrons, oranges* et leurs variétés : de l'étranger, 959.309 quintaux, dont 805.840 d'Espagne et 148.469 d'Italie ; en outre, d'Algérie 85.285 quintaux et 1.480 quintaux de Tunisie. Au total, 104.632 tonnes valant 126 millions de francs ;

2° *Mandarines* et « *chinois* » : 30.366 tonnes valant 47 millions et demi de francs, dont 8.158 tonnes d'Espagne, 21.804 tonnes d'Algérie et 282 tonnes de Tunisie ;

3° *Ecorces* de citron et d'orange et de leurs variétés : 160 tonnes d'Italie, 190 tonnes d'Espagne, et 53 tonnes d'Algérie. Valeur, 1 million 404.000 francs.

La culture des Agrumes est en voie d'extension rapide dans toute la région méditerranéenne. Les Américains l'étendent également d'une manière considérable aux Etats-Unis.

L'Algérie pourrait étendre beaucoup la culture des arbres producteurs. C'est surtout dans les gorges de la base des montagnes, en situation abritée que les orangeries sont établies, mais les plaines du littoral leur conviendraient également, partout où l'irrigation est possible.

On récolte d'excellentes oranges à Caïbé (Cochinchine) et à Vinh (Nord Annam). La Réunion possède une délicieuse petite *mandarine* appelée *Vanganaye*, et Tahiti récolte également de très bonnes oranges.

---

2. — *L'ananas*

Description. — Culture. — Production

L'Ananas (*Ananassa sativa* Lindley), de la famille des Broméliacées, est originaire de l'Amérique méridionale. Les Brésiliens l'appelaient *nana* dont les Portugais ont fait *ananas*. Il a été introduit dans les autres parties du

monde vers la fin du XVIe siècle, notamment par les Portugais dans l'Inde,
où sa culture a pris une extension considérable. Il est venu en Europe à la
fin du XVIIe siècle, pour y devenir l'objet de cultures dispendieuses qui
faisaient de ce fruit un objet de grand luxe; mais, grâce aux moyens de
transports devenus rapides et économiques, l'ananas est entré aujourd'hui
dans la consommation courante.

DESCRIPTION — L'ananas est une plante vivace à tige courte, souterraine, produisant une touffe de feuilles disposées en
rosette, longues et étroites, souvent épineuses sur les
bords. Du centre de ce bouquet s'élève une tige florifère couronnée d'un épi
de fleurs de couleur bleuâtre.

Lorsque la floraison est passée, toutes les parties de l'inflorescence se
développe, deviennent char-
nues, se soudent entre elles
et constituent un fruit succulent dans lequel toutes
les graines sont généralement avortées

Ce fruit est terminé par
une petite couronne de
feuilles qui se développent
dans la prolongation de
l'axe. Il est sphérique ou
plus ou moins allongé, variant de la grosseur du
poing à celle de la tête d'un
homme, atteignant parfois
le poids de 4 kilogrammes.
Il contient un suc plus ou
moins acide ou sucré, délicatement parfumé.

Ananas de Cayenne en culture de serre.
(*Cliché Vilmorin, Andrieux et Cie*).

Il en existe un bon nombre de variétés caractérisées par leurs feuilles
lisses et inermes ou bien piquantes, à bords épineux. Il en existe aussi de
hâtives et de tardives. On peut citer parmi les plus améliorées : *A. de Pernambouc, Cayenne à feuilles lisses, Baronne de Rothschild, Comte de Paris,
Abacaxi, Red Spanish.*

CULTURE — La multiplication de l'ananas se fait à l'aide des œilletons qui se développent à l'aisselle des feuilles ou à la base
du fruit; ou bien encore à l'aide de la *couronne*, c'est-à-
dire du bourgeon feuillé qui se développe au sommet du fruit et que l'on
détache au moment de la récolte. C'est la couronne qui donne les plus beaux

produits, mais comme elle accompagne toujours le fruit sur le marché, il est rare qu'on puisse l'utiliser en culture.

La plante demande un sol avant tout découvert, en plein soleil. Les coteaux nus ou dénudés aux environs de Singapour ont de superbes plantations d'ananas. On peut planter en sol médiocre, mais les résultats sont meilleurs lorsqu'il est fertile, additionné d'engrais (1).

La plantation des œilletons se fait au moment de la saison des pluies et des fortes chaleurs, en les disposant en lignes espacées de 2 mètres et à une distance de 50 centimètres les unes des autres sur les lignes, ce qui permet d'avoir 10.000 plantes à l'hectare. Des irrigations sont nécessaires en saison sèche.

La plante fleurit huit à dix mois après la plantation; le fruit est mûr, bon à récolter, quatre mois après la floraison. Lorsque le fruit est coupé, le pied repart d'une nouvelle pousse (comme le bananier) qui fleurit à son tour. On peut conserver ainsi la plantation pendant trois ou quatre ans, mais il est préférable de replanter après la première récolte.

Les fruits destinés à l'exportation doivent être cueillis avant complète maturité. Leur teneur en acide est assez forte pour obliger les ouvriers qui les manipulent, et qui les mettent en tranches ou barres de conserve, à porter des gants en caoutchouc.

Ce fruit délicieux et, de l'avis général, l'un des meilleurs du monde entier, est consommé frais; mais préparé en boîtes de conserve (fruit entier ou barres), il constitue encore un dessert très apprécié dont la vente a pris un développement considérable.

On en obtient un vin par fermentation, qui donne lui-même, à la distillation, une eau-de-vie d'un goût et d'un arome très agréables (2).

PRODUCTION — Les ananas consommés en Europe proviennent presque tous des Açores et des Canaries où la plante est cultivée sous abris. La culture en serre, en France, est presque abandonnée et ne se pratique plus guère que chez un petit nombre de riches amateurs. Nous consommons surtout des conserves dites « en barre », fabriquées à Singapour et aux îles Hawaï qui en expédient chaque année pour plusieurs dizaines de millions de francs en Europe. On en prépare aussi aux Antilles françaises et il serait à souhaiter que la Co-

---

(1) Le *Scientific American* raporte que les planteurs d'ananas des Iles Hawaï ont augmenté, en 1927, de 30 % le rendement de leurs cultures en couvrant le sol d'un papier fort, imprégné d'asphalte. Ce procédé avait déjà donné jadis, de bons résultats à un planteur américain de canne à sucre. Les expériences faites depuis plusieurs années à la ferme expérimentale d'Arlington (Virginie) ont confirmé l'excellence de la méthode, qui pourrait être appliquée à d'autres cultures.

(2) 100 kgs d'ananas frais donnent 50 kgs de jus; 100 kgs de jus à la première fermentation et distillation donnent 10 litres d'alcool pur, soit 5 litres d'alcool pur pour 100 kgs d'ananas frais.

chinchine reprenne vivement une industrie locale après un premier insuccès dû à une erreur de méthode de culture. La production est importante en Floride.

On trouve l'ananas dans toutes nos colonies : il croît même à l'état subspontané en Guinée. Le *maipouri* de Cayenne est renommé.

Avec les aménagements appropriés des paquebots, l'ananas frais peut résister à plus de quinze jours de voyage.

On connaît à l'ananas plusieurs maladies cryptogamiques. A Hawaï, la plus redoutable est le nématode qui attaque également d'autres cultures, l'*Heterodera radicicola* Greeff, parasite du rhizome.

---

3. — *Le manguier*

La Mangue et le Mango. — Culture

Le Manguier (*Mangifera indica* Linné) appartient à la famille des Anacardiacées. Le fruit de cet arbre bienfaiteur, la *mangue*, est ce qu'on peut appeler un « fruit de conversation » : il n'en existe guère sur les mérites desquels on ait tant disputé. Comme le rapporte plaisamment Jumelle, *« il y a ceux qui l'aiment parce qu'il sent la térébenthine, et ceux qui arrivent à en aimer la térébenthine parce qu'elle leur rappelle la mangue. »*

Le manguier est un fort bel arbre originaire de l'Asie méridionale, introduit dans tous les pays intertropicaux dont il constitue l'arbre fruitier par excellence. L'Amérique le reçut au XVIIIe siècle. En 1782, une frégate française transportait des pieds destinés à Saint-Domingue; elle fut capturée et les manguiers, débarqués à la Jamaïque, forment à présent des forêts épaisses. Il fut introduit au Brésil, sans doute par les Portugais, à Rio de Janeiro d'où il passa aux Antilles dès 1742, et ensuite au Mexique. Il fut introduit plus tard à Cayenne et s'y est si bien acclimaté, que c'est la Guyane qui possède aujourd'hui les meilleures variétés.

L'arbre atteint 12 à 15 mètres de hauteur. On le reconnaît aisément à ses branches touffues, à son aspect massif, souvent globuleux, sa frondaison abondante de feuilles lancéolées étroites, longuement atténuées en pointe, glabres, d'abord roses, puis rouges dans le jeune âge, d'un vert foncé brillant à l'état adulte, donnant une ombre épaisse; à ses fleurs petites, d'un blanc rosé, disposées en panicules terminales dressées, auxquelles succèdent des fruits si abondants qu'ils font ployer les branches sous leur poids.

LA MANGUE ET LE MANGO Le fruit, la *mangue,* est une drupe de forme et de couleur variables, générale- ment allongée, réniforme, un peu dépri- mée, quelquefois arrondie, verte, tachetée de brun, jaune ou rougeâtre à la maturité, mesurant de 10 à 20 centimètres de longueur, pesant par-

Rameau de Manguier en fleurs.

fois plus de 500 grammes, mais ne dépassant pas habituellement le volume d'une poire de taille moyenne. Sa peau, coriace, recouvre une chair jaune ou rougeâtre, juteuse, au milieu de laquelle on trouve un gros noyau plat, de la forme du fruit, d'où partent des fibres plus ou moins longues qui pénètrent dans la chair qui l'entoure. Dans le fruit sauvage, le *mango,* le noyau, très gros, possède de longues fibres; la chair est réduite et a une saveur de térébenthine très accentuée; mais il existe de nombreuses variétés à chair moins filandreuse, abondante, juteuse, parfois sans goût de térébenthine, à saveur fine, parfumée. Ces variétés, au nombre de plus d'une centaine, sont souvent locales, mais il arrive que la même mangue porte des noms différents dans divers pays; aussi y aurait-il grande utilité à en entreprendre l'étude pour introduire plus de clarté dans leur nomenclature.

Certaines de ces variétés, comme les mangues *Alphonse* ou *M. de Jaffna*, *de Bombay* ou *M. de Peter*, sont des fruits sans filaments, à noyau peu développé et à saveur délicieuse. Il en est de même des *M. Freycinet, d'Or, Divine* (des Antilles), qui, pour les amateurs, sont au premier rang des meilleurs fruits connus. La *M. Alphonse* est la plus appréciée. La greffe et la sélection ont donné au Brésil des variétés très estimées.

CULTURE La multiplication se fait au moyen du noyau qui donne alors des fruits quelconques, comme c'est le cas pour les arbres fruitiers des pays tempérés : poirier, pommier, pêcher, etc. De même que pour ces arbres, la reproduction des variétés s'obtient par la greffe sur sujets issus de semis. Au greffage par approche, autrefois le seul employé, on préfère maintenant l'écussonnage en placage sur jeunes arbres de dix-huit mois à deux ans. On peut commencer à récolter quelques fruits deux ans après cette opération.

Les arbres de semis, abandonnés à eux-mêmes (francs de pied), ne commencent à fructifier que vers l'âge de cinq ans. Certaines variétés très bonnes peuvent garder leurs qualités même à l'état d'arbres francs de pied (on peut même par le moyen du semis obtenir parfois des variétés nouvelles), mais la plupart donnent le *mango*, fruit sauvage qui a ses amateurs à cause de son goût prononcé de térébenthine. Le *mango* est généralement petit de taille et de forme ovoïde ou arrondi.

Mangue. — A. Variété « Manille ».
B. Variété « Chine ».
C. Coupe longitudinale à travers une mangue.

Le manguier demande un sol profond et drainé et des pluies suffisamment abondantes, avec une chute annuelle d'environ un mètre. Une altitude dépassant 1.000 mètres lui est défavorable. C'est au-dessous de 400 mètres, en région chaude et en sol fertile, qu'il donne les meilleurs résultats.

Dans le verger, les arbres doivent être espacés de 10 mètres en tous sens. Aux Antilles, le manguier fleurit et fructifie pendant presque toute l'année; la production est surtout abondante de mars en août. A la Réunion et sur la côte orientale de Madagascar, les fruits mûrissent surtout de novembre à janvier. En Cochinchine, les premières mangues (*Cai Xoaï*) apparaissent en janvier-février et sont parfois achetées par les riches Chinois jusqu'à une piastre pièce, comme primeur; mais la pleine saison des mangues en Indochine est avril-mai. Très friand de ce fruit, l'Annamite n'attend pas sa maturité, ce qui est la cause de cas fréquents de dysenterie. Les maladies cholériformes et la mortalité sont plus nombreuses pendant la saison des mangues.

La mangue est un excellent fruit de dessert à consommer frais; on l'emploie aussi glacé, en marmelade, en gelée. Avant maturité, elle peut être utilisée en compote.

Le rapide blettissement de la mangue à la maturité la rend très rare et chère sur le marché des fruits coloniaux en Europe; cependant on en reçoit d'acceptables des Antilles lorsqu'elles sont convenablement emballées, avec un déchet qui ne dépasse pas 10 p. 100; mais la vente de ce fruit comme de tous ceux que nous apprécions aux colonies, doit compter avec l'éducation du goût du public acheteur.

---

4. — *Le bananier*

Origine. — Description. — Variétés : *Musa sapientum*. — *Musa paradisiaca*. — *Musa sinensis*. — *Musa Fehi*. — *Musa Ensete*. — *Musa textilis*. — Culture. — Emplois. — Commerce.

La Banane, fruit du Bananier, est l'une des productions végétales les plus précieuses des régions tropicales où elle sert à la nourriture d'innombrables populations. On en connaît des centaines de variétés. Les botanistes ont essayé de les grouper en plusieurs espèces que l'on peut considérer comme descendant d'une seule, très anciennement cultivée, et qui serait originaire de l'Archipel indien : le *Musa Sapientum* Linné, de la famille des Musacées. Nous ne parlons ici, bien entendu, que des bananiers habituellement cultivés pour leurs fruits, car on connaît une vingtaine d'espèces de *Musa* assez nettement caractérisées.

Le nom du genre vient du mot arabe *Mouz* ou *Manz;* le nom spécifique fait allusion à la légende d'après laquelle les Sages anciens avaient coutume de s'asseoir à l'ombre de la plante et de deviser en en mangeant les fruits.

ORIGINE   La très grande ancienneté de la culture du bananier en
Asie lui a permis de bonne heure de s'introduire en Afrique,
et plus tard en Amérique; les Espagnols le portèrent à Saint-
Domingue, en 1516 ; les Portugais au Brésil.

DESCRIPTION   Le bananier cultivé est bien connu dans ses caractères généraux; aussi nous dispenserons-nous d'en donner une longue description.

D'une souche vivace, ou rhizome, naissent de très grandes feuilles constituées par une longue gaine terminée par un limbe étalé, d'une ampleur
considérable. Ces gaines, en s'emboîtant les unes dans les autres, simulent
un tronc épais, herbacé, couronné par un panache de feuilles du milieu
duquel naît une longue inflorescence recourbée vers le sol (*régime*). Cette
inflorescence est un épi; elle porte de nombreuses bractées membraneuses
vivement colorées en violet ou en rouge brun, à l'aisselle de chacune desquelles se développe une rangée de fleurs sessiles. A ces fleurs succèdent
des fruits, presque toujours dépourvus de graines dans les variétés cultivées (1).

Un régime à maturité peut porter de 10 à 12 *mains* (rangées de fruits),
chaque *main* étant formée de 3 à 20 bananes. Certains régimes arrivent
à peser une trentaine de kilogrammes.

La fructification détermine la mort du tronc qui lui a donné naissance,
mais il naît de la souche commune d'autres bourgeons (rejets) qui assurent
la survivance.

VARIETES   Les innombrables variétés de bananiers peuvent être rattachées à 3 grands groupes, d'ailleurs facilement reconnaissables par leurs caractères extérieurs.

Au premier groupe, *Musa Sapientum*, *Figuier-Banane* ou *Banane Figue*,
appartiennent des plantes à tronc de 2 à 4 mètres de hauteur, moucheté
de brun, à feuilles ayant un pétiole relativement court et un limbe de
1 à 2 mètres de long arrondi au sommet, bordé d'un filet verdâtre. Les fleurs
stériles de l'extrémité du régime et les bractées qui les accompagnent sont
caduques. Les fruits, relativement petits, sont presque droits (à peine arqués),
non ou à peine anguleux, à peau fine, à chair tendre, sucrée, comestible à
l'état cru, dans certains cas parfumée et très agréable. Ce sont des fruits
de dessert.

Au deuxième groupe, *Musa paradisiaca* Linné, *Bananier commun*, se rattachent des bananiers à tronc vert, sans mouchetures, à feuilles plus lon-

---

(1) Les observations du prof. H. Lecomte montrent que ces bananiers sont capables
de produire des graines : 1° normalement et d'une façon constante pour quelques
espèces et variétés; 2° dans certaines conditions seulement d'altitude, de nature du
sol, ou par défaut des soins nécessaires de culture pour des espèces ou variétés dont
les fruits sont habituellement comestibles et aspermes.

guement pétiolées et dont le pétiole est canaliculé par suite du relèvement de ses bords. Les fleurs stériles sèches de l'extrémité du régime et les bractées qui les accompagnent sont en grande partie persistantes. Les fruits plus grands (15 à 30 centimètres de long) sont arqués, anguleux, à peau épaisse, à chair plus ferme, peu sucrée.

Ces fruits se mangent cuits, comme légume féculent, récoltés avant maturité.

Au troisième groupe, *Musa sinensis* (*M. chinensis* Sweet, *M. Cavendishii* Lambert), *Bananier de Chine,* appartiennent quelques variétés seulement, caractérisées par leur tige courte, mais très grosse, leurs feuilles brièvement pétiolées, glauques à la face inférieure. Les fleurs stériles de l'extrémité du régime et les bractées qui les accompagnent persistent en grand nombre. Les fruits, au nombre de 200 parfois sur le régime, sont oblongs, un peu arqués, à peau un peu épaisse, à chair sucrée, parfumée. La variété *Johnston* est l'objet de cultures très importantes aux Canaries. Elle peut être cultivée sur le littoral algérien, mais seulement dans les situations bien exposées et abritées.

La banane de Chine voyageant le plus facilement, est la plus estimée pour le transport sur les marchés d'Europe.

Musa Ensete

(*Cliché Vilmorin, Andrieux et Cie*).

Le *Musa Fehi* Bertero, *Fehi* de la Nouvelle-Calédonie et de la Polynésie, est une espèce distincte. A Tahiti, il forme de véritables forêts dans la montagne, jusqu'à 1.200 mètres d'altitude. C'est une grande plante qui peut atteindre 5 à 6 mètres de hauteur, remarquable par sa tige et ses feuilles qui contiennent un suc violet. Le fruit se consomme surtout après cuisson; sa chair, rouge à l'état frais, prend alors une coloration jaune. Le régime porte une quarantaine de fruits d'environ 15 centimètres de longueur, anguleux.

Le *Musa Ensete* Gmelin, ou *Bananier d'Abyssinie*, est une espèce superbe, fréquemment cultivée dans les serres d'Europe, de même en plein air dans les jardins, pendant l'été, où elle joue un rôle ornemental de premier ordre. C'est la plante alimentaire par excellence pour les Gallas, qui font leur nourriture de la farine raclée des pétioles des feuilles.

Le *Musa textilis* Née, ou Bananier *textile,* n'est cité que pour mémoire, car il est cultivé exclusivement pour ses fibres (*Abaca* ou *Chanvre de Manille*). Nous en parlerons plus longuement ailleurs.

CULTURE   Les bananiers peuvent vivre dans les pays où la température moyenne est de 18° C. et ne s'abaisse pas au-dessous de zéro; mais c'est dans les régions à température moyenne d'au moins 22° C., avec faibles écarts, qu'ils donnent les meilleurs résultats. Dans les pays les plus chauds, on peut les cultiver jusqu'à 1.200 mètres d'altitude; leur végétation est moins bonne à une plus grande hauteur.

C'est dans les colonies anglaises, comme la Jamaïque, que la culture du bananier est le plus rationnellement conduite et, de ce fait, fort productive.

La variété la plus cultivée est le « Gros Michel » du *Musa Cavendishii*. Elle peut dépasser la taille de 10 mètres, produit des fruits gros et pointus sur un régime de 23 à 50 kilogr. formé de 6 à 9 mains.

Le bananier demande un sol riche, alluvionnaire, profond et meuble. Le labour profond est une des premières conditions de succès. On établira la plantation sur un emplacement aéré abrité des vents violents, desservi par des pluies abondantes ou des facilités d'irrigation.

Le bananier ne donnant généralement pas de graines, on multiplie par transplantation des rejets qui poussent à la base des rhizomes; on les choisit sur les pieds les plus sains et les plus robustes et on les détache, à l'âge de 8 mois, avec soin. On plante à la distance d'au moins 3 m. 50 et jusqu'à 7 mètres dans les sols très riches.

Chaque pied ne fleurit et ne fructifie qu'une fois dans sa vie.

Il importe de conserver au sol de la plantation son maximum d'humidité en tenant la surface dans un état d'ameublissement permanent, suivant le principe du « dry-farming », ou bien en la recouvrant d'une couche épaisse de matières végétales.

Parfois c'est une culture d'engrais vert, de *Vigna catjang, Mucuna utilis, Phaseolus trinervis*, etc.

Les rejets transplantés mettent d'autant plus longtemps à fructifier qu'ils proviennent de pieds-mère plus âgés; ils peuvent ne donner une récolte qu'au bout de 20 à 25 mois. En général, il faut compter de 12 à 15 mois, pour récolter les fruits d'une nouvelle plantation.

Les souches ayant fructifié sont extirpées lorsque les rejets ont atteint 1 m. 50 de hauteur. Les rejets en surnombre sont à enlever avec les mauvaises herbes qui épuisent le sol.

La durée d'une bananeraie varie suivant les soins et les engrais qu'on lui a donnés, de telle sorte qu'en Colombie on connaît des plantations qui ont plus de 40 ans.

A la Jamaïque, on estime profitable de renouveler la bananeraie au bout de cinq ans lorsque les troisièmes ou quatrièmes rejets ont fructifié.

Une plantation de 1.000 pieds à l'hectare peut donner de 3.000 à 4.000 régimes pesant 50 à 70 tonnes.

La variété du *M. Cavendishii*, cultivée communément aux Canaries, est d'assez petite taille (3 mètres); son fruit est plus petit que celui du « Gros Michel » et la tige et la feuille plus robustes la recommandent de préférence pour les terrains exposés aux vents.

La récolte des régimes se fait au jugé du degré de maturité des fruits qu'il appartient au coup d'œil et à l'expérience du récolteur de déterminer avec habileté lorsqu'il s'agit de récoltes destinées à l'exportation dans des pays quelquefois lointains.

EMPLOIS — On connaît l'emploi de la *Banane-Figue* et de la *Banane de Chine* comme fruits de dessert. L'usage s'en est répandu à juste titre dans les pays extra-tropicaux et il n'est pas douteux que le chiffre de la consommation continuera à s'accroître.

La banane proprement dite (le *plantain* des Anglais) est, au contraire, un véritable légume. Pour les consommer, les fruits doivent être récoltés avant la maturité, alors qu'ils sont encore verts et que l'amidon qu'ils renferment n'est pas encore transformé en sucre. Dans cet état, la pulpe contient environ 65 p. 100 d'amidon, 3 p. 100 de matières azotées et 1 p. 100 de sucre.

Ce fruit est consommé rôti, cuit à l'eau, avec la viande ou le poisson (1).

On peut conserver les bananes en les coupant en lanières ou en rondelles et en les desséchant au four ou au soleil; on peut aussi les dessécher, puis les pulvériser, pour obtenir le produit connu sous le nom de *farine de banane*, préparée surtout dans l'Amérique centrale. La farine de banane est maintenant introduite dans l'alimentation des enfants et des adultes de constitution faible; on peut en tirer une eau-de-vie ou utiliser, pour cela, directement la banane coupée en morceaux.

Certaines exploitations récoltent non seulement les fruits, mais emploient les troncs industriellement (surtout à Java), pour l'extraction d'une fibre que des machines spéciales préparent en vue de la confection de tissus et de cordages. Nous verrons qu'une espèce particulière, le *M. textilis*, est cultivée exclusivement comme plante textile.

Le tronc haché du bananier donne un fourrage apprécié des Bovidés et des éléphants.

---

(1) L'abondance de la banane dans nos colonies tropicales leur assure une place dans l'économie familiale. On trouvera peut-être de l'intérêt à la recette d'un *vin de banane*. Eplucher les bananes mûres et les broyer dans un tonneau avec de l'eau bouillante acidulée à l'acide tartrique (350-400 gr. par hectolitre). La masse refroidie est pressée au pressoir et donne un premier moût très épais. Diffuser les marcs avec une seconde quantité d'eau non acidulée; ajouter au premier et mettre de la levure d'un bon et vigoureux levain. La fermentation est terminée au bout de 10-12 jours. On soutire et on ajoute 15 gr. de tanin à l'hectolitre (R. Pique).

PRODUCTION ET COMMERCE — Les grands centres producteurs de bananes sont les pays de l'Amérique centrale, les Antilles, et notamment la Jamaïque, les Iles Canaries, les Iles Fidji et Java.

Les deux principaux pays consommateurs de l'hémisphère Nord sont les Etats-Unis et l'Angleterre; par ailleurs, ce sont l'Australie et la Nouvelle-Zélande.

Les Etats-Unis importent, en 1922, plus de 45 millions de régimes que lui fournissent pour plus de la moitié Honduras et la Jamaïque. Ce sont, avec la Jamaïque, seule colonie anglaise de **grande production**, la Colombie et les Iles Canaries surtout qui approvisionnent l'Angleterre. Quant à la France, elle a importé, en 1924, 54.544 tonnes de bananes représentant 2.727.235 régimes, chiffre dépassé en 1927 avec celui de 68.000 tonnes. Cela représente une valeur de 140 millions de francs.

Il est à remarquer que les Etats-Unis ne reçurent qu'en 1870 les premières bananes d'importation, et l'Angleterre, en 1878, puis en 1882 des envois plus considérables des Iles Canaries. Dès 1900, les ports de Las Palmas et de Ténériffe exportent plus de 3 millions de régimes de bananes.

On a fait observer que le commerce des bananes a pu prendre un développement si important parce que ce fruit, de luxe qu'il était au début, était devenu rapidement accessible à la bourse du populaire, du fait que le commerçant se contentait d'un faible bénéfice sur l'unité, vite grossi par le débit de fortes quantités.

En ce qui concerne la France, elle ne **profite pas encore**, comme elle le pourrait, des possibilités de production et d'importation de ses colonies ouest-africaines et des Antilles, celles-ci possédant des variétés de qualités exceptionnelles.

Toutefois, la culture du bananier — elle demande des capitaux et de la main-d'œuvre — est en train de prendre de l'extension en Guinée française; elle y est pratiquée, en 1926, par les Européens, sur 160 hectares, et par les indigènes, sur 200 hectares. On y cultive le *Musa Sapientum* et le *M. Cavendishii* var. *nana*, celle-ci presque exclusivement par les Européens. En 1926, l'exportation comptait plus de 2.000 tonnes dirigées sur Bordeaux, Marseille et surtout Casablanca. La Guadeloupe figure, la même année, pour 1.336 tonnes à l'importation en France.

Le développement de cette industrie est conditionné par l'organisation rationnelle des moyens de transport d'une marchandise qui demande des égards et surtout des passages réguliers de bateaux transporteurs. La banane ne peut pas supporter le transport si elle est à maturité; elle doit pouvoir s'approcher de ce degré progressivement pendant la durée du voyage et pendant le temps de son emmagasinage, ce qui ne peut être obtenu que par la mise en chambre frigorifique. L'aménagement d'un entrepôt frigorifique est prévu à Conakry. L'expérience doit indiquer à quel degré de maturité les fruits doivent être récoltés et expédiés pour arriver sur des marchés de destination plus éloignés les uns que les autres, nécessitant par conséquent un séjour plus ou moins prolongé des fruits dans les cales du bateau.

De nombreux bateaux spéciaux sont affectés, en Amérique et sur les lignes anglaises, au transport des bananes. Ils sont pourvus à la fois de chambres frigorifiques et de ventilateurs destinés à chasser l'acide carbonique dégagé par les fruits emmagasinés. Les cales sont refroidies 24 heures avant le chargement, puis maintenues pendant tout le trajet au degré de température reconnu le plus favorable. Ajoutons finalement que les bananes demandent en tout temps beaucoup de soins dans les manipulations.

---

5. — *Le dattier*

Historique. — Description. — Culture. — Fécondation artificielle. — Variétés. — Commerce.

HISTORIQUE   Le Dattier, *Phœnix dactylifera* Linné, de la famille des Palmiers, existe, depuis les temps préhistoriques, dans la zone sèche et chaude qui s'étend du Sénégal, au bassin de l'Indus, principalement entre les 15ᵉ et 30ᵉ degrés de latitude (A. de Candolle). Son nom générique grec *Phœnix* se rapporte aux Phéniciens, qui le possédaient ; le nom spécifique vient du mot hébreu *Dachel*.

Les anciens Chaldéens en tiraient nourriture, boisson et vêtements : aussi l'appelaient-ils *arbre de vie* comme symbole de fécondité. Ses noms, dans toutes les langues, sont innombrables.

Son origine exacte est encore inconnue, car on n'a jamais trouvé sa forme sauvage, bien que certains botanistes aient cru la reconnaître dans le *Phœnix silvestris*, plante qui croît à l'état spontané dans diverses régions de l'Afrique occidentale.

Quoi qu'il en soit, le dattier peut être considéré comme la plante la plus utile des régions chaudes désertiques. Il est la véritable richesse des oasis et rend le désert habitable. Par ses produits, il suffit à presque tous les besoins de l'homme, et son fruit, la *datte*, constitue un aliment précieux pour nombre de peuplades de l'Afrique et de l'Asie.

Hors des régions arides, cet arbre n'est, nulle part, un objet important de culture. Il aurait de bonnes conditions d'existence au Cap et en Australie, mais, dit malicieusement de Candolle : « Les Européens qui ont colonisé ces pays ne se contentent pas, comme les Arabes, de figues et de dattes pour leur nourriture. »

DESCRIPTION   Arbre de haute taille (15 à 20 mètres), dont les formes classiques et décoratives font la joie des yeux dans les oasis. C'est une plante dioïque, c'est-à-dire à sexes séparés sur des arbres mâles et des arbres femelles, qu'il importe de réunir dans les *palmeraies*.

Le tronc ou *stipe* est droit, cylindrique, rarement bifurqué, revêtu en partie de la base des feuilles tombées et couronné d'un panache de feuilles

Palmeraies de l'oasis de Figuig.

(palmes) qui, à l'état adulte, peuvent atteindre 5 à 6 mètres de longueur. La base des feuilles est garnie d'une filasse fibreuse abondante (*liff* des Arabes) servant en sparterie et dans la fabrication des cordages. Les *folioles* des feuilles, plus ou moins dures suivant les variétés, ont parfois l'extrémité en pointe si acérée, que les Arabes en font des aiguilles. Les premières feuilles émises à la germination sont simples et non divisées en folioles.

La base du tronc émet des rejets vers l'âge de quinze ans; on les appelle *djobards* et ils servent à la multiplication des pieds.

Les inflorescences mâles ou femelles sont entourées d'une vaste gaine coriace (*spathe*) qui s'ouvre pour les mettre en liberté au moment de leur épanouissement. Les fruits, abondants, forment une grosse et longue grappe composée (*régime*) au nombre de 5 ou 6 sur un arbre très fertile. Ces fruits, baie charnue ou sèche, sont acerbes dans le jeune âge, puis deviennent sucrés à la maturité; ils sont variables de forme, de dimensions, de couleur et de saveur, selon les variétés qui sont extrêmement nombreuses. Ils ont, en général, la forme d'une grosse olive contenant une seule graine allongée, de consistance cornée (un seul carpelle se développe sur les trois qui figurent dans la fleur; les deux autres avortent).

CULTURE — La multiplication du dattier peut se faire par semis de graines, mais ce mode a le désavantage de ne pas reproduire sûrement la variété mère et de donner des pieds qui ne commencent à fructifier que vers leur dixième année d'existence.

A moins de poursuivre l'obtention de variétés nouvelles par le moyen du semis, on doit opérer la multiplication du dattier par le bouturage des *djobards*, qui sont les repousses de la base du tronc adulte.

Les *djobards*, très soigneusement détachés à l'aide d'une serpe ou d'une cognée, sont d'abord mis en pépinière pendant une année et demie. Après ce temps, ils sont munis de bonnes racines et on peut les arracher pour les planter à la place qu'ils doivent occuper définitivement, c'est-à-dire en ligne, à des distances de 7 à 8 mètres les uns des autres. On abrite les jeunes pieds avec des feuilles de palmiers, jusqu'à ce que la reprise soit bien assurée.

Le **Dr Trabut** préconise le perfectionnement des palmeraies par le choix et l'enracinement des *djobards*, l'administration d'engrais, notamment phosphatés, la fécondation soignée et l'ensachage des régimes sur l'arbre, opération qui a donné d'excellents résultats et se répand de plus en plus.

L'arrosage est de rigueur, d'abord tous les jours, ensuite en diminuant jusqu'à la dose, normale dans les oasis, d'un arrosage tous les quinze jours. Dans le nord du Sahara, les oasis sont généralement établies au voisinage des cours d'eau qui débouchent dans le désert. Dans l'intérieur de la région saharienne, où les *oueds* sont à sec pendant la plus grande partie de l'année et même pendant plusieurs années consécutives, ce sont les puits ou les citernes qui fournissent les eaux nécessaires aux cultures. L'eau est ramenée au niveau du sol à l'aide de *norias*, de puits à bascule ou de puits artésiens. L'eau ainsi obtenue est partagée avec soin, les jours d'arrosage, et les quantités à employer sont parfois réglées par un syndicat.

Pour avoir un bon rendement, il faut disposer de 35 à 40 litres-minute à l'hectare en terrain peu salin et de 40 à 60 en terrain salin.

Les conditions les plus essentielles pour la culture du dattier sont : une grande somme de chaleur, au moins pendant l'été (6.000° C. depuis sa floraison jusqu'à la maturité de ses fruits); la pureté du ciel; la rareté des pluies et une humidité suffisante du sol. Aussi, les Arabes, dans leur langage imagé, disent-ils : « Ce roi des oasis doit plonger son pied dans l'eau et sa tête dans le feu du ciel. » On comprend dès lors l'immense portée économique du creusement des puits artésiens qui ont permis de créer de grandes oasis nouvelles en Algérie (comme celles de l'Oued Rhir).

La conduite des cultures est facile, il convient toutefois de donner de l'engrais si l'on veut obtenir de bonnes récoltes. Le dattier rapporte en moyenne 20 kilogr. de dattes.

Mais le dattier n'est pas seulement précieux par l'abondance et la valeur de ses produits. Grâce à son ombrage, il permet la culture d'autres plantes utiles aux habitants des oasis : orge, luzerne, coton ou légumes qui prélèvent, il est vrai, sur la fertilité de la palmeraie, leur part de principes nutritifs.

Le dattier fleurit au bout de trois à six ans après sa plantation, suivant les variétés (*Rhars ou Deglet-nour*); mais les premiers régimes, petits et sans valeur, sont enlevés, jusqu'à ceux de huit-dix ans ou dix-douze ans qui produisent désormais, grâce á la fécondation artificielle à laquelle on soumet les régimes femelles.

FECONDATION ARTIFICIELLE On estime qu'un arbre mâle suffit pour assurer la fertilisation de 25 pieds femelles.

Naturellement, la fécondation pourrait se faire au hasard des circonstances, par transport du pollen des régimes mâles sur les fleurs femelles; mais alors un grand nombre de fleurs resteraient infertiles. Pour assurer la pollinisation, les Arabes récoltent les inflorescences mâles (ou les achètent au marché) et les gardent au sec pendant toute l'année. Lorsqu'un arbre femelle fleurit, ils l'escaladent et attachent un fragment de l'inflorescence mâle dans le spathe qui contient le régime femelle, et ils continuent cette opération successivement, au fur et à mesure que les régimes femelles apparaissent. Les Arabes ont l'habitude de féconder ainsi tous les régimes de l'année, sans en supprimer. Il en résulte que la récolte est moindre l'année suivante et nulle la troisième, rotation triennale que l'Européen a intérêt à modifier en répartissant mieux l'effort de l'arbre.

Au moment de la récolte, les dattiers sont escaladés à nouveau, et les régimes, coupés à la faucille, sont descendus à terre à l'aide de cordes. La maturation incomplète peut être terminée dans une chambre chauffée modérément (25 à 30°).

La maturation des dattes se fait par deux phases : la première, dite « botanique », qui laisse encore le fruit mûr à l'état de dureté de forte astringence; la seconde, ou maturité vraie, où les modifications chimiques ont surtout amené la transformation du tannin et rendu le fruit comestible. Swingle recommande la cueillette des dattes au stade de maturation botanique pour les mûrir ensuite artificiellement dans des séchoirs à température convenablement réglée.

Les dattes ne subissent aucune préparation ultérieure; celles qui sont fraîches sont les meilleures car, en vrac ou en emballage, leur masse subit peu à peu une fermentation qui en modifie la saveur.

VARIETES — Les innombrables·variété de dattes peuvent se classer en deux grands groupes, dont les caractères sont suffisamment ·désignés par leurs noms : les *Dattes molles* et les *Dattes sèches*.

Les *Dattes molles* sont les plus importantes pour l'exportation et la consommation européenne. Bien mûres, translucides, sirupeuses (miel de datte), elles donnent les dattes de table les plus appréciées. Bien que les Arabes consomment surtout couramment les dattes sèches, sous forme de farine, ils utilisent également les dates molles pressées en masse, les *pains de dattes* que les caravanes emportent dans des peaux de bouc.

La meilleure datte est le *Deglet nour*, « *Datte de Tunis* » ou « *Datte d'Alger* », des oasis de toute la région saharienne. C'est célle que nous recevons à Marseille en caisses, sacs ou couffins. On y distingue celles, très prisées, du Djérib et de Tozeur et celles de l'Oued Rhir, exportées par Biskra où elles sont l'objet de soins spéciaux.

La datte molle de la variété *Rhars* sert principalement à la confection du *pain de datte* pour les caravanes, et les indigènes en tirent également un sirop qu'ils consomment en nature, ou dont ils font de l'alcool par fermentation et distillation.

Les *Dattes* sèches ont une valeur considérable pour l'alimentation indigène qui, seule, les consomme. Les grandes caravanes s'en approvisionnent sous forme de farine sèche, d'une conservation presque indéfinie. Les Touareg les prennent surtout au Touat. C'est avec cette farine, mélangée de *falezlez* (*Hyoscyamus Falezlez* Cosson), un stupéfiant voisin de la *Jusquiame* de France, qu'ils empoisonnèrent la mission Flatters. Les principales variétés de dattes sèches sont les *D. Hamrira* ou D. rouge (*hamra*) et *D. Degla*.

COMMERCE — D'après Rivière et Lecq, l'Algérie possédait, avant la guerre, 2 millions et demi de dattiers ; la Tunisie 1.360.000. Le Golfe Persique est le plus grand centre de culture (20 millions de dattiers). L'Egypte en compte environ 8 millions. Notons aussi Elche, en Espagne, avec ses 60.000 arbres, seul point de l'Europe où le dattier soit cultivé pour son fruit. L'Algérie exporte annuellement plus de 3.000 tonnes de dattes (1). Le Golfe Persique en exporte jusqu'à 50.000 tonnes.

---

(1) Comme exemple de culture du dattier dans les oasis sahariennes, voici l'Aïr où on dénombre environ 15.000 dattiers. Lorsque la palmeraie y est soignée, elle produit après 3 ans, les beaux pieds donnant une douzaine de régimes de 6 à 8 kgs. Les régimes sont entourés de nattes protectrices contre les animaux pillards; elles retiennent aussi les dattes qui tombent à la pleine maturité.

La valeur alimentaire de la datte est considérable. Les sortes inférieures ou les déchets commencent à être utilisés pour la fabrication de boissons de ménage.

Les Arabes extraient du tronc des dattiers mâles, ou de certains arbres qu'ils ne craignent pas de sacrifier en raison de la qualité médiocre de leurs fruits, une sève sucrée, ou vin de palme, nommée *lagmi*.

Le bois du dattier est utilisé pour la charpente et comme combustible; les feuilles servent à couvrir les habitations, à faire des nattes, des éventails, des paniers, etc. A Bordighera et à San Remo, le dattier est exploité exclusivement pour les palmes d'église. Les arbres sont traités de manière à produire des feuilles ayant les qualités requises. La récolte des palmes est une importante source de revenus pour la Ligurie qui en exporte de grandes quantités pour la fête des Rameaux.

6. — *Le figuier*

Le Figuier (*Ficus Carica* Linné), de la famille des Urticacées, tribu des Artocarpées, a une importance réelle pour le marché français, qui absorbe annuellement pour plus de 4 millions de francs de figues sèches (1.677.000 tonnes), dont plus de la moitié nous vient d'Algérie.

C'est un arbre méditerranéen dont il ne faut pas espérer des produits convenables sous les tropiques, à climat chaud et humide, car il n'y trouve pas la période de repos nécessaire. Par contre, le *Gulf-stream* lui permet de vivre très au Nord, et on peut en voir de superbes exemplaires jusque dans la baie du Mont-Saint-Michel. A l'aide de certains soins, les horticulteurs d'Argenteuil, au nord de Paris, peuvent récolter aussi des figues de qualité appréciable.

Le figuier est un arbre qui peut atteindre une dizaine de mètres de hauteur, mais que l'on cultive souvent en buisson. Il peut donner annuellement deux récoltes, une sur le bois de l'année, l'autre sur le bois de l'année précédente; mais généralement l'une des deux, suivant le pays, est sacrifiée. Il y a des variétés (préférées) qui ne donnent qu'une récolte.

La figue est un fruit formé par l'accroissement du réceptacle d'un grand nombre de petites fleurs, les unes mâles, les autres femelles, contenues dans sa cavité, presque close par suite du relèvement de ses bords.

Les petits grains qui craquent sous les dents lorsqu'on mange une figue sont les véritables fruits avec leur graine.

Les botanistes désignent ce fruit sous le nom de *Figue* ou *Sycone*.

Dans les variétés cultivées, les fleurs mâles, situées à l'orifice de la figue, avortent souvent et, pour assurer la fécondation des fleurs hermaphrodites du centre, on pratique la *caprification*. Cette opération est constante en Algérie, et les Kabyles vendent au marché des figues de *Caprifiguier* ou figuier sauvage, habitées par des colonies de larves et de nymphes d'un petit insecte hémiptère, le *Blastophaga grossorum*. Ces figues sauvages sont suspendues au milieu des figues des arbres cultivés et les insectes, en piquant celles-ci, activent leur maturation parce que, en y pénétrant chargés de pollen, ils fécondent les fleurs femelles. On peut aussi hâter la maturation en piquant la figue d'une aiguille trempée dans l'huile.

Les figues sont classées suivant la coloration de leur fruit, en variétés *blanches*, *colorées* et *noires*.

La figue sèche est obtenue simplement par l'exposition au soleil, sur des claies. On peut aussi opérer le séchage au moyen de fours, mais le produit est, dans ce cas, moins estimé. Les fruits séchés subissent diverses manipulations destinées à en assurer la meilleure conservation.

En Kabylie, la figue est l'une des bases principales de l'alimentation de l'indigène.

La France a importé, en 1926, 12.538 tonnes de figues sèches dont 1.917 tonnes d'Italie, 1.134 tonnes d'Espagne et 2.989 tonnes d'Algérie, d'une valeur totale de 38 millions de francs.

---

7. — *Figuier de Barbarie*

Le nom de Figuier donné à cette plante est tout à fait impropre car, botaniquement, elle appartient à une famille très différente de celle des *Ficus* ou Figuiers véritables.

Le *Figuier de Barbarie* (*Opuntia Ficus-indica* Miller) est en effet une Cactacée, famille composée de plantes charnues, dites *plantes grasses*, originaires d'Amérique.

Cette plante, qui joue aujourd'hui un si grand rôle dans l'alimentation populaire, en Algérie et en Tunisie, et que l'on trouve croissant partout, comme une plante sauvage, est une espèce naturalisée : elle est originaire du Mexique d'où elle a été introduite dans la région méditerranéenne ; elle fut d'abord cultivée par les Espagnols qui l'apportèrent dans leur péninsule.

L'aspect en est très caractéristique avec ses tiges articulées, formées de segments aplatis, ovales (*raquettes*), couverts de bouquets de fins aiguillons, et qui se ramifient pour constituer des buissons de 2 à 4 mètres de hauteur. Les fleurs, de grandes dimensions, rougeâtres, donnent naissance à des fruits qui, parfois, atteignent la grosseur d'un œuf de poule, verts, rougeâtres du côté exposé au soleil. Il en existe d'ailleurs plusieurs variétés. Ces fruits portent de petits piquants dont la blessure est assez douloureuse sur les muqueuses des lèvres ou de la bouche, ce qui oblige à prendre des précautions pour leur épluchage.

La culture est extrêmement facile, le bouturage se faisant avec un morceau de raquette détaché qui s'enracine rapidement. Le pied ainsi obtenu fleurit dès la deuxième année.

Les indigènes consomment des quantités considérables de ces fruits légèrement sucrés et rafraîchissants, mais qui contiennent de nombreuses graines désagréables au palais des Européens.

A côté de l'espèce à raquettes épineuses, très utilisée à la fois comme plante fruitière et comme plante de clôture défensive, il existe une variété inerme dont on a vanté les mérites pour la nourriture du bétail; mais il s'agit là de plantes particulièrement adaptées aux climats secs, désertiques, pour lesquels elles sont précieuses, mais d'un intérêt beaucoup moindre pour les autres régions.

Il existe au Mexique d'autres espèces d'*Opuntia* et de *Cereus*, autres Cactacées, cultivées pour leurs fruits, souvent très appréciés, que Diguet nous a fait connaître, et dont l'introduction mériterait d'être tentée dans nos possession africaines.

---

8. — *La vigne*

La vigne sous les tropiques. — Vignes sauvages

La Vigne (*Vitis vinifera* Linné), de la famille des Ampélidacées, a donné naissance à toutes les variétés ou cépages cultivés en Europe ; ceux d'Amérique appartiennent à d'autres espèces : V. *riparia, rupestris, labrusca, cordifolia*, etc.

La vigne et le vin apparaissent à l'aurore de l'époque historique : « Noé commença à devenir un homme des champs, planta la Vigne, but du vin et s'enivra », nous dit la Genèse.

Nous n'entreprendrons ici ni la description de la vigne qui joue un si grand rôle dans notre agriculture métropolitaine et nord-africaine, ni celle de sa culture et de la vinification, ce qui nous entraînerait hors des limites que nous nous sommes tracées.

Nous noterons simplement que la possibilité de la culture dépend du *climat* et la qualité du produit : du *climat,* du *sol* et du *cépage*.

La vigne peut croître dans les pays tropicaux, mais elle y donne de mauvais produits, parce qu'il n'y a pas de période de repos pour elle dans ces régions et qu'elle y pousse *tout en bois,* à cause de la vigueur de la végétation. A force de soins coûteux, un petit vignoble put être créé au Cap Saint-Jacques, en Cochinchine, mais il dut être abandonné au bout de quelques années ; on a pu y manger des raisins délicieux, mais ce sont des exceptions. A Hanoï, quelques amateurs soigneux ont de beaux ceps dans leur jardin, dont les fruits sont acceptables. Mais il ne faut pas insister pour une culture en grand lorsque le climat n'est pas comparable au climat tempéré, et celui-ci ne peut guère être espéré dans nos colonies intertropicales que par des effets d'altitude.

Il existe dans quelques-unes de nos colonies : le Haut Oubanghi, le Soudan, la Cochinchine, des vignes sauvages rattachées au genre *Cissus,* mais dont l'intérêt est nul en ce qui concerne l'utilisation de leurs fruits. L'une d'elles, le *Vitis cochinchinensis,* porte des grappes qui pèsent jusqu'à 2 kilogrammes, mais le jus en est acide et peu abondant (1).

---

9. — *Les goyaviers*

Principales variétés. — Les Jambosiers (*Eugénia*)

Les Goyaviers sont des arbres du genre *Psidium,* de la famille des Myrtacées. On en connaît plusieurs espèces, toutes originaires de l'Amérique tropicale.

L'espèce la plus connue, et que l'on trouve cultivée dans tous les pays chauds, est le *Goyavier commun* (*Psidium Guayava* Linné). C'est un petit arbre de 4 à 5 mètres de hauteur, tortueux, à feuilles lancéolées ou ovales, glabres en dessus, un peu velues en dessous ; à fleurs blanches, odorantes. Le fruit est une baie contenant de nombreuses graines, petites et dures.

On en distingue deux variétés : la *Goyave poire,* la plus commune, à fruit piriforme de la grosseur d'un œuf de poule, blanc verdâtre, jaunâtre ou orangé, à chair jaunâtre, rose ou rouge suivant les variétés. Sa saveur est douceâtre, aromatique, un peu musquée, agréable. C'est avec ce fruit que l'on prépare la *gelée de goyave,* si renommée aux Antilles.

---

(1) A Java, on prétend avoir obtenu de cette espèce (qui n'est sans doute pas un *Vitis*) un vin potable rappelant même quelque cru d'Alsace, mais nous n'avons pas été satisfaits de nos expériences de Cochinchine.

La *Goyave pomme* a le fruit sphérique, vert, blanchâtre ou rouge suivant les variétés. Les fruits blancs sont les plus estimés. On en fait d'excellentes marmelades.

Le *Goyavier fraise* (*Psidium Cattleyanum* Sabine) diffère du goyavier commun par ses feuilles entièrement glabres et d'un vert brillant. Le fruit a la grosseur d'une cerise ou d'une prune, selon les variétés ; il est jaune, pâle ou verdâtre, à chair très juteuse, pourprée à la périphérie, blanche ou teintée de rose au centre, à odeur et à saveur de fraise. C'est l'espèce la plus rustique.

Les goyaviers se multiplient par graines ou par boutures, et ce dernier mode doit être préféré lorsqu'on désire reproduire sûrement les bonnes variétés. On peut les cultiver dans toute la zone intertropicale et même dans les régions subtropicales. Ils prospèrent notamment en Algérie et en Tunisie.

A côté des *Goyaviers*, il convient de citer le JAMBOSIER (*Eugenia Jambos* Linné), également de la famille des Myrtacées. C'est un arbre originaire de l'Asie méridionale, atteignant une dizaine de mètres de hauteur, à feuilles lancéolées, d'un vert foncé. Le fruit est une baie de la grosseur et de la forme d'une prune de reine-Claude, rouge, rose ou blanche, selon les variétés. Il contient plusieurs graines. Sa chair est sucrée, à peine parfumée. On le connaît sous les noms de POMME ROSE ou *Jam rose*. Le *Jam-lac* (*Eugenia malaccensis* Linné) ; le *Jam-longue* (*Eugenia jambolana* Lamarck), également de l'Asie méridionale, produisent des fruits d'un aspect agréable, mais de saveur à peu près nulle. Le CERISIER DE CAYENNE (*Eugenia Micheli* Lamarck), de l'Amérique tropicale, est cultivé aux Antilles. C'est un arbuste très fructifère, dont le fruit a la grosseur d'une cerise ; il est relevé de côtes saillantes et d'un beau rouge, ce qui lui a fait donner le nom de *cerise cannée*. Sa pulpe est juteuse, aromatique, assez agréable.

---

10. — *Le mangoustanier*

Le mangoustan. — Le *Mammea americana*

Le Mangoustanier (*Garcinia Mangostana* Linné) est un arbre de la famille des Guttifères, orginaire de l'Archipel indien et de la Malaisie. Il atteint de 10 à 15 mètres de hauteur et porte de grandes feuilles de 15 à 20 centimètres de long, opposées, elliptiques, lancéolées, coriaces, d'un vert rougeâtre, puis d'un vert foncé luisant. Son fruit, le *mangoustan*, est réputé le plus délicat des fruits des tropiques, mais sa culture productive est localisée dans les régions chaudes d'Extrême-Orient (Java, Cochinchine où il porte le nom de *Cai mang cut*). Il existe d'autres espèces sauvages, comme le *G. tunkinensis*, mais leur fruit est de qualité très inférieure.

Les fruits, en grappes de 2 à 5, sont des drupes ovoïdes, un peu déprimées au sommet. D'abord verts, ils deviennent violet foncé et atteignent le le volume d'une petite orange. Le calice, persistant, forme une collerette à la base du fruit, et le sommet est couronné d'une autre collerette formée par le stigmate et ayant autant de divisions qu'il y a de loges à l'ovaire et de quartiers dans le fruit. Le péricarpe (écorce) est épais et laisse suinter une gomme jaunâtre (gomme gutte) ; il contient beaucoup de tannin et peut être utilisé en tannerie. Sa partie comestible se présente sous forme d'une masse pulpeuse blanche, très succulente, parfumée et fine, divisée en tranches comme des quartiers d'orange, chacun de ces quartiers contenant un noyau de consistance molle que l'on rejette.

Le *Mangoustanier* ne peut pas être cultivé avantageusement en dehors de la région équatoriale. Il lui faut un terrain profond, riche en humus. On le reproduit par graines, boutures et greffes et il faut une vingtaine d'années avant qu'il soit en plein rapport ; mais il vit très vieux. On prétend qu'il n'est pas possible de transporter le *mangoustan* au loin. Nous en avons cependant reçu de Saïgon à Paris dans d'excellentes conditions, après stérilisation des enveloppes du fruit et emballage très soigné (1). En Cochinchine, ce fruit mûrit de mai à septembre.

A cette même famille des Guttifères appartient l'*Abricotier d'Amérique* ou de *Saint-Domingue* (*Mammea americana* Linné) cultivé surtout aux Antilles pour son fruit arrondi, ayant un volume double de celui du poing, de couleur gris jaune, recherché surtout à l'état de compote avec du vin, sucré et aromatisé.

---

11. — *Le papayer.*

Le Papayer (*Carica Papaya* Linné) (famille des Passifloracées) est originaire de l'Amérique tropicale, probablement du Mexique, mais répandu

---

(1) Dans cet envoi, le fruit cueilli à bonne maturité, était plongé dans une solution de silicate d'alumine qui le recouvrait d'une mince pellicule préservatrice, la section du pellicule étant obturée par une goutte de cire à cacheter.

Le docteur Cramer, de Buitenzorg, a expérimenté récemment un procédé de conservation similaire en enduisant le fruit d'une mince couche de latex de caoutchouc coagulé. Des mangoustans ainsi protégés et enveloppés chacun d'un morceau de papier huilé, sont arrivés dans la proportion de 60 % en excellent état à Paris, après un mois de voyage. Tout récemment (1928) Java vient d'expédier en Europe, dans des cales frigorifiées, des sapotilles, des mangues et des corossols, fruits d'une conservation difficile dont il sera intéressant de constater l'état à l'arrivée.

dans tous les pays chauds. Son fruit, la *papaye*, peut être considéré comme
le melon des tropiques.

C'est un petit arbre dioïque, rarement monoïque, de 4 à 10 mètres de
hauteur, à tronc épais, charnu, non ramifié, couronné d'un panache de
grandes feuilles d'un bel effet décoratif, palmées et découpées comme celles
du ricin. Les fleurs, verdâtres, naissent sur le tronc, au-dessous du bouquet

Feuille, fleur et fruit du Papayer.

de feuilles ; elles sont, les unes mâles, les autres femelles, portées généralement sur des pieds distincts.

Aux fleurs femelles succèdent des grappes de fruits que l'on trouve sur
les arbres à divers degrés de développement.

Le fruit est une grosse baie pendante, allongée ou globuleuse, pesant
en moyenne 1 kilogramme, mais pouvant atteindre le poids de 10 kilogrammes, verte, jaunâtre, ou rougeâtre à la maturité, suivant les variétés.

En coupant ce fruit, on trouve une cavité centrale remplie de petites
graines noires entourées d'un arille mucilagineux. Ces graines ont une saveur poivrée, brûlante et sont anthelmintiques. La chair est **jaune, juteuse,**
sucrée à goût spécial très apprécié lorsque le fruit est bien mûr : **elle est**
alors très digestible.

On peut aussi consommer la papaye comme légume en la récoltant avant sa maturité : on la mange alors bouillie ou frite.

Les diverses parties de la plante : tige, feuilles, écorce du fruit contiennent un suc blanchâtre avec un principe, la *papaïne*, étudié par Wurtz, qui agit à la façon de la pepsine : il dissout ou digère les albuminoïdes.

C'est la raison pour laquelle une viande enveloppée de feuilles de papayer devient plus tendre et qu'une tranche de papaye, comme dessert, facilite la digestion.

C'est également cette propriété qui fait introduire la papaïne dans la composition du *chewing gum* ou « gomme à mâcher » dont les Américains nous ont appris la mode. Le papayer contient également un alcaloïde, la *carpaïne*, qui est un modérateur cardiaque et employé en thérapeutique vétérinaire.

La culture de cet arbre est très facile ; on le multiplie par graines et l'on élimine dans les plantes obtenues de semis un bon nombre des pieds mâles, de manière à en conserver seulement 1 pour 10 pieds femelles. La production commence deux ans après le semis et dure une partie de l'année et même sans discontinuité, comme aux Antilles. Les plantations doivent être fréquemment renouvelées, car l'arbre décline au delà de quatre ou cinq ans.

Dans le Haut Tonkin, les indigènes nourrissent les porcs de papayes.

---

12. — *Le sapotillier*

La Sapotille. — La Grosse Sapote. — La Caïmite

Le Sapotillier (*Achras Sapota* Linné) appartient à la famille des Sapotacées et est originaire de l'Amérique méridionale ; il a été introduit dans un grand nombre de pays tropicaux. L'arbre atteint une dizaine de mètres de hauteur et même plus ; son bois est dur et sa croissance lente. Les feuilles sont alternes, entières, coriaces. Le fruit est ovoïde, de la grosseur d'un œuf de poule, à peau mince, grise, à chair fondante, très sucrée à la maturité, renfermant quelques graines dures, aplaties, comme vernissées.

La *Sapotille* est un excellent fruit, mais que l'on doit consommer à l'état de maturité parfaite; il est alors mou, presque blet.

Cet arbre ne prospère que dans les pays chauds et humides, aux basses altitudes. On le multiplie par graines.

La GROSSE SAPOTE est produite par un autre arbre de la famille des Sapotacées, le *Lucuma mammosa* A. de Candolle, cultivé surtout aux Antilles. Le fruit, ovoïde ou piriforme, est volumineux ; il contient une épaisse graine vernissée. Sa pulpe est peu appréciée, on le consomme surtout en marmelade. L'amande, de saveur agréable, mais un peu amère, sert dans la préparation des crèmes.

La CAIMITE (*Chrysophyllum Caimito* Linné), autre Sapotacée des Antilles, a la grosseur d'une pomme. On en connaît plusieurs variétés ; leur pulpe est blanche, gluante, douce, assez agréable.

---

13. — *L'avocatier*

L'Avocatier (*Persea gratissima* Gaertner), de la famille des Lauracées, est un bel arbre originaire de l'Amérique tropicale où il était déjà cultivé à l'époque précolombienne. Il peut atteindre 6 à 8 mètres de hauteur. Les feuilles, d'un beau vert, sont coriaces et persistantes, les fleurs petites, verdâtres.

Le fruit en forme de poire, ou plus ou moins arrondi, est très estimé. Son nom *avocat* est une corruption du mot atzèque *ahuacatl* sous lequel il était connu anciennement au Mexique.

Ce fruit est une drupe; il contient un gros noyau et une pulpe onctueuse, ayant la consistance du beurre, et dont la saveur très faible est comparée à celle de la noisette. Il en existe plusieurs variétés parmi lesquelles on en distingue d'arrondis, de couleur verte, ne dépassant pas le volume d'une orange; de piriformes, du volume et de la forme d'une grosse poire et de couleur violacée. Les meilleures variétés existent aux Antilles et à la Réunion.

L'*avocat* est généralement consommé comme hors-d'œuvre, assaisonné avec du sel, ou bien comme fruit de dessert, additionné de sucre, de vin de madère, de kirsch ou de jus de citron. C'est l'un des fruits les plus recherchés dans les pays chauds.

On multiplie l'arbre par graines et on reproduit les variétés par la greffe. L'arbre commence à fructifier vers l'âge de cinq ans.

Aux Antilles, la récolte des *avocats* a lieu d'août à novembre ; en Guinée, leur maturité a lieu en juillet et août ; elle se produit d'octobre en décembre à la Guyane, et en août-septembre dans l'Inde.

14. — Les li-tchis

Le Li-tchi vrai. — Le Ramboutan. — Le Longanier. — Le Lansium

Les Li-tchis sont des arbres du genre *Nephelium*, de la famille des Sapindacées. Ils sont originaires de l'Extrême-Orient (Chine et Asie méridionale) et répandus dans beaucoup de nos colonies.

Ce sont des arbres à feuilles composées-pennées, à port ornemental, dont la taille varie suivant les espèces (4 à 6 mètres chez le li-tchi vrai, jusqu'à 13 mètres chez le longanier). Les fleurs sont petites, verdâtres, en grappes.

On fait figurer quelquefois sur les tables, en Europe, des *li-tchis* qui sont exportés de la Chine après avoir été séchés au four, mais ils ne peuvent aucunement donner l'idée du *li-tchi* frais, l'un des fruits les plus délicieux, à notre avis, pas plus qu'un pruneau mal préparé ne donne celle d'une excellente *prune de reine-Claude*.

Ces fruits sont différents de forme et d'aspect selon les espèces. Ce sont des baies à péricarpe coriace, contenant une seule graine (noyau) à arille très développé, constituant la partie comestible.

Nous distinguerons trois espèces qui comprennent elles-mêmes des variétés :

1º Li-tchi vrai (*Nephelium Li-tchi* Cambessèdes, *Euphoria Li-tchi* Jussieu). Fruit globuleux ou ovoïde, de la grosseur d'une noix, à péricarpe rouge brun, sec, crustacé, rugueux, dont la surface est relevée de petites éminences; noyau relativement réduit; arille blanc opaque, épais, juteux, parfumé, dont la saveur peut être comparée à celle du *chasselas*.

Feuille et fruit du li-tchi.

2º Ramboutan (*Nephelium lappaceum* Linne), *Li-tchi chevelu*. Fruit sphérique ou ovoïde, de la grosseur d'un œuf de pigeon, à péricarpe pourpre ou jaune, suivant les variétés, hérissé de longues pointes molles, d'où le nom de *li-tchi chevelu*. La pulpe est moins abondante, beaucoup moins juteuse et moins fine que dans le *li-tchi vrai*.

3º Longanier ou *Œil de dragon* (*Nephelium Longana* Cambessèdes). Fruit sphérique et petit, de la grosseur d'une noisette, à péricarpe plus lisse que celui du *li-tchi*, rouge, rose ou jaune. Pulpe relativement mince, diaphane, vitreuse, très juteuse, sucrée, avec un goût d'éther caractéristique. Le nom d'*œil de dragon* donné à cette espèce est dû à la tache noire que porte la graine à l'endroit du hile.

On multiplie les *li-tchis* par semis, greffe ou marcottage. Ils prospèrent surtout en climats ni trop chauds ni trop humides. Ce n'est que vers la dixième année qu'ils sont en pleine production. Le *longanier* peut être cultivé en Algérie.

Ces arbres, cultivés en grandes quantités au Tonkin, pourraient donner lieu à une exportation de fruits bien préparés que l'on préférerait à ceux qui viennent de la Chine.

A côté des *li-tchis* nous placerons le LANSIUM DOMESTICA Blume, de la famille des Méliacées. Son fruit, *Dœ-Kœ* (prononcer Doukou), blanc grisâtre, est oblong, de la grosseur et de la forme d'une *quetsche*. Il contient plusieurs graines à arille blanc opalin, d'une saveur assez comparable à celle du *li-tchi*, mais parfois un peu amère dans la partie qui adhère aux graines. Cet arbre est surtout cultivé à Java.

---

15. — *Les anones*

La Pomme-cannelle. — La Chérimole. — Le Cœur de bœuf. — Le Corossol

On désigne sous ce nom toute une catégorie de fruits : *Pomme-cannelle, Chérimole, Cœur de bœuf, Corossol*, qui sont des espèces du genre *Anona*, de la famille des Anonacées. Ce sont de petits arbres originaires de l'Amérique tropicale, principalement des Antilles, mais répandu dans la plupart des pays chauds, dont la taille varie entre 3 et 6 mètres. Leurs feuilles sont alternes, simples, lancéolées ou ovales lancéolées. Les fleurs, solitaires, ont 3 sépales et une corolle double, à 6 pétales disposés sur 2 rangs.

Leur fruit est formé de carpelles plus ou moins nombreux (en nombre indéfini) qui deviennent charnus, se soudent entre eux pour former, à la maturité, une carapace molle, arrondie ou ovoïde, contenant une pulpe crémeuse, comestible, dans laquelle sont noyées les graines.

La Pomme-cannelle (*Anona squamosa* Linné), désignée aussi sous le nom d'*Atte*, est un fruit sphérique, du volume d'une orange, vert, à carpelles non soudés sur toute leur étendue et formant à la périphérie des sortes de grosses écailles ou mamelons qui donnent à l'ensemble l'aspect d'un cône de pin. La pulpe est crémeuse, très sucrée, très parfumée, mais peu abondante, contenant de nombreuses graines de la grosseur d'un petit haricot noirâtre. Ce fruit ne se conserve guère.

La Chérimole est produite par le chérimolier (*Anona cherimolia* Miller). Elle atteint la grosseur du poing et passe du vert au brun noirâtre à la maturité. Ce fruit de forme arrondie-conique, possède un péricarpe assez solide, non mamelonné, simplement légèrement bosselé. La pulpe est blanche, crémeuse, abondante, très parfumée et très sucrée, mais à saveur un peu relevée et plus agréable que celle de la pomme-cannelle.

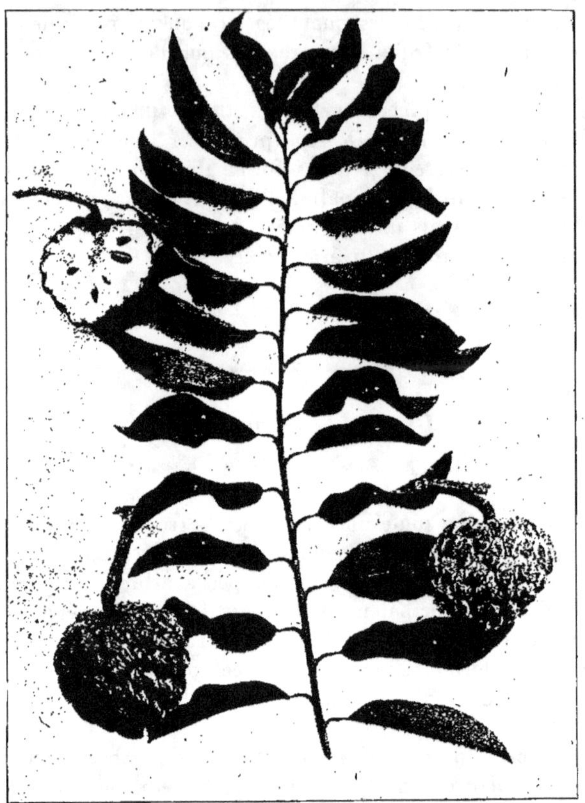

Pomme-cannelle. *Anona squamosa.*

Le Cœur de Bœuf *ou Cachiman* (*Anona reticulata* Linné), est un fruit dont la forme rappelle celle d'un cœur de bœuf ainsi que son nom l'indique. Il mesure environ 10 centimètres d'épaisseur et possède une écorce rougeâtre, sans protubérances, mais avec des aréoles anguleuses formées par des lignes disposées en réseau. La pulpe est blanche ou rougeâtre selon les variétés; elle est un peu sapide et se consomme surtout cuite, additionnée de sucre.

Le Corossol ou *Cachiman épineux* (*Anona muricata* Linné) est une grosse baie cordiforme, pesant jusqu'à 3 ou 4 kilogrammes, verte, entièrement hérissée de pointes molles, non piquantes. La pulpe est abondante, très blanche, crémeuse, sucrée, parfumée et légèrement aigrelette, ce qui lui donne beaucoup d'amateurs sous des climats où il n'est pas à conseiller d'étancher la soif avec des quantités de liquide.

Le *chérimolier* est la seule des diverses espèces d'Anones qui puisse être cultivée dans la région tempérée chaude. Il mûrit ses fruits en Algérie et aux Canaries, et on le voit figurer de temps en temps sur le marché de Paris.

---

16. — *Les passiflores*

La Barbadine. — La Pomme liane. — La Grenadille

Les Passiflores (*Passiflora*) de la famille des Passifloracées, nous donnent la *Barbadine*, la *Pomme liane* et la *Grenadille*, originaires de l'Amérique tropicale. Ce sont de belles plantes grimpantes comme leur congénère, le *Passiflora cœrulea*, bien connue en France comme plante ornementale des jardins, sous le nom de *fleur de la passion*.

La Barbadine (*Passiflora quadrangularis* Linné) est une grande liane qui s'accroche avec ses vrilles au support qu'on lui offre. Elle doit son nom spécifique latin à la forme carrée que présente sa tige coupée transversalement, ce qui la distingue, entre autres, de la *pomme liane*, dont la tige est cylindrique. Ses feuilles sont grandes, entières, cordiformes, lisses. Les pétales sont roses. Le fruit est ovoïde et dépasse la grosseur d'un œuf d'oie; il est jaunâtre, à péricarpe mince, mais résistant, contenant un nombre considérable de petites graines entourées d'un arille mucilagineux qui leur donne l'aspect du frai de grenouille. C'est cette partie mucilagineuse qui est comestible; elle est acidulé, d'une saveur agréable et recherchée préparée au rhum ou au kirsch.

La Pomme liane (*Passiflora laurifolia* Linné) se distingue facilement de la *barbadine* par sa tige cylindrique ; son fruit est ovoïde, de la grosseur d'un œuf de poule, jaune citron, à pulpe suave, légèrement acide. La variété *tenifolia*, désignée sous le nom de *marie tambour*, à la Guyane, produit un fruit un peu plus petit.

La Grenadille (*Passiflora edulis* Sims) a les feuilles divisées en trois lobes au lieu d'être entières comme dans les espèces précédentes. Le fruit, de la grosseur d'un œuf de poule, est plus acide.

Les Passiflores sont souvent employées comme plantes grimpantes ornementales dans les pays chauds. On les multiplie facilement par boutures ou par graines.

---

17. — Les anacardes

L'Anacarde d'Occident (*Anacardium occidentale* Linné), de la famille des Anacardiacées, est un arbre originaire de l'Amérique tropicale, qui

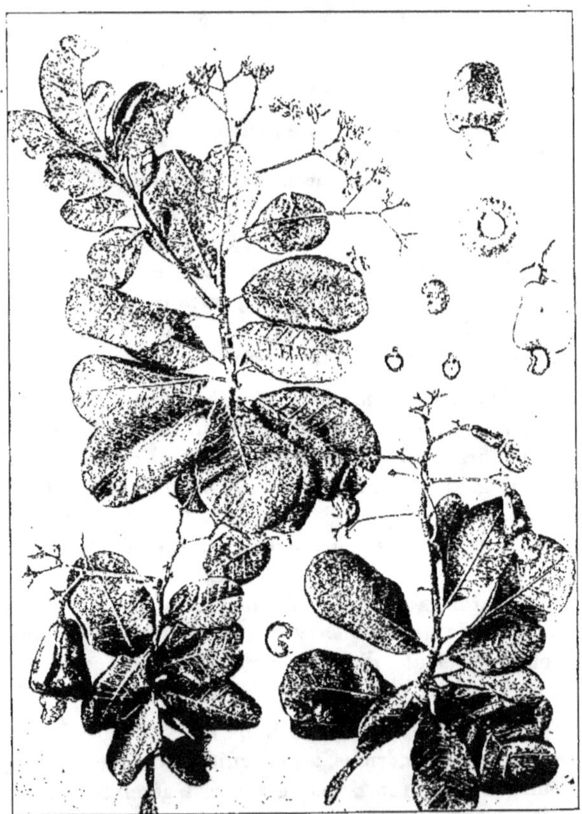

Pomme et noix de cajou, *Anacardium occidentale*.

atteint une dizaine de mètres de hauteur. Il est cultivé comme arbre fruitier dans un grand nombre de régions tropicales. Ses produits sont la *pomme* et la *noix de cajou* (d'acajou par corruption).

Ce qu'on appelle le fruit, chez cette plante, est un formation bizarre qui comprend une partie renflée, charnue, colorée en rouge ou en jaune, suivant les variétés, surmontée d'une sorte de gros haricot.

La première partie (*pomme de cajou*), est le pédoncule accru, succulent, un peu acide et astringent, mais agréable, que l'on consomme tel quel, ou dont on prépare une boisson rafraîchissante.

La seconde (*noix de cajou*) est le véritable fruit ; c'est un achaine en forme de rein, dans lequel on trouve une amande comestible, que l'on utilise comme la noisette dont elle rappelle la saveur. Pour extraire cette amande, on expose la noix sur des charbons ardents qui la font éclater, sans contaminer l'amande avec une huile caustique qui est contenue dans le péricarpe. Cette huile est même vésicante et les nègres l'emploient pour aviver les incisions de leurs tatouages.

Les amandes de cajou ont les mêmes emplois que la noisette ou l'amande, dans la préparation des confiseries et de la pâtisserie.

La noix est vendue couramment en France par les marchands de *cacahouètes, caroubes, noix du Brésil* (1) et autres produits coloniaux.

<hr>

18. — *Les kakis*

Le Kaki (*Diospyros kaki* Linné), de la famille des Ebénacées, est un arbre de 4 à 5 mètres de hauteur, originaire de la Chine et du Japon et répandu dans la plupart de nos colonies. On le désigne aussi sous les noms de *plaqueminier du Japon, abricot du Japon*, etc. Il en existe de nombreuses variétés cultivées principalement dans notre Indochine, et quelque peu en Algérie et dans le Midi de la France.

Le fruit est une grosse baie qui se présente, dans la variété type, sous les apparences d'une tomate de petite taille, sans côte, garnie, à la base, d'une collerette formée par le calice persistant et accru. La peau est fine

<hr>

(1) La *noix du Brésil* est produite par un grand et bel arbre brésilien, le *Bertholletia excelsa* Humbolt et Bonpland, de la famille des Myrtacées. On vend aussi quelquefois sous ce nom, à Paris, la graine d'un autre arbre de la famille des Myrtacées, le *Lecythis Ollaria* Linné, de l'Amérique tropicale. Le fruit de cette espèce a une forme très curieuse, qui lui a fait donner le nom de *marmite de singe*.

et enveloppe une pulpe juteuse, sucrée, traversée de trames mucilagineuses avec quelques graines molles ordinairement avortées.

D'autres variétés ont le fruit arrondi, ovoïde, ou cylindro-conique, dont la taille varie depuis la grosseur d'une cerise jusqu'à celle d'un gros abricot ou d'une tomate, de couler rouge, jaune ou verte. Cette horde de va-

Arbre à Kaki, après la chute des feuilles.

riétés se divise en deux catégories : les *kakis doux*, comestibles même avant maturité (une variété ovoïdale, à chair ferme avant maturité, est conservée dans la chaux); les *kakis âpres et astringents,* comestibles après blettissement.

Les kakis sont des arbres faciles à cultiver et qui donnent une production abondante. L'Algérie et la Provence en récoltent de grandes quantités en automne et au commencement de l'hiver. La reproduction de ces variétés s'obtient par la greffe sur *Diospyros Lotus* Linné, espèce très vigoureuse.

19. — *Fruits divers*

Le Néflier du Japon. — Le Pommier de Cythère. — Le Carambolier. — Le Bilimbi.
— Le Durian. — L'arbre à tomate. — Le coqueret du Pérou. — Le Grenadier. —
Le Tamarinier. — Le Caroubier. — L'arbre à pain. — Le Jacquier.

LE BIBASSIER ou NÉFLIER DU JAPON (*Eriobotrya japonica* Lindley) de la
Chine et du Japon, appartient à la famille des Rosacées; il est proche parent
du poirier et du pommier.

C'est un petit arbre à feuilles persistantes, de grandes dimensions et très
ornementales. On le cultive dans un grand nombre de nos colonies : Indochine, Nouvelle-Calédonie, Madagascar, Réunion, etc., et il prospère également-
ment en Algérie-Tunisie et jusque dans le Midi de la France. Dans ces
dernières régions, les fleurs se montrent en hiver et les fruits, de mars en
mai-juin, selon les lieux.

Le fruit, *bibasse*, est sphérique ou ovoïde, ou de la grosseur d'une prune,
jaune à la maturité; il contient une pulpe juteuse, sucrée, un peu acidulée,
rafraîchissante, avec des pépins gros et nombreux, mais réduits comme
nombre et comme volume dans les variétés améliorées.

Le bibassier est d'une culture facile; on le greffe sur plants obtenus
de semis ou bien sur cognassier. Sa fructification est abondante dès la cinquième année de plantation.

LE POMMIER DE CYTHÈRE (*Spondias dulcis* Forster), de la famille des
Anacardiacées, est un bel arbre originaire de l'Océanie, de Tahiti notamment, d'où il s'est répandu dans la plupart des pays chauds. Il peut atteindre une vingtaine de mètres de hauteur. Ses feuilles sont caduques, composées, pennées, à folioles un peu dentées. Ses fleurs sont petites, blanches,
en panicules.

Le fruit, du volume d'un citron, est ovoïde. Il contient un gros noyau
de forme irrégulière, muni d'expansions fibreuses qui pénètrent dans une
pulpe de saveur agréable, mais avec un goût de térébenthine comparable
à celui du mango, et à laquelle il faut s'habituer. A Tahiti, les fruits mûrissent de mai en juillet.

D'autres espèces de *Spondias* donnent des fruits plus ou moins acides,
connus sous le nom de *prunes*.

LE CARAMBOLIER (*Averrhoa Carambola* Linné), de la famille des Oxali-
dacées, est un petit arbre de 3 à 4 mètres de hauteur, originaire de l'Inde,
à feuilles composées pennées, à petites fleurs violacées.

Le carambolier a été introduit dans la plupart de nos colonies. Il est commun en Indochine et aux Antilles. Son fruit est consommé frais par les indigènes; on peut le manger en salade ou cuit, sous forme de tartes ou de confitures.

Ce fruit est une grosse baie allongée, atteignant un décimètre de longueur, relevée de cinq côtes très proéminentes formant ailerons. Sa pulpe est très juteuse, acide et parfumée.

L'arbre fructifie dès la troisième année de culture; on le multiplie par graines.

Le BILIMBI (*Averrhoa Bilimbi* Linné) se distingue de l'espèce précédente par ses fruits plus petits, de la grosseur d'un œuf de pigeon, à côtes non proéminentes (presque cylindriques), très acides.

Signalons encore, mais surtout à titre de curiosité, un arbre fruitier de la péninsule malaise, cultivé en Malaisie, le DURIO ZIBETHINUS Murray, de la famille des Malvacées. Son fruit, le *Dourian*, est sphérique-oblong; il mesure 20 centimètres de diamètre; son péricarpe est verdâtre, hérissé de grosses pointes coniques, et il s'ouvre en 5 valves correspondant à des loges qui contiennent de 3 à 5 graines entourées d'une pulpe abondante, blanche, ayant l'onctuosité de la crème, sucrée, mais qui exhale une odeur infecte, à la fois alliacée et stercoraire telle, qu'il faut vaincre sa répugnance lorsqu'on veut essayer d'en manger. Les indigènes et certains colons en sont cependant très friands et nous connaissons des Européens qui n'hésitent pas à qualifier ce fruit de délicieux et à le placer au rang des meilleurs qui soient connus. Nous sommes loin de partager leur avis; mais : *De gustibus...* Le *Durio* est un grand arbre dont la culture donne de bons bénéfices à ceux qui l'entreprennent, à Java notamment.

Nous citerons seulement pour mémoire : le SOLANUM BETACEUM Cavanilles (*Cyphonandra betacea* Sendner), *Tomate en arbre*, arbrisseau de 3 à 4 mètres de hauteur, très fructifère, originaire de l'Amérique tropicale, dont le fruit, de la forme et du volume d'un œuf de pigeon, est rouge, jaunâtre ou panaché, selon les variétés. Ce fruit, sucré acidulé, peut être consommé frais ou en compote; on l'utilise aussi comme la tomate. Une autre Solanée, le PHYSALIS PERUVIANA Linné, *Coqueret du Pérou*, est un arbuste de 1 mètre à 1 m. 50 de hauteur, originaire du Pérou et cultivé dans les pays tropicaux, subtropicaux et même tempérés. Son fruit rappelle l'*alkekenge* ou **Coqueret commun** (*Physalis Alkekengi*), mais possède une enveloppe (calice accru) jaune au lieu d'être rouge. La baie, de la grosseur d'une cerise, couleur d'ambre claire, a une saveur sucrée acidulée très agréable. Notons aussi le GRENADIER (*Punica Granatum* Linné), de la famille des Granatées, voisine des Myrtacées. Cet arbre, bien connu, est originaire de la Perse et cultivé surtout dans la région méditerranéenne pour ses gros fruits qui contiennent un très grand nombre de graines à arille pulpeux sucré, légèrement acidulé. Citons encore le TAMARINIER (*Tamarindus indica* Linné), de la famille des Légumineuses. Arbre de l'Asie tropicale, employé couramment dans les plantations d'alignement et d'ombrage, dans les pays chauds, et qui produit en abondance des gousses à pulpe sucrée, acidulée, employées dans la préparation de limonades et de confitures. Enfin le CAROUBIER (*Ceratonia Siliqua* Linné), de la famille des Légumineuses, arbre originaire de l'Orient, aujourd'hui très répandu dans la région méditerranéenne, cultivé en Algérie et en Tunisie pour sa gousse (*caroube*) de 10 à 20 centimètree de long, épaisse, demi-ligneuse, brune, contenant une pulpe sucrée utilisée pour la préparation de boissons vineuses et de l'alcool. Les enfants et les populations pauvres consomment ce fruit en nature; il se conserve facilement. La caroube sert aussi à l'alimentation des chevaux et des bovidés.

Il existe encore un grand nombre de plantes dont les fruits jouent un rôle moindre dans l'alimentation des habitants des pays chauds. Le colon a quelquefois intérêt à les connaître et il doit les planter et les cultiver, à défaut d'espèces meilleures, en vue d'une utilisation possible, et aussi dans un but d'étude. Certains d'entre eux sont, en effet, encore peu ou mal connus au point de vue de leurs emplois et même de leurs caractères scientifiques.

A côté des plantes que nous venons de passer en revue, dont les produits peuvent être qualifiés de fruits de dessert, il en est une qui joue un certain rôle dans l'alimentation au même titre que les légumes féculents : c'est l'*Arbre à pain*.

L'ARBRE A PAIN (*Artocarpus incisa* Linné), de la famille des Urticacées, tribu des Artocarpées, est originaire de l'Océanie, mais introduit dans la plupart des pays chauds. Ce n'est cependant qu'en Polynésie qu'il constitue une plante alimentaire de quelque importance, notamment dans les Archipels de la Société, des Gambier et des Marquises.

C'est un arbre ornemental de 10 à 12 mètres de hauteur, dont le tronc contient un latex analogue à celui des figuiers, mais non caoutchoutifère. Les feuilles, en bouquets à l'extrémité des branches, sont très grandes et divisées profondément en 8 à 11 segments; elles peuvent mesurer 40 centimètres de longueur et avoir une largeur égale. La plante porte à la fois des inflorescences mâles en forme de massue (15 à 20 centimètres de long sur 3 à 4 centimètres de diamètre), et des inflorescences femelles de forme ovoïde ou globuleuse, de 4 à 6 centimètres de diamètre. Les fleurs, petites et très nombreuses, sont pressées en masses sur l'axe qui les porte dans l'inflorescence femelle; la masse tout entière devient charnue en se développant après la fécondation, de manière à constituer, à la maturité, un énorme fruit composé à enveloppe hérissée de pointes courtes.

Il en existe plusieurs variétés, dont deux principales : l'une à fruit de la grosseur d'un melon, pesant de 1 à 3 kilogrammes et dépourvu de graines (variété *asperme*); l'autre, le « faux arbre à pain », à fruit un peu plus volumineux, renfermant de 60 à 80 graines grosses comme des châtaignes (variété *séminifère*).

L'arbre à pain. *Artocarpus incisa.*

Les fruits aspermes doivent être récoltés un peu avant maturité (c'est le moment où ils sont le plus gorgés d'amidon). On les consomme cuits au four ou dans l'eau bouillante, après avoir été coupées en tranches. Ils remplacent le pain. Les indigènes des îles Marquises en font une pâte fermentée qu'ils laissent séjourner pendant plusieurs années dans des trous creusés en terre. Ils obtiennent ainsi la *Popoï*, à saveur acide et à odeur repoussante. Les graines des fruits séminifères se mangent grillées ou rôties, comme des châtaignes.

L'arbre à pain exige un climat très chaud et très humide; on le multiplie au moyen des rejets qui se développent au pied du tronc.

V. Goossens préconise la culture de l'arbre à pain, au Congo belge, comme une des ressources vivrières les plus intéressantes.

A Tahiti, le *maïoré* donne trois récoltes par an. Cuit au four ou sur la braise, il a un goût agréable accepté par les Européens.

Une plante voisine de l'arbre à pain est le JACQUIER (*Artocarpus integrifolia* Linné). Il s'en distingue par son tronc plus élevé; ses feuilles beaucoup plus petites, entières et ovales, au lieu d'être découpées. Le fruit naît sur le tronc et les branches principales; il est beaucoup plus volumineux que chez son congénère, ovoïde, mesurant jusqu'à 70 centimètres de longueur sur 40 centimètres de largeur et pesant 15 kilogrammes et parfois plus.

Ce fruit, ou *Jaque*, contient à la

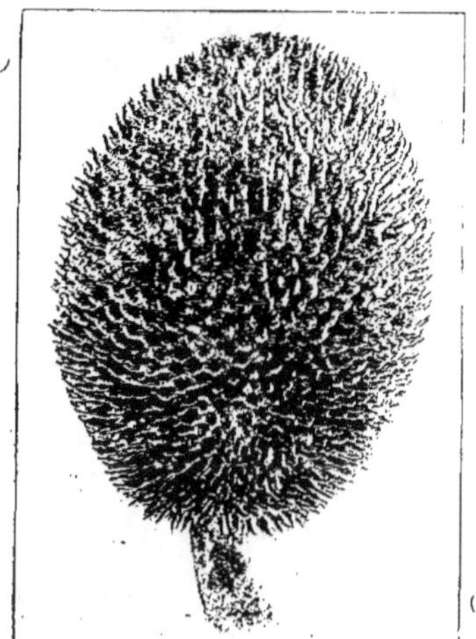

Fruit de l'arbre à pain.

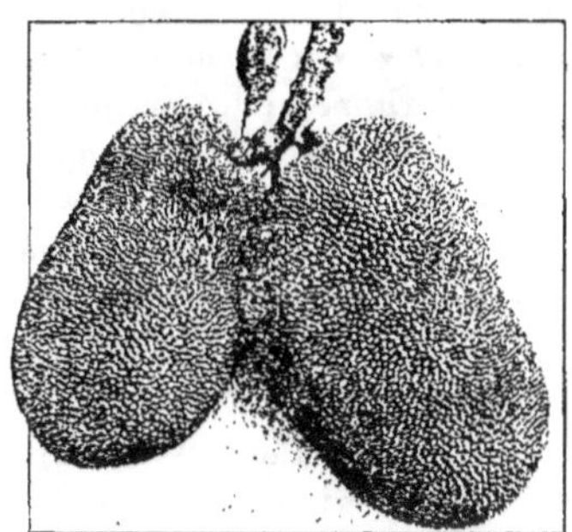

Fruit du Jacquier.

fois de grosses graines que l'on mange comme dés châtaignes (on les désigne d'ailleurs sous ce nom) et une pulpe crémeuse, à saveur assez agréable, mais qui exhale une odeur répugnante disparaissant à la cuisson, ce qui permet de l'utiliser en confiture. Il en existe plusieurs variétés en Indochine.

Le jacquier est surtout cultivé dans les parties chaudes et humides de l'Asie méridionale d'où il est originaire, mais il a été introduit dans la plupart de nos colonies. Il est moins exigeant que l'arbre à pain au point de vue du climat.

E. — *PLANTES ALIMENTAIRES STIMULANTES*

1. — *Le caféier*

Histoire. — Botanique. — Le caféier d'Arabie. — Variétés. — Climat et sol. — Conduite des cultures. — Semis. — Récolte et rendements. — Préparation du café. — Maladies du caféier. — Caféier de Libéria. — *Coffea robusta; C. excelsa; C. congensis; C. Humblotiana.* — Production et commerce. — Sortes commerciales. — Propriétés.

Le Caféier, dit de Candolle fort justement, est dans l'agriculture tropicale un équivalent de la vigne en Europe et du thé en Chine.

Il est d'origine africaine, poussant à l'état sauvage en Abyssinie, au Soudan, en Guinée et au Mozambique. De nombreuses espèces nouvelles ont été trouvées, dans les dernières années, en Afrique occidentale, à Madagascar, aux Comores. Linné a donné à l'espèce la plus connue le nom de *Coffea arabica*, peu approprié, parce que ce n'est pas en Arabie qu'elle a été trouvée à l'état sauvage.

HISTOIRE — Ce grand produit colonial mérite une rapide notice historique.

Le nom du *Café* lui vient, dit-on, du nom égyptien ou oriental de *Cavé* ou *Cahoua* sous lequel il était connu, dans ce pays, en 1596 ; peut-être le nom dérive-t-il de *Caffa*, en Abyssinie, région où le caféier pousse à l'état sauvage. Le caféier forme, en effet, de vastes peuplements spontanés à peine exploités dans les provinces de Koré et de Kaffa.

Les croisés ne connurent pas le café, bien que l'usage en était répandu en Perse, à cette époque. De Perse, il se répandit dans le monde oriental et musulman, vers 1400. Le caféier fut transplanté de la haute Abyssinie au Yemen, au XIVᵉ siècle. Une légende — il y en a de nombreuses à ce sujet — prétend que des chèvres apprirent à un moullah arabe les vertus du café parce que, les ayant vues manger des cerises de caféier, elles en parurent être plus vives et alertes. Il les imita donc et en ressentit les mêmes effets. La légende, sans prétention à la véracité, est à citer cependant pour rappeler ce fait, certain et fréquent au début de l'humanité consciente et spéculative, du choix que les bêtes firent faire à l'homme des plantes utiles, alimentaires, à mettre en culture.

Quoi qu'il en soit, le caféier vivant ne fut connu en France que sous
Louis XIV, en 1714, par un pied envoyé, couvert de fruits, au grand roi

Jeune caféier d'Arabie.

par le Jardin botanique d'Amsterdam qui en avait reçu lui-même, en 1690,
de Batavia où le caféier venait d'être introduit d'Arabie. Le café avait, à
cette époque, de nombreux détracteurs encore. En 1667 cependant, Paris eut

son premier « café » ou établissement dans lequel on débitait la boisson de ce nom.

Le précieux arbuste fut déposé dans les Jardins de Marly et multiplié dans les serres du Jardin du Roy, c'est-à-dire le Jardin des Plantes d'aujourd'hui. De là, il prit son chemin vers nos colonies, grâce au dévouement

Coffea arabica.

d'un marin, du nom de de Clieu, dont l'aventure est de celles qu'il convient de glorifier, au risque même d'une légende (1). Cet enseigne de vaisseau avait emporté, à destination de la Martinique, en 1720, 3 pieds de caféier. L'eau venant à manquer, l'équipage fut réduit à la ration con-

---

(1) A. Chevalier et Dagron, sur la foi de leurs recherches dans les archives, pensent que le merveilleux qui entoure l'histoire de l'introduction du caféier à la Martinique semble avoir été brodé et que de Clieu n'est pas cette sorte de héros de l'acclimatation qu'en fait la légende.

rue : un verre par jour pour chaque officier. De Clieu partagea la sienne
avec ses caféiers : deux périrent, mais le troisième fut sauvé, et c'est de
ce pied, planté à la Martinique, que descendirent non seulement les plan-
ations, si florissantes depuis, de nos colonies américaines, mais également
celles du Centre-Amérique et du Brésil.

Les Hollandais l'avaient introduit à Surinam en 1718; en dépit d'une
jalouse protection, de la Motte-Aigron, gouverneur de Cayenne, en eut
quelques pieds en cachette, en 1725, et les multiplia. En 1718 aussi, la
Compagnie française des Indes l'introduisit à l'île Bourbon.

Le précieux arbuste a fait fortune dans le monde : la consommation
du café, annuelle et mondiale, est estimée à plus d'un million 250 mille
tonnes.

Le caféier est planté jusqu'au 28ᵉ degré de latitude N. et S. et trouve
dans l'Amérique du Sud ses meilleurs centres d'adaptation.

BOTANIQUE — Deux espèces principales, nettement différencieés, se partagent encore actuellement les cultures : le *Coffea arabica* Linné et le *C. liberica* Hiern. D'autres se créent une part d'emploi dans les plantations, telles que le *Coffea stenophylla* Don., le *C. robusta*, le *C. excelsa*, etc. Nous étudierons d'abord le caféier dans son espèce type, le *C. arabica*.

CAFÉ D'ARABIE. — Arbrisseau de la famille des *Rubiacées*, toujours vert,
d'une hauteur ne dépassant guère 6 mètres.

Feuilles opposées, ovales, portant à l'aisselle des groupes de fleurs blanches, odorantes. Le *fruit* est une drupe ou baie, d'abord verte, puis jaune,
enfin rouge, rappelant la cerise. A la section d'une de ces cerises, on trouve
d'abord une enveloppe extérieure, pulpeuse et mucilagineuse à l'état frais,
d'un goût sucré quand la cerise est mûre. Cette enveloppe juteuse brunit ou
noircit en se desséchant, se ratatine et devient la *coque*.

L'intérieur est occupé généralement par deux noyaux accolés par leur
surface plane, chaque noyau enveloppé d'un tégument parcheminé, jaune
clair à la dessiccation, qu'on appelle la *parche*.

Dans ce tégument se trouve le *grain* ou *fève* de café, lui-même recouvert d'une très mince pellicule brillante, la *toison d'argent* (*silver vlies*).

Des deux fèves accolées par leur surface plane, à sillon, une souvent
avorte : alors le seul grain restant se recroqueville, s'arrondit et donne
cette sorte connue dans le commerce sous le nom de *caracoli*.

VARIETES — Le café *arabica* présente un grand nombre de variétés dont quelques-unes, en dehors de la forme et de la qualité de leurs grains, se distinguent par la couleur de la cerise, qui est, par exemple, jaune dans l'*amarello* du Brésil, et blanche dans le *leucocarpa* de Sierra-Leone. Une des variétés les plus répandues est le caféier *Leroy*, de la Réunion, à branches courtes et feuillues, d'aspect trapu et arrondi. Nous l'avons vu si fertile en Annam, que les branches cassaient sous la charge des fruits et qu'il a été abandonné de ce fait.

Il est appelé aussi *Bourbon pointu* à cause de l'acumination en pointe de sa graine.

A citer encore le *caféier du pays*, de la Réunion, dont les graines ovales donnent le *café rond* du commerce, le café *habitant*, des Antilles, le café « bonifieur », de la Guadeloupe, et le *Maragogipe*, du Brésil, qui a de grandes et larges feuilles, est très vigoureux et donne un gros rendement.

CLIMAT ET SOL — Bien que plante tropicale, le caféier d'Arabie n'aime pas les très hautes températures. Dans les régions intertropicales, il se plaît dans les conditions d'exposition et de température que lui offrent les collines et les montagnes ou les plateaux, toujours à une certaine altitude au-dessus de la mer. Les caféières des plaines basses donnent des produits généralement inférieurs et la plante vient surtout bien vers 600 ou 800 mètres d'altitude et jusqu'à plus de 2.000 mètres, en pays de relief. A Ceylan, par exemple, les plantations ont pu naguère s'établir entre 200 et 1.700 mètres; dans l'Inde, sur les Nilgherries, on en trouve à 2.000 mètres et au Vénézuéla, ils prospèrent jusqu'à 2.278 mètres. Au Brésil, les meilleures récoltes sont obtenues entre 600 et 1.000 mètres. Nos remarquables caféières de l'Indochine, des provinces de Tuyen-Quang et de Ninh-Binh au Tonkin, sont à une altitude beaucoup moindre (à moins de 200 mètres), mais elles récupèrent par la latitude du lieu les conditions thermiques que leur donne, ailleurs, l'altitude.

Si la possibilité de cette culture dépend ainsi de caractéristiques thermiques, il est difficile pourtant de les déterminer par des limites de températures annuelles *moyennes*, — qui d'ailleurs, en général, ne renseignent pas beaucoup, puisqu'une moyenne peut être obtenue par des amplitudes théoriquement sans limites — mais on admet les limites de températures annuelles moyennes de 15-25° C. Les minima y sont plus déterminants que les maxima, parce que des abaissements fréquents ou prolongés à moins de + 5° C. rendent la culture du caféier illusoire.

La *pluviosité* de la région est une autre déterminante, mais non absolue. Le caféier est cultivé à Java où il tombe 3 mètres d'eau par an, et en Arabie où la sécheresse, souvent, oblige à des irrigations. La moyenne de 1 m. 30 d'eau annuelle estimée nécessaire n'est donc qu'une expression théorique. Les meilleures conditions sont celles d'une saison tropicale pluvieuse avec répartition des pluies, de façon à ne pas avoir une saison prolongée d'absolue sécheresse.

En ce qui concerne le sol, il faut qu'il soit perméable et profond — 1 m. 50 de profondeur au moins — car les racines du caféier sont pivo-

tantes et elles n'aiment pas rencontrer un sous-sol dur qui les arrête, les
oblige à se pelotonner, et finalement compromet la croissance de la plante.

Le sol meuble argilo-sablonneux, alluvionnaire, riche en humus, convient
bien. On augmente sa richesse par l'apport d'engrais appropriés dont la
composition sera déterminée par l'analyse chimique du sol. Les sols volcaniques, comme ceux de Java, donnent d'excellentes cultures.

CONDUITE DES CULTURES L'aménagement d'une caféière diffère
suivant le choix du terrain auquel on
s'est arrêté. D'une façon générale, on
aura choisi une situation à l'abri des vents **violents**, sur une pente de coteau,
en sol profond et riche. Ce sol peut être vierge, couvert de forêt ou de
brousse, ou bien avoir déjà été mis en culture différente.

Plantation de caféiers au Tonkin, abrités sous des abrasins.

Dans le premier cas, le défrichement par la hache et le feu ne fait pas
table rase de toute la végétation arborescente. Il reste d'abord les grosses
et très volumineuses souches des **arbres** abattus, parfois énormes, et dont
l'extraction serait fort onéreuse; il **suffit de les tuer par le feu pour les**
empêcher de jeter des pousses nouvelles abondantes et qui pourraient ap-
pauvrir le sol aux alentours. Mais il convient généralement aussi de ménager la conservation, d'espace en espace, d'arbres entiers, à feuillage plus
ou moins léger, qui constitueront *l'ombrage* nécessaire à la future caféière.
La plupart des plantations, en pays tropical, sont ombragées lorsque l'exposition, l'altitude, l'ardeur du soleil le commandent ou lorsque la sécheresse relative du climat active l'évaporation du sol. Ailleurs, les conditions
étant différentes, les caféières sont laissées en plein soleil. C'est ainsi qu'on
n'ombrage généralement pas au Brésil.

L'ombre protectrice assurée de la sorte ne doit cependant pas être épaisse:

c'est pour cela que l'on choisit des espèces à feuillage découpé et à branches horizontales où les rayons ardents lumineux sont plutôt tamisés qu'arrêtés. On les choisit également parmi les plantes dont les racines ne sont pas trop envahissantes et qui prendraient au sol la nourriture destinée au caféier qu'elles protègent. Il les faut robustes aussi pour résister à la force des vents.

Lorsque les arbres abris n'existent pas naturellement, il faut les créer. Le choix des espèces se porte de préférence sur celles qui ont une croissance plus rapide que le caféier, sans atteindre des dimensions trop fortes, et dont le feuillage découpé donne une ombre atténuée. Parmi les *Légumineuses*, au premier chef : *Albizzia, Inga, Cœsalpinia, Cassia, Acacia, Pithecolobium*, etc., ou bien des « lilas du Japon », *Melia Azedarach, Cedrela*, des *Erythrina* (*dadap* des Javanais, *madre del cacao* des Espagnols), ou bien, comme dans certaines de nos caféières du Tonkin où on donne à ces arbres en même temps une valeur économique, des *Aleurites* (*abrasins* ou *bancouliers*), dont la graine fournit une huile commerciale appréciée. Souvent, en attendant que ces arbres-abris aient acquis une hauteur suffisante, les jeunes caféiers sont abrités par des bananiers.

Quand les plantations sont exposées à des coups de vent violents, bien que passagers, on leur aménage de distance en distance des haies en coupevents, pour lesquelles une bonne espèce est le *Grevillea robusta*.

Il convient de faire remarquer que ces indications sont le fruit de longues expériences et de multiples observations comparatives. Rappelons-nous l'existence, à Java, de cette merveille qu'on appelle le *jardin botanique de Buitenzorg*, avec son annexe *S' Land Plantentuin* de Tjikeumeuh. Il y a là des laboratoires spécifiques, dus à l'initiative privée, dont nous chercherions vainement les similaires ailleurs. N'oublions jamais que la *méthode scientifique* doit toujours primer le hasard de l'observation empirique et ne raillons pas la lenteur prudente et calculée du « savant ». La moindre amélioration d'une grande culture, grâce à des indications garanties par l'expérience, se traduit sûrement par des millions de plus-value.

Voici notre terrain prêt à recevoir les jeunes pieds de caféier.
SEMIS Ceux-ci ont été obtenus préalablement de *semis en pépinière*.

Rarement, les pieds de culture sont pris à la fortune des récoltes en forêt, ou des plants échappés de culture. Ces plants sont appelés *sauvageons* (Antilles entre autres) et se développent facilement autour des plantations où les graines s'égarent et viennent spontanément; ces graines perdent d'ailleurs assez vite leur faculté germinative. C'est ainsi qu'en Annam, aux environs de Quangtri, on vous parlera d'un délicieux café « sauvage » que le hasard peut vous faire rencontrer dans la brousse ou la forêt. Ce sont effectivement des pieds qui ont atteint une hauteur respectable, échappés d'anciennes plantations établies par les missionnaires, et qui ont été abandonnées depuis.

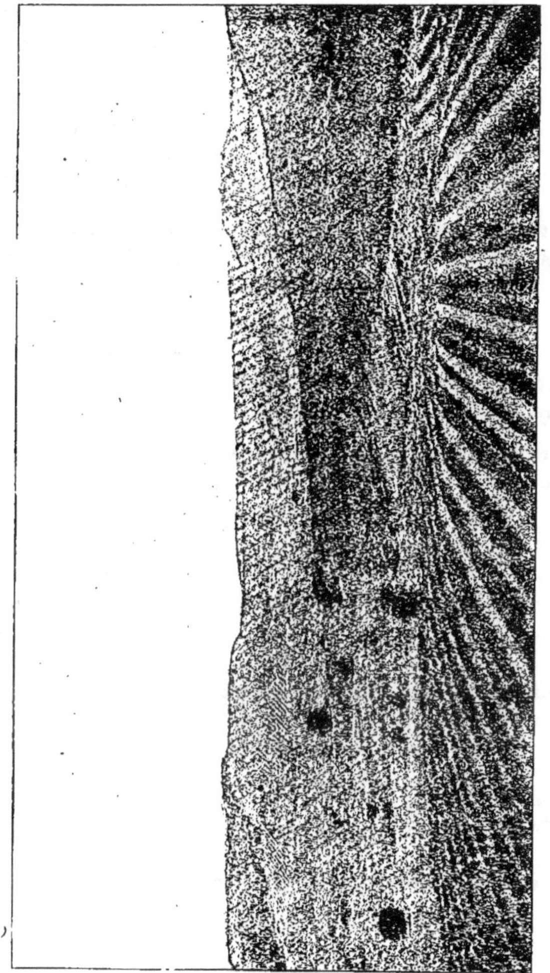

Plantation de caféiers au Brésil, sans arbres d'ombrage.

Mais, comme le fait justement remarquer Jumelle, ces pieds sauvageons donnent des plants d'âges différents et sont difficiles à transplanter sans blesser leurs racines, d'où une reprise aléatoire.

Les semis sur place, en pépinière, se font sur planches bien fumées et ameublies; les graines bien mûres et fraîchement dépulpées sont placées en ligne, dans un sillon, à 10 centimètres de distance. La planche est recouverte de feuilles de palmier ou de paillis et arrosée convenablement. Les jeunes pieds apparaissent au bout de trois semaines à un mois. On remplace alors la couverture de feuilles par un toit de feuillage sur piquets, pour les protéger du soleil pendant leur séjour en pépinière qui dure un an. Les jeunes pieds ont formé, à cet âge, leurs premières branches.

Ils sont *repiqués* et mis en place dans des trous creusés, un mois à l'avance, à la profondeur d'au moins 1 mètre avec un diamètre de 60-80 centimètres. Avant d'y mettre les jeunes plants, on les remplit de bonne terre fumée ou de terreau.

Pour établir de vastes plantations, comme celles qui se créent au Brésil, le repiquage après semis n'est guère praticable et le semis direct en place est préférable.

On adopte généralement la distance à deux mètres et la disposition en quinconce (3 mètres au Brésil et 4 mètres en Arabie), soit 2.500 pieds à l'hectare. Il convient d'abriter les jeunes plantations sous un dais de feuilles de palmier.

La plantation se développe ensuite, mais ne donne aucun rapport pendant trois ans au moins, le caféier d'Arabie ne commençant à fleurir que vers l'âge de trois ans au plus tôt. C'est la période douloureuse des impatiences capitalistes parce qu'il faut dépenser pour conduire rationnellement la plantation, la tenir en état de propreté, sarcler, fumer, pratiquer la taille, irriguer au besoin et payer une main-d'œuvre souvent difficile et incertaine. On ne saurait dire assez de fois combien la question de la main-d'œuvre est fonction de la prospérité des cultures et des entreprises coloniales.

La *taille* consiste à enlever les rejets ou gourmands trop exubérants ou superflus et les branches trop nombreuses et trop rapprochées. Elle doit être pratiquée à bon escient et la pratique n'en est pas générale.

L'*écimage* est l'ablation ou taille des bourgeons terminaux de l'arbuste lorsqu'on ne veut pas qu'il atteigne une grande hauteur (ce qui rendrait la cueillette plus difficile), soit plus de 2 mètres. Il n'est pas pratiqué partout ni sur toutes les espèces et ne se fait évidemment que sur des sujets vigoureux. Fauchère recommande l'écimage surtout sur les *Coffea robusta, liberica, canephora* et *kouilouensis*.

Taille et *écimage* se font après la récolte ou cueillette des cerises.

RECOLTE ET RENDEMENT Le caféier peut donc rapporter déjà à sa troisième année, mais il n'arrive à son rapport plein qu'à sa septième ou huitième année. Dans les conditions de soins requises et les basses altitudes, il peut donner des rendements intéressants jusqu'à vingt ou vingt-cinq ans, parfois plus ; puis il décline et diminue sa production, de sorte qu'on a intérêt à renouveler la plantation avec des pieds neufs. Dans la zone très chaude, il dépasse rarement quatorze à quinze ans. Sur les vieilles plantations, on peut prolonger la durée de l'exploitation par le recepage des pieds fatigués. La plante, coupée à quelques centimètres du sol, y produit de nombreux rejets dont on conserve les plus vigoureux. Cette pratique est assez courante au Brésil.

Cueillette du café sur une plantation du Tonkin.

Le fruit arrive à maturité sept ou huit mois après la floraison. C'est donc celle-ci qui détermine celle-là, ainsi que l'époque de la cueillette. La floraison ayant lieu généralement à la fin de la saison sèche, la récolte se fera au commencement de la saison sèche suivante. Elle ne se fait pas en une fois sur le même pied, mais les fruits sont cueillis au fur et à mesure de leur maturité, généralement en deux époques de cueillette espacées de quelques mois.

Le *rendement* moyen par pied, et par conséquent par hectare, est extrêmement variable de pays à pays, de sol à sol, etc. Il varie de 1/3 de kilogramme dans les sols épuisés ou relativement pauvres, à plus d'un kilogramme et demi dans les sols vierges (au Brésil par exemple). On admet comme rendement moyen d'un pied, à l'année : 450 grammes. Mais les années sont très inégales et la récolte peut varier de 50 p. 100 de l'une à l'autre. Il faut compter une bonne récolte suivie d'une ou deux médiocres ou mauvaises. Comme exception, on cite des pieds, ou plutôt des arbres isolés, ayant donné jusqu'à 15 et 20 kilogrammes de café.

Le rendement à l'hectare varie de la sorte entre 300 et plus de 1.000 kilogrammes. Nous admettrons, pour fixer les idées, une moyenne de 500 kilogrammes, chiffre bas qui peut être doublé. Notons, en passant, qu'on compte 100 kilogrammes de baies pour 18 kilogrammes de café marchand.

C'est au Brésil qu'on observe les plus beaux rendements de l'*arabica*. Fauchère y a trouvé des plantations donnant 1 kg. 500 de café marchand par **pied, soit 1200 kgs à l'hectare.**

MALADIES DU CAFÉIER — Les ennemis du caféier, ses hôtes désastreux, sont nombreux et **quelques-uns redoutables.** Ce sont, et des insectes et **des** champignons, et des vers. Nous ne parlons pas des phénomènes météorologiques, tels que les typhons, ou des projets mal étudiés, que redoutent toutes nos cultures coloniales.

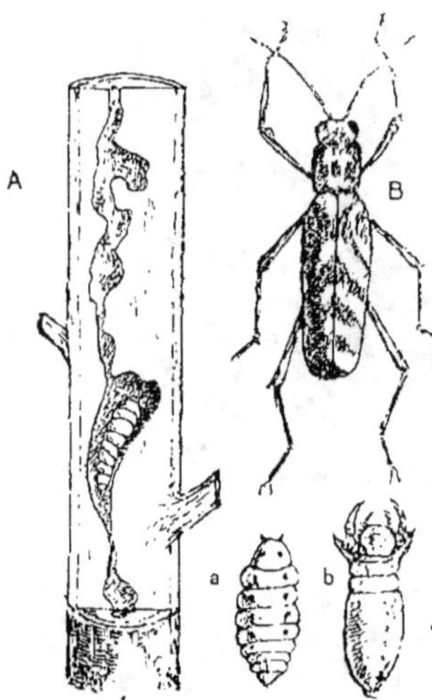

Le borer du caféier.
A. Coupe à travers une branche creusée de galeries.
B. Insecte adulte;
a, b, formes larvaires.

Parmi les maladies les plus communes et les plus nocives, il faut citer celle **que** produit un champignon microscopique, l'*Hemileia vastatrix* dont les méfaits sont comparables à ceux du *mildew* et de *l'oidium* dans nos vignobles, avec cette différence qu'ils demeurent encore sans remède efficace. *L'Hemileia* a ruiné les planteurs de café de Ceylan. La maladie y fit son apparition vers **1870;** elle occasionna de tels ravages qu'une dizaine d'années plus tard, le *leaf blight* — tel est le nom que lui donnent les Anglais — avait réduit les plus riches planteurs de café de l'île à la condition d'employés de leurs créanciers. Les planteurs ruinés formèrent alors une *Association* qui, avec une énergie remarquable, se mit à l'œuvre pour réparer le désastre : les plantations de caféier furent condamnées et abandonnées, et à leur place surgirent les plantations de thé qui sont devenues, depuis, une des richesses admirables de Ceylan.

L'*Hemileia* accuse sa présence, dans une plantation, par des taches qui apparaissent sur les feuilles du caféier. Ces taches, d'abord blanches, se trouvent à la face inférieure, puis se montrent, avec une teinte orangée, à la face supérieure, enfin noircissent. Elles sont produites par les spores ou corpuscules reproducteurs du champignon dont le *mycelium* (filaments végétatifs) a envahi les tissus de la feuille qu'il tue. Une plantation fortement atteinte par l'*Hemileia* est difficile à sauver à moins qu'une vigilance active, incessante, permette de brûler tous les pieds atteints, ce qui n'est souvent qu'un palliatif insuffisant. Jusqu'à présent, quelques régions tropicales sont demeurées indemnes encore, mais il est à prévoir que ce n'est là qu'une trève passagère. Aussi l'introduction de plants de cafés racinés y doit-elle être interdite.

Nous ne parlons pas d'autres affections parasitaires telles que les *rouilles*. On peut les traiter avec succès par les solutions fongicides cupriques, et surtout la bouillie bordelaise.

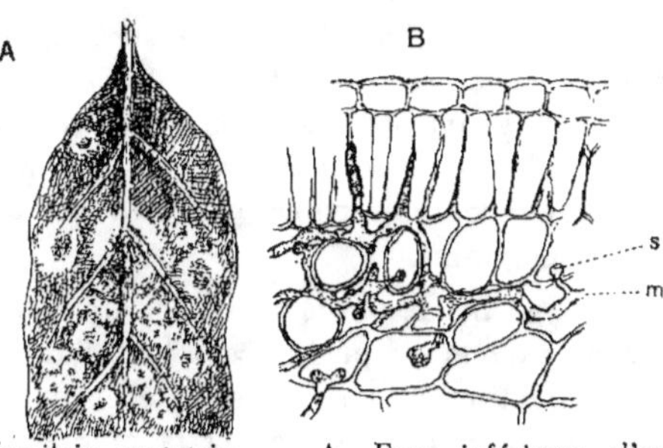

Hemileia vastatrix. — A. Face inférieure d'une feuille malade. - B. Le mycélium sous le parenchyme de la feuille, avec ses suçoirs *s*.

Une autre plaie des plantationss de caféiers est le *borer* « blanc » qu'on appelle, dans certaines contrées (Tonkin), la *mouche*. Il s'agit d'un insecte de la famille des *Coléoptères*, de la tribu des *Longicornes* : le *Xylotrechus quadrupes*. Ce coléoptère vole le jour dans les plantations et se pose sur la partie supérieure des tiges de caféier où la femelle insinue ses œufs entre les rugosités de l'écorce. La larve éclose se fraie un chemin jusqu'au cœur de la branche en y creusant des galeries tournantes qui tuent la branche d'abord, et l'arbuste ensuite. Comme l'œuf est relativement protégé et la larve en cheminement fort difficile à atteindre, le mieux est de couper le mal à la racine en en faisant autant au pied du caféier, et c'est de cette façon qu'on a pu sauver quelques-unes de nos plantations du Tonkin. Les autres remèdes proposés jusqu'alors se sont montrés illusoires. Boutan, en Indochine, a imaginé et construit un appareil par lequel les larves du *borer* sont détruites dans le caféier par une température de 50 à 53° C., sans danger mortel pour la plante.

Un scolytide, le *Xyleborus Coffeae* Wurth, moins dangereux, s'attaque aux petites branches du caféier qu'il creuse, par ses larves, de galeries comme le fait le *borer* et qu'il aide parfois dans ses dégâts. Les brindilles ainsi attaquées sont à couper.

L'*Elachiste* (*Elachista coffeella*) est un petit papillon répandu dans la plupart des pays producteurs de café. Sa larve vit dans la feuille du caféier dont elle dévore le parenchyme. On combat cet ennemi en allumant de grands feux dans les plantations au moment de la métamorphose des larves en papillons. Ceux-ci viennent se brûler dans la flamme.

Le caféier est assez facilement atteint d'une maladie vermiculaire de la racine, produite par des vers filiformes ou *nématodes*, *l'Heterodera radicicola* et le *Tylenchus Coffeae*, qui se mettent à pulluler sur les fines radicelles et font périr le pied ainsi attaqué.

L'ennemi le plus redoutable actuellement du caféier est un petit coléoptère, le *Stephanoderes Coffeae* Wurth, ou *S. Hampei* Ferrari, un Scolyte qui s'attaque aux fruits arrivés à un certain degré de maturité, même aux cerises vertes ainsi qu'aux fèves. Après avoir envahi les plantations de l'A. O. F., il s'est introduit à Java et au Brésil, laissant jusqu'à présent, non contaminées encore, d'autres régions comme l'Indochine et les Antilles. Il est surtout redoutable parce qu'il s'attaque au café en parche et aux stocks **dans les magasins.**

Au Congo belge, on combat le Scolyte en détruisant autant que possible les fruits atteints sur pied et ceux tombés à terre, ce qui revient au maintien de la plantation en constant état de propreté. A Java, on essaie de rompre le cycle de l'infection en tenant la plantation exempte de fruits d'une certaine grosseur pendant une période de quelques semaines.

Les déprédations de ces ennemis du caféier, et notamment celles que jadis commirent l'*Hemileia* et le « borer », contribuèrent à mettre en relief les qualités et surtout la résistance à leurs attaques d'une espèce de caféier découverte à l'état spontané vers 1875, dans le Libéria et qui a reçu le nom de *Coffea liberica* Hiern.

CAFE DE LIBERIA L'espèce est facile à reconnaître et à différencier d'avec le caféier d'Arabie.

Le caféier de Libéria n'est plus un arbuste, mais devient un petit arbre pouvant atteindre plus de 10 mètres de hauteur, à tronc droit, épais, portant des branches plus dressées.

Les feuilles grandes, d'un vert foncé, plus dures, un peu pointues, ont un gros pétiole qui semble continuer le limbe et portent des glandes à chaque bifurcation des nervures sur la nervure principale.

Les fleurs ont de 6 à 8 divisions (au lieu de 5 chez l'*arabica*) et les baies, plus ovoïdes, sont deux fois plus grosses que celles du caféier d'Arabie. Les grains sont aussi deux fois plus volumineux et ont une forme plus aplatie sur leur face et plus allongée. Les fruits sont plus difficiles à détacher, leur pulpe est plus astringente et moins sucrée, plus ferme aussi, ce qui les rend moins facile à dépulper.

Cet arbre est plus productif et vit plus longtemps. Il est aussi plus précoce et peut déjà rapporter une récolte à la troisième année. Il fleurit à dix-huit mois.

Son rendement annuel est évalué de 1 kilogramme à 1 kilogramme et demi, par pied. Mais si la quantité est plus du double de celle du caféier d'Arabie, la qualité en est bien inférieure et l'arome laisse souvent à désirer. Une infusion de café de Liberia jeune a une odeur généralement désagréable.

Le *C. liberica* a des desiderata de terrain et de conditions de cultures différentes. Il préfère les basses aux hautes altitudes et vient surtout jusqu'à

Caféier de Libéria.

300 mètres, bien qu'il y ait des exceptions, comme à Java, où il est cultivé jusqu'à 1.000 mètres. Il préfère la chaleur tropicale et l'humidité ambiante, mais fuit les terrains marécageux. Il lui faut un sol meuble, riche, tel qu'un terrain volcanique ou la *latérite* que nous appelons « terre rouge » en Cochinchine. Il a moins besoin d'ombrage et s'accommode même du plein soleil. A Java, on a l'habitude de l'ombrager assez légèrement

sous des *dadaps* (Erythrines) et aussi des *Kapocks* (*Eriodendron anfractuo-sum*) ou « faux cotonniers », que nous apprendrons à connaître un peu plus loin et qui ajoutent ici leur récolte à celle du caféier.

La cerise, plus grosse, moins charnue, est traitée par voie humide dans des appareils un peu différents de ceux qui dépulpent l'*arabica,* mais la suite des opérations est la même.

La récolte se fait beaucoup plus souvent, car l'arbre produit presque sans interruption dans les régions où la période du renversement des moussons est peu accusée.

Le *C. liberica*, plus fort, demande légitimement un espacement plus grand : on le plante jusqu'à 4 mètres de distance.

Sa culture a conquis beaucoup de terrain à Java et sur la côte occiden-tale d'Afrique. Nous la trouvons à Mayotte où elle a remplacé celle du café d'Arabie, atteint par l'*Hemileia* ; la Cochinchine en possède quelques plan-tations.

Sa résistance au champignon et au borer aussi — 'bien qu'il n'en soit pas entièrement indemne — l'a fait choisir avec succès comme sujet pour la greffe et l'hybridation, mais surtout pour la première, qui est relativement facile à opérer et réussit bien sur des pieds en germination. On obtient ainsi, sur des pieds résistants de Libéria, des récoltes de greffon d'*arabica*.

Le *Coffea liberica* offre un exemple intéressant d'adaptation progressi-ve à des conditions d'existence différentes. A Java, les planteurs sont ar-rivés à faire de cette culture de plaine basse une culture d'altitude prati-quée jusqu'à 1.000 mètres dans la montagne. Cette adaptation a été obte-nue par étapes successives de culture à des niveaux de plus en plus élevés, des pieds de semis sélectionnés sur les plantations.

ESPECES DIVERSES A côté de ces deux espèces dont nous venons d'esquisser les caractères et l'importance, se placent d'assez nombreuses espèces découver-tes dans les vingt dernières années en Afrique tropicale et dont plusieurs sont en train de conquérir une place éminente dans les projets de culture des planteurs. Ces espèces sont : *Coffea excelsa* et *C. robusta* auxquelles on peut ajouter le *C. stenophylla* et le *C. congensis* (1).

---

(1) Parmi l'ensemble de ces espèces principales ou secondaires, les unes se ratta-chent au groupe du *C. Liberica* : *C. Abeokutae*; *C. Arnoldiana*; *C. Aruwimiensis* ; *C. Dewevrei* ; *C. Dybowskii*, etc.

Les autres se rapprochent du groupe du *C. Arabica* : *C. Robusta*; *C. Canephora* ; *C. Ugandae* ; *C. Sankuruensis* ; *C. Stenophylla* ; *C. Kouilou-niarensis* ; *C. Lau-rentii*, etc.

COFFEA EXCELSA Caféier géant trouvé par A. Chevalier dans le bassin du Chari, remarquable par sa taille qui peut atteindre 15 mètres, cette espèce appartient au groupe des Liberia, mais se distingue de celui-ci par ses feuilles

Coffea robusta.

plus grandes et ses fruits beaucoup plus petits. Des essais de plantation à Java et au Tonkin ont montré que l'espèce à une réelle valeur pratique, qu'elle peut pousser près de la mer et jusqu'à une altitude de 1.500 mètres à côté de l' « arabica ». Vigoureuse, elle est moins frileuse que le caféier d'Arabie et ses racines profondes lui permettent de résister à des périodes de sécheresse et de s'accommoder de sols relativement peu fertiles. Les récoltes normales sont obtenues assez tard, vers la 7me ou 8me année, avec des rendements, désormais, de 1 kg. à 1 kg. 500. Borel, au Tonkin, recommande la culture mixte du *C. exelsa* et du *C. arabica* à raison d'un pied du premier sur 3 pieds du second, comme il préconise également la greffe des espèces plus délicates sur « excelsa » parce que celui-ci est jusqu'à présent réfrac-

Coffea Congensis.

taire aux atteintes de l'*Hemileia*, du borer et de la nématose des racines. L'excelsa accepte les terrains en régions montagneuses.

Toutefois, l'immunité de cette espèce contre les affections parasitaires ne semble pas générale et si, en Indochine et à Java, la résistance a été manifeste, au Congo belge (station de Lula), l'*excelsa* aussi bien que l'*arnoldiana* et l'*aruwimiensis* ont été victimes de la pourriture des racines provoquée par les nématodes.

Sécheries de café (*Nouvelles-Hébrides*).

COFFEA ROBUSTA — Originaire de l'Afrique tropicale, cette espèce, de croissance très rapide, peut atteindre une taille de 6 mètres. Sur les pieds d'un certain âge, les branches deviennent retombantes et donnent à la plante un aspect caractéristique.

Ses fleurs, plus grandes que celles de l'*arabica*, forment des bouquets très fournis à l'aisselle des feuilles et sont très odorantes. Par contre, les baies sont plus petites, peu charnues et souvent, ne donnent qu'une fève, produisant beaucoup de *caracoli*. Très floribonde, l'espèce est aussi très productive et les nombreuses et lourdes grappes de fruits font plier sous leur poids les branches à la maturité. Très précoce, il commence à produire à 2 ans et donne jusqu'à 1.400 kgs à l'hectare.

A Java, le *robusta* prospère surtout entre 300 et 500 mètres d'altitude et peut exister jusqu'à 1.000 mètres.

Cette espèce résiste bien aux maladies cryptogamiques, notamment à l'*Hemileia*, mais elle souffre particulièrement des attaques des insectes, chenilles ou borers. Son plus grand ennemi est le scolyte du café (*Stephanoderes Coffeae*) qui est arrivé à détruire à Java 75 p. cent de la récolte des plantations indigènes. M. Miny estime, d'après ses observations au Congo belge, que la culture économique du caféier *robusta* est possible dans les zones à saison sèche d'une durée de quatre mois.

On peut cultiver le *robusta* sans ombrage, mais il est préférable de l'abriter légèrement.

COFFEA CONGENSIS — Chevalier l'a trouvé en abondance dans les parties boisées des rives de l'Oubanghi. Il peut atteindre 4 mètres de hauteur, souvent ramifié près du sol. L'espèce ressemble au caféier d'Arabie dont il se rapproche le plus, avec des fruits plus petits et des feuilles plus étroites. Sans importance pratique jusqu'alors, il se peut que la greffe sur l'*excelsa* ou le *robusta* lui réserve de l'avenir.

COFFEA STENOPHYLLA — Donne une sorte commerciale dite « Café de Rio-Nunez ». Les premières graines furent apportées du Fouta-Djalon. L'arbre est vigoureux et les graines sont petites et arrondies, d'assez vilaine apparence. On s'est occupé de son introduction dans diverses colonies.

Enfin, plusieurs espèces de caféier se distinguent par la très faible proportion ou l'absence de caféine dans leurs fruits : telles sont, entre autres, le *Coffea Humblotiana* Baillon, des Comores et le *C. Perrieri* Jumelle, de Madagascar.

PRÉPARATION DU CAFÉ — Sauf en Arabie, en Egypte et sur la côte orientale d'Afrique, où les baies sont laissées sécher sur l'arbre jusqu'à leur chute, la cueillette se fait partout à la main, souvent à l'aide d'échelles lorsque les pieds sont élancés. On compte qu'un ouvrier alerte — ce sont en général des femmes — peut cueillir jusqu'à 50 kilogrammes par jour.

Transportées à l'usine, les baies sont traitées soit par la *voie sèche*, soit par la *voie humide*.

Ces deux voies convergent pour les opérations finales de préparation.

Elles diffèrent en ce que, dans l'une, on laisse sécher les baies fraîches et pulpeuses au soleil, ou dans un séchoir, pour les traiter ensuite et que, dans l'autre, il s'agit de débarrasser préalablement le grain de la pulpe qui l'entoure.

Par la *voie humide*, la succession des opérations comprend : le *dépulpage*, la *fermentation*, le *lavage*, la *dessiccation*, le *déparchage* ou *décorticage*, le *polissage* et le *triage*.

Le café récolté en cerise sèche subit la suite des mêmes opérations à partir du déparchage.

Le café traité par voie humide au dépulpeur est dit café « *lavé* ». Il passe pour avoir moins d'arome que l'autre.

Par le déparchage, le grain est dépouillé de son enveloppe dans un appareil appelé *decascador*, au Brésil, dans lequel on traite de grosses quantités — jusqu'à 200 kilogrammes à l'heure — ainsi que dans le *brunidor* ou polisseur, qui enlève au café son aspect rugueux et le débarrasse, si elle existe, comme dans les cafés de Java, de sa *pellicule argentée* (1).

On obtient ainsi le café dit *gragé*.

De plus en plus, les pays producteurs envoient en Europe des *cafés en parche*, d'un transport plus sûr, parce que moins exposés aux détériorations. Les opérations du déparchage et du polissage se font alors dans les usines spéciales des ports d'importation qui ont un outillage très perfectionné accomplissant plusieurs opérations à la fois.

Dans les petites exploitations, où on suit les simples procédés dits « des Antilles », la dernière opération est le vannage et le tri au tarare. Nous

----

(1) Nous avons vu à Java un procédé ingénieux et simple pour enlever cette pellicule, très adhérente. L'ouvrier met quelques kilogrammes de grain dans une marmite en fonte qu'il fait chauffer sur du sable porté à bonne température. Le grain se dilate. La marmite, vivement retirée de son lit brûlant est refroidie, le grain se rétracte faisant éclater et craqueler sa pellicule qu'un simple brassage à la main suffit à faire tomber.

obtenons finalement la fève qu'il ne reste plus qu'à torréfier à point et à broyer pour préparer notre breuvage « à la bourgeoise » ou « à la turca ». Il y a là tout un art que peu de personnes savent exercer avec l'habileté des habitants de nos vieilles colonies.

SORTES COMMERCIALES   Elles se reconnaissent à la forme, à la coloration et au parfum relatif des fèves. La forme varie depuis la fève allongée, ovale des cafés Brésil, ronde des Moka, à la forme pointue des cafés Bourbon. La coloration varie du vert foncé au jaune pâle, les cafés pâlissant avec l'âge. Les connaisseurs peuvent reconnaître les cafés à leur parfum subtil, parfois en les craquant sous la dent. Les cafés dits *Moka* ont une transparence ambrée caractéristique.

Les emballages se font en sacs ou balles, en moyenne de 60 ou 70 kilogrammes, et aussi en *couffes* (côte orientale d'Afrique), en *quarts* ou *tierçons* (petits fûts, Antilles) et en *surons*, ou sacs de cuir grossier.

Les cafés peuvent être avariés ou défectueux par *fermentation* (graine insuffisamment sèche), par *mouillage d'eau de mer*, maculatures ou impuretés. Ils contiennent parfois des *fèves* dites *puantes* (un peu violacées) qui peuvent les rendre inconsommables.

Les cafés bonifient avec l'âge ; secs et aérés, ils peuvent se conserver pendant vingt ans.

Parmi les sortes classées, nous retiendrons :

1º Les cafés *Moka* ; fèves de grosseur moyenne, irrégulières de forme. Transparence verdâtre ambrée ou vitreuse. Les plus aromatiques viennent de Hodeida et du Harrar.

2º Cafés *Bourbon* ; ronds ou pointus, de coloration vert tendre à jaune foncé. La variété pointue (aux deux bouts) est ovale allongée, plus petite que la ronde et de teinte roux claire.

3º Cafés *Brésil* : a) *Rio* ; b) *Santos*. Vert foncé à teinte jaune; lavés ou non lavés. Le *Rio* a des fèves d'un ovale oblique par rapport au sillon longitudinal. Le type *Santos* a l'ovale moins allongé ; c'est lui qui sert à la plupart de nos mélanges, d'où le nom de *mère des cafés* qu'on lui donne dans les entrepôts.

4º Cafés *Java*. Types, nuances et qualités très divers. Forme ovale allongée ; teinte vert pâle ; fèves gardant leur pellicule argentée. Java donne sous ce nom, aujourd'hui, beaucoup de *liberica*.

Nous connaissons déjà le *caracoli*. Il existe, d'ailleurs, d'autres sortes fort nombreuses (*Manille, Porto-Rico, Haïti, Guadeloupe, Calédonie*, etc.), parmi lesquelles il faut citer en bonne place les *cafés Tonkin* qui se font un bon renom actuellement par leurs qualités les rapprochant du Moka.

Faut-il rappeler aussi que, si les sophistications du café en poudre peuvent être plus faciles par l'introduction de matières inertes étrangères, celle du grain ne peut être que grossière en y ajoutant des fèves de glands ou de chicorée agglomérée, ce qui n'est pas difficile à reconnaître.

L'industrie a lancé dans le commerce des dernières années un produit « décaféinisé ».

Notons enfin, qu'on connaît sur la côte de l'A. O. F. et que le Sénégal exporte le *bentamaré* ou « café nègre » qui est la poudre des graines torréfiées du *Cassia occidentalis*, sans caféine lui aussi et susceptible, sans doute, de concurrencer la chicorée.

PROPRIETES — Le café est un tonique stimulant, agissant sur le système nerveux, cérébral et cardiaque. A forte dose, c'est un contre-poison des narcotiques. Etendu d'eau, il constitue une boisson excellente pendant les chaleurs et sous les tropiques.

Son principe actif est la *caféine,* un alcaloïde qu'il contient dans la proportion moyenne de 1 p. 100, accompagné d'une huile légèrement aromatique. La caféine a été trouvée également dans le thé, le cacao, la coca, le kola, le maté, toutes plantes stimulantes comme lui.

Les éléments aromatiques du café sont développés par la torréfaction qu'il ne faut pas pousser trop loin ou trop prolonger, car la caféine, volatile, disparaîtrait en partie.

On trouve maintenant en France, comme aux Etats-Unis, de grandes usines spécialement installées pour la torréfaction des cafés.

PRODUCTION ET COMMERCE DU CAFE — Le Brésil produit à lui seul près des 2/3 de la consommation mondiale du café. Viennent ensuite l'Amérique centrale, Porto-Rico, Java et Sumatra, les îles Philippines, Hawaï, et, loin derrière, nos colonies.

Le plus gros producteur brésilien est l'Etat de Sao-Paulo dont la production de la campagne 1927-1928 est évaluée à 780.000 tonnes. L'ensemble de la récolte du Brésil est estimée à 1.020.000 tonnes (847.000 tonnes en 1926) sur une superficie en culture caféière de 2.500.000 hectares (1). La production y va en augmentant en dépit des ravages que, dans certaines régions, le scolyte a pu exercer, il y a quelques années, à peu près impunément.

---

(1) Une statistique de la Chambre de commerce française de Rio-de-Janeiro donne 18.950.000 sacs (de 60 kgs) soit 1.137.000 tonnes.

La production de Java, estimée à 49.160 tonnes en 1927, est intéressante au point de vue des proportions des récoltes des différentes espèces de café. C'est ainsi qu'en 1925, le *Liberica* ne donne qu'un total de 827 tonnes (maximum 8.256 tonnes en 1904) et l'*arabica* 1.030 tonnes (maximum 20.978 tonnes en 1902) ; le *robusta* livre au commerce 45.670 tonnes montrant de la sorte à quel point l'introduction de nouvelles espèces peut redresser la situation de la culture compromise par les attaques de la maladie sur des espèces moins résistantes (1).

La production mondiale du café est allée en augmentant sur le rythme suivant :

1855 .... 293.700 tonnes		1912 .... 1.029.320 tonnes	
1903 .... 983.500 —		1926 .... 1.270.000 —	

La production de la campagne 1927-1928 est prévue à 1.557.000 tonnes.

La consommation mondiale annuelle est actuellement d'environ 1.300.000 tonnes, chiffre assez incertain et qui prête à discussion sur les disponibilités en stocks des récoltes précédentes.

Les plus gros consommateurs sont, en Europe, les pays du Nord, à en juger du moins d'après les statistiques de consommation par tête d'habitant qui attribuent aux Hollandais, aux Scandinaves et aux Belges un coefficient de 5 à 6 kilos et aux Français 3 k. 52 seulement. L'Anglais et le Russe consomment chacun par an moins d'une livre de café qu'ils remplacent volontiers, comme on sait, par le thé.

En ce qui concerne la France, l'usage du café s'est répandu rapidement depuis, surtout, qu'en 1857, le café fut introduit comme boisson dans l'armée. Le soldat s'y habitua et continuait à le boire et à le préconiser, après son retour au foyer. En 1860, la consommation de la France avait déjà augmenté de 7.000 tonnes. En 1900, le Français consommait par unité plus d'un kilogramme de plus qu'en 1895. L'importation annuelle oscille autour de 175.000 tonnes; elle a été de 181.308 tonnes en 1926 et de 169.000 t. en 1927, d'une valeur de plus d'un milliard et demi de francs. Ses principaux fournisseurs sont : le Brésil, pour près de 100.000 tonnes ; les Indes Néerlandaises, pour plus de 20.000 tonnes ; Haïti, pour 16.000 tonnes, etc.

Nos colonies ne participent à cet approvisionnement de la métropole que par de très faibles apports. Seul le chiffre de Madagascar est, en 1927, notable avec 2.749 tonnes.

---

(1) Le docteur Cramer, de Buitenzorg, n'hésite pas à dire qu'avec les nouvelles espèces et les nouveaux hybrides obtenus aux Indes Néerlandaises, on pourrait produire du café dans tous les pays tropicaux, sauf ceux qui possèdent des caractères extrêmes, comme un climat de désert ou un sol de rocher.

En 1925, nos colonies et pays sous mandat ont exporté, en tonnes de café:

Madagascar	3.359	Martinique		1.3
Guadeloupe	978	Etabl. Océanie		0.6
Nouvelle-Calédonie	580	Réunion		0.8
Indochine	384	Dahomey		0.4
A. E. F.	90	Cameroun		0,2
Côte d'Ivoire	52	Guyane		0.1
Togo	4.3			

Au total, 5.455 tonnes, en grande partie déviées sur les pays voisins à fret moins cher. A côté de Madagascar, une mention spéciale est due à l'Indochine, et notamment au Tonkin et à l'Annam, où les efforts persévérants et avisés de planteurs très méritants développent la production d'un café de qualité obtenu par des méthodes de culture modernes qui peuvent servir de modèle.

En 1927, les superficies cultivées en café étaient, en Indochine : Annam, 6.000 hect.; Tonkin, 3.000 hect.; Cochinchine, 900 hect. D'importantes concessions pour la culture du café étaient accordées sur les plateaux du Darlac et de Kontoum dans la chaîne annamitique.

En somme, l'apport colonial de café à la métropole n'est que de 1/47 des besoins de celle-ci. Pour satisfaire complètement à ses besoins, il faudrait en culture caféière, 250.000 hectares et une disponibilité d'autant d'unités de main-d'œuvre. Nous sommes loin de ces chiffres.

Les ports d'importation sont Marseille, Bordeaux et le Havre, mais surtout ce dernier qui est un des grands marchés du monde pour cette denrée. Sur 190.957 tonnes de café à l'importation en France en 1925, 137.283 tonnes l'ont été par le Havre.

VALORISATION L'augmentation considérable de la production au Brésil et la baisse consécutive des prix avait amené, en 1906, les trois principaux Etats producteurs (Sao-Paulo, Minas Geraës, Rio-de-Janeiro) à se concerter en vue d'une opération dite de *valorisation* qui consiste à acheter à temps des quantités énormes d'un produit avec l'obligation de le stocker jusqu'à la venue d'une hausse de prix permettant de l'écouler sans compromettre le marché. L'Etat de Sao-Paulo a seul pu réaliser l'opération, à ses risques et périls, et il l'a renforcé par un impôt restrictif sur les plantations nouvelles.

L'expérience ayant réussie, le principe de la valorisation fut maintenu en 1921, à l'expiration de la période prévue. La sauvegarde permanente des intérêts de la culture caféïère de l'Etat de Sao-Paulo fut confiée à l'Institut Pauliste, créé avant tout pour la défense commerciale du café, en lui assurant la stabilité des prix.

---

2. — *Le théier*

Historique. — Botanique. — Variétés. — Conduite de la culture. — Cueillette. — Préparation du thé. — Composition du thé. — Sortes commerciales. — Production et commerce du thé.

En culture, le théier est un arbuste de 1 à 3 mètres de hauteur. A l'état sauvage, il devient arbre pouvant atteindre 10 mètres. Sa patrie est le sud de la Chine et le nord de l'Inde.

HISTORIQUE — Les Chinois le connaissent depuis 2700 avant J.-C., et sa feuille en infusion est demeurée la boisson habituelle du pays. De Chine, sa culture fut introduite au Japon.

Les Annamites connurent le Thé, ou plutôt en faisaient un usage étendu, à une époque relativement récente.

L'Europe ne connaît le thé qu'au XVIe siècle. Il y figure longtemps comme simple curiosité et encore aujourd'hui, en beaucoup de régions, il n'est considéré et employé que comme un médicament. En France, le thé, jusque vers 1840, n'appartenait guère qu'aux salons aristocratiques, sauf à Bordeaux où l'usage en fut plus répandu par l'importation de l'étranger. Depuis, nous avons les « five o'clock tea » et nous avons appris à connaître le « samovar ».

BOTANIQUE — Le théier est une plante de la famille des *Ternstrœmiacées*, du genre *Thea* (voisin du *Camellia*). L'espèce cultivée est le *Thea sinensis* Sims. Il en existe deux variétés : le *Thé de Chine* et le *Thé d'Assam* (variété *assamica*) (1). Les Chinois l'appellent *theh* ; les Japonais *tsia* ; les Russes *tchaï* ; les Annamites, *trâ*, c'est-à-dire « herbe » et *trâ Huë*, herbe de *Huë*.

Feuilles persistantes, coriaces, ovales-lancéolées, dentelées, pointues. Petit pétiole.

---

(1) Le genre linnéen *Thea* comprend l'espèce la plus importante, le *Thea chinensis* Seem, à laquelle Pitard rattache les 5 variétés suivantes, déterminées par I. Pierre : *Viridis, Bohea, Pubescens, Cantonensis, Assamica*.

Fleurs axillaires, blanches, odorantes ; nombreuses étamines.

Fruit, capsule à 3 loges, à une graine (les autres avortées) plate, à dos hémisphérique.

Les deux variétés se distinguent facilement l'une et l'autre par les caractères suivants :

Le *théier de l'Assam* est arborescent et atteint 5 à 6 mètres de hauteur. Il

Rameau de théier de Chine, chargé de fruits.

croît rapidement et se ramifie à une certaine hauteur du sol seulement ; il donne de nombreux bourgeons. La feuille, de 20 à 22 centimètres de longueur, atteint le double de celle du *théier de Chine* dont la taille est également plus petite : 1 m. 50 à 2 m. 50. Celui-ci pousse des branches latérales près du sol et bourgeonne moins.

Entre les deux, il existe de nombreux hybrides intermédiaires.

On cultive en Assam et dans certaines régions de l'Inde, une sous-variété : *manipurica.*

CONDUITE DE LA CULTURE — Le théier est beaucoup plus accommodant pour les températures que pour les quantités d'eau. On l'a vu vivre en France et résister à nos hivers.

Dans certaines régions de la Chine, il est cultivé jusqu'au 36° degré de latitude Nord, en dépit des neiges de l'hiver. Des cultures dans l'Himalaya sont faites à plus de 2.000 mètres d'altitude. Par contre, il lui faut beaucoup de pluies, au moins 1 m. 50 par an et il est des régions où il en reçoit plus de 3 mètres. Il aime les pentes ensoleillées, balayées par une brise fraîche, mais redoute les grands vents contre lesquels on le garantit par des haies en brise-vent.

On estimait jadis que le théier préférait se passer de l'ombrage d'arbres protecteurs, mais on a constaté, depuis, que le maintien d'arbres, dans les plantations nouvellement établies sur des défraîchissements de forêt vierge, était très avantageux et qu'on obtenait de très beaux résultats en plantant des essences arborescentes et arbustives entre les lignes. On choisit, à cet effet, de préférence des Légumineuses donnant à la fois, comme pour le caféier, une ombre légère et, par leurs déchets de feuilles, un engrais azoté.

Telles sont diverses espèces des genres *Albizzia, Erythrina, Deguelia, Acacia,* etc. A Java, dans des plantations d'altitude (1.700 à 2.000 m.), on choisit notamment l'*Acacia decurrens* qui protège également contre les basses températures allant jusqu'au gel.

Le sol doit être profond, meuble, non marécageux, facile à drainer ou à irriguer éventuellement et suivant les circonstances. Le calcaire n'est pas nécessaire et on peut dire que le théier est une plante calcifuge.

On multiplie le théier par semis de graines en pépinière ou, plus rarement, sur place ; les graines doivent être semées dès leur maturité, car elles perdent facilement leur faculté germinative. Il est de première importance de ne choisir que des semences sélectionnées déjà et provenant d'un type pur et immunisé contre les maladies. Les plants sont repiqués vers l'âge de huit à dix mois, au début de la saison des pluies, quand ils ont une trentaine de centimètres de hauteur. On plante à 1 m. 20 de distance, en quinconce, le *théier de Chine*, et à un espacement plus grand le *théier d'Assam.*

Le sol doit être maintenu net de mauvaises herbes et recevoir de l'engrais.

L'utilité des engrais verts a été bien démontrée dans les cultures expérimentales de Java. Ch. J. Bernard conseille, en toutes circonstances, la culture auxiliaire des Légumineuses comme plantes de couverture (*Indigofera endecaphylla, Vigna Hosei, Calopogonium*) ; comme haies de buisson (*Thephrosia, Crotalaria, Leucaena*) dont la chute de feuilles abondante est fertilisante et enfin, troisième avantage, comme arbres d'ombrage (1).

---

(1) La culture du thé, introduite il y a un siècle à Java, par le Gouvernement des Indes Néerlandaises, au moyen de graines apportées de Chine et du Japon, y eut des débuts décourageants. C'est surtout vers 1873, par l'introduction du thé d'Assam, que les

On a constaté que c'est la nature et la composition du sol qui détermi-nent au premier chef la qualité du thé sans que la cause directe ait pu en être reconnue nettement jusqu'à présent.

La principale opération de culture est la *taille* qui a pour but d'augmen-ter le nombre des jeunes pousses, en maintenant l'arbuste à une certaine hauteur, tout en lui donnant du développement en diamètre.

Le première taille est effectuée vers dix-huit mois, la deuxième un an plus tard, la troisième, l'année suivante, et ainsi de suite tous les ans.

La première cueillette a lieu un mois ou deux après la troisième taille alors que l'arbuste a trois ans et demi. Elle est faite généralement par des femmes et des enfants, en saison humide, alors que les tail-les se font à la fin de la saison sèche. Généralement les arbustes sont tenus à 30 ou 75 centimètres de hauteur pour le thé de Chine, et à 1 m. 20 pour le thé d'Assam.

La CUEILLETTE du thé se fait, ou devrait se faire, méthodique-ment, à l'aide d'une main-d'œu-vre habile et consciencieuse, par le choix des feuilles d'âge diffé-rent à cueillir sur la plante. Les feuilles jeunes de la dernière gé-nération donnent les qualités de thé du groupe des *Pékoe;* on les cueille avec le bourgeon en lais-sant le soin à un bourgeon auxi-liaire d'une feuille de niveau in-férieur de continuer la croissance du rameau.

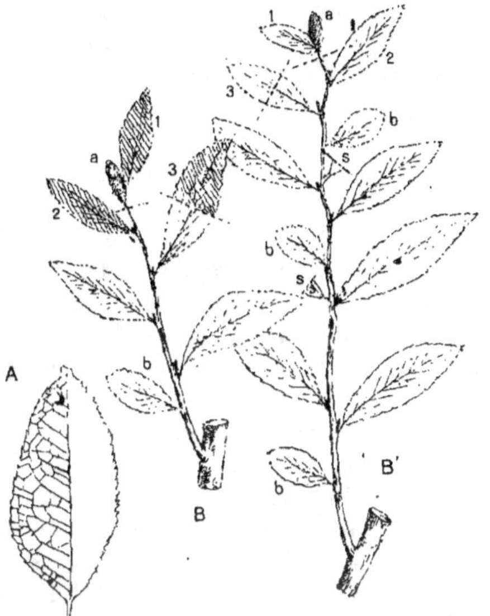

Figure schématique (d'après H. Jumelle), montrant en B et B', la succession des feuilles terminales dont les chiffres indiquent la qualité à la cueillette. A. Feuille et sa nervation.

Les feuilles au-dessous du bourgeon terminal, plus grandes, doivent être cueillies séparément : elles fournissent des qualités différentes des groupes *Souchong* et *Congou.* Il appartient au jugement du planteur de ne pas dé-pouiller le théier de trop de pousses utiles, puisque la plante est dépouillée périodiquement de ses organes d'assimilation les plus nécessaires à son dé-veloppement normal. C'est la méconnaissance de cette nécessité qui conduit

plantations se développèrent et c'est à présent l'action combinée de deux organes officiels qui assure à l'industrie théière de Java et de Sumatra sa prospérité et son avenir. Ces deux organes sont la *Theeproefstation* ou station scientifique expérimen-tale et le *Thee-Export-Bureau,* office d'investigation et de renseignement des conditions commerciales mondialement offertes à la vente des thés.

les « jardins » de thé indigènes de l'Indochine à une précarité d'existence regrettable.

Les pieds de théier réservés comme porte-graines ne sont pas taillés, mais entretenus à part.

Les graines pour semis peuvent être récoltées à 8 ans d'âge de l'arbuste.

Maladies et ennemis. — Assez nombreux, mais relativement peu redoutables dans les plantations travaillées et tenues en bon état de propreté. La culture d'arbres d'ombrage et de Légumineuses améliorantes du sol est une bonne défense contre les attaques d'insectes comme l'*Helopeltis,* ou de parasites cryptogamiques comme le *red rust,* produit par une algue. La plantation établie sur un terrain vierge mal défriché est exposée au *pourridié,* ou pourriture des racines provoquée par celle des restes de branches abandonnées dans le sol.

RENDEMENT — Les plantations de thé, bien conduites, peuvent être exploitées pendant plus de cinquante ans. Le rendement normal est obtenu à partir de l'âge de six ans. Le rendement moyen à l'hectare, à Ceylan, est estimé à 500 kilos dans la plaine et au double dans le sol plus riche près de la forêt vierge. On citait naguère, dans cette île, la *Mariawatte Estate,* plantation qui, pendant vingt ans, n'avait jamais donné moins de 1.132 kilogrammes de thé préparé à l'hectare, et plus de 1.500 kilogrammes en 1900. Ce sont là des maxima extrêmes.

A Java, on récolte 1.400 kilos à l'hectare dans les meilleures plantations du plateau de Pangalengan.

A Darjeeling. dans l'Inde anglaise, le rendement n'est que de 300 kilogrammes en moyenne, mais le thé y est de première qualité. Sur les hauts plateaux, au pied de l'Himalaya, ainsi que dans l'Assam, les rendements normaux ne dépassent pas 600 kilogrammes. Les rendements dans les plantations de plaine sont supérieurs à ceux des montagnes, mais la qualité du produit est moindre. Il en est ainsi également du thé *manipurica,* une variété très robuste, mais qui ne donne qu'un thé inférieur.

PRÉPARATION DU THÉ — Autant que la cueillette, la préparation industrielle du thé est une opération délicate et qui demande les plus grands soins pour les sortes supérieures.

Cette préparation diffère suivant qu'on veut obtenir du *thé noir* ou du *thé vert,* couleurs et appellations sous lesquelles les deux grands groupes de thé se présentent dans le commerce.

L'ancienne méthode chinoise comportait, et comporte encore, dans les théeries sans outillage mécanique moderne et perfectionné, une succession d'opérations qui sont le *flétrissage* des feuilles ; le *malaxage* et l'assouplissage à la main ; la *torréfaction* sur des bassines chauffées à haute température et constamment remuées ; l'*enroulage,* également à la main dans un mouvement en chicane des paumes ; le *séchage* sur des claies ou des tôles métalliques au-dessus d'un feu de braise ; enfin le *triage*.

Les usines modernes, dans l'Inde anglaise, à Ceylan et à Java, emploient des appareils mécaniques d'enroulage, de séchage et de criblage qui, simplifiant les opérations, en raccourcissent la durée et travaillent rapidement dans des conditions toujours égales. Ce sont successivement le flétrissage, le roulage, le criblage, la fermentation, le séchage, le tamisage, le triage et l'empaquetage.

De toutes ces opérations — dans le détail desquelles nous ne saurions entrer ici — la plus importante est le flétrissage ; elle demande le maximum de soins parce que, dit Ch.-J. Bernard, la feuille bien flétrie se roulera bien, fermentera bien, sera facile à trier et donnera un thé de belle apparence. Neuville insiste également sur l'importance primordiale de procéder à la fermentation dans un local saturé d'humidité et cependant bien aéré.

C'est pendant la fermentation que se produisent, dans la composition immédiate du thé, des transformations chimiques qui, sous l'action d'enzymes spécifiques, en modifiant la teneur en tannin, modifient la saveur et donnent à la feuille sa coloration plus ou moins foncée. C'est à l'habile réglage de ces deux phases importantes de la préparation du thé *noir* que le technicien veillera avec le plus de soin.

Le *thé vert* n'est pas, comme on le croyait longtemps, le produit d'une variété culturale. Pour l'obtenir, on supprime la première opération, celle de l'exposition des feuilles à l'air pour le *flétrissage* : elles ne fermentent pas et ne noircissent pas. On commence de suite par la torréfaction ce qui amène la destruction des enzymes, et on continue par l'enroulage qui est plutôt un pétrissage des feuilles tantôt agglomérées, tantôt désagrégées. La teinte verte, chlorophyllienne, des feuilles est ainsi conservée, avec quelques principes non modifiés par une fermentation et qui donnent au thé vert un goût spécial, préféré par beaucoup de consommateurs. La teinte verte est soutenue assez souvent par l'ajouté d'un peu d'indigo et de sulfate de chaux. Les thés verts sont plus excitants bien que contenant moins de théine, mais ils ont, par contre, plus d'huiles essentielles et de tannin.

Le triage des thés se fait au moyen de tamis par lesquels ils passent à plusieurs reprises, et qui sont mus à la main ou mécaniquement. Les sortes sont ainsi différenciées, non seulement par la finesse de la feuille et le parfum, mais également par ses dimensions et son intégrité.

Bien que le thé ait son parfum naturel, les Chinois et, après eux, les planteurs européens, lui ajoutent le parfum de certaines plantes odorantes dont les premiers avaient longtemps fait secret, mais que l'on sait bien être du jasmin d'Arabie, de l'olivier odorant (*Osmanthus fragrans*), du magnolia, de l'oranger, etc.

COMPOSITION DU THE — La composition varie avec les sortes. Les caractéristiques sont données par une huile essentielle odorante, du tannin et de la *théine* ou *caféine*, sans cependant que les différences de pourcentage de ces deux derniers éléments correspondent aux différences de qualités « gustatives » des thés. Il y a là, comme pour d'autres produits de finesse, quelque chose qui échappe au réactif du chimiste.

Les tannins varient dans les limites de 4,50 à 17,50 % et le taux de la théine, de 2,30 à 4,60 %. D'après les analyses comparatives d'Ammann, les thés de Ceylan, de Java et les thés noirs d'Indochine sont plus riches en tannins que les thés de Chine et de l'Inde, alors, cependant, qu'on ne saurait trouver des différences notables de pourcentage de théine dans les sortes des diverses provenances. Des écarts assez sensibles s'inscrivent dans la composition des cendres des divers thé, ceux d'Indochine par exemple, paraissant très nettement moins riches en chaux.

On connaît les vertus d'une infusion de thé : tonique, diurétique, stimulante. Rappelons-nous qu'une tasse de thé chaud est le meilleur désaltérant en pays chaud. En Russie, on en boit sans inconvénient, et avec l'accoutumance, une dizaine ou une vingtaine de tasses par jour (1).

Faut-il dire que le thé est très susceptible ? Il convient de le tenir à l'abri de la lumière, des odeurs étrangères qu'il prend facilement, et de l'ouverture prolongée de ses récipients, ce qui lui fait perdre, comme à celui qui est trop vieux, son parfum et sa saveur, en lui donnant l'appellation commerciale de *thé passé*.

SORTES COMMERCIALES — Les appellations nous viennent de Chine, plus ou moins déformées, puisque, par exemple, *Siao-tchong* (petite espèce) devient *Souchong*, et *Kong-fou* (travail, persévérance) se transforme en *Congo* ou *Congou*.

Le commerce reconnaît deux grands groupes : les *thés verts* et les *thés noirs*.

Le groupe des thés verts comprend les thés *Poudre à canon* (*tchou-tcha*, en chinois, thé perlé), les *Impérial* et les *Hyson* (*hi-tchun* ou « heureuse fleur du printemps »), les premiers très recherchés et très chers, généralement offerts à la table des grands personnages, le thé vert étant un breuvage de cérémonie. Il existait jadis un véritable thé impérial, réservé à l'usage de l'empereur de Chine.

Le groupe des thés noirs comprend les *Pekoe* (*pak-ko*, duvet blanc),

---

(1) La consommation du thé augmente tellement dans l'Afrique du Nord qu'en Tunisie, par exemple, certains médecins ne sont pas loin d'incriminer à présent le « théisme » comme un véritable danger social. L'abus du thé serait, d'après eux, la cause de la dénatalité progressive de la population.

Flowerie Pekoe, Pekoe orange, Pekoe noir, Pekoe pointes blanches, etc. Thés fins généralement et aromatisés ; feuilles noires très allongées; fin duvet blanchâtre ; goût de noisette fraîche.

Les *Souchong*. Feuilles d'un brun noirâtres, minces, souvent brisées. Sont consommées souvent en mélange avec les *Pekoe*.

On appelle *Pouchong* (*pas-tchong*), « thé à enveloppe » une sorte de Souchong caractérisée par son mode d'emballage en petits paquets jaune clair de 200 grammes ; très fin.

Les *Congou* ou *Congo*. Feuilles minces, courtes, plus petites que celles du Souchong, de coloration noir-grisâtre. Beaucoup d'arome et de saveur. Forme la base de l'alimentation théière en Chine et se trouve en Russie sous le nom de *famílli tchai* ou « thé des familles ».

Enfin, il y a les *dust* (poudres, déchets), qui servent à la fabrication du *thé en brique*, de grande consommation en Chine, Mongolie, Mandchourie, Asie centrale, où il sert, en certaines régions, de monnaie d'échange (1), comme parfois le sel en barre, en Afrique et au Laos. Ces briquettes ou tablettes, fabriquées surtout dans des usines à Han-Kéou, sont obtenues par forte compression sous l'action de la vapeur d'eau.

En 1913 encore, la Chine en exportait 36.000 tonnes, notamment de Han-Kéou où plusieurs milliers d'ouvriers étaient spécialisés dans cette fabrication.

Ceylan, Java et l'Indochine qualifient leurs sortes de thé sur le modèle chinois, avec des variantes locales.

Certains thés de régions circonscrites jouissent de renommées spéciales. Ainsi l'île de *Formose* produit un thé d'un parfum particulier, donnant une infusion jaune ambrée. Il est connu sous le nom de *oolong* (dragon vert). Le thé de *Pou-Eurl*, région au nord-ouest du Tonkin, jouit d'une réputation grande, et, au Tonkin même, celui de la région de Luc-Nam est plus renommé que les autres. Quelques planteurs de l'Indochine produisent le « thé de fleur », obtenu des boutons avant la floraison.

En Birmanie, on connaît une sorte spéciale de thé de conserve appelé *letpet*.

A Java et à Sumatra, le commerce des thés différencie 9 sortes, sans compter le *bohea*, formé des pétioles et brindilles et que consomme à bas prix la population indigène.

PRODUCTION ET COMMERCE DU THE — La production mondiale du thé est très difficile à totaliser à cause de l'absence de statistiques, aussi bien de la production que de la consommation locale, dans des pays comme la Chine où il est, de plus, impossible de s'appuyer sur un coefficient apparent.

---

(1) La briquette de thé-monnaie des Mongols et de l'Asie Centrale est la *cha-ra*; elle diffère de la tablette de thé noir de qualité supérieure que consomment les Russes et qui, dans les dernières années, fut introduite également dans l'industrie de Java.

Aussi le chiffre de 560.000 tonnes n'est-il que théorique, indiquant un ordre de grandeur.

Plus instructifs sont les chiffres des exportations; les voici pour 1925, en tonnes :

Inde anglaise	153.223	Sumatra	6.595
Ceylan	94.275	Chine	50.700
Java	42.805	Japon et Formose	22.092

Au total, 369.735 tonnes, chiffre peu différent de ceux des deux années précédentes.

Il conviendrait d'y ajouter la production de centres de moindre importance, tels que le Natal, l'Indochine, le Caucase, etc. (1).

La consommation mondiale s'accroît plus rapidement, surtout en Europe, aux Etats-Unis et au Canada, que la production mondiale.

La Chine a vu diminuer beaucoup et progressivement le chiffre de son exportation, qui atteignait 260.000 tonnes jadis, et n'est plus que du cinquième aujourd'hui, par suite des exportations croissantes de l'Inde, de Ceylan et de Java. Les principaux centres de la production chinoise sont les provinces de Fou-tchéou et de Canton, puis le Kiang-Nan, le Kiang-Si, le Che-Kiang et le Houpé. Les grands marchés étaient Kin-Kiang et Han-Kéou où opéraient les « tea-tasters » ou « dégustateurs de thé », agents-experts des grandes maisons d'Europe et d'Amérique dont la finesse gustative correspond à celle de nos courtiers gourmets-piqueurs de vins.

Le grand marché d'Europe est Londres, mais nos maisons d'importation de France ont aussi leurs agences à Hong-Kong et à Changhaï. La plus grosse partie de l'exportation chinoise est dirigée sur la Russie, jadis par voie de caravanes sur Kiakhta et Nijni-Novgorod, à présent par le transsibérien et par paquebot sur Odessa. Ce « thé des caravanes » (*caravani tchaï*) était coté de qualité supérieure à celui transporté par voie maritime, à l'instar, mais inversement, des vins « retour de l'Inde ».

La production chinoise est supplantée de plus en plus par celle de l'Inde et de Ceylan, où des progrès remarquables ont été obtenus par suite de l'excellence des méthodes de culture et de préparation, non moins que par l'habile et active propagande de placement de la marchandise. Le rendement des plantations y augmente par suite de l'introduction de bonnes variétés nouvelles qui remplacent les vieux thés de Chine, et cette augmentation atteint jusqu'à 28 p. 100 par rapport aux rendements antérieurs. Les progrès les plus remarquables ont été obtenus à Ceylan, où le thé n'est planté en grand que depuis 1867. Lorsque l'*Hemileia* se mit à détruire les

---

(1) Par le canal de Suez ont passé, en 1923, 373.000 tonnes de thé et 404.000 tonnes en 1924.

plantations de café, les planteurs se tournèrent vers la plantation du thé et leurs efforts ont abouti à donner à l'exportation un chiffre qui dépassera bientôt celui de la Chine. Ils se constituèrent en association et opérèrent avec esprit de suite en vendant, même à perte, au début, afin de concurrencer les thés chinois. D'aucuns associèrent la culture des arbres à caoutchouc à leurs plantations de thé.

Java progresse également, et les rendements y sont supérieurs, en général, à ceux de l'Inde, qui lui a fourni ses bonnes variétés.

Ces efforts et ces résultats pourraient servir d'exemple à nos planteurs de thé de l'Annam et du Tonkin dont la production a donné à l'exportation, en 1926, 1.150 tonnes, alors que, cependant, l'Indochine elle-même en importe encore pour sa consommation 1.500 tonnes que la culture locale aurait intérêt à lui fournir.

Il est vrai que la culture indigène a toujours été négligée par les planteurs annamites, manœuvrés par les commerçants chinois qui ont intérêt à faire prévaloir l'importation de leur marchandise de Chine. Nos planteurs européens et industriels produisent maintenant des thés de qualité qui n'hésiteront plus à se présenter dans le commerce sous leur nom d'origine.

Quant à la France, bien que la consommation du thé n'y atteigne que 1.398 tonnes comme moyenne de la période quinquennale 1919-1923, elle n'obtient encore de ses colonies que des apports insuffisants. En dehors de l'Indochine, qui lui envoie 998 tonnes en 1926 (375 tonnes en 1925), la Réunion a quelques cultures de thé et Madagascar, ainsi que la Nouvelle-Calédonie, pourraient en avoir également de par leur climat et leur sol.

Le Français ne consomme qu'une moyenne de 22 grammes de thé par an ; il ne substitue pas volontiers à son vin un produit exotique plus cher. L'Allemand en consomme la même quantité annuelle moyenne et là, c'est le café de ménage qui prend la place du thé. L'Américain, le Hollandais et le Russe consomment en moyenne 400 grammes; le Chinois 560 grammes. Les plus forts consommateurs sont les Australiens et les Anglais auxquels on attribue une consommation moyenne de thé de 2 kilogr. 700 par tête d'habitant.

L'Afrique du Nord française, avec sa consommation annuelle de 4.500 tonnes de thé vert, devrait retenir l'attention de nos planteurs. Tunisiens Algériens, Marocains consomment des sortes de thé différentes les unes des autres comme qualités et prix, mais auxquelles ils sont accoutumés.

Tunis préfère et demande du thé noir genre Ceylan, Alger accepte surtout des thés grosses feuilles bon marché et le Maroc affectionne, suivant les régions, soit des thés gris, *Chun-mee*, dans la Chaouia; des thés « poudre à canon » à Mogador; des brisures et des sortes bon marché, *Sow-mee*, à Marrakech, ou des *Sow-mee* supérieurs à Fez.

Le Marocain préfère les thés verts qu'il aromatise avec de la feuille de menthe.

Voici donc un débouché, favorisé par le régime douanier, que notre Indochine, la première, pourrait desservir avec succès, à la condition d'adapter ses sortes de thé au goût des consommateurs.

---

3. — *Le cacaoyer*

Historique. — Botanique. — Variétés. — Culture. — Récolte. — Préparation du cacao. — Maladies et parasites. — Production et commerce. — Propriétés et usages.

Le cacaoyer est un arbre de la famille des Sterculiacées, voisine des Malvacées; ses graines fournissent le cacao, base du chocolat.

HISTORIQUE Il est originaire de l'Amérique tropicale, et on le trouve à l'état sauvage dans les forêts des rives de l'Amazone, de l'Orénoque et de leurs affluents.

Les anciens Mexicains utilisaient les produits de cet arbre; avant la venue des Européens, la fève de cacao était si recherchée, qu'elle servait de monnaie en certains pays. En 1519, lors de la conquête par les Espagnols, Fernand Cortez et ses compagnons estimèrent le cacaoyer, objet d'importantes cultures; ils trouvèrent des réserves de fèves de cacao dans les palais de l'empereur Montezuma et ils en apprirent l'usage pour la préparation d'un breuvage désigné sous le nom de *chocolatl.*

Ce fut Christophe Colomb qui importa le chocolat en Espagne où il fut d'abord peu apprécié, mais sa préparation s'améliora et l'aristocratie le mit peu à peu à la mode (1)

L'introduction du chocolat en France remonte à la fin du XVIIe siècle; il parut d'abord à la cour et à la table des seigneurs. Marie-Thérèse le mit en vogue. La première chocolaterie fut établie vers 1775, avec les monopoles et le titre de *Chocolaterie royale;* mais, déjà, les épiciers et les droguistes fabriquaient du chocolat dans leurs arrière-boutiques. L'outillage mécanique, si perfectionné de nos jours, devait en faire un article d'importance commerciale et industrielle de premier ordre.

---

(1) Le chocolat des anciens Mexicains était composé de cacao grillé, de bouillie de maïs et de piment rouge. Bien que le chocolat fut connu et consommé en Espagne sous sa forme actuelle, c'est-à-dire sucré et aromatisé, il n'apparut en France que vers 1659 lors du mariage de Louis XIV avec Marie-Thérèse.

Ce furent des Hollandais qui inventèrent la poudre de cacao rendue soluble par élimination d'une partie du beurre de cacao.

Les Espagnols ont introduit le cacaoyer aux Philippines en 1680; mais c'est dans les colonies de l'Amérique centrale que sa culture prit le plus d'extension. L'abolition de l'esclavage eut une répercussion considérable sur cette culture, comme, d'ailleurs, sur toutes celles qui employaient une main-d'œuvre abondante.

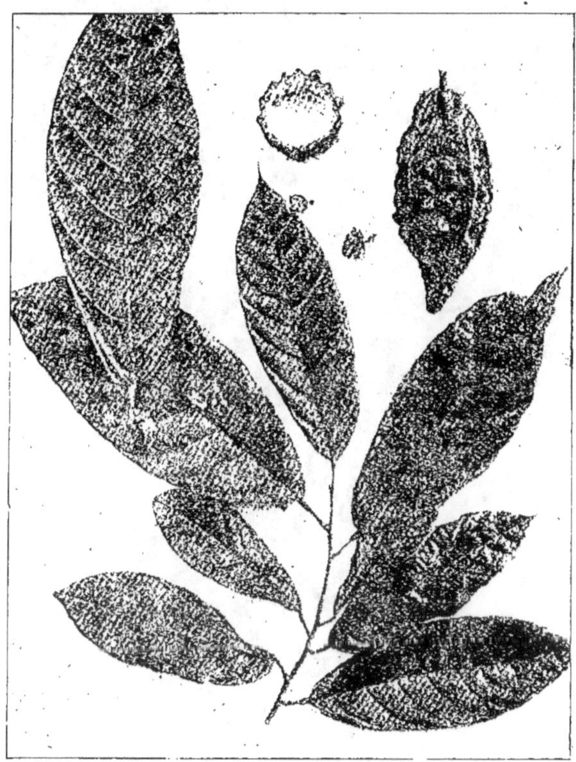

Feuille, fleur et fruit du cacaoyer.

BOTANIQUE Linné créa, pour le cacaoyer, le genre *Theobroma*, formé de deux mots grecs qui se traduisent par « aliment divin », et, de fait, il n'existe pas d'aliment plus complet et nutritif que le chocolat.

Nous ne parlerons ici que du *Theobroma Cacao* Linné ou Cacaoyer proprement dit, en négligeant les variétés que certains auteurs ont parfois élevées au rang d'espèces. C'est à peu près le seul cultivé et, par conséquent, celui qui fournit la presque totalité du chocolat que nous consommons, les cacaoyers sauvages n'étant pour ainsi dire pas exploités. Notons toutefois qu'au Brésil on vend, sous le nom de *Cacao bravo*, le fruit du cacaoyer sauvage.

A l'état sauvage, le cacaoyer est un petit arbre de 8 à 10 mètres de

Tronc de cacaoyer portant des fruits.

hauteur. En culture, on le maintient entre 3 et 4 mètres. Son tronc est droit et rameux, à écorce grisâtre; les feuilles sont alternes, simples, oblongues, acuminées, mesurant de 25 à 30 centimètres de long, sur 10 à 12 centimètres dans la plus grande largeur. Les fleurs, très petites, jaunâtres ou rougeâtres, se développent sur le tronc ou sur les grosses branches; elles sont solitaires ou fasciculées et apparaissent pendant presque toute l'année. Le fruit, désigné sous le nom de *cabosse*, est généralement ovoïde,

à enveloppe coriace un peu charnue à l'extérieur, relevée de 10 côtes lon-
gitudinales verruqueuses, jaune ou rouge à la maturité, selon les variétés.
Les dimensions varient entre 12 à 20 centimètres de longueur et 6 à 10 centimètres de largeur.

On trouve, à l'intérieur de ce fruit drupacé, de 20 à 40 graines ou *fèves*,
rangées transversalement en s'aplatissant les unes contre les autres, dans
une pulpe blanche ou jaunâtre, sucrée acidulée. Ces graines (*fèves* ou *cacao*
du commerce), ovoïdes-aplaties, mesurent en moyenne 2 centimètres de
long sur 1 centimètre de large; leur coque ou enveloppe est mince, fragile. L'amande est la partie que l'on utilise; elle est constituée par les
gros cotylédons, la graine étant entièrement, ou presque entièrement dé-
pourvue d'albumen. Ce que l'on consomme est donc l'embryon de la plante
et, pour qu'il se conserve sans continuer à vivre, ce qui altérerait ses qualités alimentaires, il faut anéantir ses facultés germinatives; on peut ensuite transporter les graines de leur pays d'origine jusqu'au lieu où on les
utilise.

Il existe de nombreuses variétés de cacaoyers, souvent difficiles à distinguer les unes des autres, que l'on s'accorde à classer dans les trois grands
groupes suivants :

1° Les *Criollo* (Créoles), ou *Cacaos Caraques* comme on les nomme en
Europe, à fruit jaune ou rouge. Ce sont ceux qui donnent les produits les
plus estimés. Les arbres sont malheureusement peu vigoureux. Les graines
sont arrondies, avec pellicule mince ; elles sont très peu amères, fermentent
rapidement pendant la préparation et acquièrent, au bout de trois jours,
l'arome spécial des meilleures sortes; elles contiennent jusqu'à 55 p. 100
de beurre de cacao.

2° Les *Forastero*, arbres plus vigoureux, plus productifs, moins atta-
qués par les maladies parasitaires. Les graines sont plus comprimées; elles
sont plus amères et exigent une fermentation plus prolongée, pour acquérir
un arome toujours inférieur à celui des *Criollo*.

3° Les *Calabacillo* (à fruit en forme de calebasse, *Crescentia Cujete*), arbre très vigoureux, à petit fruit ovoïde, lisse, à graine très aplatie, très
amère, exigeant une longue fermentation, pour donner un produit de qualité médiocre.

Les *Amelonado* forment une variété caractérisée par une cabosse jaune
et petite.

CULTURE — Le cacaoyer, arbre des tropiques, des régions chaudes et
humides, des alluvions riches et profondes, ne prospère
vraiment que dans la région équatoriale, dans les parties
basses ne dépassant pas 500 mètres d'altitude. Une température moyenne d'au
moins 24° C., avec des écarts aussi faibles que possible, les températures
les plus basses ne descendant pas au-dessous de 12° C. ; une humidité at-

mosphérique constante, sont les conditions indispensables à son bon développement. Un sol profond, fertile, bien drainé, le fond des vallées, abrité
du vent, lui sont particulièrement favorables ; mais on n'obtient de récoltes

Guyane. — Cacaoyer de 4 ans.

vraiment abondantes que dans les pays où les pluies sont réparties sur
toute l'année, avec une chute annuelle d'au moins 1 m. 80.

Les plantations (cacaoyères) seront établies de préférence en sol **vierge**,
sur un **défrichement**, par exemple dans le voisinage d'un cours d'eau. Sur
le terrain choisi et préparé, il faut d'abord assurer aux jeunes cacaoyers
la **présence** de plantes d'ombrage qui tamisent la lumière, les abritent

contre les vents violents et contribuent à maintenir l'atmosphère dans un état hygrométrique favorable.

Les plantes d'ombrage sont de deux sortes : les temporaires et les permanentes. Comme temporaires, on prend le bananier, le manioc, et, comme permanentes, les arbres d'ombrage que nous avons déjà indiqués pour le caféier : acajou femelle (*Cedrela odorata*), Erythrines (*madre del cacao*), Bois noir (*Albizzia*), arbre à pain, manguier, et aussi des arbres à caoutchouc. Les maniocs et les bananiers protégeront les jeunes cacaoyers dans les premières années de leur développement; ils sont supprimés, lorsque

Cacaoyère desservie par un canal (Guyane hollandaise).

les arbres qui doivent fournir l'ombrage permanent ont atteint des dimensions suffisantes.

A la Trinidad, où la culture du cacaoyer est faite de la manière la plus rationnelle, on plante les cacaoyers à une distance de 4 mètres les uns des autres, les arbres d'ombrage à 8 mètres et les bananiers sur des lignes espacées de 2 mètres, leur distance sur les lignes étant de 4 mètres. Il s'agit là, bien entendu, d'indications générales, l'espace à ménager entre les cacaoyers et les arbres d'ombrage devant être plus ou moins grand, selon le degré de fertilité du sol et la vigueur des arbres.

Les planteurs indigènes de la Gold Coast mettent jusqu'à 1.200 cacaoyers à l'hectare, au détriment, d'ailleurs, de leur rendement.

Dans les terrains secs, l'aménagement du sol doit être tel que l'on puisse arroser facilement en cas d'insuffisance de pluies. Dans les sols humides à l'excès, au contraire, des drainages seront établis pour éviter la stagnation de l'eau.

On multiplie le cacaoyer à l'aide de graines, qu'il faut récolter bien mûres et semer immédiatement, car elles perdent rapidement leur faculté germinative. On sème ces graines en pépinière, à mi-ombre, à une distance de 25 centimètres les unes des autres. Lorsque les plants ont atteint 30 centimètres de hauteur, on procède à la mise en place définitive, en les arrachant avec soin, pour les planter sous les arbres d'ombrage.

On commence à tailler les cacaoyers dès l'âge de deux ans, pour favoriser le rendement, la pénétration de l'air et de la lumière et faciliter la récolte, et on continue la taille tous les ans, de manière à ce qu'ils ne dépassent pas 3 à 4 mètres de hauteur. Dans certaines régions de culture où le sol est très riche, comme en Amérique centrale, on ne pratique pas la taille et la plante est abandonnée à toute l'exubérance de ses ramifications et de ses gourmands. La méthode n'est pas recommandable ailleurs.

La première floraison se produit ordinairement dès la troisième année, mais on enlève les fleurs pour éviter l'épuisement des arbres; c'est seulement après cinq ou six ans de plantation que l'on doit commencer à récolter. Une cacaoyère n'est vraiment en plein rapport qu'au bout de dix à douze ans; elle donne son maximum de production pendant une vingtaine d'années et se trouve épuisée à 40 ans.

On peut greffer les bonnes variétés sur des plants plus rustiques, mais c'est une opération délicate, car elle ne peut être effectuée que sur les très jeunes individus, peu après la germination.

Le cacaoyer demande beaucoup de soins : sarclages, binages du sol, apports d'engrais, arrosages en cas de besoin, taille, traitements contre les maladies parasitaires.

RECOLTE — L'arbre porte constamment, à la fois, fleurs et fruits, et la récolte peut se faire toute l'année, mais on la restreint à deux époques, dont la plus productive est la fin de la saison des pluies. A la Martinique, la grande récolte a lieu d'octobre à janvier ; la petite récolte s'effectue de mars à juin.

Le fruit arrive à maturité après quatre mois de développement; on doit le récolter très mûr, en se servant, à cet effet, du *croc à cacao*, instrument tranchant qui permet de le détacher de l'arbre sans endommager les parties voisines.

Un cacaoyer en plein rapport peut donner de 30 à 50 cabosses, mais la moyenne de la production, comptée en fèves ou amandes séchées, ne dépasse guère 1 kilogramme par arbre, avec un maximum de 4 kilogrammes dans les conditions les plus favorables. Vers 30 ou 40 ans, la production décline après avoir donné son maximum autour de 20 ans.

Egrenage du cacao.

Les fruits ou cabosses sont transportés à l'usine où on les brise à l'aide de maillets pour en extraire les fèves.

PREPARATION DU CACAO   Les *fèves* extraites des cabosses sont enveloppées d'une pulpe mucilagineuse dont il est nécessaire de les débarrasser. On peut, dans ce but, les laver à grande eau, mais ce procédé diminue la qualité du produit ; il est préférable de leur faire subir successivement la **fermentation**, puis **le séchage**.

La fermentation peut être obtenue très simplement, en mettant les **graines** dans de grands coffres de bois d'environ 1 mètre cube et en les pressant, au moyen de planches chargées de gros poids ou de pierres. Elles y restent plusieurs journées et on a soin de les découvrir et de les remuer plusieurs fois. Une méthode plus perfectionnée (procédé dit de *Strickland*) emploie des bassins cimentés, doublés de bacs en bois traversés par des tubes en bambou qui permettent l'aération des couches en fermentation. La température ne doit pas excéder 45° C. dans les bacs pour obtenir une fermentation régulière, et des manipulations sont nécessaires lorsque l'échauffement est excessif. Les fèves sont ensuite nettoyées de leur pulpe et séchées au soleil ou dans des compartiments spéciaux.

La préparation des *criollo* ne demande que trois ou quatre jours; celle des *forastero* exige six ou sept jours.

La fermentation s'opère sous l'action de ferments-levures, avec une élévation de température de 40 à 45 ° C. Elle fait agir un enzyme ou oxydase sur le tanin qui s'oxyde en même temps que se produit une fermentation alcoolique qui provoque l'arome du cacao. Une fermentation acétique subséquente tue les cotylédons et le germe de la graine et transforme la couleur violette des fèves en couleur brune. Les ferments figurés en cause sont surtout, d'après von Lilienfeld-Toal, le *Saccharomyces ellipsoïdus* var. *tropicus* et le *Schizosaccharomyces Bussei* comme seuls utiles.

Les réactions chimiques que provoque, pendant la fermentation, l'action hydrolysante et oxydante des ferments, agissant sur les tanins, les matières grasses et les sucres, mettant aussi en liberté des alcaloïdes, ont conduit E. Perrot à se demander si cette opération industrielle, compliquée et demandant beaucoup de soins, ne pouvait pas être simplifiée. Il est arrivé à des résultats très suggestifs en stérilisant les graines fraîches par un passage de 10 minutes dans de la vapeur d'eau sous pression à une température de 105° C., ce qui permet de débarrasser aisément les fèves de leur pulpe par un simple brossage, de les sécher ensuite et de les torréfier comme celles qui ont subi la fermentation classique.

La méthode de Stevens est en quelque sorte l'application d'une variante de ce procédé : elle évite la fermentation alcoolique et la formation d'acide acétique. Les fèves de cacao sont mises dans des baquets troués d'où s'écoule

le jus de leur pulpe; on élève pendant 24 heures la température à 45° C.;
ensuite, lavage des fèves dans l'eau chaude suivi du séchage au séchoir à une
température de 45 à 60° C. Les fèves sont retirées lorsqu'elles gardent encore 15° d'humidité nécessaire à l'action de l'enzyme. Considérée comme
une amélioration, cette méthode demande à être confirmée.

Les fèves fermentées ont changé de couleur; elles sont devenues rouge
ochracé ou couleur cannelle; elles ont perdu leur faculté germinative, ce qui
permet de les conserver, et elles ont perdu également une partie de leurs

Séchage du cacao (Trinité).

principes âcres; le cacao, qui était amer avant l'opération, devient relativement doux et acquiert un arome agréable.

Séchées sur des aires fixes ou mobiles, au soleil, ou bien dans des étuves,
ainsi que nous l'avons vu pour le café, les fèves sont à point lorsqu'elles
ont acquis la couleur spéciale « chocolat » et qu'elles se brisent facilement
sous la dent. Il ne reste plus qu'à trier, à emballer et à expédier le stock, le
plus rapidement possible, à cause des dégâts que les insectes peuvent faire
dans les magasins.

Parfois, comme au Vénézuéla et au Mexique, les graines sont roulées dans
une sorte de terre rougeâtre ou dans de la brique pilée, destinées à leur
donner une coloration vive. C'est l'opération du *terrage*, et le produit est
désigné sous le nom de *cacao terré*.

MALADIES. PARASITES — Le cacaoyer est attaqué par un grand nombre de parasites animaux et végétaux.

Les singes, les écureuils, les rats, recherchent ses fruits, et une partie des récoltes devient leur proie si l'on n'y met bon ordre. Un insecte hémiptère, l'*Helopeltis Antonii*, perfore les fruits et les rameaux, faisant des dégâts parfois considérables. Le cacaoyer **est** attaqué par deux espèces de punaises, le *Sahlbergella singularis* et le *S. theobromae*, qui entament le bois, le pétiole de la feuille et l'enveloppe du fruit. Leurs dégâts sont importants sur toute la côte occidentale de l'Afrique. Elles pullulent lorsque les fruits sont abondants et diminuent après la récolte. On les combat de préférence avec une solution de sulfate de nicotine. Un grand nombre d'autres insectes, dont quelques xylophages, tous très difficiles à détruire, s'attaquent à la plante. On peut cependant les combattre plus ou moins efficacement à l'aide du savon noir, du pétrole, de la nicotine. Voici les noms de quelques-uns de ces malfaiteurs : *Mallodon Downesi; Apate monacha; Helopeltis bradyi; Adoretus sp.; Heliothrips sp.*

Les parasites cryptogamiques, qui causent aussi de grands dégâts, exigent des traitements au moyen de solutions cupriques, notamment de la bouillie bordelaise.

Sur la côte occidentale africaine, les cacaoyères sont attaquées, parfois avec une virulence redoutable, par des gommoses de nature chancreuse **qu'on ne peut combattre** que par la destruction au feu des pieds atteints.

PROPRIETES ET USAGES — L'amande ou *fève de cacao* contient de 1,50 à 2 p. 100 d'un alcaloïde voisin de la caféine, appelée *théobromine*, et, entre autres composants, environ 50 p. 100 d'une matière grasse, appelée *beurre de cacao*.

Le beurre de cacao est surtout utilisé dans la parfumerie. On l'extrait par l'ébullition dans l'eau. Il fond à une température de 33° et rancit difficilement.

Le cacao peut être consommé en *poudre*, ou sous forme de *chocolat*. L'un et l'autre sont obtenus après torréfaction de la graine.

Le chocolat est l'amande torréfiée et broyée, mélangée de sucre par parties égales et additionnée de vanille, dans le but de le rendre plus digestible. C'est un aliment riche en matières grasses, très nutritif, et un stimulant, grâce à la théobromine qu'il renferme.

Dans les qualités inférieures, on augmente la quantité de sucre et on diminue celle du cacao. On extrait même le beurre de cacao, d'un prix élevé, pour le remplacer par une graisse végétale quelconque : huile de palme, végétaline, etc.

Les cacaos que l'on consomme en poudre sont des produits de fèves desquelles on a extrait de 60 à 80 p. 100 du beurre de cacao qu'elles renfermaient. Les fèves peuvent être alors pulvérisées et l'aliment ainsi obtenu, moins indigeste, est mieux supporté par les estomacs délicats.

Le chocolat est, après le sucre, le produit alimentaire manufacturé le plus consommé par les nations civilisées.

PRODUCTION ET COMMERCE La consommation du cacao va sans cesse en augmentant. En 1908, elle a dépassé 164.000 tonnes (consommation mondiale), la production ayant été de 194.000 tonnes.

En 1927, la *consommation* mondiale dépasse 470.000 tonnes et la production atteint 483.200 tonnes.

Les principaux pays producteurs de cacao s'inscrivent pour les quantités suivantes aux récoltes de 1927, en tonnes métriques :

Afrique occid. anglaise	250.000	Ceylan	4.600
Brésil	70.000	Granada	4.600
République Dominicaine	27.000	Divers	30.000
Colonies françaises. ..	25.000		
Trinidad	21.200	(dont Congo belge,	
Equateur	20.600	1.000; Jamaïque, 3.000;	
San Thomé	15.500	Costa Rica, 5000; Java,	
Vénézuéla	15.300	1.000, etc.).	

Au total : 483.200 tonnes, en augmentation dans tous les pays producteurs.

La contribution de l'Afrique occidentale à ce total est particulièrement remarquable, l'exportation y étant insignifiante il y a une vingtaine d'années, alors que maintenant elle est de plus de 60 p. 100 du total mondial.

Les chiffres de la *consommation* du cacao se répartissent comme suit, en 1927, sur les principaux pays acheteurs (en tonnes) :

Etats-Unis	200.000	Canada	7.900
Allemagne	70.000	Tchécoslovaquie	7.200
Angleterre	60.000	Italie	6.100
France	40.000		
Pays-Bas	40.000	Belgique	5.500
Pays Scandinaves	8.500	Autriche	4.800
Espagne	8.000	Pologne	4.000

On a fait remarquer que les pays asiatiques ne consomment que des quantités relativement faibles de cacao, ce qui, d'après Rohert, est moins une conséquence du manque de goût pour cette denrée qu'une question de prix.

L'énorme progression de la consommation aux Etats-Unis — de 23.000 tonnes en 1902 à 200.000 tonnes en 1927 — paraît pouvoir se réclamer de la loi de prohibition des boissons alcooliques.

En ce qui concerne la France, la consommation moyenne annuelle du cacao y est de 32.000 tonnes. Le Français, consommant 880 grammes par tête et par an, passe pour être un des plus forts amateurs de cette denrée que 200 fabriques de chocolat lui préparent en des sortes réputées. Ces chocolateries se trouvent groupées dans la région parisienne, dans les régions du Nord et de Saint-Etienne où les populations minières consomment de plus en plus une denrée populaire, nutritive et d'usage commode.

Longtemps les colonies françaises se sont désintéressées de la production du cacao, alors que les possibilités de culture furent avantageuses dans plusieurs d'entre elles.

La culture du cacaoyer a été introduite à la Martinique en 1661, par Benjamin Dacosta. Des efforts ont été faits pour sa propagation; malheureusement, la catastrophe de la Montagne Pelée a détruit la plupart des cacaoyères qu'il a fallu replanter.

A la Guadeloupe, les plantations de cacaoyers se trouvent localisées au sud et à l'ouest de la Guadeloupe proprement dite où il existe quelques milliers d'hectares favorables à cette culture. Il y avait autrefois des plantations fort belles dans les terres basses de Grande-Terre. Elles ont disparu depuis longtemps. Le cacaoyer est l'une des plantes dont la culture mérite le plus d'être recommandée dans nos colonies des Antilles.

La Guyane est, de toutes nos possessions, celle qui se prêterait le mieux à cette culture, si elle avait de la main-d'œuvre. La Cochinchine, le Cambodge, une partie du Sud-Annam pourraient aussi en tirer de beaux bénéfices, si elles ne préféraient leur riz, dans une tendance de monoculture, d'ailleurs justifiée, mais dangereuse si elle n'était amendée, comme c'est le cas heureusement à l'époque actuelle, par la culture de l'*Hevea* à caoutchouc.

Le Congo français, et particulièrement le Gabon, offrent de bonnes conditions culturales. La Réunion possède encore quelques vieilles cacaoyères survivantes de l'époque fiévreuse de la culture de la canne à sucre.

Madagascar et la Côte d'Ivoire donnent de belles promesses. Madagascar cultive le « criollo » et le « forastero », le premier très apprécié pour sa belle présentation et sa teinte claire; les plantations se trouvent presque toutes sur la côte orientale de l'île et notamment dans la région de Tamatave. Les indigènes y paraissent moins intéressés qu'en Côte d'Ivoire à la création de plantations leur appartenant, moins, peut-être, à cause de leur indifférence à la propagande administrative qu'en raison des difficultés de réunir une main-d'œuvre à salaire modique suffisante. De 3 tonnes et demie de cacao à l'exportation en 1900, Madagacar, y compris les Comores, en a exporté plus de 600 tonnes en 1925.

La culture du cacaoyer en Côte d'Ivoire a pris dans les dernières années un développement remarquable. La variété cultivée est le « forastero » et le produit commercialement très apprécié, ce qui est un résultat des efforts que l'Administration ne cesse de poursuivre pour améliorer la culture et en inculquer les meilleurs principes aux planteurs indigènes. Car, à l'instar de ce qui existe en Gold Coast anglaise (1), les premières cultures européennes cèdent maintenant le pas aux plantations indigènes qui s'instruisent très heureusement à l'enseignement dispensé dans les stations agricoles et d'essai de Bingerville de la Sassandra. En 1900, la Côte d'Ivoire a exporté moins d'un quintal de cacao, 6.220 tonnes en 1925 et 9.800 tonnes en 1927.

La production totale des colonies françaises et des pays sous mandat a été, en 1927, de plus de 26.000 tonnes (soit 5.000 tonnes de plus qu'en 1926), fournies par : Côte-d'Ivoire, 9.800 tonnes; Togo, 6.300 tonnes; Cameroun, 9.300 tonnes; Martinique et Guadeloupe, 1.000 tonnes ; Madagascar, 150 tonnes.

Le commerce des cacaos ne connaît pas de qualités « standard », il opère sur sortes à dénomination régionale. Les expéditions se font en sacs de jute de poids variables de 60 à 100 kilogrammes, suivant provenance.

Les cacaos américains sont généralement de qualité supérieure et les cacaos africains de deuxième qualité. La meilleure sorte vient du Vénézuéla et de Guayaquil, et la moins cotée est celle du Cameroun. L'Accra est la sorte la plus commerciale et nos cacaos de l'A. O. F. et du Gabon appartiennent à cette catégorie.

Notre grand marché de cacao est Le Havre, avec un stock d'environ 9.900 tonnes; ensuite, viennent Bordeaux et Marseille. Les transactions se font surtout à Paris.

Avec les progrès de la production dans notre domaine colonial, on peut prévoir, dans un avenir assez rapproché, l'approvisionnement de la métropole en quantité approchant de ses besoins.

---

(1) L'énorme développement de la culture cacaoyère en Gold Coast anglaise est un des phénomènes de mise en valeur agricole les plus instructifs. Cette culture y est pratiquée à peu près exclusivement par les propriétaires indigènes, enseignés par les agents de culture et les inspecteurs anglais par le truchement de moniteurs. La main-d'œuvre est saisonnière et afflue des régions voisines, attirée et retenue par une réglementation libérale. Des résultats excellents d'amélioration ont été obtenus par la distribution de primes, sous forme de coefficients de prix d'achat, assurés par les négociants-exportateurs anglais. La sorte commerciale, produite par la variété *forastero* est connue sous le nom d'Accra.

F. — *EPICES, CONDIMENTS, AROMATES*

HISTORIQUE — Les épices sont des aromates végétaux employés comme condiments. On peut dire sans exagération que la recherche de leur origine et leur commerce ont changé la face du monde. Longtemps, jusqu'au XVe siècle, les pays mystérieux des épices envoyaient leurs produits si renommés, par caravanes, aux bords de la Méditerrannée où leur transport, après avoir fait la fortune des Phéniciens, fit celle des républiques italiennes au moyen âge.

A cette époque, les épices étaient une denrée tellement rare, qu'on disait d'un objet : « cher comme poivre », et qu'elles se donnaient en manière de cadeau. Elles étaient même offertes, à ce titre, en remerciement aux juges qui avaient fait aboutir un procès; puis, obligatoires, elles devinrent des honoraires et conservèrent même le nom d'*épices*, lorsque les honoraires étaient versés en argent. Dans les dîners d'apparat, les épices figuraient à la place d'honneur, dans un vase d'orfèvrerie artistique, sorte de poivrière monumentale.

C'est à la recherche du *pays des épices* que partirent, à la fin du XVe siècle et au XVIe, les grands navigateurs découvreurs de continents : Christophe Colomb (1492), Vasco de Gama (1497), Jacques Cartier aussi et Magellan (1520). Ceux qui abordèrent au pays des épices, en Extrême-Orient, essayèrent de garder à leur nation le monopole des précieuses denrées : Portugais, Espagnols, Hollandais, et l'on vit ces derniers si âpres à la défense de leur monopole, qu'ils firent détruire les plantes productrices dans beaucoup d'îles autour de leurs possessions effectives, en punissant de mort la tentative d'en exporter. Ils en firent fortune. Faut-il rappeler aussi les guerres, nombreuses et longues, auxquelles se livrèrent les nations d'Europe pour la possession de ces pays!

La France put s'affranchir de la tyrannie de ce monopole lorsque, vers 1750, Pierre Poivre, mandataire de la Compagnie des Indes, réussit à transporter des plants d'épices à l'Ile de France et à l'île Bourbon, d'où ils se répandirent ensuite dans nos colonies (1).

---

(1) Poivre naquit à Lyon, en 1719; il étudia les sciences naturelles et, après être entré aux Missions étrangères, partit à vingt ans pour l'Extrême-Orient. Il fut fait prisonnier deux fois par les Anglais; un boulet lui emporta le bras à Batavia. Rentré en France en 1745, après avoir été à l'Ile-de-France avec La Bourdonnais, il repartit

1. — Le poivre

Historique. — Caractères botaniques. — Culture. — Récolte et rendements. —
Commerce. — Poivres longs.

HISTORIQUE Le poivre, *Piper nigrum* Linné, de la famille des *Pipéracées*, est produit par une liane ligneuse qui s'enroule autour de ses supports. Il est originaire de l'Inde. Très anciennement connu, il fit partie, dans l'antiquité, de ces denrées de haute rareté dont le prix mesurait la prétention au luxe de la table.

Les Romains en exigeaient le tribut comme rançon de guerre.

CARACTERES BOTANIQUES La liane enracinée se fixe à son tuteur ou appui par des racines adventives aériennes, sans être parasite cependant, car on ne pourrait pas, dans ce cas, lui offrir des tuteurs morts. Toutefois, la question n'est pas encore entièrement élucidée.

Le poivrier a les feuilles alternes, acuminées, très vertes, **palminervées**. Les inflorescences **forment des épis de 7 à 10** centimètres de longueur, **opposés** aux feuilles. Les fruits sont des baies dont la réunion, de 20 à 50 par épi, forme des grappes pendantes. Rondes et faiblement charnues, les baies vertes rougissent à la maturité; récoltées avant la maturité, elles noircissent à la dessiccation et se couvrent de rides un peu saillantes : c'est le *poivre noir*, formé de la graine avec son péricarpe adhérent. Le *poivre blanc*, par contre, est débarrassé de son enveloppe et ne représente que la graine seule. On l'obtient en faisant macérer du poivre mûr dans de l'eau de mer, ou de l'eau de chaux, et en frottant les grains desquels se détache alors le péricarpe. Un autre procédé consiste à laisser fermenter les baies pour les piétiner ensuite.

Le poivre blanc n'est donc pas, comme on le dit plaisamment quelquefois, du poivre qui a fait un voyage à travers le tube intestinal des oiseaux. Le poivre noir est d'autant plus lourd et moins parcheminé qu'il est plus mûr.

---

une deuxième fois pour l'Asie Orientale afin d'y remplir, en quelque sorte comme ministre du roi de France, une double mission : politique et économique. Il réussit, en effet, à établir des relations commerciales entre la France et la Cochinchine et parvint à se procurer et à transporter à l'île de France, au prix de mille difficultés, les quelques plants d'épices qui furent l'origine de leur culture dans nos colonies. A son retour, les Anglais le firent prisonnier une troisième fois. Mais il eut ensuite la satisfaction de donner toute la mesure de sa valeur, de son activité et de sa probité. Gouverneur de l'île de France et de Bourbon, de 1767 à 1773, il en répara les désastres et jeta les bases de leur prospérité future. Ce grand colonial mourut en 1786, dans sa maison de campagne sur les bords de la Saône, où il avait passé les dernières années d'une vie singulièrement agitée, mais bien remplie.

Les principes actifs du poivre sont : un alcaloïde appelé *pipérine* (2 à 3 %), une huile essentielle très odorante et une résine à saveur brûlante.

Le *poivre noir* est plus piquant que le *blanc*, mais celui-ci est plus aromatique.

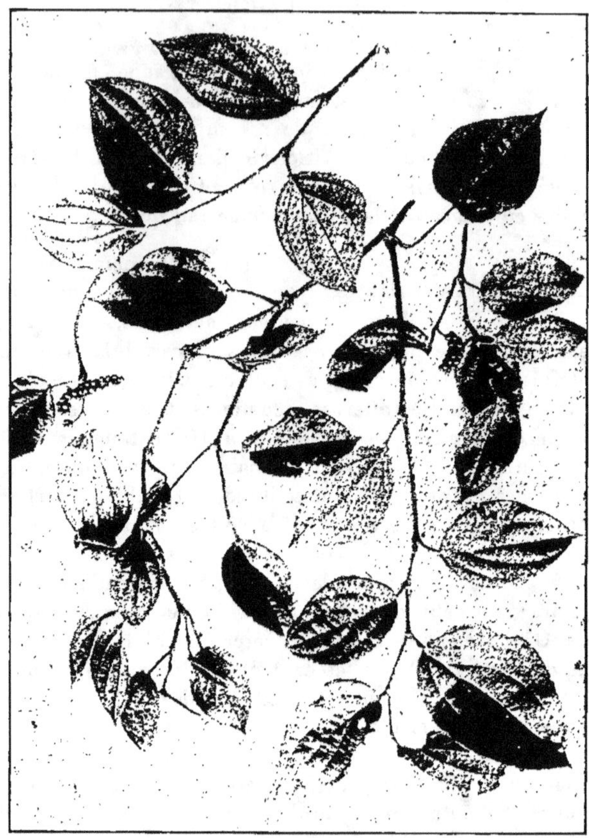

Poivrier. — Rameau et fruit.

L'importance de la culture du poivre en Indochine sollicite un exposé succinct des principales règles de culture.

CULTURE — Plante des régions chaudes et humides, le poivrier se plaît dans les terres riches en humus, sans eaux stagnantes, au bas des côtes montagneuses. Les grands vents, les trop fortes pluies et les longues sécheresses lui sont préjudiciables. Sa culture est exigeante et demande des soins constants.

La plantation, ou *poivrière*, est établie par boutures, rarement par semis, car les pieds de boutures rapportent à la troisième année et ceux de semis, à la sixième ou septième année seulement.

Voici comment les Chinois opèrent à Hatien, grand centre de production, sur la côte du golfe de Siam, au Cambodge :

Plantation de poivriers. — Cochinchine.

Mise préalable des boutures en pépinière pour enracinement. Repiquage, en novembre et décembre, après les pluies, dans des trous de 30 à 40 centimètres, à 2 mètres de distance en tous sens, soit 2.500 pieds à l'hectare.

On accompagne chaque pied d'un tuteur mort, pieu de 2 à 3 mètres de hauteur en bois de diverses espèces, choisies parmi les bonnes résistantes à la pourriture, aux termites, etc., et parmi lesquelles, avec le palétuvier, on emploie maintenant beaucoup une sorte d'*Eucalyptus*, le *niaouli cajeput* (*Melaleuca Leucadendron* Linné) de la basse Cochinchine.

Les jeunes pieds sont recouverts de terre et de cendres mélangées qui constituent généralement partout un bon engrais.

Le poivrier demande d'ailleurs une fumure répétée et, par cela, onéreuse. La meilleure est évidemment le fumier de ferme, mais elle est rare dans un pays sans litière de stabulation et les Chinois la remplacent par le fumier de buffle qui est plus âcre et, principalement, par de l'engrais de crevettes et de déchets de poissons. Ils emploient également, baucoup, divers tourteaux, notamment de graine de cotonnier et d'arachides.

Il convient d'attirer l'attention sur la valeur des déchets de poisson, très employés au Japon et insuffisamment mis à profit en Indochine où les grands lacs du Cambodge sont très poissonneux et pourraient donner cet engrais en quantités considérables.

L'emploi des tuteurs appelle aussi quelques remarques parce que telles poivrières, ou régions, emploient des *tuteurs morts* et tels autres des *tuteurs vivants* (Inde, Malaisie). On préfère comme tuteurs vivants les arbres à feuillage léger : *acacias*, érythrines, faux cotonnier, etc., qui tamisent la lumière, sans trop donner d'ombre. Cependant, les avis demeurent partagés encore et il y a sans doute là, comme dans beaucoup de pratiques de culture, préconisées avec trop d'intransigeance, des conditions locales à faire entrer en ligne de compte et que l'expérience comparée arriverait à mettre en lumière si on s'appliquait à la faire. Mais, en matière d'expériences culturales et agronomiques tropicales, le plus grand nombre demeure à faire.

Il est utile d'étêter les tuteurs vivants en même temps que la liane, afin de développer les rameaux latéraux inférieurs.

RECOLTE ET RENDEMENT La poivrière doit se défendre contre de nombreux ennemis. Aussi les planteurs font-ils une consommation de plus en plus forte de solution de nicotine qu'ils obtiennent par l'infusion de côtes de tabac et qu'ils répandent à l'aide de pulvérisateurs.

La plantation de boutures bien conduite rapporte à la troisième **année**, celle de semis, à la septième seulement.

Une poivrière peut durer une trentaine d'années, mais, comme le meilleur rendement lui revient entre cinq et vingt-cinq ans d'âge, on a intérêt à ne pas la conserver et à la renouveler à la décroissance de son rendement. Dans les limites de cet âge, un pied de poivrier rapporte de 1 à plus de 2 kilogrammes de grain, le maximum autour de quinze ans. Un pied, en bon terrain, peut donner par an, en deux récoltes, de 5 à 8 kilogrammes de grain.

La baie s'annonce à maturité suffisante (quatre mois après la floraison) lorsque les premières grappes commencent à rougir. On récolte toutes les grappes ensemble ou, quelquefois, grain par grain pour le poivre blanc. On fait généralement deux récoltes, la *grande* et la *petite* (pendant la saison sèche en Cochinchine).

Les grappes égrénées, pour le poivre noir, sont séchées au soleil où on les brasse pendant quelques jours, ou bien, plus rapidement, à la manière chinoise, en les plaçant dans un séchoir sur des dalles chauffées à feu doux.

COMMERCE — Les sortes commerciales de poivre sont dénommées d'après leur port d'exportation : *Penang, Tellichéry, Saïgon, Singapour, Batavia,* etc. Le commerce estime les poivres lourds bien que le grain plus léger renferme souvent plus de principes actifs. Le poivre concassé, ou moulu, prête à de grossières sophistications: il peut contenir jusqu'à 60 p. 100 de grignon d'olive et le poivre en poudre, toutes les poussières et impuretés qui lui ressemblent.

Les principaux pays producteurs du poivre sont : la presqu'île Malaise, les Indes néerlandaises, l'Hindoustan, la Cochinchine et le Cambodge, le Siam, Bornéo, en négligeant la petite production de Maurice et de l'Afrique occidentale.

La production totale peut être évaluée à près de 40.000 tonnes, mais il y a des fluctuations annuelles et locales assez fortes. En ce qui concerne la production et le commerce indochinois, ils sont aujourd'hui beaucoup moins lucratifs qu'il y a une vingtaine d'années, alors que la surproduction n'avait pas encore amené la mévente et la baisse insoutenable des prix.

Devant le bénéfice insuffisant, les planteurs indigènes et chinois n'en la production et le commerce indochinois, ils sont aujourd'hui beaucoup douanière dont jouissaient les poivres d'Indochine à leur entrée en droiture en France, avant que la franchise ne leur fût accordée récemment.

La consommation moyenne annuelle de la France étant de 3.200 tonnes, et l'Indochine exportant des quantités, jadis supérieures, à présent à peu près équivalentes, l'excèdent de la production trouvait difficilement à se vendre à l'étranger où il ne bénéficiait plus de la protection douanière nationale.

En 1926, l'exportation des poivres de nos colonies est de 2.835 tonnes dont 2.791 tonnes reviennent à l'Indochine.

POIVRES LONGS — Nous ne citerons que pour mémoire l'existence, dans le commerce, de poivres dits *longs* parce qu'ils sont en grappes ou épis de grains très serrés. Ce sont, entre autres, le *Piper officinarum* C. D. C. et le *Piper longum* Linné, le premier de Java, le second de l'Inde. A signaler aussi un poivre dit des *Achantis*, en Afrique tropicale, qui, sous le nom de *poivre de Kissy*, fut naguère adopté au Soudan par l'intendance.

2. — *Les piments*

Piments forts et piments doux. — Piments « quatre épices ». — Poivre maniguette. — Poivre de Guinée.

Il faut éviter l'abus des piments. Aux Antilles, à la Réunion, les Européens en font une consommation considérable. En Afrique, on en fait la base de la sauce au couscouss et le *felfel* est une denrée de consommation que des caravanes entières transportent, en chapelets de gousses sèches enfilées à des ficelles.

Originaires de l'Amérique méridionale, la culture des piments y remonte à l'époque précolombienne. Le piment annuel fut introduit en Europe au XVIe siècle.

Les *piments* proprement dits sont produits par des plantes de la famille des *Solanacées*, appelées du nom générique de *Capsicum*. Ce sont des arbustes de 30 centimètres à 1 mètre de hauteur auxquels cependant la culture, chez certaines variétés, peut donner une taille de plus de·2 mètres.

Les fleurs sont petites, blanchâtres ; le fruit est une baie un peu charnue, de coloration vive, rouge, jaune. blanche, de taille et de forme extrêmement variées. Le principe âcre, brûlant (alcaloïde et résine, *capsaïcine* et *capsicine*) est logé surtout dans le placenta auquel s'attachent les graines.

La hauteur de l'arbuste (il y en a d'annuels et de vivaces), la taille du fruit, sa coloration, sa forme (ronde, ovale, allongée, bosselée, etc.), donnent de nombreuses variétés de piments connus sous des noms pittoresques, aux Antilles, par exemple.

On peut les diviser en deux groupes : les annuels (*Capsicum annuum* Linné) et les vivaces ou arbustifs (*Capsicum frutescens* Linné) qui peuvent durer deux ou trois ans. C'est cette dernière espèce qui donne le « poivre de Cayenne » ou « piment enragé » à fruits de petite taille, très forts. Ce sont les *chillies* des Anglais dont Ceylan entretient d'importantes cultures avec des rendements, variant suivant les variétés, de 1.200 à 3.600 kilogrammes à l'hectare; ils alimentent un commerce annuel d'exportation de plus de 6.000 tonnes.

A côté des variétés de piments *forts*, on cultive, dans le Midi de l'Europe, et surtout aux Etats-Unis, en culture annuelle, des piments *doux*, gros, verts, sans âcreté trop prononcée, de sorte qu'on les mange en salade ou cuits, comme légumes.

Ces *sweet pepper* des Américains existent en d'assez nombreuses variétés dont certaines très appréciables par leur arome et aussi par leur rendement et la facilité de leur culture qui se fait à la manière de celle de la tomate.

Les piments se cultivent facilement comme les plantes potagères à repiquer. La récolte peut commencer trois mois après le semis.

Une autre sorte de *piment*, d'origine botanique très différente, figure dans le commerce et dans nos colonies sous le nom de *Quatre-épices* ou *Toute-Épice*. Ce nom lui vient de son arome qui rappelle à la fois celui des quatre épices classiques : la cannelle, le clou de girofle, le poivre et la muscade. Ce sont de petites baies rondes, de la grosseur d'un pois, rugueuses, brunes-rougeâtres. Elles sont produites par des espèces du genre *Pimenta* (*P. officinalis* Lindley et *acris* Kosteletzky), appartenant à la famille des Myrtacées et qui poussent en beaux arbres pouvant atteindre une dizaine de mètres de hauteur.

Le fruit est cueilli avant la maturité et séché au soleil.

La Jamaïque est à peu près seule à en produire pour l'exportation ; elle en livre annuellement au commerce plusieurs milliers de tonnes.

On trouve encore, très répandu sur la côte occidentale d'Afrique, le poivre *maniguette* ou *malaguette* ou « graine de paradis » (*Amomum Melegueta* Roscœ) dont se servent les indigènes et qui est exporté aussi en Angleterre (1). Enfin, le « poivre de Guinée » est fourni par un arbre de la côte occidentale d'Afrique, le *Xylopia œthiopica* Richard dont la pulpe des fruits possède une saveur piquante et aromatique.

La France consomme annuellement une soixantaine de tonnes de piments de variétés que ne produisent pas ses colonies ; celles-ci exportent environ 333 tonnes.

---

3. — *Gingembre et curcuma*

GINGEMBRE Plante de la famille des *Zingibéracées* (voisine des Orchidées), originaire des Indes Orientales et des Moluques, dont les rhizomes forment un article de commerce colonial appréciable.

Le gingembre (*Zingiber officinale* Roscœ), originaire de l'Asie tropicale, se présente sous la forme de tubercules de la grosseur du pouce, irréguliers, alongés, avec des nodosités et des ramifications obtuses. Ce sont les rhizomes d'une plante herbacée, à port de roseau, qui se plait dans les endroits chauds, ensoleillés et marécageux. Le rhizome projette en l'air des

---

(1) C'est de la présence de cette épice que vient la dénomination géographique de « Côte du Poivre ». Le Dr Schweinfurth fait remarquer qu'elle fut fort estimée au moyen-âge sous le nom de *habb es Selim* « grain de Selim » et que les Marocains l'avaient introduite dans le commerce longtemps avant le poivre noir.

tiges feuillues hautes et, de-ci de-là, des hampes plus basses portant les fleurs, jaunes, enveloppées de bractées. C'est là le caractère général de la végétation des Zingibéracées.

Le gingembre contient une huile essentielle, de couleur paille, d'odeur aromatique et de goût cuisant. Comme condiment, il figure sous les variétés de gingembre *gris* ou *bleu*, et de gingembre *blanc* ou *jaune* : la différence provient du mode de préparation, le blanc étant simplement débarrassé de son écorce grisâtre ou bleuâtre.

La consommation du gingembre est très forte en Extrême-Orient, surtout en Chine. L'Angleterre et l'Allemagne en consomment beaucoup plus que nous, sous forme de confiture et d'aromates de pudding. On en fait une sorte de limonade piquante sous le nom de *ginger-beer*, ou *ginger-ale*.

Végétation des Zingibéracées. — Gingembre.

Les Ouolofs et les Peuhls, au Sénégal et au Fouta-Djalon, l'aiment beaucoup pour le couscouss et leurs femmes, dit-on, se font des ceintures de ces tubercules, destinées à rendre la vigueur à leurs époux, affaiblis par l'âge.

L'Inde et la Jamaïque en exportent jusqu'à 10.000 tonnes.

Les indigènes de la Jamaïque le cultivent en jardinage sur de petites parcelles. Sierra-Leone, la Chine, le Japon et le Brésil en produisent aussi (1). Notre Indochine pourrait en produire d'assez grosses quantités.

Le commerce connaît le gingembre gris et le blanc ; il est vendu en caisses de 50 à 60 kilogrammes.

CURCUMA   Le *Curcuma longa* Linné des botanistes rappelle le gingembre par la nature et la forme de ses rhizomes en tubercules arrondis, plus épais cependant et plus courts. Le commerce les distingue en *longs* et *ronds*.

---

(1) Les Chinois préparent des conserves de gingembre confit dans du sucre. Ils emploient à cet effet des rhizomes frais et jeunes, bien nettoyés et décapés, puis lavés dans de l'eau de riz qui leur donne une teinte claire. On les soumet ensuite à la cuisson pendant 1 ou 2 heures dans de l'eau sucrée, pour les conserver dans des vases remplis de sirop.

L'Inde l'emploie beaucoup pour la teinture de la soie sous le nom de *turmeric*, car ce tubercule contient une fécule associée à une matière colorante (curcumine), d'un beau jaune orangé et une huile essentielle, aromatique, qui détermine son emploi comme condiment en Extrême-Orient et notamment dans la fabrication du *Kari* (1). Beaucoup de tribus de la Polynésie l'emploient pour se teindre le corps et les cheveux, ce qui leur donne un parfum caractéristique (Iles Marquises et Wallis).

Le curcuma est connu encore en épicerie sous le nom de *safran des Indes* et aux Antilles, sous celui de *safran coolie*.

La France importe annuellement environ 125 tonnes de rhizomes desséchés pour teindre ses soies et ses maroquins.

Cette même famille des *Zingibéracées* fournit également à la consommation et au commerce les condiments-épices connus sous le nom de *Cardamomes* ou *Amomes*.

4. — Les cardamomes

En botanique, *Elettaria Cardamomum* Maton ou *Amomum Cardamomum* Linné, de la famille des Zingibéracées. Plante rhizomateuse émettant séparément des tiges feuillues et des hampes florifères à ras du sol, mais qui est exploitée, non pour ses rhizomes, mais pour ses graines (les rhizomes contiennent cependant une fécule employée par les indigènes comme arrowroot).

Les inflorescences se développent en une grappe de fruits, capsules à 3 loges, avec des côtes saillantes, qui, séchées soit au soleil, soit au feu, ont une apparence membraneuse et une couleur jaune pâle.

C'est leur forme, tantôt allongée, piriforme, ronde, globuleuse, etc., qui fait les sortes commerciales nommées. Ainsi la cardamome de Ceylan est allongée et celle du Cambodge globuleuse (var. *racemosum*).

Ces capsules contiennent des rangées de graines de la grosseur d'une lentille, anguleuses parce que comprimées.

Elles renferment 4 à 6 p. 100 d'une essence aromatique poivrée qui en fait l'emploi condimentaire.

La plante appartient à la flore indigène de l'Asie tropicale où elle affectionne les endroits humides, ombrageux, riches en humus. Elle se reproduit par semis et par bouture de rhizome. Dans certaines régions, comme l'Inde et Ceylan, on en fait de véritables cultures. Ailleurs, comme au

---

(1) Le nom de Kari est un vieux mot colonial français auquel on substitue à tort l'orthographe anglaise de *curry*.

Cambodge et au Laos, c'est une sorte de culture sauvage parce que les indigènes, planteurs et récolteurs, ne font qu'entretenir les groupes ou peuplements sauvages qu'ils ont découverts dans la forêt vierge, et qu'ils appellent pompeusement des *jardins*.

La cardamome étant un produit de valeur pour notre Indochine, il convient de s'y arrêter un instant. On la trouve à l'état sauvage depuis le haut Tonkin, à travers toutes les montagnes de la vallée du Mékong jusqu'au Cambodge où elle est surtout récoltée. Certaines régions, dans les provinces de Pursat et de Kompong-Speu, en sont très favorisées et la denrée a donné son nom aux *montagnes des Cardamomes* où les indigènes *Pols* — anciens esclaves du roi, aujourd'hui libérés — les exploitent.

Pour eux, une bonne récolte de *Kravanh* est si importante, qu'ils fêtent la première apparition des bourgeons par des cérémonies religieuses et des incantations de sorciers.

Ils payent aussi leur impôt en cardamome — s'ils le peuvent ou veulent, car ils sont d'une paresse remarquable.

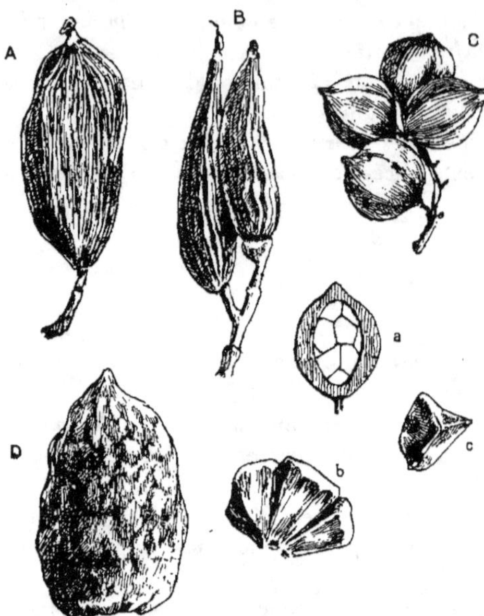

Cardamomes du commerce.
A. Ovoïde de Chine (*Amomum medium*).
B. Pointue de Ceylan.
C. Cultivée du Cambodge (*Am. racemosum*).
D. Maniguette du Sénégal (*Am. Melegueta*).
a, Capsule ouverte ; *b* et *c*, graines isolées.

Si la récolte manque, ils vivent de racines à la place du paddy qu'ils auraient pu acheter, et, parmi ces racines, ils recherchent celles du *Kravanh* dont les Cambodgiens sont très amateurs ; ils en fabriquent aussi, par la cuisson, un breuvage réputé très tonique.

La bonne qualité de *Kravanh* atteint des prix très élevés, la meilleure sorte étant celle de Pursat.

A côté de cette qualité, les marchés cambodgien et laotien donnent une sorte moins estimée, le *kra-ko* ou cardamome sauvage (Annam et plateau des Bolovens).

En Indochine, le marché est entièrement entre les mains des Chinois qui exportent à Hong-Kong. Notre exportation varie beaucoup d'année en année, de bonne à mauvaise récolte ; elle a pu atteindre 705 tonnes en 1926.

Le grand consommateur est le Chinois qui emploie la cardamome comme une panacée pharmaceutique.

Quelques centaines de tonnes sont exportées de l'Inde et de Ceylan en Angleterre ; mais en Europe, l'emploi en est restreint à la confection de quelques condiments, de produits pharmaceutiques et de parfumerie.

La France consomme environ 6 tonnes de cardamomes importées de l'Inde anglaise.

Le commerce en connaît 3 sortes : le *Malabar*, l'*Aleppi* et le *Grand Cardamome* de Ceylan.

AMOMES L'Afrique aussi a sa denrée équivalente, produite par des espèces végétales différentes : ce sont les *Amomes* connues sous le nom de *maniguettes* (en Guinée) et de *graine de paradis* en Europe (Angleterre) c'est-à-dire l'*Amomum Melegueta* et l'*Amomum Clusii* dont nous avons déjà parlé.

5. — Le muscadier

Le Muscadier (*Myristica fragrans* Houttuyn) de la famille des Myristicacées, est un arbre dioïque de 10 à 15 mètres de haut, des îles Moluques, autrefois jalousement gardé par les Hollandais qui entouraient sa culture des mesures de protection les plus sévères. On dit qu'un oiseau indigène, irrespectueux de ces règlements draconiens, en transporta la graine aux îles voisines, où l'arbre se développa et d'où Poivre et ses compagnons, Provost et d'Etcheverry purent en avoir pour la Réunion.

Cet arbre, qui rappelle nos poivriers par le port, la taille et le fruit, aime les terres basses, profondes et humides, mais bien drainées, des bords de la mer. Le climat doit être tropical, c'est-à-dire chaud et humide, et la plante peut venir jusqu'à 400 mètres d'altitude. La fleur femelle, unisexuée, petite, se développe en un fruit de la grosseur d'un abricot, capsule charnue jaune pâle qui s'ouvre à la maturité en laissant apparaître un noyau d'un rouge écarlate.

En examinant ce fruit rouge à l'état frais, on trouve que l'enveloppe colorée, laciniée, peut s'en détacher à la façon de ce réseau fibreux qui entoure la coque des amandes sèches : c'est le *macis* de muscade, tégument spécial que les botanistes appellent *arille*. Ce macis charnu est détaché, séché et vendu séparément dans le commerce.

Sous le macis se trouve un tégument de la graine et dans ce tégument, la véritable *noix de muscade*, dont l'albumen ruminé est de couleur grisâtre avec des fibres brunes.

Rameau et fruits du Muscadier.

La saveur en est âcre et brûlante et l'odeur très aromatique, grâce à une huile essentielle volatile.

Elle contient aussi, dans la proportion d'environ 25 p. 100, une matière grasse qu'on obtient par pression à chaud et qui donne le *beurre de muscade.*

La muscade a perdu beaucoup de sa vogue depuis le XVIIIᵉ siècle. On l'emploie encore comme épice aromatique, mais surtout en pharmacie comme stimulant circulatoire. La muscade achetée chez les épiciers paraît toujours roulée dans une poudre blanche : en effet, pour la conserver, on la met dans un bain de chaux éteinte, ou on la saupoudre de chaux pulvérisée qui la défend contre les insectes. Il faut qu'elle soit bien séchée.

La culture du muscadier est difficile et délicate. Les sexes sont séparés et il suffit d'un pied mâle pour féconder dix femelles. On a préconisé la greffe par approche de pieds de sexes différents.

Le commerce connaît, à côté des muscades rondes, une sorte à noix plus longue, appelée *muscade mâle*, provenant de la Nouvelle-Guinée et qui est beaucoup moins estimée. La muscade dite de *Madagascar* n'a pas de parenté avec la vraie muscade, étant le fruit d'une Laurinée : *Ravensara aromatica* Sonnerat.

Le muscadier produit vers sa septième année, donne son maximum vers vingt-cinq ans et peut vivre de soixante à quatre-vingts ans, donnant, de dix à vingt-cinq ans, une moyenne de 1.500 à 2.000 noix par an, soit 8 à 10 kilogrammes et un kilogramme de macis.

Le centre de production principal est la Malaisie qui en exporte dans les 1.000 tonnes par an. La Réunion, l'Inde, la Guyane et les Antilles en cultivent un peu.

La France consomme une cinquantaine de tonnes de noix en coque ou nues qui lui sont fournies, pour une dizaine de quintaux, par les Antilles françaises et le reste par les Indes néerlandaises et anglaises.

---

6. — *Le giroflier*

Le giroflier, en botanique, est le *Caryophyllus aromaticus* Linné ou *Eugenia aromatica* Baillon, de la famille des *Myrtacées*.

Il produit le *clou* et la *griffe* de girofle. On appelle *clou* le jeune bouton floral muni encore de ses pétales non épanouis. La *griffe* est cette même partie, le bouton terminal de pétales étant tombé.

C'est le produit d'un arbre originaire des Moluques, de forme pyramidale, à feuilles rappelant celles du laurier, et à écorce lisse, gris clair. Il peut atteindre de 10 à 15 mètres si on lui en laissait la liberté, et vivre au delà de cent ans. C'est un arbre des tropiques chaudes de basse altitude.

Jalousement gardé par les Hollandais, au XVIII⁰ siècle, surtout à Amboine où déjà la culture forcée du futur système *van den Bosch* fut inaugurée à l'égard des indigènes, il s'en échappa en 1772, grâce à Pierre Poivre qui en confia quatre pieds à un créole de Bourbon, Joseph Hubert. Trois périrent, le quatrième arriva à bon port et devint le père de toutes les cultures devenues florissantes à la Réunion, à Zanzibar et surtout dans l'île Sainte-Marie de Madagascar, où elle s'est particulièrement maintenue jusqu'à nos jours. Elle fut introduite aussi, grâce à Poivre, à la Guyane et aux Antilles.

Le giroflier était connu en Chine quelques siècles avant l'ère chrétienne, car les anciens écrivains rapportent qu'à cette époque les hauts mandarins avaient coutume de mâcher la girofle en parlant à leur souverain, pour avoir l'haleine agréable.

Le clou de girofle est donc la fleur du giroflier cueillie à l'état de bouton, lorsqu'elle commence à prendre une teinte rosée. Après l'épanouissement et la fécondation, l'arome diminue beaucoup. Cet arome provient d'une huile essentielle, ou *essence de girofle*, employée en parfumerie.

La culture se fait par boutures ou par semis, dans des pépinières et avec repiquage. La plante craint les grands vents et le fort soleil. Les girofliers doivent être abrités pendant les trois premières années. On dirige la hauteur de l'arbre par une taille à 3 à 4 mètres pour faciliter la cueillette. Les boutons se détachant assez facilement, on dispose sous l'arbre une toile pour les recueillir, si on ne peut faire la cueillette à la main.

La récolte est séchée au soleil, où les clous acquièrent la teinte brune que nous leur connaissons dans le commerce.

Comme le muscadier, le giroflier produit à la septième année et peut donner jusqu'au delà de soixante-dix ans. On compte un rendement moyen de 2 à 5 kilogrammes par pied et par an. A Sainte-Marie de Madagascar, la récolte dure d'octobre à décembre. On compte 10.000 clous desséchés au kilogramme.

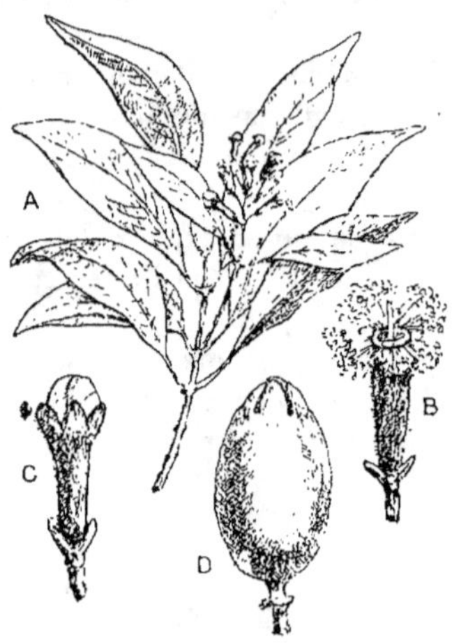

Giroflier.
A. Branche fleurie. — B. Fleur.
C. Bouton floral. Clou de girofle.
D. Fruit ou anthofle.

La production mondiale peut être estimée à 8.000 tonnes, principalement fournies par Zanzibar, Pemba, Penang, Amboine.

A Madagascar, l'île de Sainte-Marie s'est fait une spécialité de cette culture et des 802 tonnes que nos colonies ont produites en 1926, 705 tonnes reviennent à Madagascar.

Jadis, l'Angleterre seule en faisait l'importation ; aujourd'hui, Marseille et Le Havre y participent.

Les girofles nous arrivent en balles ou « fardes » de 60 kilogs.

L'essence de girofle est obtenue par distillation, en Europe. Elle contient un principe, l'*eugénol*, dont l'emploi s'est étendu depuis qu'on est arrivé à en extraire de la *vanilline* qui fait concurrence à la vanille de culture.

Les griffes contenant moins d'essence que les clous, sont généralement distillées sur place.

Giroflier.

Le clou de girofle sert à l'assaisonnement des mets, et en parfumerie, en pharmocopée, contre les maux de dents et les rhumatismes, en frictions.

7. — *Les cannelles*

Le Cannelier de Ceylan. — Culture et récolte. — Le Cannelier de Chine. — La Cannelle en Annam. — Le *Cannella alba*.

La cannelle provient de l'écorce de plusieurs plantes appartenant à la famille des *Laurinées*. Ces plantes sont originaires, les unes des forêts de Ceylan, les autres des forêts de notre Indochine.

Cannelier de Ceylan.

Les deux espèces exploitées surtout sont : le *Cannelier de Ceylan* et le *Cannelier de Chine*.

CANNELIER DE CEYLAN De son nom botanique : *Cinnamomum zeylanicum Nees* ; est principalement cultivé dans l'île de ce nom.

La culture en est relativement récente : elle remonte à l'année 1770, époque à laquelle un colon, du nom de de Koke, y fit des plantations qui réussirent à merveille, inaugurant ces « jardins » de canneliers qui se multiplièrent ensuite et firent une partie de la fortune de l'île. Aujourd'hui encore, on visite à Colombo les célèbres *Cinnamom Gardens*, transformés en parc et but de promenade.

Les anciens employaient la **cannelle à la fois comme parfum et comme encens** ; ils la recevaient des Phéniciens à qui les Arabes l'apportèrent de l'Inde.

Le *C. zeylanicum* est un petit arbre à feuilles toujours vertes, opposées, très reconnaissables à leur nervation à 3 nervures principales palmées (ou 5) et à leur parfum caractéristique sous l'écrasement. **Les inflorescences** terminales ou subterminales sont en grappes de petites fleurs jaunâtres, ou blanchâtres, qui donnent une petite baie rappelant le fruit du laurier. L'écorce est jaune pâle, plus verdâtre que la denrée sèche du commerce.

CULTURE Le produit étant l'écorce des tiges et des branches de l'arbre, il s'agit d'en obtenir le plus de ramifications possibles. On coupe donc l'arbre à sa première récolte; il repousse en nouveaux rejets et acquiert bientôt une forme buissonnante.

On multiplie le cannelier très facilement par semis, boutures, marcottage. Le marcottage se fait en incisant circulairement les rejets du bas de la tige, préalablement enterrés. Lorsque les racines adventives se sont développées autour de la lésion annulaire, on coupe en aval et on transplante la branche détachée dans sa motte de terre. Il faut ensuite arroser fréquemment.

Le meilleur terrain est l'alluvion sablonneuse des cours d'eau, chargée d'humus. L'arbre vient, depuis les bords de la mer, jusqu'à plus de 1.000 mètres d'altitude.

La première récolte, ou coupe, se fait quatre ans après le semis; on coupe à ras du pied d'où il repousse des rejets qu'on peut couper deux ans après et continuer ainsi indéfiniment. On estime que les vieilles plantations sont les meilleures.

La récolte et la décortication se font à l'époque de la saison des pluies. en mai et octobre à Ceylan. A cette époque, en effet, la tige, gorgée de sève, laisse détacher, le plus facilement, son écorce du bois.

Les branches sont coupées lorsqu'elles ont de 1 m. 50 à 2 mètres de longueur. La récolte de la cannelle était faite, naguère, à Ceylan par une main-d'œuvre spéciale, et les peleurs forment la caste des *Chaliyas*. Les entre-nœuds, puis la branche sont incisés circulairement dans le voisinage des nœuds, puis battus avec un maillet en bois.

Une incision longitudinale, reliant les incisions annulaires, permet ensuite de détacher le cylindre d'écorce du rameau. Ce travail doit être fait avec des couteaux en cuivre, le fer noircissant au contact du tannin.

Les écorces détachées sont mises à sécher pendant une journée, puis grattées superficiellement pour en enlever le liège, ensuite remises à sécher pendant vingt-quatre heures et livrées au triage.

Suivant leur taille et l'assortiment, elles sont emboîtées les unes dans les autres et ainsi livrées au commerce, en bottelettes de l'épaisseur du petit doigt.

La meilleure cannelle de Ceylan est lisse, de couleur jaune clair, mince, souple, donnant des esquilles à la cassure. Sa saveur aromatique, un peu sucrée et chaude, lui vient d'une huile essentielle; elle renferme aussi de l'*eugénol* que nous avons déjà rencontré dans le giroflier et qui se trouve surtout dans les feuilles. On en retire, par distillation, une essence particulière, différente de celle que l'on obtient de la distillation des résidus d'écorce : c'est la véritable essence de cannelle. Les racines contiennent également du camphre.

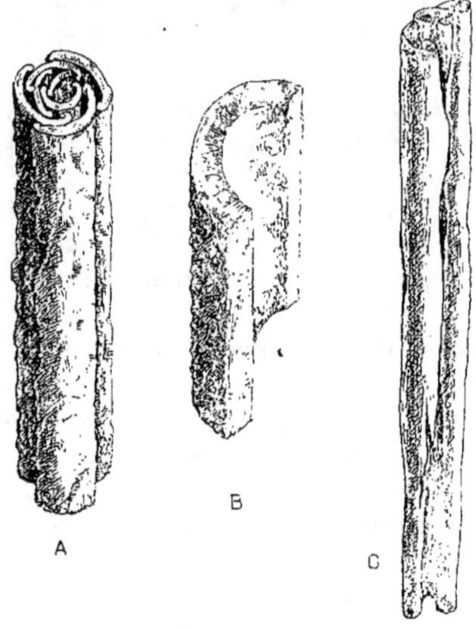

Ecorces de cannelle du commerce
A. Cannelle de Chine.
B. Cannelle royale d'Annam.
C. Cannelle de Ceylan.

On distingue à Ceylan quatre variétés principales de cannelier. Dans toutes, les parties médianes des branches sont les plus estimées.

Le rendement en écorce augmente avec l'âge; le rendement moyen à l'hectare est de 170 kilogrammes d'écorces.

Le cannelier, en bonne situation, est exploitable dès sa 6e année, jusqu'à sa 30e année environ.

La culture du cannelier tend à disparaître entièrement de nos colonies. La Guyane n'en fait plus, la Réunion et la Martinique l'abandonnent. Par contre, notre Indochine retire de l'exploitation du cannelier de Chine un joli profit qui va en grandissant.

L'importance de cet article de commerce nous engage à nous y arrêter un instant.

CANNELIER DE CHINE La cannelle de l'Indochine est d'une espèce botaniquement différente de celle de
Ceylan. Elle est dite *cannelle de Chine* et
appelée, par les botanistes, *Cinnamomum Cassia* ou *C. Loureiri* (1).

La cannelle de Chine est l'écorce d'un arbre originaire des montagnes
de l'Annam et du nord du Tonkin-Chine (Kouang-Toung et Kouang-Si).
On le trouve bizarrement dispersé jusque dans le Laos. En Annam, la région
productrice la plus étendue et la plus fertile va du Quang-nam au Quang-
ngaï. Le principal marché est Tramy, centre très riche, mais très malsain,
dans le voisinege des tribus *Moïs* qui se livrent à la culture du cannelier
et en recherchent les pieds sauvages. La denrée y est connue sous le nom
de *Quê*.

La plante est un arbuste qui peut cependant, vieux, atteindre 6 et 7
mètres de hauteur. Il est reconnaissable à sa feuille longue, à 3 nervures, et
à son port élégant. La *culture* est faite par les *Moïs* en tour de case, jardins soigneusement entretenus. Les Annamites sont trop paresseux pour
s'y adonner. Elle leur rapporte bien, cependant, car ils se contentent d'exploiter le *Moï*. Parfois, dans la forêt, on rencontre de vieux arbres *solitaires*, dont la découverte fait la fortune du découvreur, la cannelle de ces
pieds adultes ayant une valeur considérable. Dans la forêt aussi, les Moïs
établissent des plantations en groupes de 20 à 50 pieds; ils font soigneusement la chasse aux nombreux ennemis de leurs cultures.

La cannelle la plus estimée est celle de la province de *Than-Hoa*.
C'est une denrée si précieuse, qu'elle se paie réellement à prix d'or, quinze
à vingt fois plus cher que les autres. La cour de Hué en reçoit, en manière
de tribut, la quantité de 2 *cân* et demi (1 kil. 750), par les trois *châus*
(cantons) muongs où on la trouve. Elle n'y est nulle part cultivée, mais récoltée sur les arbres sauvages de la forêt. Lorsque le roi d'Annam en désire plus que son tribut, une expédition est organisée par les Muongs et
quand l'arbre est découvert, sa valeur est estimée par les mandarins, mettons à 50 ou 100 barres d'argent, lorsqu'il en vaut 500 ou 600. Comme
rarement une parcelle du prix officiel d'achat arrive jusqu'aux Muongs
qui l'ont découvert, ceux-ci ne sont point empressés à participer à pareille
exploration (2).

L'écorçage de ces canneliers se fait au moment de la montée de la sève.

---

(1) Retenons en passant ce nom patronymique : Loureiro, missionnaire espagnol de
la fin du xviii° siècle, s'appliqua avec ardeur à l'étude de la flore de l'Indochine; il
nous en donna un livre qui fait autorité encore.

(2) L'histoire de l'exploitation de la cannelle, en Indochine, est assez curieuse; elle
a eu des répercussions économiques inattendues puisque, d'une mesure fiscale inopportune, a dépendu, à un certain moment, le sort de la pénétration annamite dans l'intérieur de l'Annam.

Voici comment. Le roi Minh-Mang donna le monopole du commerce de la cannelle à
son frère Kien-An. Celui-ci fit instituer les charges de *lanh-mai* ou « chargé du commerce », comme ses représentants, commis à la défense de la frontière qu'il était

L'arbre est incisé longitudinalement sur le tronc, jusqu'au 10-20 centimètres du sol, en plusieurs quartiers qui sont divisés par des incisions transversales et enlevées ensuite à l'aide d'une spatule en corne ou en os. Même opération sur les branches.

Les plaquettes fraîches sont fixées sur des planchettes de bois pour les empêcher de se recoquiller, ce qui ferait exsuder l'essence; puis séchées au soleil, mises en paquets et livrées au marché où elles subiront un tri, par qualités, après diverses manipulations.

Parmi les quatre sortes usitées, le *Quê-Kép* est la première : elle se vend de 700 à 800 piastres le picul, à Hong-Kong. La cannelle royale du Tanhhoa atteignait jadis jusqu'à 2.000 piastres le picul, soit plus de 400 francs le kilogramme.

La culture du cannelier de Chine devrait être beaucoup plus répandue en Indochine, bien qu'elle ne rapporte qu'à la septième année. La pléthore du marché n'est pas à craindre, puisque la Chine en absorbe toutes les quantités offertes, non seulement comme condiment, mais surtout comme produit pharmaceutique. Il n'y a pas d'ordonnance de médecin chinois sans cannelle.

Les quantités de cannelle d'Annam exportées à Hong-Kong sous le nom de « Cannelle de Saïgon », étaient, en 1926, de 750 tonnes. Le total des exportations de cannelle de nos colonies était de 782 tonnes, dont moins de 10 tonnes de Madagascar. La consommation de la France est de 125 tonnes en moyenne annuelle; elle importe surtout des cannelles de Ceylan qui lui arrivent en ballots longs, ou fardes, de 40 kilos, classés en 5 qualités commerciales marquées en chiffres romains.

Le marché français commence à s'intéresser à la cannelle d'Annam, bien que de goût spécial rappelant la coriandre.

Le *Canella alba Murray*, employé en médecine, provient d'une Cannellacée des Antilles.

---

défendu de passer sans autorisation spéciale. Cette autorisation n'était donnée qu'à des *lai-buon*, ou « patrons du commerce », qui allaient, pour le compte des *lanh-mai*, exercer un trafic très lucratif chez les populations sauvages. La pénétration colonisatrice des villages annamites, commencée déjà, fut ainsi arrêtée au profit d'un monopole.

Les Chinois, les plus lésés dans l'affaire, surent, avec leur astuce et leur savoir-faire connus, se plier vite à la circonstance. Les *lai-buon* devinrent rapidement leurs agents, plus que ceux des *lanh-mai*, parce qu'ils recevaient des marchands chinois avances et pacotille d'échange.

Lorsque l'Administration voulut, il y a une vingtaine d'années, organiser la régie des cannelles, elle se trouva, non devant des trafiquants annamites, mais devant des créanciers chinois.

Une expédition de récolte dans l'intérieur, par les *lai-buon*, dure quelques semaines. C'est alors, en village moï, liesse et grande fête où sont vidées force jarres de vin de riz. Le trafiquant profite volontiers de l'ébriété du vendeur pour conclure son marché. Lorsque le Moï, dégrisé, s'aperçoit de son marché de dupe, il prend plus d'une fois son arc et sa lance, s'entoure le corps de bandes de linge pour se protéger et fonce sur le premier village annamite à sa portée afin de se venger sur ses habitants. On se rend aisément compte de ce qui se passait avant que nos postes avancés de miliciens y mirent un peu d'ordre.

8. — *La vanille*

Historique. — Botanique. — Fécondation. — Culture. — Récolte. — Préparation. — Production. — Consommation. — Falsifications. — Vanilline artificielle.

HISTORIQUE La vanille est, semble-t-il, originaire du Mexique méridional où elle était employée par les Aztèques pour parfumer leur boisson favorite, le chocolat. Un religieux français, Bernhardino de Sahagum, la signala en Europe en 1560. Son nom aztèque était *Tlilxochitl.*

Ce fut pendant longtemps un produit rare et précieux; cependant la France en utilisait déjà d'assez grandes quantités dès 1605. La Réunion, où la culture de la plante productrice devait prendre une extension considérable, ne reçut le vanillier qu'en 1819, apporté par Perrottet sous la forme de l'espèce *Vanilla guyanensis.* Ce fut Marchant qui y introduisit, en 1822, les premières boutures, coupées sur une plante cultivée dans les serres du Muséum de Paris : le *Vanilla planifolia.*

BOTANIQUE Le genre *Vanilla*, de la famille des Orchidées, comprend un certain nombre d'espèces dont quelques-unes seulement donnent un produit utilisable dans l'économie domestique. La plus appréciée, celle qui est cultivée, presque à l'exclusion de toute autre, est le *Vanilla planifolia* Andrews, du Mexique méridional.

C'est une plante grimpante, à tige cylindrique, charnue, verte, atteignant souvent une grande longueur, s'accrochant aux supports à l'aide de racines aériennes qui naissent en face des feuilles. Ces feuilles sont alternes, presque sessiles, entières, oblongues-lancéolées, de 10 à 15 centimètres de long sur 4 à 6 centimètres de large, épaisses et d'un vert brillant. Les fleurs sont disposées en grappes courtes, aux aisselles des feuilles; elles mesurent environ 6 centimètres de diamètre et sont d'un blanc verdâtre. Le fruit est une capsule grêle, cylindrique, atteignant de 12 à 25 centimètres de longueur sur 2 ou 3 centimètres de largeur; il s'ouvre en 2 ou 3 valves à la maturité. C'est ce fruit qui constitue la vanille, avant sa déhiscence, et qui est désigné dans le commerce sous le nom de *Gousse de Vanille.*

Mais la construction de la fleur chez le vanillier est très particulière. Comme la plupart des autres Orchidées, le pollen forme deux petites masses arrondies qu'on appelle *pollinies* ; or, il existe entre l'anthère (qui les renferme) et le stigmate, une languette qui sépare ces organes, de sorte qu'il est impossible aux pollinies de tomber directement sur le pistil. Ce sont des insectes qui, en transportant le pollen d'une partie de la fleur sur l'autre, déterminent habituellement la fécondation. Cette *pollinisation* est opérée naturellement par des insectes d'espèces particulières, propres au pays d'origine de la plante; aussi arrive-t-il que le vanillier reste stérile lorsqu'on le transporte dans un pays où manquent ses visiteurs attitrés. C'est ce qui est arrivé à la Réunion où l'on n'obtient des récoltes satisfai-

Un pied de vanillier chargé de gousses.

santes que par la pratique de la *fécondation artificielle* des fleurs, opération qu'un créole, du nom d'Edmond Albius, enseigna aux planteurs en 1840 (1).

---

(1) La fécondation artificielle par transport de pollinies était connue et pratiquée bien avant cette date dans les serres du Muséum d'Histoire Naturelle. Perrottet, le premier, la fit connaître à la Réunion en 1839, de sorte qu'il reste à Albius le mérite d'avoir vulgarisé la pratique de l'opération.

Ce procédé consiste à écarter la languette stigmatique à l'aide d'un petit bâtonnet et à la dresser sous la partie inférieure du gynostème. L'obstacle étant ainsi supprimé, il suffit de presser légèrement sur l'anthère pour mettres les pollinies en contact avec le stigmate. Cette opération s'exécute le jour même de l'épanouissement des fleurs; elle est facile et très rapide.

Lorsque l'opération a réussi, la fleur se fane sans se détacher et la gousse se développe, sinon la fleur ne tarde pas à tomber. On féconde ordinairement 3 ou 4 fleurs par grappe et on enlève les autres.

Le nombre de fleurs qui fructifient, après avoir été ainsi traitées, est évalué à 40 p. 100.

Les fruits, d'abord verts, jaunissent, puis deviennent brunâtres lorsqu'ils mûrissent, c'est-à-dire sept ou dix mois après la fécondation. Leur réunion forme un « balai » qu'il faut récolter sans retard pour éviter la déhiscence des gousses.

CULTURE

La culture du vanillier est facile, mais

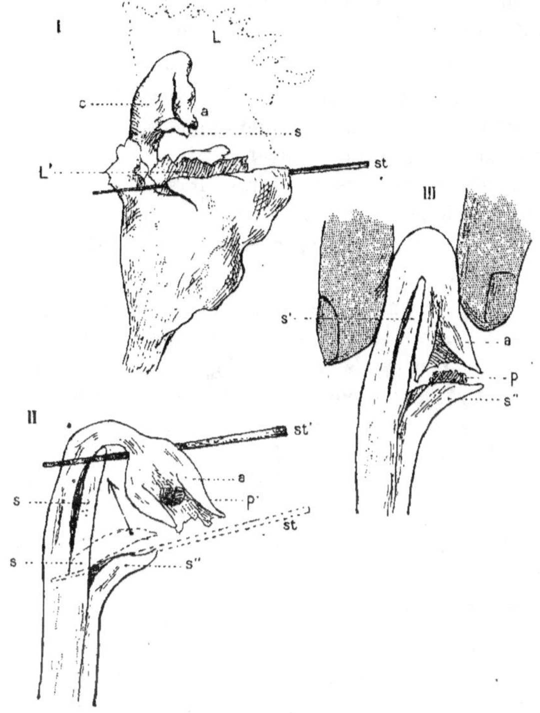

Fécondation artificielle de la fleur de Vanillier.
(D'après H. Lecomte et Ch. Chalot).

I. 1er *temps.* — Le labelle L est rabattu et infléchi en L4, à l'aide d'un stylet *st*, découvrant la colonne *c* ; *a*, anthère ; *s*, stigmate.

II. 2e *temps.* — Coupe à travers la colonne. Le stylet *st* relève la lèvre supérieure du stigmate *s* en *s'* dans le sens de la flèche. *a*, anthère ; *p*, masse pollinique ; *s"*, lèvre inférieure du stigmate.

III. 3e *temps.* — L'anthère, infléchie et pressée entre les doigts, laisse déposer la masse pollinique sur le plateau du stigmate où se développent les boyaux polliniques.

elle demande des soins. La plante prospère surtout en terrain frais, riche en humus, à l'abri du vent, ombragé sans excès, avec un certain degré d'humidité de l'air. Elle exige un climat chaud et humide, avec une température moyenne d'au moins 24° C. Au Mexique, les plantations ne dépassent pas

400 mètres d'altitude ; on les établit dans la forêt, en sol vierge, au milieu d'arbres qu'on a laissés comme tuteurs et pour l'ombrage, après avoir abattu les autres et nettoyé.

Les arbres conservés doivent donner un ombrage léger; quant à ceux qui serviront de tuteurs, on les choisit de préférence peu élevés, distants de 3 à 4 mètres, à écorce ne se détachant pas du tronc.

Pour effectuer la plantation, on se sert de boutures, c'est-à-dire de tronçons de tige de vanillier de la grosseur de l'annulaire et mesurant environ 1 mètre de longueur. On plante une bouture au pied de chaque arbre support en ayant soin d'appuyer la partie hors du sol contre l'arbre, auquel on la fixe par des liens. On arrose lorsque le temps est sec; puis, lorsque les lianes grimpent trop haut, on les ramène à la portée de la main, en les maintenant sur les branches ou des bambous disposés transversalement aux tuteurs.

Très souvent, on se contente de conserver quelques arbres de la forêt destinés à fournir l'ombrage et l'on plante, en sous-bois, des arbres-tuteurs spéciaux tels que le *Pignon d'Inde (Jatropha Curcas)*, particulièrement recherché pour cet objet parce qu'il possède un tronc charnu, de petite taille et qu'il se reproduit rapidement et très facilement par le bouturage; on se sert aussi du *Filao (Casuarina)*, à la fois comme tuteur et arbre-abri; du *Bois noir (Albizzia Lebbeck)*; du *Manguier*, de l'*Avocatier*, du *Bananier*, qui donnent des produits accessoires.

Dans certains cas, enfin, les arbres-tuteurs sont remplacés par des tuteurs morts, généralement des tiges de bambous dressées et reliées entre elles transversalement.

L'*empaillage* consiste à recouvrir le sol de feuilles mortes ou d'une épaisse couche d'herbes coupées afin de modérer l'évaporation du sol, d'empêcher la poussée des mauvaises herbes et de constituer une sorte d'humus autour du pied du vanillier qui pourra y développer ses racines adventives.

Au Mexique, on plante les vanilliers à une distance de 3 à 4 mètres les uns des autres. Ailleurs, on réduit cette distance à 2 mètres et quelquefois même à 1 m. 50.

RECOLTE — L'apparition des premières fleurs sur les vanilliers a lieu souvent dès la deuxième année après la plantation, mais ce n'est habituellement que sur les plantes âgées de trois ans que l'on fait la première récolte. Après quatre ou cinq années de grande production, la vanilleraie va en s'épuisant rapidement et il est nécessaire de la renouveler dès la dixième année. La production moyenne annuelle est d'une dizaine de gousses par plante. A la Réunion, on compte un rapport à l'hectare de 225 kilogrammes, chiffre plutôt élevé.

Quel que soit le degré de maturité des fruits, ils ne dégagent aucun parfum lorsqu'on les cueille. La *vanilline*, qui donne au produit préparé son odeur si caractéristique, ne se développe que sous l'influence d'une fermentation spéciale que l'on obtient par un traitement minutieux.

ENNEMIS — Le vanillier est attaqué par divers champignons. A Madagascar, il souffre sérieusement de la piqûre de punaises que Fauchère conseille de détruire par cyanuration comme les Américains le font pour la destruction des parasites des arbres fruitiers.

PREPARATION — Au Mexique, où sont produites les vanilles les plus haut cotées dans le commerce, les gousses sont l'objet de manipulations diverses.

Après les avoir fait légèrement sécher au soleil, on les porte dans un local abrité de la pluie et des poussières atmosphériques, pour y être triées. Le jour suivant, la récolte est exposée en plein soleil, sur des nattes et sous des couvertures. Dans la soirée, elle est placée dans des caisses garnies de couvertures de laine, chauffées fortement au soleil, et que l'on maintient closes pendant une vingtaine d'heures. Les gousses subissent alors une fermentation qui leur fait prendre une couleur brun foncé. On les extrait des caisses pour les exposer de nouveau au soleil, en retirant les fruits restés verts, que l'on soumet à une nouvelle préparation, et ceux qui se gâtent, que l'on rejette; ceux qui sont à point, sont placés dans la chambre à sécher. Au bout d'un mois, quelquefois même de soixante jours, lorsque le temps est moins favorable, les gousses sont prêtes pour la mise en vente.

On active quelquefois la préparation en disposant les gousses fraîchement récoltées et mises en paquets dans un four, où la température varie de 90 à 125° C. Après une vingtaine d'heures, on les en extrait pour les exposer au soleil enveloppées dans des couvertures et on les fait ensuite sécher dans la chambre à sécher, pendant la durée d'un mois environ, en éliminant celles qui auraient tendance à se gâter.

A la Réunion et à Madagascar, le procédé de préparation le plus employé est l'*ébouillantage*.

Après avoir assorti les gousses fraîchement récoltées, en les disposant suivant leur longueur, on les plonge pendant 15 à 20 secondes dans de l'eau chauffée à 80° ou 85° C, de manière à détruire en elles tout principe vital.

On les roule ensuite dans des couvertures de laine et on les y laisse séjourner un quart d'heure environ, de manière à les ressuyer. Elles sont alors retirées de ces couvertures humides et placées dans d'autres couvertures que l'on replie sur elles-mêmes et qu'on expose en plein soleil pendant six à huit jours.

Dans ces conditions, les gousses se ramollissent, subissent la fermentation nécessaire et prennent une teinte brune uniforme; on les retire finalement des couvertures pour les faire sécher sous des hangars, sur des claies en bambou. Il faut environ un mois pour obtenir une bonne dessiccation.

Après ce temps, on rassemble les gousses dans des caisses hermétiquement closes, où on les conserve jusqu'au moment de leur expédition. A cet effet, elles sont réunies en bottelettes de 50 gousses dans du papier d'étain pour être expédiées en caisses de fer blanc de 10 à 12 kilogrammes.

Un autre procédé consiste à mettre les gousses dans des boîtes de fer blanc doublées de laine et hermétiquement closes que l'on maintient dans l'eau chaude pendant une nuit. On les expose ensuite à l'air, puis on les dispose dans une caisse à sécher en fer galvanisé, comprenant des tiroirs superposés, le fonds de la caisse contenant du chlorure de calcium, corps qui a la propriété d'absorber l'humidité. Au bout d'un mois environ, la préparation est achevée.

RENDEMENT A la Réunion, la moyenne du rendement à l'hectare de vanille marchande est de 65 kilos.

Les rapports de 100 à 150 kilos ne sont pas rares et on connaît, à Nossi-Bé et à Madagascar des rendements, exceptionnels il est vrai, de 200 kilos. On compte de 3 à 4 kilos de vanille verte pour 1 kilo de vanille marchande.

Le principe aromatique de la vanille a été découvert par Gobley, en 1858; c'est la *vanilline*, aldéhyde contenu dans les poils qui tapissent l'intérieur de la gousse, dans la proportion de 1 à 2,75 % de son poids. C'est la vanilline qui forme à la surface des gousses bien préparées les petites aiguilles cristallines, incolores, disposées en étoiles, qui caractérisent la *vanille givrée*.

La manipulation répétée de la vanille provoque des accidents pathologiques connus sous le nom de *vannilisme*. Ce sont des urticaire et érythème de la peau, de la céphalalgie, des affections intestinales dues sans doute au liquide huileux qui découle des blessures des gousses.

PRODUCTION. CONSOMMATION Les colonies françaises produisent la plus grande partie des vanilles consommées dans le monde entier.

En 1926, la récolte mondiale est estimée à 980 tonnes, dont 800 tonnes produites par les colonies françaises, surtout Madagascar et les Comores. La consommation de la France est de 70 tonnes, d'où une exportation très lucrative à l'étranger et notamment aux Etats-Unis.

Ce sont également les Etats-Unis qui absorbent la production du Mexique — environ 190 tonnes — d'une sorte très estimée, la meilleure connue étant celle de Vera-Cruz « givrée ».

Voici, par ordre d'importance, les principaux pays producteurs de vanille : Tahiti, Mexique, Comores, La Réunion, Madagascar, Seychelles, Java et Ceylan, Antilles, Fidji.

Après le Mexique, c'est La Réunion qui produit les meilleures qualités de vanille. Celles de Tahiti ont une odeur d'héliotrope et sont surtout utilisées en parfumerie.

La Nouvelle-Calédonie, la Martinique, le Congo produisent un peu de vanille. La Guadeloupe exporte de 7 à 8 tonnes de *Vanillon*. Le *Vanillon vrai* est la gousse du *Vanilla Pompona* Schiede (V. *guianensis*, V. *lutescens*), espèce de l'Amérique tropicale qui se distingue de la vanille proprement dite par ses feuilles plus longues et plus larges, ses fleurs plus grandes, son fruit plus épais. Le *Vanillon* n'est pas employé comme condiment, mais sa richesse en *héliotropine* le fait rechercher en parfumerie. On l'utilise pour la préparation des cigares de la Havane.

On donne aussi le nom de *Vanillon* aux vanilles vraies de qualité inférieure, gousses petites, épaisses, noirâtres et visqueuses, à parfum peu prononcé.

FALSIFICATION Une fraude d'usage courant consistait autrefois à épuiser par l'alcool la partie balsamique des gousses, le givre de vaniline était remplacé par des cristaux d'acide benzoïque. On livrait au commerce la vanilline ainsi extraite et dont le prix était très élevé, et les gousses, épuisées, réapparaissaient sur le marché, après avoir été frauduleusement revivifiées.

Mais la découverte de la *vanilline artificielle*, ou de synthèse, est venue causer le plus grand préjudice aux cultivateurs de nos colonies, à ce point que le prix du kilogramme de vanille qui atteignait autrefois 70 à 80 francs s'est d'abord abaissé à 40 et 50 francs, pour atteindre 25 francs en 1908.

C'est que la vanilline artificielle qui, en 1876, valait 7.500 francs le kilogramme, est aujourd'hui livrée à un prix d'autant plus bas qu'elle possède un pouvoir parfumant cinquante fois supérieur à celui de la vanille. La quantité de vanilline artificielle utilisée annuellement en France est actuellement évaluée à plus de 15 tonnes.

La *vanilline artificielle* est tirée de l'*eugénol*, contenu dans l'essence de girofle, ou bien de la *coniférine*, extraite du bois de pin et de sapin, ou encore du *gaïacol*, composant du goudron de hêtre.

CHAPITRE II

PLANTES OLEIFERES

1. — *L'Olivier*

Botanique. — Variétés. — Culture. — Ennemis. — Produits et commerce.

Au premier rang des plantes oléifères nous plaçons l'olivier, en raison de l'importance et de la haute antiquité de sa culture.

Arbre essentiellement méditerranéen, son nom sert à désigner une région climatique de l'Europe, caractérisée par sa présence : la *région de l'olivier*.

BOTANIQUE — L'olivier (*Olea europœa* Linné), de la famille des Oléacées, forme de véritables forêts sur la côté méridionale de l'Asie Mineure, et c'est la région comprise entre la Syrie et la Grèce que de Candolle indique comme étant probablement sa patrie historique. Il en est fait état dans les plus anciens livres hébreux: c'était un des arbres promis de la terre de Chanaan. Mais la plus ancienne mention est dans la Genèse, où il est dit que la colombe, lâchée par Noé, rapporta une feuille d'olivier.

L'arbre est précieux par la valeur de ses produits et son aptitude à croître dans les climats secs tel que celui de l'Afrique septentrionale, et c'est avec raison que Bugeaud en conseillait la culture aux premiers colons algériens.

La plante sauvage, ou *Oléastre*, se présente ordinairement sous forme de buissons rameux dès la base, atteignant quelques mètres de hauteur, à rameaux épineux; dans d'autres cas, c'est un petit arbre de 5 à 10 mètres de hauteur, dont le tronc atteint 2 à 4 mètres de circonférence et quelquefois plus.

Les feuilles, lancéolées ou ovales, sont persistantes, coriaces, entières, vertes en dessus, d'un blanc grisâtre en dessous. Les fleurs sont petites, blanches, en courtes grappes aux aisselles des feuilles, sur les rameaux nés l'année précédente; elles s'épanouissent d'avril à juin. Le fruit est une drupe plus ou moins grosse, de forme et de couleur variables selon les variétés qui sont très nombreuses. D'abord vertes, les drupes deviennent noires ou rougeâtres à la maturité qui arrive en novembre-décembre.

Un olivier dans la région de Sfax.

L'olivier prospère surtout dans les sols profonds et légers ; il ne redoute que ceux qui sont argileux, imperméables. La zone littorale nord-africaine, jusqu'à l'altitude de 600 mètres, lui est particulièrement favorable et il existe en Kabylie et en Tunisie d'importants peuplements comprenant des arbres, remarquables par leur développement considérable, qu'on dit âgés de cinq cents ans et plus. On prétend même qu'il en existe dont l'âge peut être évalué à mille ans.

VARIETES — On connaît un grand nombre de variétés d'olivier, les unes recherchées surtout pour la production de fruits à mariner ou à confire, les autres, pour l'extraction de l'huile. Au premier groupe appartiennent les variétés de *Lucques, Picholine, Verdale,*

Espagnole, Amelan, Beni-Abbès; au second, les oliviers *Cailletier, Chemlali, de Salon, Olivière*, etc. Il n'existe malheureusement encore aucune étude d'ensemble des variétés d'oliviers, chose d'autant plus regrettable que le choix des arbres a une importance capitale pour la création d'une olivette, le rendement pouvant varier considérablement suivant les cas. La chaleur paraît avoir une grande influence sur la richesse en huile des olives, à ce point, que telle variété qui ne donne que 20 p. 100 de rendement en France, arrive à donner jusqu'à 29 % en Tunisie.

CULTURE — La culture de l'olivier a pris un grand développement en Tunisie, dans la région du Sahel et de Sfax (1). En Algérie, c'est la Kabylie qui est la région oléifère la plus importante.

On plante peu d'oliviers en Algérie; le plus souvent on greffe sur les oléastres qui croissent à l'état spontané, en détruisant les broussailles qui les environnent, de manière à ne conserver qu'un certain nombre d'arbres, placés à une distance d'environ 10 mètres les uns des autres.

On se sert aussi, pour les plantations, des oléastres arrachés en forêts, ou obtenus de semis et que l'on greffe.

On peut multiplier l'arbre par le bouturage, ou au moyen d'éclats, détachés de la base des vieux arbres.

L'olivier doit être soumis à une taille rationnelle, ayant pour objet de faire prendre à l'arbre une forme telle, que l'air et la lumière en puissent pénétrer toutes les parties; elle a aussi pour but de multiplier les ramifications secondaires fructifères. Il est nécessaire encore de couper, après la récolte, l'extrémité des rameaux qui ont porté des fruits, de manière à provoquer le développement des rameaux de remplacement, ceux qui ont fructifié étant désormais stériles.

Pour la cueillette des olives, on doit éviter le gaulage, qui brise les jeunes rameaux ; il est préférable de récolter à la main, à l'aide d'échelles.

Un labour en hiver, après la récolte, est nécessaire et on en profite pour incorporer au sol des engrais, à raison de 25 kilogrammes de fumier de ferme par arbre. Des binages sont en outre nécessaires dans le cours de la belle saison, et il convient aussi d'irriguer en cas de sécheresses prolongées.

En région favorable, on peut planter des oliviers greffés, bien formés et appartenant aux meilleures variétés; mais il faut attendre quinze ans pour que l'olivette donne des bénéfices; elle ne paie ses frais d'entretien qu'au bout de la huitième année. L'arbre a une durée pour ainsi dire illimitée.

Insectes nuisibles, maladies. — L'olivier a malheureusement un grand nombre de parasites nuisibles : la *fumagine*, ou *noir de l'olivier*, est due à

---

(1) C'est le grand mérite de ce grand colonial que fut Paul Bourde d'avoir intensifié la culture de l'olivier en Tunisie.

un champignon, le *Fumago salicina,* qui se développe principalement sur les feuilles sous forme d'un revêtement noirâtre. On le combat par des pulvérisations de solutions de sels de cuivre. La *mouche de l'olive,* ou *ver de l'olive (Dacus oleœ)* est un petit diptère dont la larve vit dans le fruit et qui cause des dégâts considérables dans les oliveraies.

PRODUITS. COMMERCE L'olivier est surtout précieux pour l'huile que l'on extrait de son fruit, dans la proportion de 14 à 29 % du poids de ces fruits (selon les variétés). L'huile d'olive peut se conserver pendant plusieurs années sans perdre ses qualités comestibles; celle qui est extraite des olives mûres, écrasées au moulin porte le nom d'*huile vierge.* Lorsque la pâte (*grignons*) est mélangée d'eau bouillante et soumise à la presse, elle donne l'*huile ordinaire.* Ces huiles varient de composition suivant les régions. D'une manière générale, les huiles africaines sont plus riches en margarine; elles se figent plus vite et plus complètement à 5° au-dessus de zéro.

Les méthodes de culture de l'olivier, la cueillette et le traitement industriel des fruits ont bénéficié dans les dernières années de grands perfectionnements grâce aux travaux de J. Bonnet. Jadis négligés, les grignons d'olive sont traités à présent, pour l'extraction de l'huile, au trichlorure d'éthylène dont le pouvoir solvant est rapide et considérable.

L'olive est recherchée comme fruit confit, cueilli avant maturité et confit dans l'eau salée, vinaigrée et aromatisée; on l'utilise aussi, à l'état mûr, en conserves.

Ajoutons que le bois de l'olivier est susceptible d'un beau poli et qu'il est recherché pour l'ébénisterie de luxe.

L'Afrique française du Nord produit annuellement environ 150.000 tonnes d'huile dont : Tunisie, 100.000 tonnes ; Algérie, 30.000 tonnes ; Maroc, 10.000 tonnes.

Les chiffres de la production d'huile peuvent varier du simple au double d'une année à l'autre. C'est ainsi que la récolte de 1921 ne fut que la moitié de celle de 1920, qui fournit les chiffres suivants, en milliers de tonnes :

Espagne, 325; Italie, 250; Tunisie, 70; Grèce, 50; Portugal, 35; Algérie, 15; Maroc, 12; France, 10; autres pays, 80.

Enfin, voici, pour l'année 1924, les statistiques de l'exportation de l'huile d'olive des principaux pays producteurs (en tonnes) : Espagne, 49.300; Italie, 30.600; Grèce, 7.800; Tunisie, 8.300; Algérie, 4.200; autres pays, 11.500. Total, 100.600 tonnes.

2. — *Le Cocotier*

Botanique. — Variétés. — Culture. — Ennemis. — Produits. — Préparation
du coprah. — Production et Commerce.

Ce bel arbre, *Cocos nucifera* Linné, de la famille des Palmiers, paraît
être originaire de l'Archipel indien; on le trouve aujourd'hui répandu dans
toutes les parties littorales de la zone tropicale chaude et humide.

Cocoteraie à Nossi-Bé.

BOTANIQUE — Son tronc, qui peut atteindre 25 mètres de hauteur,
est couronné d'un panache de feuilles pennées atteignant de 4 à 5 mètres de longueur, entre lesquelles naissent les inflorescences.

Les fleurs, les unes mâles, les autres femelles, sont petites, réunies dans
la même inflorescence, les femelles occupant la partie inférieure des ra-

mifications. Le fruit est une grosse drupe ovoïde, de dimensions variables suivant les variétés, pouvant atteindre 30 centimètres de diamètre et un poids de plusieurs kilogrammes.

Ce fruit est constitué par une graine, *noix de Coco*, enveloppée d'une masse, comparable au brou de la noix (*mésocarpe*) à la fois charnue et fibreuse, qui devient dure et sèche en vieillissant.

La graine, ou noix de coco, est un noyau osseux à enveloppe très dure (*endocarpe*); elle contient, avant la maturité, un liquide sucré d'un blanc légèrement grisâtre et opalin, qui est couramment employé comme boisson rafraîchissante sous le nom de *lait de coco*. A la maturité, ce lait est devenu consistant (*albumen*); il constitue, avec l'embryon, l'*amande*, qui tapisse la paroi interne de la coque sur laquelle il s'est concrété, en laissant une grande cavité au centre de la graine.

Cette amande, de couleur blanche, est oléagineuse et possède une saveur *sui generis* qui plaît à certaines personnes (qui en achètent volontiers des tranches sur la voiture d'un marchand des 4 saisons); mais on la considère généralement comme étant fade et peu digestible. Extraite de la coque et desséchée au soleil ou au four, elle constitue le *coprah*.

VARIETES Le cocotier compte de nombreuses variétés qui se distinguent par la taille de l'arbre, la forme du fruit, plus ou moins gros, arrondi ou ovoïde et dont la couleur peut être verte, blanchâtre, rougeâtre ou brune.

CULTURE Le cocotier demande un sol qui ait comme première qualité d'être perméable, ce qui écarte les terrains argileux. Les terrains d'alluvion et les bords légèrement sablonneux de la mer lui conviennent particulièrement. Comme il vient fort bien sur les plages marines où l'air est chargé d'embruns salins, on considère qu'un sol imprégné d'infiltrations salines le favorise sans que, cependant, la chose soit démontrée; on trouve, en effet, à Ceylan, des plantations à 600 mètres d'altitude; il en existe jusqu'à 1.370 mètres dans l'Inde et nous avons, au Laos, de belles cocoteraies à 2.000 kilomètres de la mer. Dans tous les cas, il lui faut un climat chaud et humide.

On multiplie ce palmier par ses fruits. En Annam, les indigènes les font germer, d'abord sous leur lit de camp, dans la « cainha », et les mettent ensuite, avant de les transplanter, dans une fosse, à côté de la cuisine où ils restent enterrés sous une couche de terre ou de cendres pendant un an.

Les planteurs européens, eux, choisissent les plus beaux fruits mûrs dans l'année et les mettent à germer à l'entrée des chaleurs et des pluies tropicales, lorsque la végétation est la plus active; ils les disposent par tas de 8 à 10, à l'ombre, soit sous une couche de paille, soit au niveau du sol sous

une mince couche de terre; paille et terre doivent être arrosées sans excès jusqu'à la venue de la plantule. Les cocos sont placés le pédoncule
tourné vers le côté. La germination peut durer de un à trois mois.

Lorsque la plantule a de 15 à 20 centimètres de longueur, on peut repiquer ou mettre en place définitive, cette dernière méthode paraissant préfé-
rable. Il y a beaucoup de déchets, 30 % environ. Nous conseillons la plantation en lignes à la distance de 8 mètres, soit 144 arbres par hectare.

On peut aussi planter directement en plaçant les noix à germer obli-quement dans des trous formant cupule, assez grands pour retenir l'eau de pluie.

On recouvre légèrement de terre ou d'un paillis et on arrose s'il le faut.

Le cocotier ne rapporte nor-malement qu'à sa huitième an-née, souvent plus tard ; il garde sa pleine productivité, toutes conditions égales d'ail-leurs, jusqu'à cinquante ans mais peut pro-duire jusqu'à soixante-quin-ze ans; on si-gnale même des vétérans encore fertiles à cent ans.

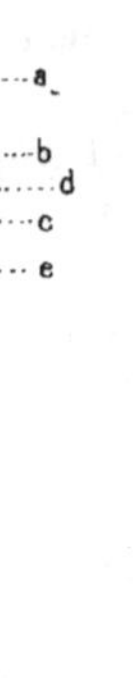
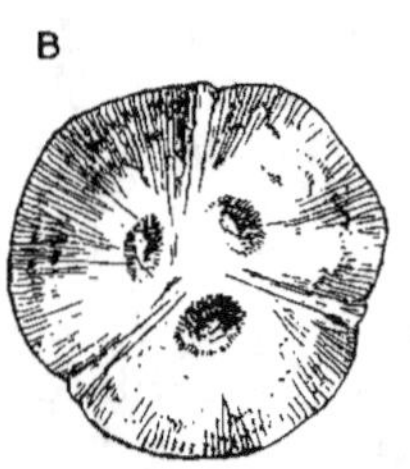

A. Coupe longitudinale d'une noix
de coco.
a, Enveloppe fibreuse ou coir.
b, Coque; *c*, albumen ou coprah.
d, Cavité centrale; *e*, embryon.
B. Noix vue en-dessous montrant
3 ombilics correspondant
aux trois carpelles primitifs.

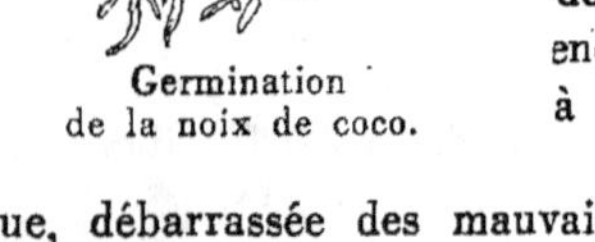
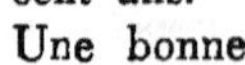

Germination
de la noix de coco.

Une bonne
plantation doit être bien entretenue, débarrassée des mauvaises herbes,
bien fumée et irriguée si possible. Les engrais doivent être donnés en
quantité (de 3.000 à 6.000 kilogrammes par hectare et par an dans les
terrains sablonneux), certains planteurs entretiennent, à cet effet, des trou-
peaux de bétail dans leurs cocoteraies.

Pendant la période d'attente, on peut faire des cultures intercalaires,
parmi lesquelles celle de l'arachide est à recommander. En Malaisie, le
planteur s'applique à l'observation de trois règles primordiales : surveiller
le drainage, ameublir la surface du sol, empêcher le développement des
mauvaises herbes.

A la maturité, les fruits tombent d'eux-mêmes, surtout la nuit, ce qui explique la rareté des accidents que produit leur chute. Mais la **cueillette** des noix se fait généralement tous les quatre mois; dans certains **pays** même, comme en Annam, tous les mois. En Indochine, le coupeur **de noix** grimpe le long du tronc fort habilement en se servant d'une entrave étroite

Allées de cocotiers à Tamatave.

aux pieds, à la hauteur de l'articulation. Un cri avertit les récolteurs d'en bas de la chute imminente d'une noix. Un grimpeur habile peut abattre jusqu'à mille noix par jour, ou seulement une moyenne de quatre **cents noix,** suivant qu'il escalade le cocotier à la mode malaise ou indienne, celle-ci lui laissant la liberté des deux mains.

RENDEMENT En Malaisie, le rendement est de dix noix par arbre à la 6e année; de trente noix à la 7e et de quarante noix à la 8e. La moyenne est ensuite de 50 et jusqu'à 80 noix dans les cocoteraies bien entretenues de soins et d'engrais.

Dans les bonnes plantations moyennes de Ceylan, on compte sur une moyenne de 50 noix par arbre et par an; mais chez les indigènes, une moyenne de 30 est la règle. Il y a des cocotiers dans telles cocoteraies de Mytho (Cochinchine), en terrain riche, qui ont accusé des rendements de 220 noix par arbre pendant quelques années. Nous admettons donc qu'un hectare d'une plantation conduite normalement, à l'européenne, doit donner 7.000 noix de coco, à condition qu'elle n'ait pas trop de compétiteurs parasites.

Régime de noix de coco.

Une des variétés les plus intéressantes sur laquelle l'attention a été appelée dans les dernières années, est le *cocotier nain*, ou *dwarf coco nut*, que les Malais appellent *Nyor gading*, remarquable par sa fructification précoce. Des plantations démonstratives faites dans les Etats malais ont été en rapport dès la 4ᵉ année. Le régime d'un arbre de 6 ans peut donner jusqu'à 200 fleurs femelles et jusqu'à 55 noix de coco mûres, de grosseur, il est vrai, moindre que celles du cocotier ordinaire. Mais cette variété a l'avantage d'être très robuste et peu exigeante sur la qualité du sol, pourvu que l'eau y soit abondante sans être stagnante. Sa taille, réduite à 3 mètres de hauteur généralement, permet facilement la cueillette des noix qui viennent toucher le sol. On peut planter jusqu'à 180 pieds à l'hectare.

Le cocotier est attaqué par de nombreux ennemis. Ce sont
ENNEMIS d'abord le bétail, les sangliers, les porcs-épics, friands de
jeunes feuilles lorsqu'ils peuvent les atteindre dans les plantations nouvelles. Puis, le rat palmiste, grand déprédateur, qui perfore les
jeunes fruits pour les vider de leur contenu. Ses dégâts diminuent souvent du
dixième le rendement des récoltes de noix. Les haies d'épines qu'on dispose
autour du pied des arbres demeurent insuffisantes et on s'en défend mieux
par une collerette en fer blanc entourant le tronc le plus haut possible, de
façon à ménager à l'intrus une bonne chute d'une dizaine de mètres.

Deux coléoptères de forte taille attaquent également cet arbre. L'un,
l'*Oryctes rhinoceros* (*black beetle*) est un gros scarabée de forme bizarre,
à corne de rhinocéros, qui vole au crépuscule et perce des trous de la base des feuilles vers le cœur de l'arbre. Il n'est dangereux que comme insecte parfait et pond ses œufs dans les détritus où se développent les larves, de sorte que le meilleur combat à leur livrer est la tenue en grande propreté de la plantation.

L'autre coléoptère, également ment nocturne, confie sa larve aux tissus profonds du cocotier où elle creuse des galeries en zigzag, néfastes.

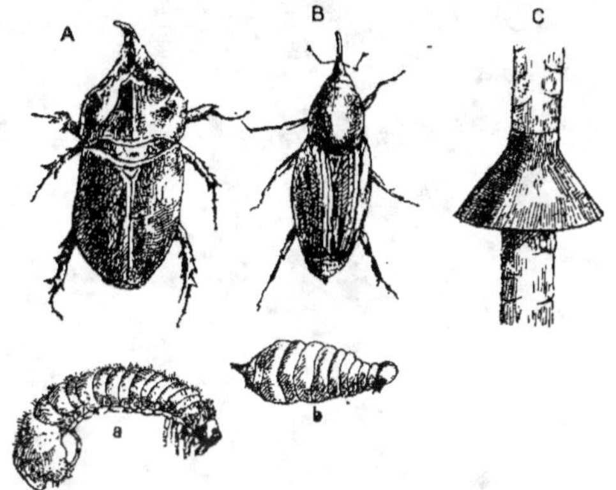

Ennemis du cocotier.
A. *Oryctes rhinoceros*; *a*, sa larve.
B. *Rhynchophorus ferrugineus*; *b*, sa larve.
C. Manchon en abat-jour contre la montée des rats.

C'est le *Rhynchophorus ferrugineus* (ou *calandre*, *red weevil*), un curculionide muni d'un rostre térébrant, et la femelle, d'un puissant oviscape par
lequel, profitant des blessures faites par l'*Oryctes*, elle introduit ses œufs.
On conseille de détruire la larve par l'injection de sulfure de carbone dans
les galeries qu'elle habite et d'autres pratiques aussi malcommodes et peu
efficaces (pièges lumineux) alors que la meilleure arme contre ces insectes
est la propreté de la plantation, la destruction des détritus végétaux et l'enfouissement du fumier.

Le plus grand danger pour une plantation serait la pourriture sur place
des cocotiers abattus ou tombés, foyers incessants de vermine et de spores
de champignons.

Ajoutons à cette liste de prédateurs les fourmis blanches ou termites,
les sauterelles, les écureuils, sans compter, bien qu'ennemis moins redoutables, les chenilles qui attaquent la feuille (*Batrachedra*; *Brachartona*) et des
cryptogames comme le *Pestalozzia*.

PRODUITS
Le cocotier, « roi des Palmiers », charme les yeux dans le paysage tropical; il est aussi une véritable providence, constituant, avec le bambou, la plante la plus utile des tropiques. Les Hindous ont célébré en prose et en vers les 360 usages qu'ils ont reconnus à cet arbre providentiel.

Son *tronc* donne un bois d'œuvre résistant que l'on peut utiliser en charpente; creusé, il sert de tuyau de conduite.

Ses *feuilles* servent à constituer des couvertures, des chaumes, des abris,

Noix de coco fournissant le coir.

des nattes, des vêtements; les pétioles sont utiles pour faire des clôtures, des cannes à pêche; les folioles, des calames pour écrire, etc.

Le *bourgeon terminal* est un excellent chou-palmiste (salade) que l'on récolte sur les arbres renversés par le vent.

Le *spadice* (inflorescence), sectionné, donne un vin de palme ou *toddy* (1 litre par jour pendant 20 à 30 jours), dont on tire par cuisson un sucre, le *jaggery* et par fermentation, un *arrak*.

Le *fruit* est consommé vert pour son *lait de coco*, très rafraîchissant, et son albumen naissant, tendre encore, que les pâtissiers de l'Inde accommodent de plus de cent façons, dit-on. A l'état sec, l'enveloppe fibreuse (mésocarpe) donne le *coir* utilisé pour faire des brosses, des tapis, des cordages ; son détritus, le *cofferdam*, sert à calfeutrer les coques des navires et pour le transport des graines et des fruits. Sa coque (endocarpe) débarras-

Extraction du coprah en Malaisie.

sée du coprah, est utilisée pour fabriquer des cuillers, des vases, des instruments de musique et de mesure; ses cendres potassiques servent d'engrais. L'albumen, qui devient corné avec l'âge, constitue le coprah; il donne de l'huile servant aux usages les plus divers : savons, bougies, beurre végétal; pulvérisé, il devient le *dessicated coco nut* (1), employé en cuisine et en pâtisserie. Enfin les tourteaux, ou *pounak,* servent à l'alimentation du bétail et comme engrais.

Cet arbre dispensateur de tant de choses utiles fournit aujourd'hui au commerce un produit qui a pris une importance considérable dans le cours de ces dernières années : le *coprah.*

PREPARATION DU COPRAH La préparation du coprah débute par la défibration du coir, par arrachage de l'enveloppe après macération dans l'eau, ou séjour plus ou moins prolongé dans de la terre humide.

La coque de la noix ainsi mise à nu, est ensuite brisée à la main à l'aide d'une serpe par les indigènes, au moyen de machines dans les usines européennes. L'albumen est séparé de la coque à l'aide d'un instrument tranchant, puis séché (quelquefois adhérant encore à la noix, comme à Tahiti). Le séchage se fait au soleil, ce qui donne un beau coprah blanc, ou dans des séchoirs, ou bien dans des vases clos ou étuves. Nous ne suivrons pas le coprah à travers les usines européennes ni les huileries indigènes; notons seulement que, à l'état sec, il donne de 50 à 62 p. 100 de son poids d'une huile qui n'est fluide qu'à une température supérieure à 26°, raison pour laquelle elle n'existe habituellement qu'à l'état solide dans les pays tempérés.

On estime qu'un hectare complanté en cocotiers peut donner une tonne de coprah.

Le coprah rancit et fermente assez facilement, ce qui déprécie la qualité de l'huile : c'est la raison pour laquelle le coprah et les huiles des Philippines et de Bornéo sont inférieurs à ceux de Ceylan, de l'Inde et de Java, où les produits sont mieux soignés.

On est arrivé cependant, dans ces dernières années (procédé Rocca), à éliminer, de l'huile de coprah et du coprah lui-même, les acides gras qui rancissent et à obtenir, de ce fait, une substance de bonne conservation devenue un parfait succédané du beurre de lait et des graisses animales, pour les emplois culinaires : c'est la *végétaline* ou *cocose,* ou encore ***beurre de coco,*** de plus en plus utilisée en alimentation et non sans raison, puis-

---

(1) L'emploi de la noix de coco râpée est de plus en plus répandu en pâtisserie où elle remplace l'amande et la noisette. C'est jusqu'à present encore une denrée de luxe. L'industrie du *dessicated coco nut* est surtout développée à Ceylan qui en a exporté 14.000 tonnes en 1924, principalement en Angleterre et aux Etats-Unis. Les Philippines se mettent à présent à concurrencer Ceylan.

Cocos

que c'est un aliment sans principes nocifs et qui a le mérite d'être d'un prix moins élevé. C'est en 1897 que fut créée en France l'industrie du beurre de coco.

Les petits producteurs emploient souvent une méthode de séchage au feu et à la fumée qui donne un coprah jaune de qualité inférieure. Ailleurs, on pratique des fumigations à l'acide sulfureux afin d'empêcher l'action des ferments et d'obtenir une teinte claire.

Le coprah, après avoir donné à la presse hydraulique jusqu'à 62 p. 100 d'huile, en abandonne encore de 7 à 8 p. 100 au tourteau ou *pounak* dont nous connaissons la valeur dans l'alimentation du bétail ou comme engrais; et qui représente environ 35 p. 100 du coprah sec.

Le coprah se fait exporter surtout à l'état brut, l'extraction de l'huile se faisant dans les pays de grande importation d'Europe et d'Amérique.

PRODUCTION ET COMMERCE Par ordre d'importance, les pays producteurs de coprah se rangent dans l'ordre suivant, d'après les superficies consacrées à la culture du cocotier (année 1924), en milliers d'hectares :

Inde Anglaise : 490 (1923); Philippines : 460; Ceylan : 364 (1921); Malaisie anglaise : 220; Nouvelle Guinée : 70; Indes Néerlandaises : 50 (cultures européennes); Indochine : 30, etc.

Au total : 1.973.000 hectares (1).

La production mondiale est à peu près impossible à déterminer. L'exportation est estimée approximativement à 700.000 tonnes, en progression rapide sur le chiffre de l'année 1900 qui était de 100.000 tonnes.

Pour l'année 1926, l'Institut de Rome donne, à l'exportation, les chiffres suivants :

Indes Néerlandaises : 320.000 tonnes; Philippines : 207.100 tonnes; Ceylan : 89.700 tonnes; États Malais : 42.300 tonnes; Nouvelle Guinée : 36.500 tonnes; Iles Fidji : 23.500 tonnes; Etablissements français de l'Océanie : 14.800 tonnes; Nouvelles Hébrides : 6.800 tonnes; Indochine : 9.800 tonnes, etc.

Ne figurent pas sur ce tableau les exportations des Straits Settlements et de la Malaisie évaluées à 200.000 tonnes, ni les exportations d'huile de coco des Philippines (104.000 tonnes), de Ceylan (27.000 tonnes), ni les exportations des noix entières.

---

(1) Les statistiques sont fort discordantes et parfois déconcertantes : elles ne peuvent vraiment qu'indiquer approximativement un ordre de grandeur dont l'économiste est obligé de se contenter.

En ce qui concerne les colonies françaises, leur production en coprah d'environ 30.000 à 35.000 tonnes, se partage par moitié à peu près entre l'Indochine et les Iles de l'Océanie.

La France importe annuellement environ 150.000 tonnes de coprah, quantité dans laquelle ses colonies, en 1926, figuraient pour les apports suivants :

Indochine : 11.342 tonnes ; Etablissements français de l'Océanie : 11.242 tonnes; Nouvelles-Hébrides : 8.332 tonnes; Nouvelle-Calédonie : 2.116 tonnes ; Madagascar : 1.112 tonnes. — au total : 35.200 tonnes dont la totalité n'est pas importée en France.

La culture du cocotier est rémunératrice et sûre. En pays anglais on qualifie volontiers ces plantations de « consolidated of the East » et de Roux rapporte le propos suivant de Lord Leverhulme qui exprime une même confiance : « Je ne connais aucune culture tropicale capable de donner autant de promesses que le cocotier et je ne crois pas qu'il y ait au monde une manière plus lucrative d'employer son temps et son argent que de les appliquer à l'exploitation du cocotier ».

3. — *L'arachide*

Botanique. — Culture. — Rendements. — Produits. — Commerce.

L'arachide ou *Pistache de terre*, ou *Cacahuète* (*Arachis hypogœa* Linné), de la famille des Légumineuses, est le principal oléagineux importé en France par le commerce colonial.

La plante, originaire très vraisemblablement du Brésil, ne fut connue et introduite dans l'Ancien Monde qu'après la découverte du Nouveau Monde, d'abord et probablement en Guinée, par les premiers négriers (de Candolle), ensuite par les Portugais, vers le XVIIe siècle, d'Amérique, en Asie où elle s'est répandue jusqu'en Chine et au Japon. Elle est aujourd'hui cultivée dans tous les pays chauds et même dans la zone tempérée chaude, les limites de sa culture étant le 40° de latitude nord et le 36° de latitude sud.

BOTANIQUE — L'arachide est une plante annuelle à tiges couchées sur le sol, de 30 à 40 centimètres de hauteur; les feuilles ont ordinairement deux paires de folioles stipulées, à long pétiole. Les fleurs sont petites, jaunes, striées de rouge; elles naissent aux aisselles des feuilles.

Le mode de fructification de la plante est des plus curieux. En effet, lorsque la fécondation est opérée, le pédoncule floral s'allonge, s'infléchit vers le sol de manière à enterrer l'ovaire qui se développe à une profondeur de 5 à 10 centimètres, pour former une gousse (*cosse*) cylindrique, indéhiscente, longue de 3 à 5 centimètres, d'un gris jaunâtre, couverte d'un réseau de nervures saillantes, renfermant une, deux ou, plus rarement, trois graines. Ce fruit est marqué d'un ou deux étranglements auxquels correspondent les loges contenant chacune une graine ovoïde, à testa rougeâtre. Grillée, cette graine a une saveur qui rappelle un peu celle de la noisette; il s'en fait une grande consommation dans les pays producteurs et même dans les grandes villes d'Europe; mais c'est surtout comme graine oléagineuse que l'arachide ou *cacahouète* (du nom espagnol *cacahuète*) est utilisée.

Le nombre des variétés locales est considérable. On les réunit pratiquement en deux groupes dont le premier, le groupe *asiatique*, rattache ses variétés au type péruvien d'origine. Ces variétés sont cultivées surtout en Asie; elles ont des feuilles et des tiges velues et un fruit contenant généralement trois graines. Elles sont caractérisées par des tiges redressées atteignant jusqu'à 0 m. 75 de hauteur et le groupement des fruits autour de la base du pied; elles sont généralement précoces, faciles à cultiver et surtout à récolter. Les Américains les désignent sous le nom de *bunch type*.

Le deuxième groupe — le *runner type* — se rattache au prototype brésilien. Ses variétés sont presque glabres, ne dépassent guère 0 m. 25 de hauteur et développent leurs tiges en surface en éloignant les fruits de l'axe de la plante ce qui en rend la récolte moins aisée. Les coques ne contiennent généralement que deux graines de coloration pâle. Ces variétés sont surtout de culture *africaine*.

CULTURE — La culture en grand de l'arachide n'est vraiment profitable que dans les pays chauds; dans les régions subtropicales et même tempérées, on peut obtenir cependant des produits, mais la graine y demeure petite, avec une faible teneur en huile.

Le sol doit être fertile, meuble, frais, avec, autant que possible, une certaine proportion de chaux. En terrain compact, argileux, le développement souterrain des fruits serait impossible ; en sol trop humide, ils pourriraient.

On laboure à une profondeur de 20 à 30 centimètres puis on sème en disposant 2 ou 3 graines dans des trous de 7 à 8 centimètres de profondeur, placés à une distance de 50 centimètres les uns des autres. Des binages et des sarclages sont nécessaires pendant la végétation et il est utile de buter, c'est-à-dire de ramener la terre au pied des touffes au moment de

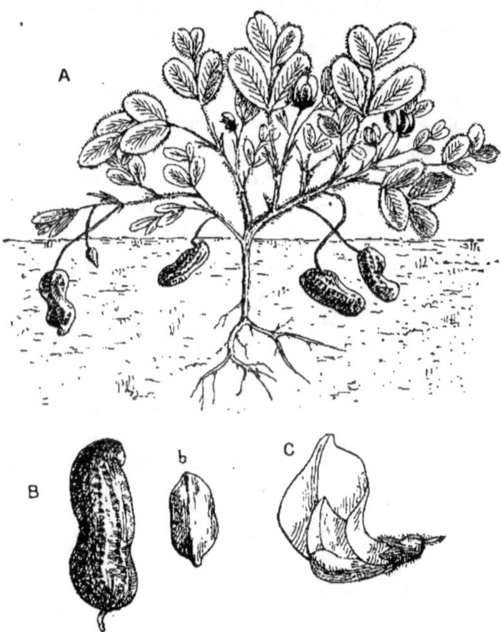

A. *Pied d'arachide*. — Figure schématisée montrant la fructification souterraine.
B. Fruit à 2 graines; *b*, graine; *c*, fleur.

la floraison, de manière à ce que les jeunes fruits puissent s'enterrer plus facilement. Il est également nécessaire d'arroser en cas de sécheresse, pendant le développement des plants ; mais l'humidité excessive est nuisible surtout pendant la dernière période de la végétation.

Des expériences faites aux Etats-Unis ont montré que les graines sélectionnées sur des fruits qui n'en portent qu'un petit nombre donnent un meilleur rendement que celles contenues en plus grand nombre dans les coques; celles-ci développent surtout tiges et feuilles pour le fourrage.

D'autres expériences faites aux Philippines ont permis de multiplier l'arachide par boutures.

La maturation des fruits a lieu six mois après le semis, et ce temps détermine l'époque du semis. Au Sénégal, on sème au commencement de la saison des pluies, de fin juin aux premiers jours d'août, de manière à ce que l'époque de la maturation coïncide avec le début de la saison sèche. La fructification n'est pas simultanée ni uniforme.

Le moment de la récolte est indiqué par le jaunissement des feuilles, la dessiccation de la tige et la chute des feuilles basses; elle se fait par arrachage des plants, à la main, sans plus, s'il s'agit de variétés à fruits groupés au pied de la plante; en retournant le sol à la spatule, si les fruits sont dispersés. On emploie aussi maintenant une sorte de charrue déchausseuse pareille à l'arracheuse de pommes de terre. Les plantes sont séchées au soleil et les gousses détachées à la main. Il est préférable de sécher en meules, les touffes retenues par un pieu avec les fruits tournés vers l'intérieur. Les tiges et les feuilles sont un excellent fourrage.

Les fruits détachés de la plante et séchés constituent les *arachides en coque*; c'est sous cette forme qu'ils sont exportés de la côte occidentale d'Afrique. Dans l'Inde et au Mozambique, on décortique les arachides avant de les livrer au commerce. Cette opération se fait par un battage à l'aide de fléaux. Il existe des décortiqueuses mécaniques. Les graines ainsi décortiquées sont d'un transport plus économique, mais elles rancissent plus facilement pendant le transport, dans la cale des bateaux.

ENNEMIS L'arachide est exposée aux attaques de nombreux insectes, plus déprédateurs à l'état de larve qu'à l'état parfait, sans toutefois que leurs dégâts, jusqu'à présent, soient calamiteux; ce sont surtout les termites les plus dangereux.

Des affections cryptogamiques ont été identifiées en divers pays, dues à des champignons des genres *Sclerotium, Sclerotinia, Aspergillus, Cercospora*, etc. Une maladie répandue dans les cultures africaines, la *frisette*. qui contrarie le développement des rameaux fructifères, semble due à l'infection par un virus à la suite de la piqûre d'un puceron.

RENDEMENT Le rendement varie, cela va sans dire, suivant le climat et le terrain; il oscille entre 1.000 et 4.500 kilogrammes à l'hectare ; nous admettons 2.400 kilogrammes dans une culture un peu soignée. donnant 73 p. 100 d'amandes et 27 p. 100 de cosses. Au Soudan français, on admet une moyenne de

Récolte de l'arachide dans l'Inde.

1.000 kilogrammes á l'hectare dans un sol ordinaire et une moyenne de 1.500 á 1.800 kilogrammes, en bon terrain. Les graines décortiquées donnent en moyenne de 30 à 40 p. 100 d'huile à l'usine et par procédé européen, alors que l'indigène, avec son outillage primitif, n'obtient que 20 à 25 p. 100. Les fanes sèches fournissent une tonne environ de fourrage à l'hectare.

COMPOSITION La teneur en huile de l'arachide est fonction du climat, étant supérieure dans les cultures tropicales, particularité que nous avons déjà constatée pour l'huile d'olive.

La graine d'arachide décortiquée donne, à l'analyse, de 45 à 50 p. 100 de matières grasses; de 24 à 27,50 p. 100 de matières azotées et de 11,5 à 15,7 p. 100 d'hydrates de carbone (amidon et sucre). L'huile d'arachide est caractérisée chimiquement par des acides spécifiques.

Les tourteaux d'arachide contiennent 48 p. 100 de matière azotée lorsqu'ils proviennent de graines décortiquées et 28,50 p. 100 de fruits non décortiqués, ainsi que respectivement 5,53 p. 100 et 9,33 p. 100 de matières grasses et 28,35 et 25,20 p. 100 d'hydrates de carbone.

Les germes des graines, éliminées pendant les opérations industrielles, contiennent 30 p. 100 de matière azotée : ils sont donnés en Amérique en ration aux porcs.

PRODUITS ET EMPLOIS L'huile d'arachide est obtenue par pression. La première pression à froid donne l'huile dite *surfine*, la meilleure pour la table ; la deuxième pression, avec de l'eau froide, fournit une huile encore comestible, mais employée surtout pour l'éclairage et le graissage : c'est l'huile dite de *graissage* dans le commerce; enfin la troisième pression est faite à chaud et fournit l'huile de savonnerie. Les résidus ou *tourteaux* sont employés dans l'alimentation du bétail et comme engrais.

L'huile surfine d'arachide est jaune verdâtre, presque incolore, très fluide et agréable au goût (presque insipide). Elle commence à se figer à 1 degré au-dessous de zéro, rancit lentement et n'est pas siccative. Elle sert comme huile de table, à falsifier l'huile d'olive et à fabriquer des beurres factices de margarine. Ces beurres en contiennent de 30 à 50 p. 100 et s'importent en quantité de Hollande sur l'Angleterre (pour plus de 100 millions par an).

L'industrie ordinaire emploie beaucoup d'huile d'arachides et la Hollande l'incorpore à ses fromages « pâte grasse ». Elle sert aussi à la préparation des conserves de sardines.

L'huile de fabrique, extraite à chaud, a une couleur jaune et une saveur désagréable; elle sert surtout dans la fabrication des savons blancs et durs.

L'usage de la *cacahouète* comme aliment direct est bien connu et s'est introduit dans les pays du Nord; sous les tropiques, les nègres ont l'habitude d'en grignoter sans discontinuer (1). Pilée, l'arachide donne un condiment de couscouss; elle est employée en pâtisserie en guise d'amande; enfin, en certains pays, comme en Espagne, on l'associe au cacao pour la préparation d'une sorte de chocolat.

On a pu faire entrer du tourteau d'arachide dans la composition d'un pain d'alimentation humaine. Nous connaissons la qualité des fanes comme fourrage. Les coques des fruits brûlées fournissent un engrais et des essais ont été faits pour leur utilisation dans la fabrication d'alcool, d'acide acétique et d'acétone.

Enfin, l'industrie des Etats-Unis absorbe annuellement de grandes quantités d'arachides dans la fabrication d'une pâte appelée *beurre d'arachide* — *pea nut butter* — qui possède de remarquables qualités nutritives.

Elle est préparée principalement avec les deux variétés *Spanish* et *Virginia*, du type *bunch*; les graines sont torréfiées, puis brossées à la machine pour en enlever les pellicules et les germes (les pellicules donnent de l'huile) enfin, par broyage dans des machines, réduites à l'état de pâte à laquelle on ajoute de 1,5 à 3 p. 100 de sel.

PRODUCTION ET COMMERCE La production mondiale est évaluée à plus de 3 millions de tonnes. Le plus gros pays producteur d'arachide est l'Inde anglaise avec un chiffre annuel de près d'un million et demi de tonnes; mais la majeure partie en est consommée localement laissant pour l'exportation, en 1927, 553.000 tonnes dont une bonne partie est prise par la France.

Après l'Inde anglaise vient l'Afrique occidentale française avec une exportation, en 1926, de 483.942 tonnes. C'est la culture par excellence de l'indigène du Sénégal et du Soudan, d'année en année plus développée grâce à la pénétration du rail et aux efforts, également, des Européens qui en créent à présent des plantations, scientifiquement conduites d'après les enseignements de la station d'expériences de Bambey.

Madagascar possède des centres de culture actifs comme la plaine de l'Alaotra et l'Ile peut maintenant exporter et livrer à la France plus de 5.000 tonnes d'arachides par an.

Culture et production progressent aux Etats-Unis qui ont récolté, en 1927, 393.000 tonnes dont les cinq sixièmes sont retenus par les industries locales.

Augmentation également de la production en Chine et notamment dans la Mandchourie méridionale. Elle a exporté, en 1925, 177.000 tonnes d'arachides et 39.000 tonnes d'huile, sans compter les tourteaux.

---

(1) Schweinfurth rapporte que les chacals viennent déterrer les arachides pour les croquer avec délice après avoir éliminé les coques.

A citer encore la Nigeria avec une exportation, en 1926, de 115.000 tonnes et la Gambie, avec 62.000 tonnes.

Le plus gros pays importateur est la France avec une chiffre annuel de plus de 500.000 tonnes que reçoit surtout le port de Marseille.

En 1925, les colonies françaises ont exporté 460.000 tonnes d'arachides en coques dont 446.000 tonnes du Sénégal, 5.036 de Madagascar, 4.039 de la Guinée française, 4.500 de l'Indochine, 121 du Cameroun, etc. La part métropolitaine à l'importation est de plus de 300.000 tonnes. Après la France vient l'Allemagne et, en troisième ligne, l'Angleterre.

Les sortes commerciales se dénomment de leur origine : Gambie, Coromandel, Pondichéry, Chine, Rufisque, Cayor, Saloum, Galam, Casamance, etc. Les centres de production au nord de Rufisque donnent les *Extra Cayor*, les *Rufisques* et les *Rufisques surfines;* ceux au sud de Rufisque donnent les *Sine-Rufisques.*

C'est seulement vers .1840 que la culture de l'arachide a commencé à prendre une certaine importance sur la côte occidentale d'Afrique (en Gambie et au Cayor). En cette année, Marseille recevait un premier envoi de 1.200 kilogrammes. Les chiffres d'exportation augmentèrent rapidement et la culture de l'arachide est devenue le principal élément de richesse du Sénégal.

---

4. — *Le palmier à huile*

Botanique. — Variétés. — Culture. — Produits. — Commerce.

Le palmier à huile (*Elœis guineensis* Jacquin), de la famille des Palmiers, est un bel arbre qui rappelle le cocotier par son port.

Sa patrie est la côte de Guinée, où les voyageurs l'ont vu exploité au XVIᵉ siècle par les indigènes, et d'où les négriers et les nègres l'ont introduit au Brésil. Il a gagné peu à peu toutes les régions tropicales, mais son centre d'exploitation intense demeure le golfe de Guinée. On le trouve à l'état sauvage sur la côte occidentale d'Afrique, principalement entre le 13° de latitude nord et le 6° de latitude sud. Il pénètre dans l'intérieur du continent et existe dans toutes les parties basses et humides de cette vaste région, jusqu'au lac Tanganyka.

C'est l'arbre utile par excellente de nos colonies du Dahomey, de la Côte d'Ivoire et de la Guinée; il est également commun au Gabon. Introduit dans les derniers temps en Extrême Orient, il y prend une place de plus en plus importante dans les plantations.

<table>
<tr><td>BOTANIQUE</td><td>Le Palmier à huile peut atteindre 15 à 20 mètres de hauteur; son tronc est droit; ses feuilles, de 3 à 5 mètres de longueur, sont pennées, à pétioles épineux.</td></tr>
</table>

Le Palmier à huile peut atteindre 15 à 20 mètres de hauteur; son tronc est droit; ses feuilles, de 3 à 5 mètres de longueur, sont pennées, à pétioles épineux. Les fleurs sont monoïques, c'est-à-dire les unes mâles, les autres femelles, portées sur des inflorescences distinctes, mais sur le même arbre. L'inflorescence femelle

Palmier à huile (*Elœis guineensis*). Récolte des régimes.

est de forme ovoïde et atteint de 10 à 50 centimètres de longueur sur 10 à 35 centimètres de largeur : elle est constituée par des ramifications munies de bractées épineuses et porte des fleurs qui deviennent des fruits (drupes) de la forme et de la grosseur d'une prune *quetsche*, d'un jaune plus ou moins rougeâtre à la maturité, selon les variétés. Les régimes, globuleux ou ovoïdes suivant les variétés, peuvent atteindre un poids de 75 kilogrammes.

Ces fruits, au nombre de 1.000 à 1.500 sur un régime (inflorescence) de dimensions moyennes, possèdent un noyau à paroi (endocarpe) dure, épaisse, entouré d'une pulpe à la fois charnue et fibreuse, d'épaisseur variable selon les variétés et qui renferme une forte proportion d'huile. Le noyau, de son côté, renferme une amande oléagineuse qui est exportée en Europe sous le nom de *Palmiste*.

Fruit du palmier à huile.

Le palmier à huile ne développe son stipe en hauteur que dans sa sixième année ; il forme, jusque-là, un panache de feuilles, jailli du sol, au milieu duquel se nichent les régimes, ainsi faciles à récolter. La racine pivotante et courte sur jeune pied est remplacée ensuite par des racines adventives secondaires pouvant atteindre 5 mètres de longueur qui fixent la plante assez solidement au sol pour qu'elle puisse résister aux tornades.

VARIETES — Le nombre des variétés s'est accru depuis que les botanistes : A. Chevalier, Em. Perrot, de Wildemann, ont appliqué leurs études aux caractères distinctifs des meilleures à recommander à la culture.

Ces variétés se distinguent par la forme et la grosseur du fruit, l'épaisseur de la coque et surtout celle de la pulpe du péricarpe qui donne l'huile de palme.

On distingue entre autres les variétés *macrocarya* du Congo; *dura* de Sumatra (issue de fruits importés en 1848 et réputée actuellement une des meilleures) ; *Poissoni* (1) ; *gracilinux*; *tenera*; *pisifera*, etc. La fécondation croisées étant très facile, le nombre des variétés d'hybridations s'accroîtera aisément dans les cultures, ce qui est à surveiller.

CULTURE. RECOLTE — Sur la côte d'Afrique, ce Palmier n'était guère cultivé jusqu'à présent, parce qu'il existe en abondance à l'état sauvage et que ses fruits, se détachant à la maturité, germent sans autres soins, assurant ainsi la propagation de la plante. Mais il y a grande et pressante utilité à planter les meilleures variétés, obtenues de graines et cultivées en pépinière jusqu'au moment de la mise en place.

L'aménagement et l'exploitation des peuplements spontanés, quelque souhaitables qu'ils soient et en apparence aisés à réaliser, ne donneraient pas les résultats économiques que le planteur avisé et opérant d'après les données de la culture moderne obtiendra de palmeraies établies sur des terrains choisis, avec des variétés sélectionnées.

---

(1) La variété *Poissoni* Annet, est appelée *palmier à oreilles* à cause d'une expansion charnue et pulpeuse que font à la base du fruit des carpelles (ou des staminodes) accrescents.

Les deux variétés *dura* et *tenera* ne sont d'ailleurs pas beaucoup supérieures aux autres.

Le palmier à huile n'est pas une plante d'ombre, il préfère les expositions au soleil, nécessaire à la fructification, en bordure de la forêt vierge
et des galeries forestières, dans les régions tropicales où il tombe 2 mètres
d'eau, et plus, par an, sans période de sécheresse prolongée.

Les plantations sont faites par repiquage de jeunes pieds obtenus de
semis de graines dans des pépinières. La germination des graines est lente
et très irrégulière. Elle a lieu normalement trois mois après le semis, mais

Peuplement de palmiers à huile.

varie de six à neuf mois et, dans certaines circonstances, ne s'établit qu'au
bout d'une année. Ces différences sont dues à plusieurs causes : fraîcheur
des graines, leur degré de maturité et la somme de chaleur qui leur est
dispensée.

La germination est d'autant plus rapide que la mise en terre est rap-
prochée de la cueillette. Les fruits importés d'Afrique aux Indes Néerlandaises ne germent généralement qu'un an après le semis.

Les semis eur couches, au soleil, lèvent plus vite que ceux qui restent
à l'ombre et l'effet de la chaleur, comme agent accélérateur, se montre même
lorsque les graines — qui doivent être dépulpées avant le semis — sont
mises à germer dans la pulpe du péricarpe et, du fait de la fermentation
de la pulpe, en reçoivent un supplément de calorique qui en hâte la levée.
On peut chauffer artificiellement les graines et les couches de semis.

L'écartement des pieds à 9 mètres, soit de 140 à 150 palmiers à l'hectare, est reconnu comme le meilleur. Il permet la pratique de cultures

intercalaires — bananier, caféier, cacaoyer, maïs, arachides, etc., suivant les pays — l'application d'engrais verts, ou, éventuellement, de *clean weeding* qui débarrasse le sol des mauvaises herbes envahissantes.

Dans les plantations modernes de Sumatra, on pratique la fécondation artificielle; la pollinisation naturelle, opérée par les insectes à la Côte d'Afrique, est croisée.

Plantation de palmiers à huile (Tamatave).

Avec l'âge, le palmier acquiert de la hauteur et la récolte des régimes devient plus onéreuse parce qu'elle demande une main-d'œuvre agile à escalader le stipe.

Au Dahomey, le palmier à l'huile est en plein rapport vers l'âge de dix ans; il donne son maximum de production entre vingt et trente ans d'âge, continuant d'ailleurs à fructifier abondamment jusqu'à quarante ans. On estime qu'un arbre en plein rapport donne de six à dix régimes pesant chacun 6 kilogrammes, en moyenne. La cueillette a lieu toute l'année, mais elle est surtout abondante au début et à la fin de la saison des pluies.

Le palmier à huile ne paraît pas encore menacé de maladies cryptogamiques ou d'atteintes redoutables d'ennemis parasitaires ou animaux prédateurs, peut-être à cause de son aménagement en cultures policées à une date relativement récente. Il est, comme tous les palmiers, exposé aux attaques des *Oryctes* : *O. rhinocéros; O. Boas; O. latecavatus*, moins redou-

tables cependant qu'au cocotier et **contre lesquels la destruction des amas**
de détritus est le meilleur remède prophylactique.

RENDEMENT Le poids, le nombre des régimes par pied et des fruits par régime ainsi que la richesse en huile des fruits varient dans de grandes limites d'une variété à l'autre. Les régimes insuffisamment mûrs ont un faible rendement en huile de palme. D'une façon générale les rendements sont plus élevés au Gabon qu'en Guinée. Le pourcentage d'huile de palme contenue dans la pulpe du péricarpe varie par rapport au fruit entier de 20 à plus de 50 p. 100. Le rendement à l'hectare varie de 200 à 800 kilogrammes dans les exploitations des peuplements spontanés de la Côte occidentale d'Afrique et la production d'amandes ou *palmistes* est estimée à une tonne environ par hectare.

Dans les palmeraies établies à Sumatra, par exemple, ces chiffres sont beaucoup plus élevés et la quantité d'huile de palme obtenue à l'hectare peut dépasser deux tonnes, avec 156 pieds plantés à la distance de 8 mètres l'un de l'autre. Un palmier de cinq à dix ans porte moyennement 12 régimes donnant 94 kilogrammes de fruits; de 11 à 30 ans, 10 régimes donnant 75 kilogrammes de fruits et de 31 à 50 ans, 8 régimes d'un poids total des fruits de 30 kilogrammes. La fécondation artificielle par pollinisation mécanique peut augmenter de moitié le nombre des fruits. A Sumatra, une plantation en pleine production donne, par hectare et par an, d'après Fickendey, deux tonnes d'huile de palme et 400 kilogrammes d'amandes.

PRODUITS Nous avons vu que le fruit de l'*Elæis* fournit deux sortes d'huiles : l'une que l'on extrait de la pulpe (*huile de palme*). l'autre que l'on tire de l'amande (*huile de palmiste*).

L'*huile de palme* ne se trouve en Europe qu'à l'état solide, car elle ne devient fluide qu'à une température supérieure à 40° C. Elle est de couleur jaune orangé; à l'état frais, elle a une légère odeur de violette et est employée en cuisine par les indigènes qui en font une grande consommation; mais elle rancit vite. On l'emploie surtout en savonnerie et en stéarinerie.

Dans ses pays d'origine, au Dahomey, par exemple, on l'extrait à la façon indigène, en faisant fermenter les fruits nouvellement récoltés dans des jarres, pendant quelques jours; on triture ces fruits, on en extrait les noyaux et on fait bouillir la pulpe dans de grands récipients remplis d'eau. L'huile vient surnager à la surface du liquide et il suffit de décanter pour la recueillir. La purification de l'huile est ensuite obtenue par une ébullition prolongée.

Les noix débarrassées de leur pulpe sont ensuite brisées entre des cailloux ou à l'aide de marteaux, car leur coque est extrêmement épaisse et dure. On en extrait l'amande (palmiste), que l'on utilise après l'avoir fait sécher. Ces palmistes sont habituellement expédiés en Europe où on en tire, par pression, à chaud, 42 à 45 p. 100 d'huile, dite de *Palmiste*, blanche, qui ne devient fluide qu'à une température supérieure à 25° C. Cette huile est employée en savonnerie fine.

Les méthodes d'extraction modernes sont moins simples et plus efficaces, elles arrivent à obtenir de la pulpe oléifère plus de 20 p. 100 d'huile alors que les indigènes en retirent de 10 à 12 p. 100. Tel procédé d'extraction chimique permet d'extraire de la pulpe jusqu'à 44 p. 100 d'huile sur les 47 p. 100 qu'elle contient (1).

Le concassage des noix pour en extraire l'amande s'opère industriellement à l'aide de concasseurs de différents modèles de jour en jour plus perfectionnés.

L'introduction de pressoirs à pulpe dans la petite industrie des indigènes en A. O. F. a permis de leur assurer en moyenne jusqu'à 23,45 p. 100 d'huile extraite de la pulpe sans fermentation.

L'emploi du pressoir diminue également le taux d'acidité des huiles de palme qui, dans les fruits stérilisés, peut être ramené à moins de 6 p. 100.

De notables progrès ont été obtenus, dans les méthodes de culture aussi bien que dans les procédés d'exploitation, par les travaux de la station d'expériences que les Hollandais ont organisée à Médan près de Déli, à Sumatra, ainsi que par les résultats des expériences poursuivies dans nos stations de La Mé en Côte d'Ivoire et de Pobé au Dahomey.

PRODUCTION   Le fait dominant est l'extension de la culture aux pays d'Extrême-Orient : Indes Néerlandaises, Malaisie britannique, Cochinchine où la rapide progression de la production menace de rejeter au second plan les exploitations de la Côte Occidentale d'Afrique. C'est à l'année 1911 que remonte le premier essor de la culture de l'*Elœis* à Sumatra et, comme le fait remarquer justement Angoulvant, c'est une fois de plus aux méthodes scientifiques des Hollandais qu'est dû le succès d'efforts avisés. Dès 1923, 13.000 hectares y sont complantés en palmier à huile dont 5.000 en rapport ce qui permettait une exportation de 4.000 tonnes d'huiles et de 941.000 tonnes de palmistes. Dans le sud de l'Indochine, nos planteurs associent la culture de l'*Elœis* à celle de l'*Hevea* et obtiennent de bons résultats, notamment dans les « terres rouges ».

Tous ces exemples montrent la nécessité de l'installation de plantations policées dans nos colonies de l'A. O. F. sous peine de voir se renouveler ce phénomène de déplacement d'une richesse, le caoutchouc, de sa patrie d'origine, dans des régions électives habiles à la créer.

---

(1) Le modèle de cet usinage est donné par les planteurs européens de Sumatra qui industrialisent eux-mêmes leurs récoltes. Il serait trop long d'exposer ici les phases successives de la fabrication; mais il n'est pas sans intérêt d'en indiquer tout au moins la suite des opérations qui comprennent : la *stérilisation* des régimes; *l'égrenage* des fruits; le *dépulpage*; le *concassage* des amandes; *l'enfûtage* ou emballage. Il est tout à fait remarquable de voir la méthode du pressurage, combinée avec l'extraction, retirer des fruits 99.5 % de la quantité d'huile qu'ils contiennent. (H. N. Blommendaal.)

Em. Baillaud, se préoccupant du savoir faire et de la mentalité des indigènes, ne conseille la création de nouvelles palmeraies chez eux que s'ils consentent à planter des variétés sélectionnées. Il préconise la poursuite de recherches scientifiques et économiques incessantes et l'application des méthodes de culture et d'industrialisation de Sumatra.

Les peuplements exploitables actuellement existant dans nos colonies de l'Afrique occidentale sont évalués approximativement à 105 millions de palmiers adultes, couvrent plus d'un million et demi d'hectares et sont susceptibles, théoriquement, de produire 164.000 tonnes d'huile et 438.000 tonnes d'amandes. Or, nous sommes loin de ces chiffres.

En 1925, ces colonies et pays sous mandat ont exporté 127.728 tonnes de *palmistes*, soit : Dahomey, 45.228 tonnes; Cameroun, 36.495 tonnes; Côte d'Ivoire, 14.581 tonnes; Guinée, 10.582 tonnes; A. E. F., 9.108 tonnes; Sénégal, 2916.

Elles ont exporté 47.878 tonnes d'*huile de palme*, soit : Côte d'Ivoire, 20.637 tonnes; Dahomey, 16.882 tonnes; Cameroun, 6,274 tonnes; Togo, 2.665 tonnes; Guinée, 873 tonnes; A. E. F., 535 tonnes.

L'exportation mondiale d'huile de palme est évaluée à 200.000 tonnes et celle des palmistes à 600.000 tonnes.

Les colonies anglaises et surtout la Nigeria se placent en tête avec 100.000 tonnes d'huile et 350.000 tonnes de palmistes.

Depuis que l'huile de palme ne sert plus exclusivement à des usages industriels et que les procédés de réduction de l'acidité permettent d'en faire un produit alimentaire, à l'instar du coprah et de l'huile de Karité et d'arachide, l'*Elœis* apparaît comme une espèce économique de la plus réelle importance.

---

5. — *Le sésame*

Botanique. — Culture. — Usages. — Production et commerce

Le Sesame (*Sesamum indicum* Linné, *S. orientale* de Candolle), de la famille des Pédalinées, est originaire de l'Asie tropicale et cultivé depuis la plus haute antiquité en Extrême et en Moyen Orient pour ses graines, qui donnent une huile comestible.

BOTANIQUE C'est une plante annuelle, pubescente, qui peut atteindre 1 m. 50 de hauteur, à tiges dressées, à feuilles ovales lancéolées, dentées, les inférieures parfois trilobées ; les fleurs sont solitaires à l'aisselle des feuilles; leur corolle est bilabiée, d'un blanc rosé; le fruit est une capsule oblongue, obscurément tétragone, bivalve, chaque loge étant subdivisée en deux par une fausse cloison; les graines sont très nombreuses, ovales, aplaties, rappelant par leur forme celle du Lin, mais plus petites. On distingue trois variétés principales de sésame, caractérisées par la coloration des graines : blanches, rougeâtres ou noires. C'est la variété à graine blanche qui fournit l'huile la plus estimée.

CULTURE — Le sésame peut être cultivé dans les mêmes régions que l'arachide, c'est-à-dire jusque dans les climats tempérés chauds. Il prospère surtout dans les pays chauds et un peu secs, en sol meuble, de fertilité moyenne mais frais, ou pouvant être arrosé facilement en cas de nécessité.

On sème au commencement de la saison des pluies ; on éclaircit les plantes lorsqu'elles ont 10 centimètres de hauteur, de manière à ce que celles qui subsistent soient espacées de 25 à 30 centimètres, et la maturité arrive trois ou quatre mois après le semis.

Lorsque les tiges sont jaunies et que la déhiscence des fruits commence à se manifester, on procède à la récolte en coupant les plantes, pour les faire sécher au soleil, sur des claies, ou pour les porter directement au séchoir. Ces manipulations doivent être faites avec soin, car les graines tombent facilement des capsules.

Quinze jours après la récolte, on procède au battage à l'aide de fléaux ou de maillets en bois, puis la récolte est vanée, avant d'être livrée au commerce.

USAGES — La graine renferme jusqu'à 55 % d'huile; par deux pressions, à froid, on en tire une huile comestible, de couleur jaune clair, un peu aromatique et amère, rancissant lentement; le résidu, soumis à une pression à chaud, fournit une huile employée surtout dans la savonnerie et l'éclairage. La variété à graine noire est la plus productive; mais l'huile qu'elle fournit est de qualité médiocre; elle entre dans l'alimentation journalière des indigènes.

Le tourteau sert comme engrais et pour l'alimentation des animaux domestiques.

PRODUCTION, COMMERCE — Les principaux pays producteurs sont le Levant, l'Inde et la Chine. La Turquie d'Asie et le Golfe Persique en exportent annuellement environ 15.000 tonnes; l'Inde, 100 à 150.000 tonnes.

Parmi nos colonies, il faut citer surtout la Guinée, où la plante a été autrefois l'objet de cultures assez importantes ; on la trouve presque partout dans la boucle du Niger, où les Bambaras la désignent sous le nom de *Béné*. Nos possessions de la côte occidentale d'Afrique en exportent annuel-

Huilerie indigène (*Inde*).

lement de 100 à 200 tonnes. L'Indochine, notamment l'Annam, en produit aussi quelque peu (400 tonnes à l'exportation). Il y aurait grand intérêt à y développer cette culture. Mais ces quantités sont très minimes, comparées à celle des importations de la métropole.

La France importe annuellement près de 100.000 tonnes de graines de sésame.

---

6. — Le Ricin

Botanique. — Variétés. — Culture. — Usages. — Commerce.

Le Ricin (*Ricinus communis* Linné), de la famille des Euphorbiacées, est une plante économique dont la culture se perd dans la nuit des temps. De Candolle le croit originaire de l'Afrique intertropicale, mais il se répand aujourd'hui dans tous les pays chauds et jusque dans la zone tempérée, où il est surtout employé comme plante ornementale, dans les jardins.

BOTANIQUE — La plante est vivace et même arborescente dans la région tropicale, où ses tiges peuvent atteindre 5 à 6 mètres de hauteur ; elle est annuelle dans la zone tempérée. Les feuilles sont alternes, très amples, mesurant souvent plus de 60 centimètres de largeur, palmées, à 5-9 lobes ovales aigus. Les fleurs sont monoïques, réunies dans la même inflorescence. Le fruit est une capsule à trois **coques**, hérissée de pointes mousses, chaque coque renfermant une graine de la grosseur d'un haricot ou de dimensions moindres, à testa coloré très diversement, selon les variétés, qui sont nombreuses. Ces graines sont luisantes, à fond brun, pourpre, noirâtre ou grisâtre, avec des marbrures, des taches plus ou moins larges, un pointillé grisâtre ou brunâtre ; il en existe un très grand nombre de variétés, différenciées par la forme, le volume, l'épaisseur du tégument, la teneur en matière grasse, etc. L'amande est blanche et contient une huile utilisée en médecine, mais employée surtout pour l'éclairage, la savonnerie, le graissage des machines.

Ricin (*Ricinus major*).

VARIETES Il existe donc de nombreuses variétés de ricin, caractérisées par le volume des graines et leur coloris, il en existe aussi qui diffèrent les unes des autres par leur feuillage tantôt très ample, tantôt moins développé, vert, d'un vert bleuâtre (glauque), rouge pâle ou rouge noirâtre.

Quelques-unes de ces variétés ont été érigées au rang d'espèces par certains botanistes. Telles sont : *R. inermis* Miller, à capsules tuberculeuses, mais sans épines ; *R. minor* Miller, à petites graines ; *R. sanguineus* Hort., la plante entière d'un rouge plus ou moins violacé, avec de grosses graines; *R. tunicensis* Desfontaines, la plante entière d'un vert glauque; *R. viridis* Willdenow, plante verte, très vigoureuse, à grand rendement, préférée par la culture en grand, dans l'Inde ; *R. zanzibarensis* Hort., remarquable par son feuillage très ample, très ornemental.

CULTURE Le ricin aime les sols meubles, légers, alluvionnaires, fertiles; il prospère surtout sous l'influence de la chaleur et de l'humidité et il est très sensible à l'action des engrais. En sols légers et pauvres, il végète lentement, produisant peu de graines.

On sème les graines en place, au commencement de la saison des pluies, dans des poquets disposés en lignes et à une distance de 2 mètres les unes des autres. La récolte commence cinq ou six mois après, lorsque les fruits sont sur le point de s'entr'ouvrir, et elle se poursuit pendant plusieurs années.

On peut admettre une récolte annuelle de 800 à 1.000 kilogrammes de graines à l'hectare, selon la qualité du terrain et la variété cultivée. Des rendements plus élevés ne sont pas rares.

La culture industrielle du ricin, possible dans toutes nos colonies, est surtout recommandable dans le Nord Africain, au Maroc, en Algérie et en Tunisie, régions d'autant plus indiquées, que la production n'est pas très distante du centre consommateur métropolitain.

USAGES Les amandes de ricin, sans tégument, contiennent jusqu'à 65 % d'huile; mais, avec le tégument, on n'en retire industriellement que 35 à 37 %, une grande partie étant retenue dans les tourteaux.

L'huile s'extrait à chaud, par pression. La première pression donne une huile qui n'a que 1,55 % d'acidité : la deuxième pression en laisse à 4 % d'acidité. Ces chiffres sont généralement beaucoup plus élevés dans les huiles d'importation. L'usage en médecine, comme purgatif, est fort ancien en Europe, où on utilise à cet effet l'huile extra-blanche. Dans l'Inde, elle sert à l'éclairage ; mais son usage le plus répandu est en mécanique. *comme lubrifiant* (mélangée avec de la graisse de mouton), connu sous le nom de *Castor oil*. Ce nom est cité par de Candolle comme un exemple de corruption trompeuse. La Jamaïque, au siècle dernier, cultivait beaucoup le ricin, qui rappelle quelque peu le *Vitex Agnus-Castus*, « Casto » des Espagnols, dont les Anglais et le commerce de Londres ont fait *Castor*.

Élément précieux par la multiplicité de ses emplois, l'huile de ricin joue un double rôle d'application physique et chimique. Les moteurs d'aviation y trouvent leur meilleur lubrifiant, parce que, pratiquement incongelable à très basse température, l'huile conserve sa fluidité dans des limites très étendues de température, dissout peu d'essence et abandonne peu de résidus solides de combustion. Elle convient aussi au graissage des moteurs d'automobiles et s'est montrée très intéressante dans les moteurs à explosion Diesel et semi-Diesel.

Elle entre dans la fabrication des explosifs (cheddites) et des sulforicinates, qui sont des huiles solubles employées comme mordant dans la teinturerie, l'impression des étoffes et les apprêts. La pelleterie et la maroquinerie s'en servent pour assouplir les peaux ; la savonnerie l'emploie surtout dans la fabrication des savons transparents et la parfumerie le fait entrer dans la composition de pommades et d'onguents.

La fabrication des câbles fait appel à l'huile de ricin comme agent isolateur et celle du celluloïd la substitue au camphre dans la composition de ce produit. Enfin, à l'instar d'autres huiles végétales, celle-ci a donné lieu à des essais d'hydrogénation en vue d'en obtenir une graisse végétale alibile.

La feuille de ricin est considérée comme un bon fourrage, activant la lactation chez les bovidés. Par contre, le tourteau ne doit jamais être donné au bétail, à cause de son action sur le tube digestif. Ce tourteau, qui représente 60 % du poids de la graine, par sa teneur en azote (5 %) et en matière grasse (6 %), constitue un excellent engrais, et c'est à ce titre qu'il apparaît sur les grands marchés métropolitains. Notons que les feuilles du ricin sont la nourriture d'un ver à soie spécial (*Attacus Ricini*), de l'Assam, dont on tire une soie *eri* très appréciée, extrêmement fine (1).

---

(1) L'élevage de cet intéressant séricigène est surtout développé à Ceylan où le climat s'y prête bien. Il y a possibilité d'une industrie familiale avec culture du ricin en tour de case. La soie *eri* convient particulièrement à la *schappe*. Le fil du cocon peut être dévidé sans solution de continuité.

COMMERCE Parmi les pays producteurs (Inde, Egypte, Turquie d'Asie, Chine, Etats-Unis, Indochine), l'Inde se place au premier rang. Elle importe en France annuellement près de 20.000 tonnes de graines, sur les 25.000 qu'elle reçoit, en presque totalité par le port de Marseille, où la graine est surtout industrialisée. On importe peu de ricin sous forme d'huile. Actuellement, la part de nos colonies dans l'importation métropolitaine est faible, avec quelque 2.000 tonnes, après avoir été très active pendant la guerre. A cette époque, les indigènes, sollicités par la métropole, encouragés vivement aussi par les prix d'achat, développèrent vigoureusement la culture du ricin pour, d'ailleurs, l'abandonner progressivement dans les dernières années, lorsque les cotes très rémunératrices du marché ne purent être maintenues.

Les graines de ricin importées en France, en 1927, représentent 10.100 tonnes d'huile, sur lesquelles 6.600 tonnes ont été consommées et 3.500 tonnes exportées.

A côté des plantes oléagineuses de grande importance dont il vient d'être question, il en est d'autres, très nombreuses, dont les produits ne sont pas encore entrés dans le grand courant commercial et qui font plutôt l'objet de transactions locales. Nous ne pouvons que signaler les plus intéressantes, comme le *Karité*, l'*Arganier*, etc.

Avant d'y jeter un coup d'œil, relevons les chiffres des importations en France de l'ensemble des graines et fruits oléagineux en 1927 : 987.833 tonnes, dont 325.824 tonnes en provenance des colonies (66,62 %), d'une valeur totale de 2.315.704.000 francs, dont 672.014.000 francs, part coloniale (29 %).

7. — *Le Karité*

Description. — Variétés. — Culture. — Usages. — Commerce.

Le Karité, ou arbre à beurre (*Butyrospermum Parkii* Kotschy), appartient à la famille des Sapotacées. C'est l'un des arbres les plus abondants et les plus caractéristiques du Soudan français (parties hautes du Sénégal, de la Guinée, de la Côte d'Ivoire, du Dahomey et du Congo). Son aire de dispersion s'étend du 16° de longitude Ouest au 32° de longitude Est, en formant une bande allant, à l'Ouest, du 8° au 15° de latitude Nord, se rapprochant de l'équateur vers l'est. C'est le *Karé* ou *Karité* des Sarracolès, des Ouolofs et des Toucouleurs ; le *Sé* ou *Cé* des Malinkés et des Bambaras.

. Il croît sur les pentes des collines et les plateaux rocailleux ou sablonneux, autour des villages où il est cultivé ; affectionnant les sols profonds,

Karités au Soudan.

meubles, fertiles et les latérites détritiques, on ne le trouve pas dans les terrains argileux et humides et il ne constitue jamais de forêts denses. Il aime les stations découvertes.

DESCRIPTION — Le Karité est un bel arbre dont le port rappelle celui de notre chêne d'Europe, atteignant jusqu'à 20 mètres de hauteur, avec un tronc qui peut mesurer plus d'un mètre de diamètre. Les feuilles sont caduques, alternes, entières, lancéolées, de 10 à 30 centimètres de long, coriaces, glabres et d'un vert foncé à l'état adulte. Les fleurs, petites, très nombreuses, disposées en corymbes à l'extrémité des rameaux, sont très odorantes. Le fruit mûrit en mai; c'est une baie charnue, sphérique ou ovoïde, de la grosseur et de la forme d'un abricot, de couleur jaune verdâtre, contenant un, quelquefois deux, rarement trois noyaux, de la grosseur et du volume d'un marron d'Inde. La coque est dure, ligneuse, luisante, jaune ou d'une couleur brunâtre plus ou moins foncée, avec un large hile; elle contient une amande blanche dont la matière grasse donne le « beurre de Karité », le *ci-toulou* des Bambarras, d'un usage très répandu en Afrique noire.

La reproduction de l'arbre se fait très facilement et naturellement par l'essaimage des fruits. Les ovidés et les porcs mangent avidement les fruits tombés dans la brousse et laissent les amandes.

L'espèce paraît très polymorphe.

A. Chevalier distingue trois variétés de Karité : les *B.* var. *niloticum, mangifolium,* et *°Poissoni,* différenciées par la forme et la grosseur du fruit (1).

L'amande, d'après Ammann, contient en moyenne 49 p. 100 de matières grasses (jusqu'à 60 p. 100); de 6 à 10 p. 100 de matière azotée et de 5 à 8 p. 100 au maximum, de tanin.

On peut tabler sur 45 p. 100 de matières grasses dans l'amande sèche. L'amande mure contient également, ainsi que tous les organes de la plante, une substance guttoïde dont les nègres font de la glu pour prendre les oiseaux et qu'on avait jadis cru pouvoir exploiter industriellement.

Rameau fleuri de Karité.
Fruit et graine (d'après Em. Perrot).

Le Karité adulte produit annuellement, en moyenne, 10 kilogrammes d'amandes; 100 kilogrammes de graine humide donnent 57 kilogrammes de graine sèche et 39 kilogrammes d'amande sèche.

CULTURE   L'arbre est exploité exclusivement par les indigènes qui le plantent autour de leurs cases.

Perrot en conseille la culture associée à celle des lianes à caoutchouc (*Landolphia*).

Le Karité est très attaqué par la chenille du *Cirina butyrospermi* Vuillet, grand papillon qui pond des paquets d'œufs en masses globuleuses sur les

(1) Em. Perrot a fait remarquer que le Karité, si souvent exposé aux feux de brousse, en est protégé dans une certaine mesure par la structure anatomique de la tige où **une** assise corticale de liège vient s'interposer entre l'extérieur et les couches libériennes et surtout le cambium.

rameaux. En certaines années, les arbres sont entièrement dépouillés de leurs feuilles et ne fructifient pas. La lutte contre ces chenilles comporte leur destruction directe et celle de leurs pontes ainsi que la protection d'un hyménoptère. l'*Anastatus Vuilleti*, qui les parasite et constitue un précieux auxiliaire.

USAGES Le tronc du karité donne un latex qu'on a cru pouvoir utiliser pour la production d'une sorte de gutta-percha; cependant, jusqu'à ce jour la valeur de ce produit n'a pas encore été bien établie. Mais le karité fournit une matière grasse précieuse, que les indigènes extraient de sa graine et dont ils font une consommation considérable pour la préparation de leurs aliments, l'éclairage des cases, l'arrangement des coiffures. C'est le beurre dit de *Karité*, ou *beurre de Galam*, alimentaire lorsque sa préparation a été soignée, mais dont le goût spécial est désagréable au palais de l'Européen. Goût et odeur proviennent des matières azotées et du latex : l'épuration et la neutralisation des acides font de cette substance un beurre végétal à l'égard de la végétaline et c'est à ce titre que le Karité doit être considéré comme une plante d'avenir, destinée à donner à la consommation métropolitaine un produit alimentaire intéressant.

Lorsque les fruits du Karité sont bien mûrs, leur pulpe est comestible et de saveur agréable; ils tombent d'eux-mêmes à la maturité et sont ramassés par les femmes et les enfants.

Pour la préparation du beurre, il est nécessaire de débarrasser les graines de la pulpe qui les enveloppe. On utilise celles qui ont été mises en réserve après la consommation du fruit; mais, le plus souvent, les fruits sont mis dans des fosses où leur chair fermente et pourrit. Environ un mois après, on retire les noix de la fosse et on les fait sécher pendant quatre à cinq jours dans un four en terre. Les noix sont ensuite concassées, dans un mortier à mil, pour en extraire les amandes que l'on fait griller dans un vase percé de trous à sa partie inférieure, ou à torréfier dans un four. Ces amandes pilonnées donnent une pâte grenue que l'on pétrit à la main dans de l'eau froide et que l'on jette dans de l'eau bouillante. La matière grasse surnage à la surface de l'eau et les impuretés gagnent le fond. On décante et le produit, ainsi obtenu, est façonné en pains de 1 à 3 kilogrammes, recouverts de feuilles fraîches.

Le point de fusion élevé de ce corps gras (37°) permet de le conserver à l'état solide, mais il rancit assez rapidement. Dans beaucoup de régions, les nègres ont l'habitude de s'en enduire le corps, le visage et les cheveux (contre la piqûre des moustiques), ce qui leur donne une odeur de rance caractéristique. Il entre également dans leur arsenal thérapeutique comme drogue et généralement comme pansement en mélange avec de la poudre de tabac.

Le tourteau de Karité est âcre au goût et brûlant, peut-être toxique; il ne peut servir que d'engrais.

COMMERCE Jusqu'à présent, le *beurre de Karité* est demeuré surtout un gros article de commerce intérieur sur la côte occidentale d'Afrique; mais comme l'industrie a trouvé le moyen de lui enlever son goût spécial et d'en faire un produit, acceptable comme la végétaline, le commerce européen demandera sans doute des envois de plus en plus considérables.

En 1925, nos colonies de la Côte occidentale d'Afrique ont exporté 363 tonnes de beurre de Karité, dont 100 tonnes de la Guinée française; 177 de la Côte d'Ivoire; elles ont exporté 1.459 tonnes d'amandes, dont 504 de Guinée, 502 du Cameroun, 252 du Dahomey et 201 du Sénégal.

En 1919, Houard estimait à 245 millions d'arbres les peuplements en Karité du seul Dahomey, dont 36 millions pratiquement exploitables avec possibilité d'en obtenir 350.000 tonnes d'amandes pouvant donner 157.400 tonnes de beurre.

Pour le Haut Sénégal-Niger, Vuillet estimait à 200.000 tonnes la quantité d'amandes travaillées par les indigènes qui n'en retiraient pas la moitié de la matière grasse.

Le commerce de ce produit ne pourra guère se développer sans moyens de transport. On a pu envisager, comme pour l'exploitation du palmier à huile, l'établissement de factoreries-usines locales qui paieraient leur main-d'œuvre, en partie, par une ristourne en produit manufacturé.

---

8. — *L'arganier*

L'Arganier (*Argania Sideroxylon* Rœmer et Schultes), de la famille des Sapotacées, est un petit arbre à graine oléagineuse qui croît au Maroc. dans une région comprenant la zone littorale atlantique limitée par les 29° et 32° de latitude nord. L'arbre pénétrerait, d'après Gentil, à une vingtaine de kilomètres des côtes et formerait de petits bois isolés, jusqu'à une profondeur de 40 kilomètres au maximum.

L'arganier a le port de l'olivier et dépasse rarement 5 mètres de hauteur; ses jeunes rameaux sont épineux et ses feuilles, persistantes. Son fruit est une drupe ovoïde, jaune verdâtre, contenant généralement une graine, parfois de 1 à 4, à coque très dure, épaisse, luisante, brunâtre, à l'intérieur de laquelle on trouve une amande blanche qui renferme, dans la proportion 51,25 p. 100 du poids des amandes, une huile non siccative. douce, tellement estimée des Marocains, qu'ils en avaient jadis sévèrement interdit l'exportation.

La récolte des fruits se fait par ramassage des noyaux que les ruminants, friands de drupes pulpeux, rejettent et qui, soigneusement ramassés dans les parcs, viennent s'ajouter aux fruits tombés à terre et non mangés par les animaux. Les amandes, retirées des noyaux très dures et difficiles à concasser, sont grillées, puis écrasées dans des moulins à bras. La pâte brune ainsi obtenue est traitée à l'eau chaude et l'huile surnage, brune de couleur et de saveur désagréable d'abord, jaune foncée et d'un goût d'huile de noix ensuite, après épuration par l'ébullition. Cette huile se fige à 4 ou 5°. Des essais industriels ont retiré 41 p. 100 d'huile des amandes et accusé une acidité en acide oléique de 1.183.

La production de *l'huile d'argan* serait, dans des bonnes années, d'après Gentil, d'environ 3.000 tonnes, qui servent exclusivement à la consommation locale. Il serait difficile d'assigner, d'ores et déjà, une importance réelle à ce produit de cueillette dont les conditions de récolte en quantités industriellement valables apparaissent insuffisamment assurées.

Le bois de l'arganier, très dur, est employé en ébénisterie.

---

9. — *Les Aleurites*

Les *Aleurites* Forst., que nous considérons ici, sont des arbres de la famille des Euphorbiacées appartenant à la flore de l'Extrême Orient et qui produisent des huiles industrielles siccatives connues dans le commerce, sans grande précision d'origine botanique, sous le nom de *wood oil of China* : « huile de bois de Chine ». Cette appellation est d'ailleurs impropre parce que l'huile est extraite des graines, mais on l'applique à ce produit pour le différencier de nom d'avec l'huile de bois proprement dite qui est une oléo-résine obtenue d'entailles dans le tronc de divers Diptérocarpacées qui sont les *yao* des Annamites.

L'huile de bois de Chine est donnée par deux espèces souvent confondues entre elles : l'*Aleurites montana* Wilson, ou *abrasin* et l'*Aleurites Fordii* Hemsley, ou *toung*, auxquelles Em. Perrot qui en a fait l'étude monographique, ajoute l'*Aleurites cordata* R. Br. ou *Abura-Kéri* du Japon.

L'abrasin, qui est le *cay trau* du Tonkin, s'y trouve à l'état sauvage dans toutes les forêts et sa culture serait à étendre. C'est un arbre qui peut atteindre jusqu'à 15 mètres, porte des feuilles orbiculaires ondulées, alternes, caduques, très polymorphes et des panicules de fleurs monoïques, les femelles beaucoup plus rares que les mâles. Le fruit drupacé, ovoïde, est pointu au sommet et aplati à la base; il contient trois graines qui seules sont traitées pour l'extraction de l'huile, par un procédé très rudimentaire.

L'arbre prospère surtout dans les sols argileux-siliceux, mais non compacts ni humides à l'excès. On doit en semer les graines fraîches en pépinière et planter les jeunes arbres à une distance de 6 mètres les uns des autres. La fructification commence quatre ans après le semis et atteint son maximum lorsque l'arbre a atteint l'âge de six ans. Un arbre peut alors donner annuellement de 10 à 12 kilogrammes de fruits. Le rendement en huile est évalué à 50 p. 100 du poids net des amandes, et seulement à 20 p. 100 du poids des graines munies de leur enveloppe. Les procédés modernes fourniraient un rendement supérieur et une huile — oléo-margarine — de meilleure qualité que celle de coloration jaunâtre, malodorante et parfois trouble, obtenue par les indigènes.

Après cuisson, cette huile est plus siccative que celle du lin. Elle a de nombreuses applications ; les Annamites et les Chinois l'emploient pour protéger les bois et les cordages contre l'humidité, pour imperméabili-

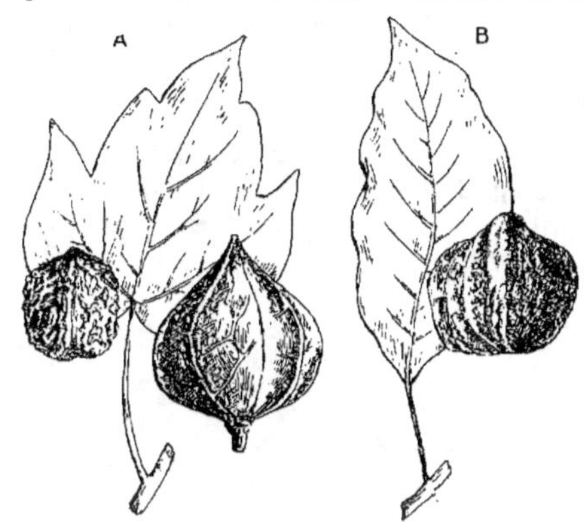

A. Feuille, fruit et graine d'Abrasin.
B. Feuille et noix de Bancoulier.

ser les étoffes et les papiers et elle entre dans la composition de tous leurs vernis. D'après Crevost, la consommation locale est considérable.

Le *toung* se trouve également dans les forêts tonkinoises, mais c'est surtout l'espèce d'habitat chinois, et c'est elle qui donne au commerce occidental les plus fortes quantités à l'exportation sous le nom d' « huile de bois de Chine », d'ailleurs en mélange parfois avec l'huile d'abrasin, dont la production est beaucoup moindre.

Toujours est-il qu'une partie de la production tonkinoise se fait exporter par les comptoirs chinois sur Hong-Kong et Changhaï, d'où elle nous arrive avec des charges de prix qu'une exportation directe organisée par nos commerçants d'Indochine pourrait éviter.

Il serait, de plus, très rationnel d'intensifier la culture de l'abrasin au Tonkin. Les places de Han-Kéou et de Hong-Kong exportent quelque 50.000 tonnes d'huile de *toung* par an, qui vont pour une grande partie aux Etats-Unis. Aussi, les Américains ont-ils introduit la culture de l'*Aleurites Fordii* (*toung oil tree*) en Floride, où elle donne de remarquables résultats, et lorsqu'on apprend que, récemment, des essais d'introduction d'*aleurites* ont été entrepris dans le sud de la Yougoslavie, on se prend à regretter que nos colonies n'attachent pas suffisamment d'intérêt à ce produit.

Au même genre *Aleurites* appartient le *bancoulier*, ou *noyer des Moluques* (*Aleurites moluccana* Willdenow), répandu dans beaucoup de pays chauds et très fréquent en Indochine. L'arbre rappelle de très près l'*Abrasin* par son port ; il en diffère par ses feuilles non cordiformes, ses graines, qui, au lieu d'être groupées par trois dans les fruits, sont soit solitaires, soit au nombre de deux ou de cinq ; ces graines (*noix de Bancoul*) ont, en outre, une coque ligneuse plus épaisse et plus dure, à l'intérieur de laquelle on trouve une amande de dimensions moindres. La noix de Bancoul pèse en moyenne 10 grammes, et l'amande 3 ou 5 grammes seulement. Le rendement en huile est évalué à 50 % du poids des amandes.

L'*huile de Bancoul* est comestible à l'état frais et employée à cet usage au Tonkin, bien qu'elle soit légèrement purgative. Elle est supérieure à l'huile de colza pour l'éclairage et plus siccative que l'huile de lin. Son tourteau est un excellent engrais.

---

10. — Oléifères divers

Pentadesma butyracea. — Lophira alata. — Trichilia emetica. — Polygala butyracea. — Mimusops Pierreana. — Mimusops Djave. — Pentaclethra macrophylla. — Irvingia gabonensis. — Carapa Touloucouma et guineensis. — Citrullus vulgaris. — Garcinia tonkinensis. — Irvingia Oliveri. — Stillingia sebifera. — Camellia drupifera. — Les Bassia. — Moringa pterygosperma. — Astrocaryum vulgare. — Carapa guyanensis. — Attalea excelsa. — Caryocaryum glabrum. — Euterpe oleracea. — La graine de cotonnier.

La flore de nos colonies tropicales comprend un très grand nombre d'espèces dont les fruits et les graines contiennent une matière grasse utilisable et plus ou moins utilisée par les indigènes. Ce sont autant d'objets proposés à l'étude et à mise à profit par le commerce et l'industrie européens ; mais, si d'aucuns sont arrivés à participer au mouvement économique d'exploitation des ressources naturelles, la plupart demeurent inexploités encore, pour la raison principale de l'absence d'une main-d'œuvre suffisante à mettre à la besogne du ramassage d'un produit de cueillette, dispersé sur de grands espaces d'un accès souvent difficile.

Parmi ces oléifères secondaires, nous retiendrons quelques-uns de ceux que les indigènes mettent à profit pour leurs usages locaux et qui figurent dans nos expositions à titre indicatif de présence et d'intérêt conditionnel.

Nous signalons parmi les plantes de nos possessions de la côte occidentale d'Afrique :

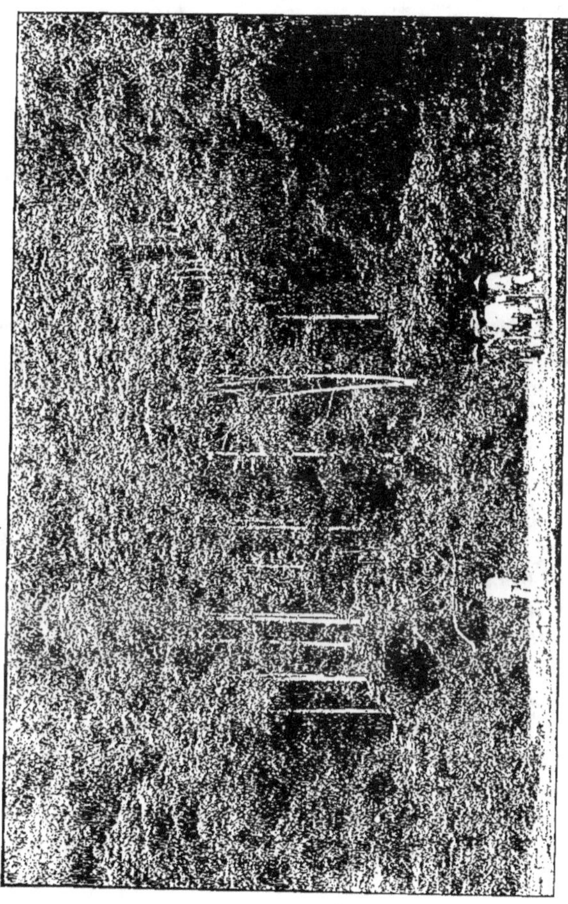

Peuplement de bancouliers, au Tonkin.

Le LAMY (*Pentadesma butyracea* Sabine), ou *tama*, bel arbre de la famille des Guttifères, des forêts équatoriales et galeries forestières de la côte africaine. Son gros fruit drupacé, en forme de poire, contient de 4 à 10 graines, avec 50 % de matière grasse dont les indigènes font usage comme du Karité.

Le MALOUKANG ou *Ankalaki* (*Polygala butyracea* Heckel), petit arbre de 3 mètres de hauteur, de la famille des Polygalées. Les graines, de petites dimensions, contiennent un corps gras de saveur agréable, dans la proportion de 17,55 du poids de la graine.

Le MOABI (*Mimusops Pierreana* Engler. *M. obovata* Pierre), de la famille des Sapotacées. L'un des grands et des plus beaux arbres du Gabon-Congo, au tronc de 25 à 30 mètres de hauteur, atteignant jusqu'à 2 m. 50 de diamètre à 1 mètre au-dessus du sol. Le fruit contient une grosse graine ovoïde, de 5 centimètres de longueur sur 3 à 5 cm. 5 de large, à coque dure, épaisse, brune, à amande renfermant 40 à 45 % de son poids d'une graisse jaunâtre qui fond à 32° C.

Le MÉNÉ ou *Mana* (*Lophira alata* Banks), arbre de la famille des Diptérocarpacées, appelé « faux Karité ». Il occupe en Afrique tropicale la même dispersion que le Karité, sur des terrains sans autre valeur culturale. Ses graines fournissent de 27 à 45 % d'huile utilisable en savonnerie, et qu'on a pu comparer à l'huile d'arachide ou de palme, mais d'odeur spéciale et de saveur amère. Il y aurait intérêt à la traiter pour l'alimentation.

Le KAKOU (*Lophira procera* A. Cheval.) est une espèce voisine de la précédente ; ses graines donnent jusqu'à 55 % d'une matière grasse épaisse.

Le DJAVE (*Mimusops Djave* Engler) (famille des Sapotacées), *Djavé* ou *ourere* des Gabonais, *Noumgou*, au Cameroun, a été désigné sous le nom de *Tieghemella africana* Pierre, *Baillonella toxisperma* Pierre, etc. C'est l'un des plus grands arbres du Congo français ; il peut atteindre jusqu'à 40 mètres de hauteur. Son fruit est une grosse baie de la grosseur d'un coing, à pulpe sucrée comestible ; il contient une ou deux graines oblongues, à test épais, dur, de 8 centimètres de longueur, dont l'amande est riche en matière grasse, utilisée par les indigènes.

L'OWALA (*Pentaclethra macrophylla* Bentham) (famille des Légumineuses), arbre de 20 à 25 mètres de hauteur, abondant au Gabon, et des grosses graines duquel les Pahouins extraient une matière grasse qu'ils mêlent à celle de l'*Oba*, pour préparer l'*O'Dika*.

L'OBA (*Irvingia gabonensis* Baillon) (famille des Simarubées). Arbre abondant au Congo. Il atteint environ 25 mètres de hauteur et a l'aspect de notre chêne d'Europe. Le fruit, de la grosseur d'une pomme moyenne, est une drupe dont la partie charnue est comestible, à saveur de mango, à noyau dur. L'amande, que l'on extrait en brisant les noyaux dans un mortier, renferme, dans la proportion de 66,80 %, un corps gras qui a le point de fusion, l'odeur et la saveur du beurre de cacao, de couleur jaune orangé à l'état solide. Les Pahouins en font des pains dits d'*O'Dika*, de forme cylindrique et du poids de 2 à 10 kilogrammes, produit qu'ils consomment en l'associant aux bananes cuites, au poisson, au poulet, etc.

L'*O'Dika*, réduit en poudre, leur sert pour assaisonner leurs mets. Bien préparé, le *beurre de Dika* se conserve longtemps sans s'altérer. C'est un produit précieux sur lequel l'attention mérite d'être appelée d'une manière toute particulière.

Le TOULOUCOUMA (*Carapa Touloucouma* Guillemin et Perrottet, *Carapa guineensis* Don) (famille des Méliacées) est un arbre très répandu au Sénégal, dont la graine contient une matière grasse odorante, amère, etc.

Le MAFURREIRA (*Trichilia emetica* Vahl) est un arbre de la famille des Méliacées disséminé dans les forêts du Sénégal, de Madagascar et de la Réunion. Ses graines contiennent jusqu'à 66,50 % de matières grasses ; Marseille les emploie en savonnerie et en stéarinerie.

Le *baobab* (*Adansonia digitata* L.), de la famille des Malvacées, l'arbre caractéristique difforme, si répandu au Sénégal, fournit aux indigènes une huile de couleur jaune d'or comestible qu'ils obtiennent de la graine pilonnée en pâte et traitée à l'eau bouillante.

La teneur en huile des graines de baobab d'Afrique est de 15 % seulement (Ammann) et de 39 % de celles de Madagascar (Milliau).

Les fruits de plusieurs espèces de *Raphia* peuvent fournir de l'huile industriellement exploitable.

Le *Pachira aquatica* Aubl., ou « noyer des Guyanes » ou « des Antilles », est un petit arbre voisin des *Bombax*, de la flore palustre des Guyanes et du Brésil, cultivé à la Martinique pour ses fruits ou « châtaignes » qui, par leur teneur en huile, pourraient être exploités comme oléagineux.

L'Indochine possède aussi de nombreuses plantes oléifères parmi lesquelles nous citerons seulement, comme étant les plus remarquables :

Le CAY GIOC, ou *Cay doc* (*Garcinia tonkinensis* Vesque, *G. Balansæ* Baillon) (famille des Guttifères), bel arbre proche du Mangostanier, qui pousse abondamment à l'état sauvage au Tonkin, et dont l'huile retirée des graines est l'objet d'un commerce local notable.

Le CAY CAY, ou *arbre à chandelle* (*Irvingia Oliveri* Pierre) (famille des Simarubées), grand arbre peuplant les forêts de la Cochinchine et du Cambodge, dont les graines fournissent une matière grasse qui serait précieuse en stéarinerie, si on pouvait la récolter méthodiquement.

Le CAY SOI, ou *Arbre à suif* (*Sapium sebiferum* Roxburgh, *Stillingia sebifera* Michaux), petit arbre abondant au Tonkin et dans l'Annam septentrional, très exploité en Chine pour la matière grasse de ses graines donnant une sorte de suif, tirée de la pulpe qui les recouvre et une huile fluide lampante, également comestible, extraite du noyau. En Indochine, il est cultivé surtout pour la matière tinctoriale de ses feuilles.

Le GAY TROM (*Sterculia foetida*), essence forestière et cultivée dont les amandes contiennent 50 p. 100 d'une matière grasse donnant une huile jaune clair, d'odeur agréable bien que les fleurs répandent une odeur nauséabonde. Cette huile ne rancit pas à l'air.

Le MAY CHAU, ou « noyer du Tonkin » (*Carya tonkinensis* H. Lecomte), de la famille des Juglandacées, indigène au Haut Tonkin où les montagnards tirent difficilement d'une amende, qui contient 44,66 p. 100 de matière grasse, une huile lampante et comestible.

On peut encore citer, parmi les arbres oléifères de l'Ancien Monde, les *Bassia longifolia* Linné et *latifolia Linné*, de la famille des Sapotacées, originaires de l'Inde, des graines desquels ont extrait, par pression, une huile abondante, qui se liquéfie à 16° ou 18° C, comestible à l'état frais, mais employée surtout à l'éclairage et en savonnerie. C'est *l'huile d'Illipé*.

L'huile de Ben est extraite de la graine du *Moringa pterygosperma* Gærtner, arbre de la famille des Moringées, originaire de l'Inde, mais répandu dans tous les pays chauds. Cette huile est employée en horlogerie pour lubrifier les rouages des montres; on l'utilise aussi en parfumerie pour fixer les odeurs.

L'Hevea brasiliensis Muell-Arg., l'arbre à caoutchouc « Para », peut fournir, par ses graines, de 40 à 45 p. 100 d'une huile qui rappelle celle du lin.

Notre colonie de la Guyane possède, à son tour, des plantes oléifères intéressantes. On peut citer, comme étant de ce nombre :

L'AOUARA (*Astrocaryum vulgare* Martius). Palmier épineux de 4 à 5 mètres de hauteur. dont le fruit est une drupe ovoïde à péricarpe comestible à parfaite maturité. La graine possède un noyau épais et dur. On extrait du péricarpe, par les procédés employés en Afrique pour *l'Elœis*, une huile de couleur jaune d'or, de saveur douce, que l'on emploie comme l'huile d'olive. L'huile que l'on extrait des amandes, le *beurre d'Aouara* ou *Quioquio*, sert en médecine et en cuisine.

Le CARAPA ROUGE (*Carapa guyanensis* Aublet), de la famille des Méliacées, est un arbre commun dans la Guyane méridionale, dont les graines renferment une huile abondante, amère, bonne pour la savonnerie.

Le MARIPA (*Attalea excelsa* Linné). Palmier de la graine duquel on tire une huile dite *beurre de Maripa*, de couleur blanche, rappelant la végétaline.

Le PEKEA (*Caryocaryum glabrum* Persoon) (famille des Ternstrœmiacées) est un autre *arbre à beurre*. Le fruit possède une partie charnue butyreuse que l'on extrait et qui a les emplois du beurre. Le noyau est gros; on le vend parfois chez les marchands de produits coloniaux, en France, pour son amande comestible, de saveur agréable.

Le PINOT (*Euterpe oleracea* Linné). Palmier à amande oléagineuse donnant une huile de bon goût.

A noter encore quelques oléifères de provenances diverses :

L'huile de *beref*, extraite des graines du melon d'eau (pastèque), *Citrullus vulgaris*, très employée au Sénégal et en Mauritanie dans l'alimentation et qui peut l'être dans l'industrie.

La *Pulguère* ou *Pourguère*, ou *Pignon d'Inde* (*Jatropha Curcas* L.), est une Emphorbiacée d'origine américaine répandue dans tous les pays tropicaux, dont les graines donnent (37,5 %) une huile voisine de celle de ricin, lampante, recherchée également pour le graissage, très purgative. Cette plante se multiplie facilement par boutures, et on en fait des haies vives, des plantes abris, des tuteurs pour lianes en culture. Sa plantation est à recommander pour sa graine industrielle. Madagascar et dépendances en ont exporté 1.757 tonnes en 1926; aucune autre de nos colonies n'en exporte.

Le *cotonnier*. — Le cotonnier sera l'objet d'une étude détaillée au chapitre des plantes textiles. Nous n'avons ici à envisager la plante qu'en tant qu'espèce oléifère. A ce titre, elle est extrêmement intéressante, car elle fournit au planteur un produit accessoire qui n'est pas à dédaigner.

On extrait, en effet, des graines du cotonnier, soumises à deux ou trois pressions, une huile blanche, sans saveur ni odeur lorsqu'elle a été bien préparée, que l'on emploie aux usages alimentaires comme l'huile d'olive, à laquelle on la mélange ou substitue parfois frauduleusement dans le commerce.

Cette huile est extraite surtout dans les pays grands producteurs d coton : les Etats-Unis, l'Egypte, qui en exportent des quantités considérables en Europe, où elle vient faire concurrence aux huiles d'olive et d'arachide.

Enfin, le *Kapok* (*Eriodendron* et *Bombax*), de la même famille des Malvacées, peut laisser de ses graines avec 25 % de matière grasse, une huile jaune clair de goût agréable, employée de plus en plus en industrie dans les pays producteurs comme Java, mais qui, sans doute, sera rendue comestible par les procédés d'usinage modernes appliqués à l'huile de palme, au karité, etc.

CHAPITRE III

PLANTES SACCHARIFERES

1. — *La canne à sucre*

Origine. — Botanique. — Variétés. — Conditions de végétation. — Culture. — Récolte. — Rendement. — Maladies et ennemis. — Extraction du sucre. — Usages du sucre et sous-produits. — Pays producteurs. — Canne contre betterave. Lutte économique.

L'extraction du sucre des végétaux, son isolement sous forme de cristaux, demeurèrent longtemps un problème difficile à résoudre, et si les populations vieilles connaissaient les liqueurs fermentées et l'huile, le sucre cristallisé est une conquête industrielle relativement moderne. Elle révolutionna, d'ailleurs, l'existence économique de plus d'un pays.

ORIGINE La canne à sucre est originaire, croit-on, de l'Asie méridionale, d'une région située entre la Cochinchine et le Bengale. Théophraste, Varron et Pline déjà parlent d'un roseau de l'Inde duquel on retire un suc plus doux que le miel. Les Chinois la connaissaient bien avant notre ère (1), et le monde gréco-romain savait que les Indiens suçaient une sorte de bambou (*calamus*) qui leur donnait du sucre (*saccharon*), dont le nom de *sarkora*, en sanscrit, est devenu *sukkar* en arabe.

---

(1) D'après Guillot de Givry (Journal des Fabricants de sucre, 1927), les Chinois ont su pratiquer l'industrie du sucre bien avant leurs relations avec les Européens. La première mention précise de la canne chez les Chinois se trouve dans les œuvres du poète Ssiu-ma-siong-ju qui, 200 ans avant Jésus-Christ, disait du sirop de la canne « qu'il dissipe les mauvaises suites de l'ivresse ». Song-Ying-Sing notait, en 1636, que le meilleur sucre chinois venait de Formose, avant celui de Cochinchine et celui de quelques provinces de Chine. Le sucre européen était méprisé comme de qualité inférieure.

Les pèlerins des Croisades en rapportèrent de Palestine. Les Arabes, au moyen âge, en propagèrent la culture en Egypte, en Sicile et en Espagne d'où, au XVIe siècle, elle fut successivement introduite aux Canaries et au Brésil. Elle atteignit la Guadeloupe et la Martinique vers 1650, puis la Réunion; plus tard, autour de 1800, elle gagna les autres colonies françaises par la variété dite « de Bourbon ».

Denrée de luxe pendant le moyen âge, le sucre ne devint un article de consommation accessible que lorsque, vers la fin du XVIIe et au début du XVIIIe siècle, la Hollande, puis nos villes de Rouen et d'Orléans reçurent des Antilles et du Brésil des envois de sucre brut que des raffineries transformèrent en sucre épuré, en leur donnant cette forme en pain conique si long-temps particulière au « pain de sucre ».

Sous le premier Empire, la betterave entra en lutte contre la canne à sucre. La politique s'en mêla, et on sait quelle répercussion économique lointaine durable, aiguë encore, cette lutte a valu à nos colonies et à la métropole.

BOTANIQUE — La canne à sucre, *Saccharum officinarum* Linné, est une grande herbe vivace, de la famille des Graminées.

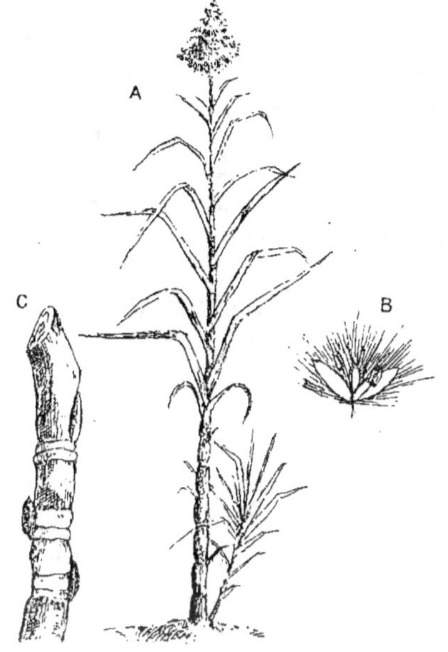

Canne à sucre.
A. Pied de canne à sucre.
B. Fleur d'un épillet.
C. Bouture à 3 bourgeons.

D'un rhizome vivace partent des tiges aériennes hautes de 2 à 5 mètres, couronnées d'un panache ou panicule, la « flèche », de 30 centimètres à 1 mètre de longueur.

La graine avorte généralement et lorsqu'elle se forme, elle est si petite que la plante a été longtemps considérée comme stérile.

La *tige* est noueuse portant les cicatrices des feuilles tombées, et chaque nœud est marqué d'un bourgeon formé à l'aisselle. L'intérieur de la tige est plein, rempli d'un tissu aqueux chargé de sucre. Les *feuilles* sont finement dentelées, les médianes longues de 1 à 2 mètres, avec une petite ligule garnie de poils; celles de la base se fanent et tombent pendant la maturation.

17

VARIETES Décrire les innombrables variétés de cette plante, serait une œuvre de patience inopportune.

La seule Nouvelle-Calédonie en possède une soixantaine et chaque région culturale en accuse de nombreuses. Il est utile, néanmoins, de ne pas ignorer les noms des variétés les plus répandues et les plus réputées.

Afin de les différencier par un signe extérieur, on les a divisées en trois groupes : 1° les *cannes rouges, brunâtres* ou *violettes*; 2° *les cannes blanches, jaunes ou verdâtres*; 3° *les cannes rayées* (Cordemoy et Delteil).

Nous en retiendrons les suivantes : *a*) La *canne de Chine*. Couleur jaune brun; petite taille ; peu juteuse, mais très rustique et résistante aux maladies. Beaucoup cultivée dans l'Inde et en Indochine.

b) La *canne dite chinoise*, différente de la précédente. Appelée aussi *canne de Penang*, très cultivée dans la presqu'île Malaise. Caractérisée par un enduit poussiéreux qui recouvre la tige d'un revêtement cireux (remède contre la furonculose); feuilles munies de poils irritants; juteuse, à bon rendement.

c) La *canne de Bourbon*. Couleur verdâtre; tiges très longues, souvent couchées; riche en sucre. Appelée aussi *canne d'Otahiti*.

d) *Canne Guinghan*. Tige jaune à raies violettes. Grande, robuste, riche; épuisante.

e) *Cannes de Batavia*. Nombreuses et diverses, dénommées par la coloration et les rayures de la tige. Répandue partout.

f) *Canne éléphant de Cochinchine*. Grosse, tige verdâtre, peu sucrée.

g) *Canne noire* de Malaisie et de la Réunion, île Maurice. Rouge foncé, déteint; très dure.

h) *Canne Jamaïque* ou *canne bleue* (couleur des jeunes bourgeons), très résistante à la sécheresse et aux parasites.

En outre, une infinité de variétés locales désignées abréviativement par des lettres majuscules et des numéros.

CONDITIONS DE VEGETATION La Louisiane et, jadis, l'Espagne au nord, le Natal au sud, indiquent les limites de la culture industrielle en latitude. L'altitude ne semble pas devoir dépasser 500 mètres. La canne est une culture de plaine, au voisinage de la mer, sans être cependant côtière.

Le grand nombre de ses variétés ne lient pas la possibilité de la culture à des conditions strictes, mais les optima sont donnés par 23° C de température moyenne annuelle; 1 mètre à 1 m. 50 de hauteur de pluies; un sol riche, meuble, profond, moyennement humide. Elle ne saurait prospérer dans une région dont la température *moyenne* tombe au-dessous de

10° C, ou bien, dont les pluies abondantes, la température étant élevée, ne laissent pas place à une saison sèche. L'Algérie, par exemple, ne **pourrait** cultiver la canne industriellement, à cause de la prolongation de la saison sèche; aussi la canne n'y est-elle que plante fourragère.

La fertilité du sol s'épuise rapidement par cette culture qui ne lui restitue que des déchets de feuilles. Il faut donc lui venir en aide par **de la fumure** ou des engrais minéraux, nitrates, phosphates, etc. L'engrais vert, sous forme de culture d'arachides, d'indigotier, ou d'autre légumineuses, donne de bons résultats.

La canne étant une plante vorace, les grands rendements ne **sont** obtenus que sous l'action d'engrais judicieusement choisis selon la composition du sol. Comme partout, le fumier de ferme en est le meilleur et il convient, si possible, de l'appliquer à la quantité de 60 à 70 tonnes à l'hectare, possibilité assez rare dans les colonies tropicales où il est malaisé de tenir un cheptel domestique nombreux. Il serait difficile d'édicter une règle de valence commune, ou de proposer une formule générale pour la composition d'un engrais minéral dans toutes les plantations; mais on peut indiquer la nécessité d'une expérimentation locale et conseiller l'emploi d'engrais très solubles dans les régions à climat sec et **d'engrais à solubilité plus** lente dans les terrains humides.

Fauchère n'admet pas l'épuisement du sol du fait de la culture prolongée de la canne, et il n'est pas loin de croire même à une amélioration pourvu que les doses d'engrais soient assez fortes et le travail soigné. Il base son jugement sur l'exemple des îles Hawaï où des terres, consacrées sans discontinuité à la culture de la canne, ont donné **un rendement de 69** tonnes à l'hectare en 1895, et de 115 tonnes en 1916.

CULTURE   La canne se multiplie par boutures ou plants, rarement par semis (*seedlings*) et nous savons **que beaucoup de variétés** ne fleurissent et ne fructifient pas.

Les boutures sont prises sur les pieds de canne les plus robustes et les plus sains, coupées en morceaux de 25 à 30 centimètres dans la moitié supérieure du pied, et comprenant plusieurs entre-nœuds portant des bourgeons. Les plants sont donnés par l'extrémité supérieure des tiges.

Ces boutures sont plantées, soit dans des trous faits à la houe, soit dans des sillons tracés à la charrue : *trouaison* ou *sillonnage*.

Pour les uns ou les autres, la distance habituelle entre les pieds est de 1 m. 25 à 1 m. 50 en quinconce, soit environ 4.000 pieds à l'hectare.

Le terrain, bien dessouché, débarrassé des anciens rhizomes de canne qui sont brûlés, est bien ameubli par des labours croisés (« *hacher en grand* » aux Antilles) et les boutures sont couchées dans les sillons ou les trous, ou bien placées obliquement si le terrain est moins sec.

On leur donne de suite un bon viatique d'engrais approprié, et on recouvre de terre.

Pendant le développement des pieds, il faut sarcler, biner, rabattre la **terre** sur les racines superficielles et *épailler*, c'est-à-dire enlever les feuilles sèches de la base dont la pourriture crée un terrain propice aux maladies parasitaires.

Cuba, le plus gros pays producteur de sucre, cultive la canne sur des sols très variés, le meilleur étant un sol argileux assez lourd. D'anciens marécages des bords de la mer, mis à sec et dessalés, y donnent de bonnes récoltes, exemple qui a été suivi, dans les dernières années, aux Indes Néerlandaises.

Le planteur cubain effectue le labour croisé (*cross ploughing*) assez longtemps avant la plantation et le fait suivre parfois d'un 3me labour. Il prépare bien sa culture de la canne par celle d'un engrais vert qui bonifie à la fois la constitution physique et chimique du sol. Ce sont les *Canavalia ensiformis* (pois sabre); *Stizolobium atterrimum* (pois du Bengale) ; *Cajanus indicus* (pois d'Angole) ; *Dolichos Lablab; Phaseolus Mungo; Vigna Catjang*, plantés souvent au commencement de la saison des pluies entre les rangs de cannes.

Le sillonnage est préférable à la trouaison et les sillons reçoivent généralement les boutures couchées bout à bout lorsque le sol est meuble, et dressées quand il est compact ou exposé aux invasions des parasites. Un engrais très apprécié est le résidu des filtres pressés auquel on a mélangé les cendres de bagasse des foyers de chauffage.

A la Guadeloupe, on plante de préférence à la saison des pluies. Après les deux labours, le second en direction croisée du premier, à 15 ou 20 centimètres de profondeur, on creuse les sillons à 1 mètre ou 1 m. 50 l'un de l'autre et on y pose les plants ou les boutures, à 0 m. 75 ou 1 mètre d'intervalle, obliquement, en laissant l'extrémité émerger un peu du sol. Pour le *plantage*, on place deux plants à côté l'un de l'autre dans le même trou. La plantation est suivie du *recouvrage* qui consiste à remplacer les plants morts. On fait un binage et plusieurs sarclages. L'épaillage n'est pas de pratique générale de peur de l'invasion des parasites par les cicatrices des feuilles.

A Java, après Cuba le pays le plus grand producteur de sucre, les plantations se trouvent seulement dans la partie centrale et orientale de l'île.

Les canneraies y sont établies généralement sur terrain irrigué. L'assolement tricennal y est de règle : canne, arachide, maïs, riz, manioc, indigo, tabac, pois, riz, canne entrent dans le cycle de rotation.

La canne mûrit au bout d'un an à dix-huit mois, suivant les variétés et les conditions régionales. Dans les conditions les plus favorables, la récolte a lieu onze mois après la plantation. On n'attend pas la floraison pour faire la récolte.

Plantation de canne à sucre. — Mise en terre des boutures.

La *maturité* se reconnaît à la dessiccation des feuilles; la tige ne s'allonge plus, devient lourde, acquiert une teinte jaune pâle ou orangée, et lorsqu'on la frappe, elle rend un son sonore, de mat qu'il était auparavant. Le suc est devenu glutineux.

Les cannes sont coupées au coutelas ou au sabre d'abatis au ras du sol. A Java, on les arrache avec la racine pour éviter la propagation des maladies. A la Guadeloupe, un ouvrier habile peut couper 3 tonnes à 3 tonnes et demie de canne dans une demi-journée.

Comme le rhizome est vivace, il en repousse de nouvelles tiges arrivant à leur tour à maturité à une année de distance, et ainsi de suite. Il

Récolte de la canne à sucre.

faut une copieuse application d'engrais. On cite des plantations (Centre-Amérique) de quinze à vingt ans. La première récolte est dite *de plant* ou de *cannes vierges*; les autres, *de repousse*.

Il est plutôt rare de récolter au delà de la deuxième repousse, le pourcentage en sucre décroissant considérablement après la troisième récolte. On renouvelle alors la plantation, ou bien on la laisse soit en jachère, soit en culture de sidération, ou en assolement, pour lui redonner une nouvelle force.

La canne à sucre étant très épuisante, on ne doit donc pas établir une plantation nouvelle sur un terrain déjà consacré à cette culture l'année précédente bien que, nous l'avons vu plus haut pour Hawaï, il y ait à cette règle des exceptions surprenantes.

A la Guadeloupe, la canneraie ne dure que trois ans, quatre au maximum.

RECOLTE   La *récolte* se fait en fin de saison sèche, car la maturation et la formation du sucre s'opèrent surtout pendant cette saison. Etant donnée la durée de la végétation, l'établissement d'une plantation ou *canneraie* se règle donc, dans les divers pays, sur cette échéance.

La récolte utilisable est celle de la tige nue, débarrassée de ses feuilles et de son extrémité dans laquelle la teneur en sucre est très faible. On ne transporte à l'usine que les tiges ainsi nettoyées et étêtées, mises en paquets par des « ramasseuses », comme aux Antilles, ou chargées directement sur charriots, wagonnets Decauville, ou camion, avec le soin de le livrer dans le plus court délai possible à l'usine.

Plus l'attente de la canne est longue à passer au moulin ou au broyeur, et plus la fermentation peut diminuer sa teneur en saccharose, de sorte qu'au bout de quelques jours, la perte devient considérable. De là, l'utilité du transport sur rail et de l'emplacement de l'usine au centre de l'exploitation et desservie par les rayons les plus économiques.

En s'autorisant des chiffres d'analyses de Boname à la Guadeloupe, sur la richesse en sucre du vesou à différentes étapes de la végétation et de l'âge de la canne, comparant également les chiffres observés à la Réunion, Fauchère arrive à conclure que l'intérêt du planteur semble être de ne récolter les cannes qu'à leur seconde période de maturité, c'est-à-dire vers l'âge de 20 à 22 mois. Il reste à savoir si le conseil peut valoir pour beaucoup de variétés, différents sols et climats et s'appliquer á des cycles de culture renouvelés.

RENDEMENT   Le rendement à l'hectare d'une canneraie varie selon les nombreuses conditions offertes à sa bonne venue : climat, sol, engrais, soins donnés, variétés, époque de la récolte, etc. On compte moyennement sur une récolte de 40 à 50 tonnes de cannes nettes à l'hectare, donnant de 4 à 5 tonnes de sucre. Voici des chiffres de Java :

Poids des cannes récoltées, par hectare cultivé ; moyenne : 98 tonnes.

Poids du sucre de 1er jet (*hoofdsuiker*) par hectare; moyenne : 9 3/4 tonnes.

Rendement de la canne en sucre de 1er jet par hectare; moyenne : 10,21 p. 100.

On y accuse des maxima de plus de 115 tonnes.

On cite aux Hawaï des récoltes de 15 à 16 tonnes de sucre à l'hectare.

A la Guadeloupe, les cultures expérimentales de la station de Pointe-à-Pitre n'ont jamais donné moins de 50 tonnes à l'hectare pour toutes les variétés; pour plusieurs, et pendant certaines saisons, le rendement a atteint 150 tonnes, et dépassé même 200 tonnes.

Ces derniers chiffres sont exceptionnels partout et ne sauraient servir de base à un projet de bilan de culture.

En Cochinchine, la culture indigène n'obtient que 28 tonnes de cannes de la variété *mia-do*, et 42 tonnes de la variété *mia-vang*.

De nombreuses analyses ont démontré que la richesse saccharine de la canne varie de 11 à 15 p. 100, c'est-à-dire, et le fait est à remarquer, que cette richesse reste plutôt inférieure à celle de nos meilleures variétés de betterave à sucre.

MALADIES ET ENNEMIS Avant de suivre la canne à travers les appareils de l'usine — rapidement, car la saccharose peut se transformer en partie en glucose, ou sucre interverti — constatons que cette culture est une des plus exposées aux attaques de nombreux ennemis du règne animal et du règne végétal.

Les rats, les crabes de terre, les termites sont à redouter, sans qu'on dispose de moyens pratiques pour les détruire ou les éloigner. La mangouste a été introduite naguère aux Antilles en vue de la destruction des rats ; mais, on s'aperçoit que le remède risque de devenir aussi grand que le mal, a cause de la multiplication de l'animal qui s'attaquerait maintenant aux habitants de la basse-cour. Les chiens ratiers, préconisés, ne suffiront certes pas à la besogne.

Parmi les insectes prédateurs, nous trouvons des *borers* comme celui du caféier, dont les larves taraudeuses creusent la tige de la canne en galerie et déterminent l'acidification du jus; des pucerons et des vers blancs; souvent aussi des nématodes des genres *Heterodera* et *Tylenchus* dont les dégâts peuvent devenir très sérieux.

Plusieurs espèces de *borers* font parfois de gros dégâts en attaquant la canne par la base de la tige. Comme les femelles pondent de préférence leurs œufs dans les inflorescences des Graminées, on a recours maintenant au maïs comme plante-piège — nous verrons qu'il rend le même service au cotonnier — planté dans les interlignes et qu'on détruit ensuite après la ponte des insectes. Echenillage, destruction des tiges atteintes, par le feu, application de solutions insecticides, sont des moyens de défense trop souvent insuffisants.

Dans certains pays, comme la Réunion, Maurice et Madagascar, les vers blancs ou larves d'un petit coléoptère, le *Phytalus Smithi*, commettent d'importants dégâts en s'attaquant aux racines et au rhizome de la canne. Fauchère conseille de combattre ces prédateurs en arrosant les souches, après un labour superficiel, avec une émulsion de pétrole, à raison de 8 à 10 litres autour de chaque souche (1).

A la Guadeloupe, la canne est attaquée à la base de la tige par les larves du *Cyclocephala tridentata*, connues sous le nom de « rouleaux », et qui creusent des galeries internes.

Les insectes ennemis de la canne appartiennent aux espèces de plusieurs genres : *Cratopus, Diatraea, Adoretus, Diaprepes, Sesania,* etc.

Enfin, la *fourmi-manioc (Atta Sexdens* L.) qui, en certains pays comme la Guyane, est redoutable à toutes les cultures (2).

Parmi les maladies cryptogamiques, la canneraie peut redouter la *morve rouge*, la *nielle*, la *pourriture rouge*, la *pourriture des racines* et surtout la *maladie brune* due à l'envahissement de la tige, à mi-hauteur, ensuite vers le bas et le haut, par un champignon microscopique, le *Trichosphæria sacchari*, qui détermine des taches brunes et fait crever l'épiderme, après avoir épuisé le tissu de la plante. Souvent ces affections se superposent, en ce sens que la plante, épuisée déjà par les attaques des parasites ani·maux, ouvre des portes d'entrée et offre moins de résistance aux atteintes des champignons.

La *mosaïque* paraît due à un épuisement du sol qui se charge de toxines. On conseille la rotation ou la désinfection du sol au formol ou au sulfure de carbone.

Une des maladies les plus redoutables de la canne à sucre est le *sereh* de Java, qu'on a cru pouvoir identifier avec le *root disease* de la Barbade ou la pourriture des racines, et qui semble due à une affection bactérienne. Elle fit son apparition, en 1882, dans l'ouest de Java d'où elle gagna rapidement l'île entière. La cause du mal n'est pas nettement définie encore (Congrès de Samarang en 1889), mais on soupçonne l'emploi abondant des engrais d'en favoriser la genèse et le développement. Certaines va-

---

(1) Il est utile de connaître, pour l'appliquer à d'autres cultures menacées de dégâts par le ver blanc, la composition de cette émulsion, facile à préparer avec des ingrédients ordinaires.

Dissoudre 500 gr. de savon dans 9 litres d'eau bouillante. Ajouter graduellement 18 litres de pétrole, agiter constamment pour obtenir un mélange de consistance crémeuse. Pour 800 centimètres cubes de cette émulsion, ajouter 200 centimètres cubes de créoline, ou encore, pour 700 centimètres cubes d'émulsion, 300 centimètres cubes de phénol ou d'acide phénique. On verse ensuite ce mélange dans 100 fois son volume d'eau (Fauchère).

(2) La *fourmi-manioc* constitue des colonies très peuplées dans des nids souterrains. Les ouvrières organisent des expéditions de rapine dans les cultures qu'elles dépouillent de leurs feuilles avec une célérité étonnante, les transportant par fragments découpés vers leurs galeries, en de longues processions bizarres de porte-étendards.

Ces fragments de feuilles sont mis en couches dans leurs nids pour la culture qu'elles savent faire du mycélium d'un champignon, le *Rezites gongylophora*, dont ils font leur nourriture (Desmet.). On peut les détruire par claytonisation ou injection de gaz sulfureux.

riétés, comme *Louzier*, *Manille*, *Fidji* résistent à la maladie, mais ne sont, par contre, pas très riches en sucre. On les cultive cependant à Java, associées à la variété *Chéribon*, moins résistante, mais au jus beaucoup plus riche. Pour obtenir des plantes moins exposées aux attaques du *sereh*, les planteurs de Java font venir leurs boutures des parties montagneuses du centre de l'île. On a cherché aussi à créer des variétés métis de croisement, à la fois riches en sucre et résistantes à la maladie. C'est ainsi que les variétés *Chéribon* et *Fidji* ont donné une canne métis qui jouit d'une certaine faveur auprès des planteurs. Ailleurs, comme à Maurice (Bona-

Une « Canneraie » en Malaisie.

me) et aux Antilles anglaises (Dr Morris), des efforts intéressants ont été faits pour obtenir, par semis, des variétés résistantes à la maladie. La *mosaïque* est une maladie à virus dont l'agent de contamination est inconnu, étant probablement un virus filtrant. Il peut infester la plante par le jus de la feuille. Notons aussi que Java possède une station expérimentale spéciale pour l'industrie sucrière et que cette utile institution est *due à l'initiative privée*. Les Hollandais nous donnent, encore une fois, aux Indes néerlandaises, des exemples remarquables de méthode et de savoir-faire en matière d'exploitation agricole coloniale.

Pour combattre ces diverses affections parasitaires, l'application, sur de grandes superficies, des méthodes de soufrage ou de pulvérisations fongicides rendrait le procédé fort onéreux; aussi faut-il faire surtout de la prophylaxie en veillant à la propreté des plantations et prendre ses précautions dès le début, en ne mettant en terre que des boutures en quelque sorte désinfectées, c'est-à-dire assainies par immersion préalable dans des préparations cupriques ou arsenicales, ou par un enduit de pétrole.

EXTRACTION DU SUCRE — Pour obtenir le jus sucré de la canne, on soumet celle-ci au *broyage* dans des moulins plus ou moins perfectionnés, actionnant des cylindres, soit verticaux et en bois (systèmes indigènes), soit horizontaux, en fonte. Le liquide ainsi obtenu, le *vesou*, est conduit par des rigoles dans des récipients; il reste la partie ligneuse et fibreuse de la canne appelée *bagasse*, qui servira de combustible ou d'engrais.

Dans les usines à sucre, des appareils de montage, de transport et d'alimentation des cuves assurent mécaniquement et automatiquement la suite des opérations qui commencent au défibreur et aux moulins et se poursuivent par l'*imbibition*, l'*épulpage* des *folles bagasses*, le *sulfitage*, le *chaulage* et la *défécation*, le *filtrage* aux *presses*, le *décantage* au bac, l'*évaporation* au « triple effet », le *malaxage* de la « masse cuite », le *turbinage* enfin dans des turbines verticales centrifuges, tournant à une grande vitesse et séparant le sucre cristalisé de la mélasse. Ainsi sont obtenus successivement des sucres de 1er jet, de 2me jet, etc., plus ou moins clairs et dépouillés de mélasse, connus sous le nom de *cassonades*.

Ces sucres bruts, teintés en roux ou en jaune paille, contiennent encore beaucoup d'impuretés et paraissent sous cette forme sur les marchés indigènes où on les voit en tas coniques ou en galettes. petits pains ou blocs grumeleux entourés de papier, attirer des essaims invraisemblables de mouches.

Jadis, certaines usines, en Egypte notamment, opéraient l'extraction du sucre par la méthode de la *diffusion* dans des cuves, c'est-à-dire par la voie humide de l'osmose et la macération de la canne; mais cette méthode est de plus en plus abandonnée.

Nous ne suivrons pas le sucre brut à travers les raffineries qui le prennent à l'état de cassonade, et le rendent à l'état de pains de sucre, ou de « sucre à la mécanique ». Leurs opérations sont, sinon compliquées, du moins nombreuses, et nos raffineries appartiennent surtout à la métropole.

USAGES DU SUCRE ET SOUS-PRODUITS — Base de la fabrication de l'alcool, le sucre — il est utile de le rappeler — est un aliment hydrocarboné dit « respiratoire » ; il a des propriétés antiputrides, d'où son usage pour la conservation des produits alimentaires et leur « salage ». Notons que le sucre *candi* (obtenu par cristallisation lente de la canne à sucre) est seul à servir pour le sucrage des vins de champagne.

Les sous-produits les plus importants de la canne sont : le *rhum* et le *tafia*.

RHUM   Le rhum est le produit de la distillation d'un mélange fermenté de 10 % de mélasse fraîche, 30 % d'eau et 60 % de « vidange », c'est-à-dire d'un résidu non distillé d'un alambic précédent. Ce mélange, appelé *grappe* ou *mout* aux Antilles françaises, est distillé dans un grand alambic et le produit de la distillation est un liquide clair et blanc qui est le *tafia*. Placé d'abord dans d'énormes foudres de 30.000 à 35.000 litres de contenance, le tafia est mis en fûts le plus rapidement possible. Ces fûts sont de chêne blanc d'Amérique qui possède des extraits aromatiques spéciaux qu'il communique à l'alcool, de sorte que, par son séjour d'au moins un an dans le logement, de tafia clair qu'il était au début, l'alcool se colore en jaune clair et devient du rhum. Mis en bouteille, le rhum ne vieillit plus et il faut qu'il soit, en y entrant, vieux d'au moins un an pour être apprécié. Le rhum « Martinique » est livré à 54 degrés.

On obtient de la mélasse environ 80 p. 100 de son volume en rhum et 100 kilos de canne en donnent environ 3 litres 25.

Le rhum de la Martinique est représenté par les marques les plus réputées : Pécoul, Macouba, St-Etienne, Ste-Marie, etc. La Guadeloupe, la Réunion et quelque peu l'Indochine en produisent également. La production allant en augmentant et la concurrence intervenant, des mesures de contingentement ont été prises pour régler l'admission de quantités proportionnées dans la métropole. Le rhum de nos Antilles y arrive en fûts de 250 litres en moyenne (1).

En 1926, ont été exporté des colonies françaises, rhum et tafia en hectolitres : Martinique, 203.437; Guadeloupe, 120.095; Réunion, 73.218; Indochine, 10.041; Madagascar, 7.929; Guyane, 3.036; au total, 417.903 hectolitres, le tout à peu près exclusivement sur France.

Il existe plusieurs formules de confection de rhums de fantaisie, employant jusqu'à de l'écorce de chêne et du cuir râpés.

La Jamaïque fournit à l'Angleterre ses meilleurs crus.

Ce sont également la Martinique et la Guadeloupe qui nous fournissent du *tafia*, produit moins fin, mais qui a ses amateurs. Son prix moins élevé et son innocuité relative l'ont fait adopter, comme on sait, par la marine, comme tonique populaire.

---

(1) Le mode d'embarquement de ces fûts en rade de Basse-Pointe est assez original : le fût, bien étanche, dont le poids spécifique avec son contenu est moins élevé que celui de l'eau de mer, flotte aisément et c'est ainsi que, sous la poussée d'un nageur, il est conduit vers le palan d'embarquement.

La mélasse est entrée dans l'alimentation des bestiaux auxquels on donne de *la paille mélassée*. Elle sert à la confection du pain d'épice. La bagasse sert de combustible dans les usines sucrières et elle s'est prêtée à des essais intéressants de fabrication de pâte cellulosique.

Certaines variétés de canne sont enduites d'une matière cireuse en couches lamellaires ou prismatiques, une *cérosie*, composée d'un mélange de cire, de matière oléagineuse et de glycérine. L'industrie moderne récupère à présent, surtout au Natal, cette substance des drèches boueuses de la canne dont elle obtient jusqu'à 15 p. 100 par extraction à la benzine. Cette cérosie entre surtout, comme la cire de carnauba, dans la confection des cirages (1).

PRODUCTION ET COMMERCE — La production mondiale du sucre, en 1927-1928, d'après les estimations de Willat et Gray, est, *en sucre de canne* : 15.978.455 tonnes, en légère diminution sur le chiffre de la campagne précédente (15.900.551 tonnes); *en sucre de betterave* : 9.018.723 tonnes, contre 7.689.748 tonnes en 1926-1927.

Soit au total : 24.997.177 tonnes, en augmentation de près d'un million et demi de tonnes sur le total de la campagne précédente (2).

En 1901-1902, la production du sucre de betterave dépassait encore de beaucoup celle de la canne; en 1908-1909, le chiffre de production de la canne avait dépassé celui de la betterave et à l'heure actuelle, la canne dépasse de plus des 2/3 la betterave.

La production est plus forte que la consommation; à celle-ci les habitants de l'Amérique prennent la plus grande part et les Asiatiques, la moindre.

En tête des pays producteurs se place Cuba (5.150.000 tonnes); ensuite l'Inde anglaise (2.502.000 t.); Java (2.000.000 t.); le Brésil (750.000 t.); les îles Hawaï (645.000 t.); Porto-Rico (550.000 t.), etc. Notons une production de 9.000 tonnes en Espagne, la seule de l'Europe.

Les plus forts pays producteurs de sucre de betterave, en 1926, sont l'Allemagne (1.680.000 t.), la Tchécoslovaquie (1.560.000 t.), la Russie et l'Ukraine (1.000.000 t.) et la France (740.000 t.). Les Etats-Unis accusent 790.000 t. et le Canada, 30.000 t. La régression de la betterave sur la canne s'est encore plus accentuée depuis. Le pays betteravier le plus remarquable est la Suède qui a produit, en 1927, 140.000 tonnes de sucre contre 20.974 tonnes en 1926, soit une augmentation de plus de 550 p. 100.

---

(1) Les Annamites raclent ce revêtement cireux de la surface d'une de leurs variétés de canne et l'emploient, sous le nom de *phan mia* en cataplasme contre la furonculose.

(2) Ces chiffres ne concordent pas avec ceux de statistiques de différentes autres sources et il est très rare de trouver cette concordance même suffisamment approximative pour ne pas considérer les unes et les autres comme de simples indications d'ordre de grandeur.

Superficie en hectares sous canne : 1.183.000.

En ce qui concerne la France, la consommation métropolitaine est d'environ 800.000 tonnes, sur lesquelles elle a importé, en 1927, 355.907 tonnes, valant 624.776.000 francs, dont 119.435 tonnes des colonies (33,55 p. 100), valant 279.230.000 francs (44,85 p. 100).

En 1926, nos colonies nous fournissent, par les chiffres de leurs exportations, l'indication indirecte de leur production de sucre de canne : Réunion, 63.312 tonnes; Martinique, 42.564 t.; Guadeloupe, 33.847 t.; Indochine, 8.189 t.; Madagascar, 2.259 t.; soit, au total, 150.173 tonnes.

Il reste, par conséquent, au regard de la consommation métropolitaine, une marge considérable dont la culture de la canne dans nos colonies ne profite pas au gré des possibilités.

Toutefois, il ne suffit pas que le sol et le climat se montrent propices ; il faut aussi, et surtout à présent, l'application des méthodes culturales et industrielles rénovées, avec l'incidence d'autres facteurs économiques, telle que la présence d'une main-d'œuvre suffisante et active, à salaire équitable ; la possibilité de la grande culture par l'association du capital européen et de la propriété indigène dans un système d'amodiation bilatéralement rémunérateur ; des conditions de transport économiques, etc., **toutes** questions à étudier dans un projet de culture de la canne à sucre dans nos colonies, soit d'extension dans les vieilles colonies, soit de création nouvelle dans les autres.

CANNE CONTRE BETTERAVE

Lutte économique. — Cinquante ans après la découverte du sucre cristallisable dans la betterave, en 1797, la première fabrique ou sucrerie fut installée en Silésie. A cette époque, les Antilles étaient en mesure de fournir à la France du sucre en abondance, mais ne pouvaient le lui faire parvenir qu'au prix de droits exorbitants prélevés par les Anglais.

Napoléon Ier, poursuivant dans ses conséquences le blocus continental, favorisa la nouvelle industrie sucrière de la betterave; des usines et des raffineries se fondèrent (la première à Passy, par Delessert). Cependant, la levée du blocus continental les remit désarmées devant la concurrence du sucre colonial, bien que le sucre de betterave jouissait d'un important dégrèvement fiscal. En 1815, à la Restauration, fut inauguré le « pacte colonial » qui permit aux sucres bruts de nos colonies de venir se faire raffiner dans la métropole, moyennant l'obligation, pour elles, de s'approvisionner dans la métropole de ces articles industrialisés et manufacturés. On sait que les principes du « pacte colonial » n'ont pas encore quitté entièrement les préoccupations du législateur dans le règlement des rapports économiques de la métropole avec ses colonies.

Cependant, la betterave se rebiffa si bien qu'on lui appliqua un *droit de consommation* ; les partisans de la canne avaient été jusqu'à demander

l'expropriation des sucreries indigènes et l'interdiction de semer de la betterave.

La production allant en augmentant, le droit de consommation fut maintenu, au bénéfice du fisc, mais limité à une quantité maximum de la production, le surplus pouvant se faire exporter au bénéfice du commerce. En
1891, l'Allemagne, la première, inaugura le système bizarre du « dum-
ping », des primes à l'exportation. Elle fut suivie par tous les pays producteurs et il se produisit alors ce phénomène naturel, bien que paradoxal,
que ces pays, renchérissant sur la quotité de la prime, faisaient payer à
leurs consommateurs nationaux une denrée indigène plus chère que ne la
payaient les consommateurs étrangers, en l'espèce les Anglais, qui ne
pratiquaient pas notre système douanier protectionniste à l'importation.
Il faut ajouter que ces primes à l'exportation étaient accordées aussi bien
aux sucres issus de betterave, qu'à ceux qui. des colonies, venaient se faire
raffiner en France.

Ces jeux de primes finirent par excéder les pays en concurrence ; ils
entrèrent en pourparlers pour une réforme commune et de leurs efforts
sortirent, en 1903, les décisions de la *Convention de Bruxelles*. Les primes
à l'exportation sont désormais supprimées et, du même coup, les droits de
consommation ont pu être réduits.

Ce régime nouveau a modifié considérablement les conditions du marché
des sucres et, par répercussion, celui des sucres coloniaux. En ce qui concerne l'Indochine, par exemple, le courant des transactions sur cette denrée
en a été complètement détourné de la métropole; il se dirige actuellement
entièrement vers la Chine et l'Extrême-Orient, au seul bénéfice des commerçants et intermédiaires chinois.

Plus récemment, en 1927, sur l'initiative de Cuba, des négociations ont
été engagées entre plusieurs producteurs de sucre en vue d'apporter des
limites à l'extension des cultures de canne et de betterave. .

Une conférence internationale s'est tenue, à cet effet, à Paris, sans
d'ailleurs arriver à une entente. Si pareille restriction a pu être obtenue jadis pour la valorisation du café au Brésil, réalisée également en partie en
vue de la valorisation du caoutchouc dans le plan Stevenson, en Extrême-
Orient, c'est-à-dire par la solidarisation d'intérêts régionaux et nationaux,
il semblerait difficile d'obtenir une entente semblable sur un terrain international et qui essaierait d'harmoniser des intérêts très inégaux, difficilement
conciliables.

2. — *Plantes saccharifères diverses et vins de palme*

Sorgho. — Le Bourgou. — Palmiers à sucre.

A côté de la canne à sucre, un grand nombre d'espèces tropicales contiennent du sucre exploitable et donnent des produits à la consommation locale.

Ce sont principalement, dans nos colonies, toute une série de *Palmiers* et plusieurs espèces de *Graminées*.

Nous avons déjà parlé, à propos du *sorgho* ou *gros mil*, d'une de ses variétés, le *sorgho à sucre*, *l'imphie* des nègres de l'Afrique du Sud : on peut retirer de son jus de 15 à 16 p. 100 de sucre cristallisable et, par conséquent, de l'alcool par distillation. En Amérique, le sucre de **sorgho** avait menacé de concurrencer, à une certaine époque, le sucre de **canne**. La production est aujourd'hui en régression. Nous connaissons aussi la méthode de castration du maïs pour lui faire produire du **vesou**.

Une plante saccharifère d'un intérêt considérable est le *Bourgou* (*Panicum Burgu*), fort répandu dans la zone d'inondation du Niger et particulièrement au Soudan. Les indigènes retirent de nombreux profits de cette plante qui est aquatique, flottante et croît avec la hauteur des eaux. Les feuilles, vertes ou sèches, sont données comme fourrage ou foin au bétail. Elles servent à recouvrir les cases et à calfater les pirogues. Le grain est consommé en guise de mil et la tige, contenant du sucre, est conservée sèche pour être employée ensuite en infusion, à l'eau chaude ou froide, par laquelle on obtient un liquide sucré servant à la fabrication d'un vin appelé *Koundou-hari,* très recherché des Musulmans de Tombouctou, à qui d'ailleurs le Coran défend de boire des liqueurs fermentées. A citer pour mémoire le *maguey*, ou Agave à *pulqué* du **Mexique**.

Le fruit du *Caroubier* ou « pain de St-Jean » (*Ceratonia siliqua*), très abondant dans l'Afrique du Nord et qui entre surtout dans l'alimentation du bétail, contient de 20-26 % de sucre pouvant laisser une forte proportion de saccharose.

Un grand nombre de palmiers contiennent un suc saccharifère dans leurs jeunes tissus, abondant surtout au niveau de leurs inflorescences. Au lieu d'en retirer du sucre, les indigènes récoltent généralement cette sève pour en faire du *vin de palme*. En Malaisie et au Cambodge, par exemple, on en obtient aussi, par évaporation, un sucre très employé sous le nom de *jagre* ou *jaggery*.

Les espèces les plus exploitées dans ce but sont :

. *Borassus flabelliformis* Linné, ou *rônier*, en Afrique et dans l'Inde;

Caryota urens Beauvois, côte occidentale d'Afrique;

Raphia vinifera Beauvois, côte occidentale d'Afrique;

Elœis guineensis Jacquin, côte occidentale d'Afrique ; il y passe pour donner le meilleur vin;

Raphia pedunculata Beauvois, Madagascar;

Arenga saccharifera Labillardière, Malaisie;

Nipa fruticans Thunberg (palmier d'eau), Malaisie ; très exploité à Bornéo ;

Cocos nucifera Linné. Partout où il se trouve; surtout Ceylan. Il donne la *Toba* des Mexicains qui est une boisson réputée.

Phœnix senegalensis, côte O. d'Afrique ;
Phœnix dactylifera Linné, dattier, partout où il se trouve, etc.

La sève, généralement soutirée par incision de la base de l'inflorescence, est recueillie dans les vases où elle fermente très rapidement, sans autre préparation. Ce vin est vite capiteux, se conserve peu, tournant à l'aigre. Le vin de palme, d'après un dicton arabe, doit être bu à l'ombre de l'arbre qui l'a produit. A Java et en Malaisie, on obtient *l'arack* par distillation dans des appareils très primitifs.

Les Hindous appellent *toddy*, le vin de palme. A Madagascar, il est connu sous le nom de *harafa* et divers noms le différencient chez les nègres d'Afrique, parmi lesquels les Ouoloffs et les N'Diolas en consomment de fortes quantités.

Dans certains pays, comme le Cambodge, le sucre de palme acquiert une réelle importance dans la consommation locale. Le *Borassus flabelliformis*, ou *Deum-Tnott* des Cambodgiens, peut donner de 1 litre à 1 litre et demi de sève sucrée par jour pendant un mois, avec une teneur de 16 p. 100 de sucre cristallisable. Consommée en partie à l'état frais comme vin de palme, la sève ainsi récoltée donne lieu à une production annuelle de 2.500 tonnes de sucre, absorbé par la consommation indigène et ne paraissant pas se prêter à une épuration pour l'exportation.

Jadis, sur la côte africaine, le vin de palme de Gorée passait pour être le meilleur. On l'obtient de l'*Elœis guineensis* ou palmier à huile, sacrifié à cet effet et abattu pour recevoir un drain d'écoulement de la sève, introduit à la base du bourgeon terminal.

La fermentation de la sève est rapide et spontanée; elle tourne facilement au vinaigre, à peine retardée par une addition d'eau. Autrefois, le vin de palme était réservé aux chefs et aux Européens, mais aujourd'hui les populations nègres se sont accoutumées sans effort à l'usage, souvent immodéré, des liqueurs enivrantes.

Les peuplements sauvages du *Nipa fruticans*, ou palmier d'eau, abondent aux Philippines et à Bornéo. Comme la sève à sucre qu'il fournit permet d'en obtenir jusqu'à 10 p. 100 d'alcool, on envisage à présent l'aménagement de cultures industrielles. Rappelons que ce palmier est très abondant en Basse-Cochinchine.

Les saignées répétées des palmiers à sucre sur pied en compromettent évidemment la vitalité. Des expériences sur le cocotier semblent démontrer que les individus incisés pour en obtenir de la sève, diminuent dans une notable proportion la teneur en huile de leur coprah.

CHAPITRE IV

PLANTES FOURRAGÈRES

Conditions de production. — Fanes d'arachide. — Bananier. — Doliques et haricots.
— Herbe de Pàra. — Herbe de Guinée. — Maïs. — Manioc. — Patates. — Téosinte.

L'étude des plantes fourragères des pays chauds est encore très imparfaite et cela se conçoit, car elle présume une connaissance préalable des espèces capables d'être utilisées comme telles.

Nous savons que les pâturages de France sont constitués en majeure partie par des Graminées et des Légumineuses, dont le rôle est bien défini, et nous possédons un choix d'espèces propres à la création de prairies artificielles ou de cultures dites sarclées, qui assurent au bétail, en toute saison, une nourriture saine et abondante.

Mais ces plantes sont incultivables dans la région intertropicale, et c'est à des espèces généralement locales qu'il faut s'adresser pour obtenir, dans nos colonies, un fourrage à la fois abondant et nutritif. L'observation et l'expérience sont les meilleurs guides en pareil cas (1).

Il existe cependant quelques plantes fourragères précieuses par leur aptitude à croître dans la zone intertropicale, qui méritent d'être recommandées en raison de l'abondance et de la qualité de leurs produits.

Dans les pays où la saison sèche a une longue durée, l'élevage du bétail ne peut être assuré qu'à la condition de faire des réserves de fourrage,

---

(1) La famille des Graminées est représentée dans nos colonies par de nombreuses espèces plus ou moins fourragères, herbes spontanées que connaissent l'indigène et le bétail et que nous ne connaissons par leur état civil qu'à la faveur de monographies comme celle que E. G. Camus et A. Camus leur ont consacrées dans la *Flore générale de l'Indochine*. Alors elles apparaissent nombreuses appartenant aux genres : *Heteropogon, Themeda, Paspalum, Digitaria, Oplismenus Brachiadica, Panicum, Sacciolepis, Setaria, Leersia, Cynodon (Dactylon), Zizamia,* etc.

permettant d'attendre le nouveau développement des plantes des prairies naturelles ou des savanes, qui croissent au début de la saison des pluies. Nous ne pouvons ici nous étendre sur les soins à donner aux pâturages naturels en vue de leur amélioration et de l'augmentation de leur rendement; disons cependant que les savanes marécageuses peuvent être améliorées par le drainage, que celles qui sont trop sèches deviendront plus productives si on peut y aménager des canaux d'irrigation. L'application d'engrais, l'extraction des espèces nuisibles que l'instinct du bétail pousse à dédaigner, sont également choses nécessaires.

Parmi les plantes particulièrement recommandables comme espèces fourragères, cultivables en pays chauds, nous citerons :

L'ARACHIDE dont nous avons déjà longuement parlé au chapitre des plantes oléifères.

L'Arachide, comme les Légumineuses, joue un rôle important en tant que plante améliorante, et c'est avec grand avantage qu'elle figure dans les assolements des cultures indigènes, partout où la chose est possible.

Elle fournit un excellent fourrage pour le bétail. Les tiges munies de leurs feuilles, recueillies au moment de l'arrachage pour la récolte des fruits, sont riches en azote et peuvent être associés à d'autres aliments de valeur moindre. On peut aussi les faire sécher et les conserver pour la saison sèche.

BANANIER. — Les tiges et les feuilles superflues du bananier, hachées, sont acceptées avec plaisir par les animaux. C'est une nourriture d'une faible valeur nutritive, mais elle est tendre, aqueuse et on peut l'associer à d'autres aliments plus riches en azote.

DOLIQUE BULBEUX (*Pachyrrhizus angulatus*). Cette Légumineuse, dont nous avons déjà parlé dans un chapitre précédent, produit des tubercules abondants, utilisables dans l'alimentation du bétail au même titre que ceux du manioc doux. Ils sont riches en matières nutritives.

HARICOTS. — Certaines espèces de haricots sont cultivées dans les régions tropicales pour la nourriture du bétail. Tels sont les *Phaseolus aconitifolius* et *radiatus*, espèces annuelles à croissance rapide, que l'on cultive dans l'Inde en raison de leur valeur nutritive et de la facilité de leur culture. Le *Dolichos biflorus*, le *Dolichos Lablad*, le *Cyamopsis psoraleoides*, sont aussi des plantes fourragères de quelque importance dans ces pays.

HERBE DE PARA (*Panicum molle* Swartz). Graminée vivace, originaire de l'Amérique tropicale, mais aujourd'hui répandue dans diverses régions de la zone tropicale.

On peut dire que c'est l'une des Graminées fourragères les plus précieuses des pays chauds. Ses tiges couchées sur le sol, puis redressées, s'étendent en s'enracinant et donnent un fourrage vert abondant très recherché du bétail.

Les tiges et les feuilles sont tendres, couvertes d'une pubescence molle. La plante se multiplie de boutures avec la plus grande facilité ; en terrains secs, ses produits ne sont abondants que pendant la saison des pluies ; par contre, elle a une végétation luxuriante et peut donner une coupe par mois en sol irrigué, ou en terrain humide, dans le voisinage des cours d'eau.

L'HERBE DE GUINÉE (*Panicum maximum* Jacquin, *P. altissimum* Brouss.), est une Graminée que l'on dit originaire de l'Afrique tropicale, mais que l'on trouve dans tous les pays chauds. C'est une plante à forte souche, produisant des chaumes feuillés abondants, de grande taille, mais de consistance un peu dure. On la multiplie par division des touffes, au commencement de la saison des pluies.

En terrain fertile, l'herbe de Guinée donne un fourrage abondant, mais de faible valeur alimentaire. On peut en faire une coupe tous les trois mois. En sol médiocre, la récolte est naturellement moindre.

LE MAÏS. — Cette précieuse céréale est, on le sait, cultivée aujourd'hui comme plante fourragère jusque dans les pays tempérés où ses tiges feuillées, récoltées avant la floraison, sont très recherchées du bétail. On peut aussi les conserver pour l'hiver par ensilage.

Dans les pays chauds, le maïs constitue une excellente plante fourragère partout où il se trouve un sol naturellement frais et irrigable. Il peut donner alors, en trois ou quatre mois, une abondante récolte. On cultive, à cet effet, certaines variétés à grand développement, comme le maïs *Caragua* ou *dent de cheval* que l'on sème très serré.

Lorsque le maïs est cultivé pour son grain, on ne doit pas manquer de donner au bétail les sommités de la plante que l'on coupe après la fécondation, dans le but de favoriser le développement des épis.

A Nanisana (Madagascar), en semant très serré, M. Fauchère a obtenu. en sol bien fumé, avec 150 à 200 litres de graines à l'hectare, une récolte variant entre 20.000 et 50.000 kilogrammes de fourrage.

LE MANIOC. — Nous avons vu, au chapitre des plantes à tubercules féculents, l'importance du *manioc doux* en tant que plante alimentaire. La facilité de sa culture, en tous sols, et son abondante production le placent au premier rang des végétaux utiles des pays chauds. Le tubercule du manioc doux constitue aussi une excellente nourriture pour le bétail et il est d'autant plus précieux qu'on peut le conserver sans difficulté pendant la saison sèche.

LE GRAM ou *Pois chiche* (*Cicer aricetinum*), dont nous avons déjà parlé plus haut. Il est bien connu dans le Sud de l'Europe et le Nord africain, mais moins généralement cultivé que dans l'Inde où son grain sert à la nourriture des hommes et des chevaux, les jeunes pousses mangées comme herbe potagère, et ses fanes fournissent un bon fourrage. Il donne de 300 à 600 kilos de grains à l'hectare et convient bien à nos colonies à pluies et température modérées.

Le Mil ou Sorgho, peut être utilisé comme le maïs. Il en est de même du *mil chandelle* (*Pennisetum typhoideum*), dont les tiges feuillées constituent un excellent fourrage vert, très recherché du bétail.

La Patate. — Les tubercules de la patate peuvent servir à la nourriture du bétail. Ses feuilles, cueillies successivement pendant le développement de la plante, sont tendres et mangées avec avidité par les bestiaux.

Le Soya est une Légumineuse précieuse pour les régions tropicales. Ses tiges et ses feuilles sont très riches en matières azotées et, par suite, très **nutritives.**

Le Teosinthe (*Euchlœna mexicana* Schrader, *Reana luxurians* Durieu) est une grande Graminée mexicaine, très proche parente et peut-être l'ancêtre du maïs, vivace, sur laquelle l'attention a été appelée, mais qui ne semble pas donner les résultats espérés par ses propagateurs. La plante produit de nombreuses feuilles larges et hautes, mais à la condition d'être cultivée en sol fertile et frais; son fourrage est nutritif et tendre, lorsque la coupe en a été opérée avant la floraison.

Le Bersim (*Trifolium alexandrinum*) « trèfle ou *bersimon* d'Alexandrie » est une Légumineuse annuelle constituant le principal fourrage en Egypte et très cultivée dans le nord africain. La plante atteint jusqu'à 70 centimètres de hauteur et on peut en faire jusqu'à 4 coupes par an.

Le Koudzou du Japon (*Pueraria Thunbergiana*) convient, comme plante à fourrage en feuille sèche, aux régions subtropicales à périodes de sécheresse prolongée et climat tempéré.

Citons encore le *Vigna sinensis* (*Cow pea*), le *Stizolobium deeringianum* Bort., ou *Velvet bean*, et sans allonger davantage cette liste, notons la valeur très grande que les immenses peuplements de *bourgou* (*Panicum Burgu* Chev.), dont nous avons déjà dit l'existence dans la zone soudanaise, offrent à l'élevage du bétail.

Enfin, un grand nombre d'espèces arbustives ou arborescentes, appartenant surtout à la famille des Légumineuses, fournissant par leur feuilles un fourrage vert apprécié. Telles sont diverses espèces appartenant aux genres *Albizzia, Acacia, Leucena, Pithecolobium, Inga, Cajanus, Ceratonia* (gousses du caroubier).

Une mention spéciale est à faire des ressources de ce genre qu'offrent aux animaux domestiques la Mauritanie, le Sahara et toute la zone sahélienne. Plusieurs espèces d'acacias : *A. scorpioïdes* ou *arabica*, qui donne le

gonakie; *A. Seyal;* *A. fasciculata;* *A. albida,* très répandus et abondants,
constituent, soit par leurs pâturages verts, soit par leurs gousses données

Téosinthe (*Reana luxurians*).
(*Cliché Vilmorin, Andrieux et Cie*).

en .ration, des ressources fourragères qui en font la base de l'alimentation
des animaux domestiques depuis le chameau jusqu'à la chèvre et le mouton..

Il faut y ajouter les *bambous* dont plusieurs espèces peuvent, comme en
Extrême-Orient, apporter au bétail une ration journalière de feuilles tendres peu coûteuse.

CHAPITRE V

LES BOIS

La forêt tropicale. — Bois des « îles ». — Les Acajous. — Les bois d'ébène. — Les Palissandres. — Le Gayac. — Le Thuya. — Bois d'Amboine. — Citronnier. — Les bois de Rose. — Les bois de Santal. — Les bois de Corail. — Le Trac. — Le Lim. — Les bois colorés et satinés. — Le Teck. — Les Rotins. — Les Bambous. — Le Chêne-liège.

Depuis la fin du XVIIIe siècle, les peuplements forestiers de la France ont diminué de plus des deux tiers et la déforestation continue sans arrêt son œuvre néfaste.

Ce serait une grande erreur de croire la forêt coloniale, la sylve tropicale, toute prête à nous donner tout ce qui nous fait et nous fera défaut comme bois de luxe, bois d'ébénisterie, bois d'œuvre ou bois commun. Ne basons pas notre jugement sur des statistiques : elles sont bien incertaines dans la matière, et lorsqu'elles nous apprennent que nos colonies totalisent 90 millions d'hectares de forêts : soit 28 millions en A. E. F., 25 millions en Indochine, 15 millions en A. O. F., 9 millions à Madagascar, 5 millions en Guyane, 3 millions dans l'Afrique du Nord, etc., nous sommes certains que ces chiffres demeurent discutables parce que le terme de « forêt » ne saurait être défini exactement et que, en réalité, il n'existe pas de limite définissable entre la forêt et la brousse lorsqu'elles passent de l'une à l'autre.

Ce serait une erreur encore que d'attribuer à la forêt coloniale une richesse facile à exploiter. Elle ne possède pas de peuplements groupés et elle n'est pas homogène. Sur un hectare, on trouve quinze ou vingt essences diverses, valables peut-être, mais éparpillés, d'un accès difficile, autant que le transport de l'arbre abattu et c'est, sur un grand nombre d'hectares, un petit nombre d'arbres à découvrir, à abattre et à sortir, ce qui se fait encore généralement par des méthodes ruineuses pour les arbres voisins de celui que la hache fait écrouler sur ses compagnons (1).

Mais nous savons que la destruction de la forêt se poursuit aux colonies également et si nous voulons considérer leurs richesses forestières comme une réserve pour l'avenir, il n'est que de prendre des mesures pour, ici, en enrayer la destruction et, là, en assurer l'exploitation rationnelle et méthodique par les techniciens.

Les pays du Nord : Canada, Suède, Norvège, Finlande, ne pourront pas indéfiniment alimenter le commerce des bois d'Europe en bois industriels et pâtes à papier que la France en reçoit annuellement en quantités de plus de 2 millions de tonnes des premiers, et de près d'un million de tonnes des secondes.

Jusqu'à ces derniers temps, les régions tropicales n'ont fourni aux habitants des pays tempérés que des bois de luxe, d'un prix souvent très élevé, recherchés en ébénisterie et en marqueterie. Remarquons à ce sujet que le mot *ébénisterie* vient d'ébène et désigne une industrie qui se créa à la fin du XVIe siècle, et qui consista, primitivement, à utiliser le bois d'ébène, coupé en plaques minces, pour recouvrir des meubles fabriqués avec des bois de valeur moindre. Avant cette époque, les meubles en bois précieux avaient une valeur parfois considérable; c'est ainsi que les tables de *Citre* (*Callitris quadrivalvis?*) des Romains, coûtaient, d'après Pline, jusqu'à 1.400.000 sesterces.

Aujourd'hui, les bois exotiques, désignés jadis sous le nom de *bois des îles,* sont beaucoup employés en placage, en raison de leur cherté. Des machines à trancher les débitent en feuilles de déroulage dont l'épaisseur peut être réduite jusqu'à 1/5 de millimètre.

Le nombre des essences forestières qui pourraient retenir notre attention est trop considérable pour ne pas imposer à notre inventaire des principaux produits coloniaux, un choix parmi les sortes de bois qui occupent le marché depuis longtemps ou qui, de meilleure et plus récente connaissance, réussissent à intéresser l'industrie et le commerce de la métropole, après avoir déjà trouvé accueil sur les marchés étrangers.

Nos grandes colonies forestières : A. E. F., A. O. F., Indochine, Madagascar, Guyane, sont mises à profit par la métropole pour leurs bois de luxe et d'ébénisterie, pour autant que leur exploitation est rémunératrice et c'est la raison pour laquelle les exploitations de la Côte africaine, notamment du Gabon et de la Côte d'Ivoire, moins éloignées et grevées d'un prix de fret moins élevé que les autres, sont aujourd'hui au premier plan des entreprises des concessionnaires qui, par ailleurs, attendent aussi

---

(1) Les bûcherons indigènes attaquent généralement les arbres à la hache, à plusieurs mètres du sol, sur des échafaudages spécialement dressés à cette hauteur. Le repeuplement naturel par recépage devient, de ce fait, impossible.

de meilleures conditions pour entreprendre l'exploitation des bois d'œuvre quelque abondants et variés qu'ils soient.

Le groupe le plus important de nos bois africains de la Côte occidentale est celui des ACAJOUS.

L'Acajou véritable est le *Swietenia Mahogany* Linné, grand arbre de la famille des Méliacées originaire de l'Amérique tropicale.

L'acajou arrive en Europe sous forme de *billes* (poutres équarries); les unes sont droites, les *canons*; les autres, dites *fourches*, proviennent des parties ramifiées du tronc ou des grosses branches; le bois y est plus veiné et fournit l'*acajou ronceux*, particulièrement recherché. Suivant leur aspect, les acajous reçoivent en outre les noms commerciaux d'A. *uni, moiré, veiné, moucheté, flambé*, etc.

Le bois d'acajou est rouge clair, mais il devient foncé à l'air et sa couleur se fonce encore avec le temps. Il est très dur, à grain assez fin, et se travaille facilement. Connu depuis le XVIe siècle, il ne fut vraiment utilisé en Europe qu'à partir du XVIIe siècle. Les meubles en acajou, mis à la mode sous le premier Empire, sont encore très recherchés.

L'acajou est surtout importé des Antilles, du Mexique, du Honduras, du Nicaragua, de la Colombie et des Guyanes.

Mais le commerce désigne encore sous le nom d'*acajou* le bois d'un certain nombre d'arbres qui appartiennent à des familles végétales les plus différentes; notamment :

L'ACAJOU FEMELLE (*Cedrela odorata* Linné), de la famille des Méliacées, de l'Amérique tropicale, mais cultivé dans tous les pays chauds où il est utilisé comme arbre d'ombrage pour les plantations de caféiers, de cacaoyers, etc.

Le bois de cet arbre est surtout importé du Mexique, de Cuba, du Honduras et des Guyanes; il est rouge brun, léger, odorant. On l'emploie surtout dans la fabrication des boîtes à cigares; il est beaucoup moins apprécié en ébénisterie que l'acajou vrai.

L'ACAJOU D'AFRIQUE ou CAILCEDRAT (*Khaya senegalensis* A. Jussieu et *Khaya ivorensis* A. Chevalier), de la famille des Méliacées, est fourni par les deux arbres dont nous donnons ici les noms, et sous cette appellation commerciale, probablement par quelques-uns appartenant à d'autres genres. Il existe un *Acajou blanc* (*Khaya anthoteca*), mais le nom d'acajou d'Afrique doit être réservé au *Khaya ivorensis*. Les acajous tirés des *Khaya* ne sont importés en Europe que depuis une vingtaine d'années. Ainsi que les noms spécifiques l'indiquent, l'un provient surtout du Sénégal, l'autre de la Côte d'Ivoire. On les utilise comme l'acajou vrai, dans la fabrication des meubles et c'est le bois d'ébénisterie africain le plus courant. Il commence à se faire accepter pour la décoration intérieure.

La Côte d'Ivoire en exporte les plus fortes quantités.

Train de billes d'acajou flotté en radeau (A. E. F.).

L'*acajou* de *Madagascar* est le *Khaya madagascariensis* Jumelle et Perrier.

Les *acajous de l'Indochine* sont fournis par le *Soen* (*Melanorrhœa laccifera* Pierre, de la famille des Anacardiacées), le *Goi* (*Aglaia gigantea*) et le *Sao* (*Sandoricum indicum*) tous les deux de la famille des Méliacées.

L'EBÈNE. — On désigne sous le nom d'*ébène*, le bois de divers arbres appartenant, pour la plupart, au genre *Diospyros*, de la famille des Ebénacées. Ces bois ont pour caractères communs d'être très lourds, très compacts, à grain très fin et de couleur noire.

Le *Diospyros Ebenum* Retzius, de l'Inde et de l'archipel Malais, est l'espèce la plus connue; mais l'*ébène* le plus recherché en France est tiré du *D. tessellaria* Poiret, de l'île Maurice. Madagascar en fournit sans qu'on connaisse exactement les espèces productives; il existe dans la grande île africaine plusieurs sortes de *Diospyros* parmi lesquelles Jumelle et Perrier de la Bathie indiquent le *D. Perrieri*, comme fournissant l'ébène de la côte nord-ouest.

On trouve à la Réunion le *D. leucomelas* Poiret; dans l'Inde, les *D. ebenaster* Retzius et *melanoxylon* Roxburgh; sur la côte occidentale d'Afrique, le *D. Dendo* Welwitsch. Notons ici que l'*ébène* du Sénégal n'est pas produit par un *Diospyros*, mais par le *Dalbergia melanoxylon* Guillemin et Perrotet, de la famille des Légumineuses.

Dans nos colonies, l'ébène est surtout exploité à Madagascar et au Congo. Il en existe des espèces en Indochine où il est connu sous le nom de *Muong*.

LE PALISSANDRE. — Comme l'*acajou* et l'*ébène*, le *palissandre* est fourni par plusieurs arbres de familles différentes, principalement par les *Dalbergia nigra* Allemao (famille des Légumineuses) et *Jacaranda mimosifolia* Don (famille des Bignoniacées), l'un et l'autre originaires du Brésil. Le *Dalbergia latifolia* Roxburgh, produit le palissandre de l'Inde; le *D. Perrieri* Jumelle, celui de Madagascar, connu des indigènes sous le nom de *Voamboana*.

Le palissandre le plus recherché est celui du Brésil; il est brun foncé, marbré de brun rougeâtre clair; c'est un bois lourd et compact, à odeur agréable, rappelant celle de la violette.

LE GAYAC est tiré de trois espèces de *Guaiacum*, de la famille des Zygophyllées : le *G. officinale* Linné, des Antilles, de l'Amérique centrale et méridionale; le *G. arboreum* de Candolle, du Brésil; le *G. sanctum* Linné, du sud des Etats-Unis.

Le bois de *Gayac* est très dur, à texture fine et serrée, très lourd; son odeur est aromatique. C'est l'un des bois les plus durs, ce qui le fait employer pour la confection de roulettes de meubles, etc. Son aubier est jaune ou jaunâtre pâle; son cœur, brun noirâtre.

Trairage d'une bille (*Guyane*).

Le Thuya (*Callitris quadrivalvis* Ventenat), de la famille des Conifères, ne doit pas être confondu avec les arbres du genre *Thuya*, comme son nom vulgaire pourrait porter à le faire, car il s'en distingue par des caractères importants.

Le *Thuya* articulé est un petit arbre de 5 à 7 mètres de hauteur, qui croît à l'état sauvage en Algérie, en Tunisie et au Maroc. Il habite les coteaux et les régions moyennes des grands massifs montagneux. Sa croissance est très lente.

Les incendies, allumés par les Arabes qui veulent se procureur des pâturages, détruisent souvent le tronc de ces arbres; mais la souche repousse après l'incendie et prend parfois un volume considérable, déterminé par le développement de nombreux bourgeons (broussins). La souche de Thuya constitue alors ces belles loupes noueuses, marbrées richement de rouge fauve et de brun, à odeur aromatique prononcée, que l'ébénisterie recherche comme l'un des bois les plus précieux, employé dans la fabrication des meubles de luxe.

On suppose que c'était là le *bois de Citre*, si estimé des **Romains**.

Le Bois d'Amboine paraît provenir du *Flindersia amboinensis* Poiret, arbre des Moluques, appartenant à la famille des Méliacées.

Ce bois est très rare, très recherché et d'un prix très élevé. C'est une sorte d'acajou ronceux à grain extrêmement fin, blanc rosé ou jaune brunâtre, présentant de capricieux dessins. On l'emploie surtout en marqueterie.

Le Citronnier (*Citrus Limonum* Linné). — Le bois de citronnier est dur, pesant, à grain fin et susceptible d'un beau poli; il est jaune pâle, veiné et recherché en ébénisterie. Le bois d'oranger est blanc, moins apprécié.

Les Bois de rose. — Le nom de *Bois de rose* est quelquefois donné au palissandre, mais il sert surtout à désigner un bois importé du Brésil, et que l'on croit fourni par un arbre de la famille des Lythrariées, le *Physocalymma scaberrimum* Pohl. C'est un bois précieux, très lourd, dur, à grain fin, se polissant bien. Sa couleur varie du rose jaunâtre au rouge pâle, avec veines d'un rouge plus foncé et il dégage une légère odeur de rose. Ce bois arrive au Havre sous forme de bûches cylindriques ou en souches irrégulières, et se vend très cher. Il sert à fabriquer des meubles de luxe et des objets de marqueterie.

Le *bois de rose de l'Océanie* (faux bois de rose) est produit par le *Thespesia populnea* Poiret, petit arbre de la famille des Malvacées. Ce bois est surtout importé de l'Inde et de l'Océanie, mais on pourrait le tirer de plusieurs de nos colonies, notamment de la Nouvelle-Calédonie; il est dur, à grain assez fin, de couleur rouge brun et il dégage une odeur de rose.

Le *Bois de rose femelle* (*Licaria guyanensis* Aublet) (famille des Lauracées) provient de la Guyane. Il est dur, à grain serré, de couleur jaune pâle, à odeur de rose. On en extrait, par distillation, une essence dite *de rose*, dont notre colonie de la Guyane exporte chaque année une quantité appréciable.

Il existe encore d'autres espèces d'arbres dont la détermination botanique n'est pas très précise, qui fournissent des bois également désignés sous le nom de *Bois de rose*.

LE BOIS DE SANTAL (*Santalum album* Linné) (famille des Santalacées) est désigné dans le commerce sous le nom de *Santal blanc* ou *Santal citrin*, selon qu'il provient de l'aubier ou du cœur de l'arbre. L'arbre est originaire de l'Inde, de l'Archipel malais, de l'Indochine où il devient de plus en plus rare; il atteint une dizaine de mètres de hauteur. Son bois dur, uni, à grain fin, renferme une huile essentielle qui lui donne une odeur agréable, comparée à celles du musc et de la rose associées.

Le *bois de Santal* est employé dans l'ébénisterie de luxe. Dans l'Inde, on le brûle dans les temples qu'il parfume de son odeur pénétrante. L'huile essentielle que l'on en extrait, sert en parfumerie et dans la thérapeutique.

Il existe en Nouvelle-Calédonie une espèce particulière de Santal : le *Santalum austro-caledonicum* de Lanessan, dont il se faisait autrefois un commerce notable et lucratif, devenu insignifiant par suite de la destruction inconsidérée de l'arbre.

LE BOIS DE SANTAL ROUGE, ou BOIS DE CORAIL DUR DU COMMERCE, est un faux Santal. On le tire du *Pterocarpus indicus* Willdenow, arbre de l'Inde et de l'Indochine qui appartient à la famille des Légumineuses. C'est un bois lourd, dur, rouge brun, à odeur aromatique, employé en ébénisterie. Le *Pterocarpus santalinus* Linné, qui croît dans les mêmes régions, donne le *Bois de Caliatour*, très dur, d'un rouge foncé, à odeur de rose. L'*Epicharis Bailloni* Pierre (famille des Méliacées), arbre qui croît dans notre colonie du Cambodge où il devient malheureusement de plus en plus rare, donne aussi un bois odorant connu sous le nom de *Santal rouge*.

LE BOIS DE SANTAL ROUGE D'AFRIQUE est produit par le *Pterocarpus erinaceus* Lamarck, arbre de la famille des Légumineuses qui croît sur la côte occidentale d'Afrique : Soudan, parties hautes du Sénégal, de la Côte d'Ivoire, région du Niger, Angola, Gabon.

On le trouve dans tout le Mayombé.

L'arbre atteint 15 à 20 mètres de hauteur; son bois possède un grain plus grossier que celui du Santal rouge de l'Inde, mais sa couleur est plus belle; il est rose chez les jeunes arbres et devient d'un rouge vif chez les arbres adultes; il est très dur. On l'emploie en ébénisterie et aussi comme bois de teinture.

Le *Baphia nitida* Afzelius (famille des Légumineuses), autre arbre de la côte occidentale d'Afrique et que l'on trouve au Dahomey, produit le *Bois de Corail dur* dit *bois de Cam,* souvent confondu avec le précédent.

Le Bois d'Okoumé (*Aucumea Klainiana Pierre*) (famille des Burséracées) provient d'un arbre résineux commun au Congo français d'où il est exporté en quantités de plus en plus considérables. Ce bois rappelle l'acajou, mais sa teinte est plus claire et sa densité moindre. C'est le bois le plus demandé à présent en France et à l'étranger pour l'industrie des contreplaqués.

L'arbre est une essence de pleine lumière qui pousse avant tout sur les confins de la Grande Forêt, formant, d'après Sargos, des peuplements presque purs, mais assez clairs pour imiter un taillis sous futaie.

Ce bois oléorésineux est de couleur rose saumon pâle, de bonne conservation, léger, économique à exploiter et facile à vendre comme parfait bois de déroulage. Les manufactures de l'Etat en confectionnent des boîtes à cigares.

Le Gabon en avait déjà exporté 134.000 tonnes en 1913; il exporte à présent plus de 150.000 tonnes par an.

Il existe également au Congo un certain nombre de faux *Okoumés* appartenant à la famille des Burséracées et qui peuvent remplacer le vrai Okoumé dans la plupart de ses emplois.

La possibilité de cette substitution n'est pas sans intérêt lorsque l'on voit la production de ce dernier se raréfier déjà (1).

La production de nos bois coloniaux africains est estimée, pour 1927, à 462.000 tonnes soit : Gabon, 300.000 tonnes; Côte d'Ivoire, 120.000 tonnes; Cameroun, 42.000 tonnes. Dans ces chiffres, l'Okoumé figure pour les trois cinquièmes et l'Acajou d'Afrique pour un cinquième.

C'est l'Allemagne qui absorbe la majorité des exportations de l'A. E. F. (185.000 tonnes d'Okoumé en 1927).

Parmi les bois de l'Afrique occidentale française, il y aurait à citer encore : l'Iroko (*Chlorophora excelsa*) dont le bois jaune gris clair. de grande densité, est considéré comme le meilleur des bois d'œuvre africains, équivalent de nos chênes.

L'Avodiré (*Bingeria africana*) avec un bois blanc uni; le Makoré (*Dumoria Heckelii*) à bois rosé; le Baya (*Mitragyne macrophylla*), à bois jaune et rosé foncé ; enfin, avec divers ébènes (*Diospyros sp.*), plusieurs acajous des genres *Khaya, Entandrophragma* et *Guarea*, etc.

La forêt d'Indochine, du fait même des différences de latitude et d'altitude où poussent ses peuplements, est plus riche encore en espèces que la

---

(1) L'association *Colonies-Sciences* s'occupe activement de l'étude scientifique et économique des bois de nos colonies tropicales d'Afrique. Elle fait paraître une collection de fiches signalétiques illustrées de toutes les essences présentant de l'intérêt à ce double point de vue.

forêt africaine mais, sauf pour une demi-douzaine d'essences spéciales, elle n'est pas plus homogène que celle-ci ni plus facile à exploiter (1).

Parmi les très nombreuses essences convenant à l'ébénisterie, à la menuiserie, et dont beaucoup peuvent donner d'excellent bois d'œuvre et de charpente, nous noterons plus particulièrement les suivantes :

Arbres à contreforts dans la Grande Forêt équatoriale.

Bois de Trac. — Le bois de *Trac*, sorte de palissandre, est l'un des plus beaux bois de l'Indochine; il est fourni par diverses espèces de *Dalbergia*, de la famille des Légumineuses, notamment par le *D. cochinchinensis* Pierre, arbre qui devient malheureusement de plus en plus rare dans notre colonie. Le bois est rouge et se fonce en vieillissant; il est dur, à grain fin, serré. C'est sur ce bois que se font les incrustations de nacre, au Tonkin; on en fait des panneaux sculptés, des colonnes pour riches habitations, etc.

Bois de Lim. — On connaît, sous ce nom, les bois de plusieurs espèces d'arbres du genre *Baryxylon*, de la famille des Légumineuses, qui croissent en Indochine. Le plus exploité est le *B. tonkinense* Balansa (*Lim xan* des Annamites). Ce bois est dur, lourd, recherché en ébénisterie.

---

(1) Le professeur Henri Lecomte vient de consacrer aux bois de l'Indochine une étude magistrale qui servira de modèle à des travaux similaires dans nos autres colonies.

On donne aussi le nom de *Lim* à une autre Légumineuse indochinoise, l'*Erythrophleum Fordii* Oliver, dont le bois est très dur et très lourd (1).

BOIS DE FER. — Plusieurs espèces fournissent un bois d'une grande densité, à grain très serré et difficile à travailler. Tel est le *Choi* (*Sideroxylon eburneum*) des Sapotacées, à bois très dur, de teinte jaune, se prêtant au polissage et auquel on a donné le nom de buis d'Annam, ou bois d'ivoire. Tel encore le *Vap* (*Mesua ferrea*) de la famille des Guttifères, employé localement comme bois de charpente.

Donnent également de bons bois de charpente, les *Go* ou *Gou* (*Sindora* sp.) et le *Dang-huong* (*Pterocarpus pedatus*), ainsi que les *Gié* et les *Caoï* qui sont plusieurs espèces de chênes et de faux châtaigniers (*Quercus* et *Castanopsis*).

La flore forestière de l'Indochine est particulièrement riche en DIPTÉRO-CARPACÉES, les *yao* des Annamites, exploitées pour divers usages industriels.

BOIS DE·BANG-LANG. — Ces bois sont fournis par plusieurs espèces de *Lagerstrœmia*, de la famille des Lythrariées; ils se trouvent parmi les rares apports de bois d'Indochine à la métropole. Ses caractères physiques résultant de la disposition de ses fibres, le font employer localement dans le charronnage et la batellerie et, en France, depuis la guerre, pour la confection d'hélices d'avion.

Le *bodé* (*Styrax tonkinense*), l'arbre à benzoïn, est exploité comme bois de déroulage dans la fabrication des allumettes.

Une des particularités de l'ensemble de la flore forestière indochinoise est la présence de CONIFÈRES dont les peuplements, assez homogènes, de *Pins* (*Pinus Khasya* Royle et *P. Merkusii* Jungh. et de Vries) se rencontrent à partir de l'altitude de 800 mètres dans la chaîne annamitique du Sud, jusque dans la Moyenne et la Haute Région du Tonkin. C'est dans cette dernière région qu'on trouve également les conifères des genres *Dacrydium*, *Cunninghamia* et *Fokienia*, exploités pour leur bois odorant dont les Chinois surtout font des cercueils d'un prix particulièrement élevé lorsque le bois a été recueilli à l'état semi-fossile dans le sol. Ces peuplements de pins se prêtent à l'exploitation par gemmage.

Le commerce des bois de l'Indochine ne dépasse guère le rayon économique immédiat de la colonie bien que, contrairement à une opinion acceptée sans contrôle, le marché métropolitain offrirait, en dépit du coût du fret, des cotes profitables à plusieurs bois d'importation.

---

(1) Le *lim* est l'essence dominante et presque exclusive des marchés du Nord-Annam. Il recule de plus en plus vers l'intérieur devant la hache des bûcherons. Son bois est un de ceux, avec l'*iroko* d'Afrique et le *teck* du Siam, qu'on estimait susceptible de remplacer les bois de conifères dans le pavage des rues. La Ville de Paris, après avoir fait l'essai du *lim* à cet usage, l'abandonna à cause de sa trop grande dureté, paraît-il, ce qui semble quelque peu paradoxal.

La seule essence forestière d'importation indochinoise sérieuse en **France** est le teck.

Le TECK (*Tectona grandis* Linné) (famille des Verbénacées) est un grand arbre à feuilles caduques qui croît à l'état spontané dans l'Inde centrale, la Birmanie, le Siam, l'Indochine, l'archipel Malais, Java, Bornéo.

Il fournit un bois qui peut être utilisé en ébénisterie, mais qui est surtout recherché pour les constructions navales en raison de sa légèreté, sa solidité et sa très longue durée en milieu humide; il est de couleur gris ou jaune brunâtre uniforme, à odeur agréable si elle est atténuée.

C'est évidemment, parmi les bois des pays chauds qui s'importent en Europe, celui qui se place au premier rang des plus précieux dans ses emplois en constructions navales.

Le principal marché du bois de Teck est Londres, qui le reçoit surtout de la Birmanie, du Siam et de Java.

En Indochine, nous avons des peuplements épars sur la rive droite du Mékong dans la région de Paklay et sur les affluents de la rive droite du Haut Mékong à la frontière siamoise. En 1926, l'Indochine a exporté 13.300 tonnes de teck par le port de Saïgon.

Le rendement des peuplements naturels diminue avec l'intensité de l'exploitation. Aussi serait-il de sage prévoyance de faire des plantations dans les régions — et elles sont assez nombreuses dans nos colonies — où la possibilité de la bonne venue du teck est démontrée. Il se développe assez rapidement en hauteur, mais le diamètre du tronc ne s'accroît qu'avec lenteur. D'après Brandis, le tronc du teck mesurerait, au Siam et en Birmanie, à 1 m. 80 du sol :

A 19 ans, 45 centimètres de diamètre;

A 46 ans, 90 centimètres de diamètre;

A 88 ans, 1 m. 35 centimètres de diamètre;

A 160 ans, 1 m. 80 de diamètre.

C'est entre 100 et 150 ans que les arbres sont vraiment exploitables. On les tue d'abord sur pied, par une entaille profonde en anneau (*girled*), pour les abattre longtemps après. Le poids des billes en est diminué et le flottage rendu plus facile. Dans les exploitations de teck, une importante partie de la main-d'œuvre est fournie par les éléphants, dressés à cet effet.

La flore forestière de la Guyane offre à l'exploitation — qui ne saurait en profiter au gré du commerce dans les conditions économiques actuelles — une belle série de bois d'ébénisterie et surtout de bois de luxe. Nous en retiendrons quelques-uns d'un intérêt particulier.

Les ANGÉLIQUES (*Dicorynia paraensis*) comprennent plusieurs variétés suivant la teinte du bois : rouge, gris ou brunâtre légèrement violacé. Cette dernière variété, appelée *Angélique franc*, rappelle le bois de teck.

Les Balata (*Microphelis malinoniana*) « blanc » et « indien blanc » (qu'il ne faut pas confondre avec le balata franc produisant la gomme de ce nom), de la famille des Sapotacées, fournissent un beau bois gris brun clair ou blanc rosé.

La Guyane pourrait donner de beaux bois de luxe satinés, moirés, rubanés, brillants ou marqués, comme les bois mouchetés, « de lettres », bois perdrix, etc., très recherchés par l'ébénisterie et dont les plus remarquables appartiennent à des espèces du genre *Brosimum* de la famille des Artocarpacées.

Le Bois d'Amaranté (*Copaifera bracteata* Bentham et *Peltogyne* sp.) (famille des Légumineuses), de la Guyane, est d'un beau violet purpurin fonçant à l'air. — Le Bois violet ou de violette (*Dalbergia* sp.?), du Brésil, très beau bois recherché pour l'ébénisterie de luxe. — Le Bois satiné (*Ferolia guianensis* Aublet) (famille des Rosacées), lourd, très dur, à grain fin, d'un beau rouge plus ou moins foncé, agréablement veiné, d'une grande beauté. — Le Bois de lettres ou Bois moucheté (*Piratinera guyanensis* Aublet) (famille des Urticacées) du Brésil et de la Guyane, très lourd, à grain serré, rouge foncé avec des taches noirâtres rappelant, par leurs formes irrégulières, des caractères chinois, d'où le nom de « bois de lettres ». C'est un bois d'ébénisterie précieux, mais qui devient de plus en plus rare. — Le Bois de perdrix ou Bois de Panacoco (*Tounatea Panacoco* H. Baillon) (famille des Légumineuses). L'un des plus grands arbres de la colonie. Le bois, très dur, très compact, est rougeâtre, avec un pointillé blanc et des lignes concentriques de même couleur; il est recherché pour l'ébénisterie de luxe. En Indochine, on connaît également, sous le nom de *bois-perdrix*, une *Caesalpiniée*, le *Cassia siamea*. Les *Andira Aubletii* Bentham et *racemosa* Lamarck, de la famille des Légumineuses, sont aussi des arbres de la Guyane; ils fournissent les bois connus dans le commerce sous le nom de *Bois d'Anjelin*, *Epi de blé*, d'un brun foncé, pointillé de blanc sur la coupe transversale, mais présentant, sur la coupe tangentielle, des dessins dont la disposition leur a valu le nom d' « épi de blé ». Une autre espèce, l'*A. inermis Kunth*, croît au Brésil.

Le *Parcouri* (*Platonia insignis*), des Guttifères, possède un beau bois de couleur jaune clair et le *Chawari* (*Caryocar glabrum*, des Ternstroemiacées) un bois blanc rosé à fibres croisées.

La flore forestière de Madagascar présente encore quelques essences remarquables, véritables bois de luxe déjà très raréfiés, parmi lesquels, et sur l'inventaire dressé par Perrier de la Bathie, nous retiendrons les suivants :

Plusieurs Dalbergia et notamment le *D. Greveana* H. Bn., ou *manary* qui donnent du beau bois de palissandre.

Le Tourtour (*Gluta turtur* March.) de couleur rouge carotte, ocré, peu répandu;

Le Mangarahara (*Stereospermum euphorioides* Engler) à couleur de palissandre et à grain très fin et bois très dur;

Le Hazomalana (*Hernancia Voyroni* H. Jum.), un faux camphrier dont le bois tendre, jaunâtre, dégage une odeur de camphre qui éloigne les insectes, imputrescible. Il est exporté sur l'Inde;

Le Lopingo (*Diospyros Perrieri* H. Jum.) qui fournit un bois d'ébène de première qualité et dont le cœur peut dépasser 1 m. 50 de diamètre.

La France, qui est en train d'épuiser les réserves forestières dè son sol, importe annuellement de 6 à 8 millions de mètres cubes de bois. En 1926, ses colonies ont exporté, au total, environ 400.000 tonnes de bois d'ébénisterie et de teck et la juxtaposition de ces deux chiffres mesure l'importance de la question des bois coloniaux à laquelle on souhaiterait une meilleure solution.

Parmi les produits secondaires de la forêt tropicale, figurent deux groupes importants : les rotins et les bambous.

Les Rotins. — On désigne sous ce nom des palmiers grimpants du genre *Calamus*, dont les tiges grêles, cylindriques, flexibles, escaladent les arbres qui leur servent de support et dépassent parfois 150 mètres de longueur. Il en existe un bon nombre d'espèces, la plupart originaires de l'Asie tropicale et de la Malaisie. Plusieurs d'entre elles croissent en Indochine, notamment les *C. dioicus* Loureiro, *C. rudentum* Loureiro, *C. tenuis* Roxburgh, *C. viminalis* Willdenow.

Leurs tiges servent à faire des cannes, des manches de parapluie, sous le nom de *rotins* ou de *joncs*. Les espèces à tiges minces donnent des câbles de jonques et d'excellents liens; enfin, ces tiges, débitées en lanières plus ou moins fines, sont utilisées pour le cannage des chaises et pour la vannerie. Leur partie centrale, improprement appelée « moelle », sert à la confection de jolis ouvrages de sparterie.

Le Sud-Annam et la Cochinchine exportent du rotin sur Hong-Kong et Singapour et le commerce est entre les mains des Chinois.

En 1926, l'Indochine a exporté 539 tonnes de rotin. Le Cameroun en exporte aussi une centaine de tonnes.

Le commerce européen recule volontiers devant la difficulté de la récolte d'un produit de cueillette que les indigènes sont obligés de chercher péniblement dans les fourrés des forêts vierges.

Les Bambous. — Les Bambous sont au nombre des plantes les plus utiles dans leurs pays d'origine, notamment en Extrême-Orient où ils abondent. Il en existe un grand nombre d'espèces; en Indochine ce sont les *Bambusa arundinacea* Willdenow et *vulgaris* Schrader qui sont le plus répandus. A côté des espèces de petite taille, d'autres forment de gigantesques touffes toujours vertes, qui atteignent et dépassent même parfois 25 mètres de hauteur, avec des tiges ayant jusqu'à 20 centimètres de diamètre à la base. Leurs emplois sont innombrables. Ils servent à enclore les villages, qu'ils cachent dans leur verdure. Leur tige est plus ou moins creuse suivant qu'il s'agit de bambous « mâles » ou « femelles », mais très résistante; elle sert de bois de charpente pour la construction des habitations; on l'utilise aussi pour faire des tuyaux, en perforant ses cloisons transversales; divisée en

L'allée des bambous à Ouesso.

tronçons, on en fait des récipients de toutes tailles et des ustensiles divers (1). Le bois, débité en minces lanières, sert à confectionner des objets de vannerie, de sparterie, des chapeaux. On en fait aussi du papier. Les tiges de plus faibles dimensions donnent des cannes à pêche, des tuteurs, des cannes, des lances, des manches de parapluies, etc. Les jeunes pousses crues, cuites ou conservées dans la saumure ou le vinaigre, constituent un aliment de consommation courante en Indochine et un article d'exportation de Chine.

L'industrie du Bambou avait pris, avant la guerre, un grand développement en Europe, notamment celle de la fabrication de meubles rustiques.

---

(1) Un instrument de musique javanais, appelé *ankloung*, est une sorte de xylophone agité à la main; il est fait de trois ou quatre tubes de bambous de dimensions et de hauteur différentes suspendus verticalement, dont le choc, provoqué à la manière d'une cliquette contre un taquet, donne un accord musical très harmonieux et doux.

On connaît aussi la *valiha* malgache.

Peuplement de chênes-lièges en Provence. — Démasclage de l'écorce.

Le Chêne-liège (*Quercus Suber* Linné) (famille des Cupulifères) est l'essence forestière la plus précieuse de l'Afrique septentrionale.

Il a une aire de dispersion géographique limitée, comprenant seulement le Portugal, l'Espagne, la France méridionale, l'Italie, le Maroc, l'Algérie et la Tunisie. Il exige un sol siliceux, un climat doux et une certaine humidité.

En Algérie, il est très rare sur le littoral oranais. Ce n'est que vers Tlemcen et Mascara qu'il trouve des pluies suffisantes. On le rencontre de distance en distance dans la province d'Alger, et il constitue, au contraire, des peuplements importants dans la partie orientale de l'Algérie. Il croît jusqu'à 1.300 mètres d'altitude. Les forêts se continuent, en Tunisie, jusqu'à Bizerte.

Le chêne-liège est un arbre trapu, qui dépasse rarement 15 mètres de hauteur, et dont le tronc mesure jusqu'à 5 mètres de circonférence. Ses feuilles sont persistantes.

Son bois est peu estimé. Le liège et le tan sont ses principaux produits.

Lorsque le chêne-liège est abandonné à lui-même, son écorce est recouverte d'une couche de tissu spécial (tissu subéreux) irrégulier, fortement crevassé. Ce liège naturel, nommé *liège mâle,* est sans valeur.

Pour obtenir le *liège du commerce,* connu aussi sous le nom de *liège de reproduction,* il faut pratiquer le *démasclage.*

Cette opération consiste à enlever le liège mâle ; elle s'exécute de la mi-juin à la fin d'août.

Armés d'une hache bien tranchante, les ouvriers fendent l'écorce naturelle grossière, dans le sens longitudinal, puis l'incisent circulairement, de mètre en mètre, à partir du pied de l'arbre. Ils détachent ensuite les bandes ainsi délimitées.

Cette opération doit être faite avec soin, par des ouvriers habiles à éviter de meurtrir la partie sous-jacente du liège mâle, c'est-à-dire la zone génératrice du liège ou *mère,* que les botanistes désignent sous le nom de phellogène.

L'arbre *démasclé,* privé de l'écorce qui abritait ses jeunes tissus, est très sensible aux influences atmosphériques ; mais la couche vivante, restée à nu, ne tarde pas à reformer, couche par couche, et année par année, une nouvelle enveloppe protectrice, plus fine et plus élastique que l'ancienne. Cette nouvelle couche de liège s'accroît de 1 à 3 millimètres d'épaisseur chaque année : c'est le *liège de reproduction,* ou *liège femelle.*

Suivant les régions, la récolte a lieu au bout de dix à quinze ans, lorsque la nouvelle écorce a atteint l'épaisseur voulue.

L'extraction de cette couche de liège femelle, ou *première tire,* se fait par les mêmes procédés que le démasclage.

Une troisième écorce se reforme alors, et l'on peut ainsi lever, successivement, sur chaque arbre, cinq ou six récoltes de liège marchand. On cesse les récoltes lorsque l'arbre est épuisé.

Les plaques de liège récoltées doivent être débarrassées, à la plane, de la croûte dure et rugueuse qui les recouvre. On les fait ensuite sécher à l'air et on les soumet à l'action de l'eau bouillante, qui les assouplit.

Une forêt de chênes-liège vierge ne peut ainsi donner des revenus que dix ans au moins après le premier démasclage des arbres. Comme l'opération est coûteuse et qu'il faut faire entrer en ligne de compte les dépenses nécessaires pour ouvrir les voies d'accès, assurer la protection contre les incendies, installer la surveillance, on comprend qu'elle exige d'importants capitaux et que ce soit l'Etat qui ait entrepris l'exploitation des chênaies à bénéfice différé.

La mise en valeur des forêts domaniales, sous la gestion du service forestier, ne fut sérieusement entreprise qu'à partir de 1884, lorsque le budget fut doté des crédits nécessaires pour les démasclages.

L'exploitation donne d'ailleurs des résultats très encourageants.

F. Michotte estime à 247.000 tonnes, la production mondiale du liège sur 1.748.000 hectares de forêts. En tête des pays producteurs se place le Portugal, avec 93.000 tonnes; ensuite l'Espagne, avec 80.000 tonnes. L'Algérie donne 35.000 tonnes sur 600.000 hectares de forêts; le Maroc, 15.000 tonnes sur 300.000 hectares; la Tunisie, 4.000 tonnes sur 100.000 hectares; la France continentale, 10.000 tonnes sur 153.000 hectares et la Corse, 2.000 tonnes sur 15.000 hectares de forêts.

La consommation augmente à mesure que se développent les industries du linoléum, des agglomérés de liège pour la construction, etc.

Les lièges de qualité supérieure, pour la fabrication des bouchons à champagne, sont ceux qui atteignent les prix les plus élevés.

Lorsque les chênes-lièges ne sont plus en état de fournir du liège de reproduction, on les abat pour en extraire l'écorce à tan. L'écorce, débarrassée du liège, contient environ 20 p. 100 de tanin, utilisable pour le tannage des cuirs. Cette écorce à tan est, après le liège et le bois, l'un des produits les plus importants des forêts de l'Algérie.

C'est l'écorce de chêne-liège qui est, de tous les chênes à écorce tannifère, de beaucoup la plus riche en tanin.

CHAPITRE VI

PLANTES TEXTILES

Les fibres textiles obtenues des plantes sont : ou des poils tégumentaires, ou des fibres contenues dans leurs tissus et qui jouent le rôle de soutiens mécaniques dans leur architecture. Parmi les premières, nous étudierons d'abord le *coton*.

I. — *Le coton*

Historique. — Botanique. — Espèces, variétés. — Conditions de croissance. — *Cotton belt*. — Culture; engrais; soins. — Récolte. — Rendement. — Maladies; ennemis. — Préparation. — Emplois. — Production et commerce. — Associations cotonnières.

Les cotonniers appartiennent, botaniquement, au genre *Gossypium*, de la famille des *Malvacées*.

HISTORIQUE — Le coton était connu des anciens Grecs et Romains, et le cotonnier cultivé en Egypte dès le Ve siècle avant notre ère. Sa culture paraît plus ancienne encore au Pérou et dans l'Inde. On prétend que Christophe Colomb aurait trouvé du coton en abondance à son débarquement. Ce sont là, d'ailleurs, d'une part, l'Asie méridionale et, d'autre part, l'Amérique du Sud, les pays d'origine des deux espèces les plus répandues en culture aujourd'hui. En Abyssinie, il croît à l'état sauvage en beaucoup d'endroits. Le mot « coton » provient des Arabes qui, sous le nom de *Kutn*, ont propagé la culture de l'arbuste autour de la Méditerranée.

L'industrie en Europe s'est emparée du coton vers la seconde moitié du XVIIIe siècle seulement, bien qu'on y reçût déjà beaucoup de tissus de coton provenant de l'Inde. A la fin du XVIIe siècle, le coton Guadeloupe, type « Marie Galante », était, paraît-il, réputé et recherché. La première toile de coton fut fabriquée en 1772 en Angleterre. En France, le coton en laine fit son apparition pendant la première moitié du XVIIIᵉ siècle, alors que vers le milieu du règne de Henri IV déjà, il figure pour la première fois dans les actes de la corporation des drapiers de Rouen. D'abord importé d'Orient sous forme de fils de coton, la préparation du précieux textile ne tarda pas à se réaliser dans la région de Rouen. Vers 1780, on y comptait 20.000 fileuses qui produisaient, à l'aide du rouet, plus de 3.000 tonnes de coton filé.

Les premières machines de filature furent introduites en Normandie, en 1784. Elles venaient d'Angleterre, sous forme d'un outillage perfectionné, imaginé dix ans auparavant par un Français, Roland de la Platière.

Le tissage consommait dès lors, et au delà, toute la production des filés normands.

La fabrication des toiles de coton et des tissus de couleurs variés dits « Rouenneries », des toiles imprimées en couleur dites « Indiennes », fut florissante pendant la fin du XVIIIᵉ siècle. Les pays de production du coton étaient alors : le Levant, la Macédoine, Cayenne, Surinam, la Guadeloupe et la Martinique. L'Inde, l'Egypte et les Etats-Unis n'en exportaient guère. Aux Etats-Unis, où la culture a pris, depuis, une extension considérable, le cotonnier était cultivé dans des Etats du Sud (Virginie, Louisiane, etc.) dès le commencement du XVIIIᵉ siècle, plus tard seulement dans les autres parties, puisque, en 1774, un ballot de coton venant de l'Amérique septentrionale fut confisqué à Liverpool parce que, disait-on, le cotonnier n'y existait pas (De Candolle). Les Chinois n'ont connu et cultivé le cotonnier qu'au IXᵉ ou Xᵉ siècle de notre ère.

Jusqu'à la guerre de Sécession, en 1860, les Etats-Unis étaient maîtres du marché du coton d'exportation : c'était le règne du coton — *cotton is King*. A cette époque, l'Inde profita habilement de la crise pour conquérir sa place; elle fut suivie par l'Australie et l'Egypte.

Aujourd'hui les Etats-Unis ont reconquis la maîtrise du marché.

BOTANIQUE — Les cotonniers, ou *Gossypium*, sont des plantes herbacées ou subarborescentes, de culture annuelle ou multi-annuelle; ils atteignent, en culture, de 1 à 2 mètres de hauteur et une espèce, le cotonnier arborescent (*G. arboreum*), monte à la taille de 5 à 6 mètres. Les feuilles sont palmati-lobées, ayant de 3 à 7 lobes; les fleurs, grandes, sont blanches, jaunes ou purpurines, munies à la base de 3 bractées vertes, dentelées et accrescentes. Le fruit est une capsule qui s'ouvre en 3-5 valves contenant chacune des graines plus ou moins nombreuses, recouvertes de poils tégumentaires : le *coton*. Suivant les espèces et les variétés, ces poils sont de longueurs différentes, souvent accompagnés d'un du-

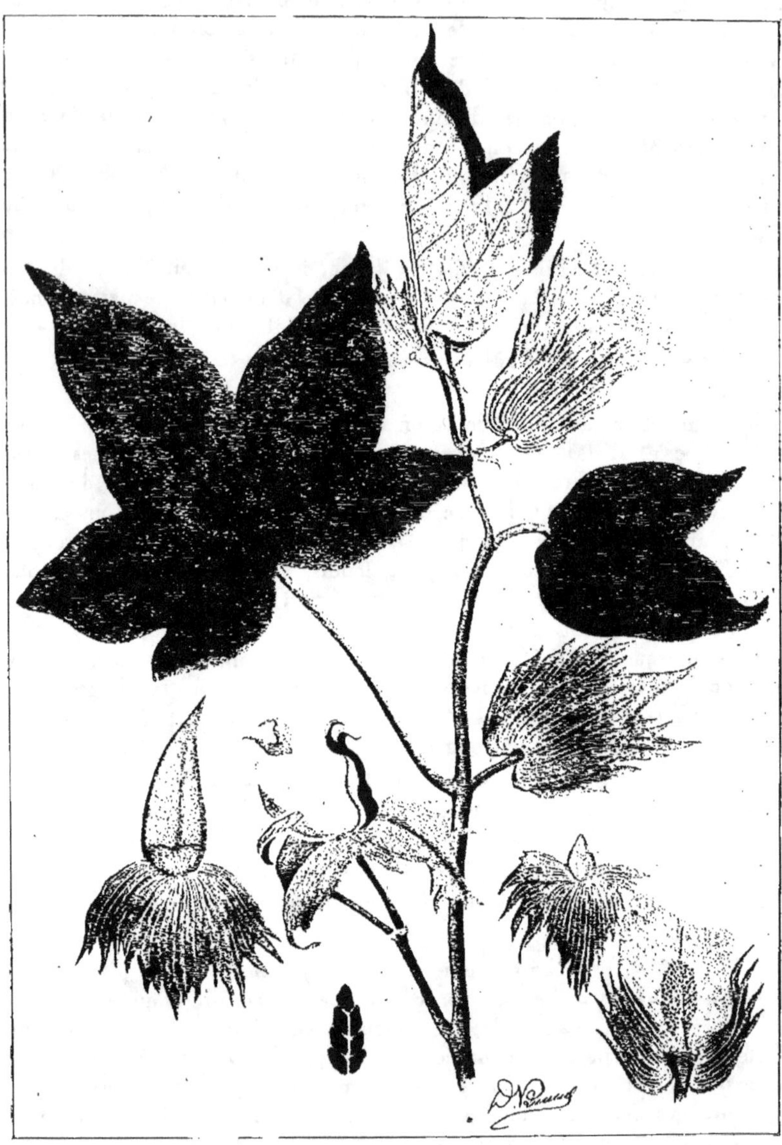

Cotonnier vivace à longue soie (*Caravonica*).

.vet plus fin et feutré, adhérent au tégument de la graine : le *brin,* ou *duvet,* et qui persiste après l'enlèvement du coton.

La graine, anguleuse ou arrondie, contient une huile employée dans l'alimentation et dans l'industrie.

ESPECES. VARIETES — Certaines espèces sont herbacées et peuvent être cultivées comme plantes annuelles dans la zone subtropicale ; d'autres, plus ou moins arborescentes ou vivaces, ne donnent de bons résultats que dans la région intertropicale.

Les botanistes se heurtent encore à des difficultés pour la distinction des espèces, au point que certains savants, comme Todaro, arrivent à en admettre jusqu'à 54 alors que d'autres, comme Bentham et Hooker, n'en reconnaissent que 2. Les variétés, les races et les hybrides sont nombreux comme on peut s'y attendre pour des plantes aussi anciennement cultivées dans des conditions de milieu très diverses. Ils varient par la taille, la morphologie de leurs feuilles et fleurs, la forme et la grosseur des capsules, la longueur et la qualité du fil, la durée de la végétation, etc.

Nous nous en tiendrons pratiquement à la connaissance et à la reconnaissance rapide de 5 espèces, différenciées par leurs caractères principaux apparents. Pour plus de commodité, ces caractères différentiels sont réunis ci-après en un petit tableau à clef dichotomique. Le premier caractère, les dimensions des feuilles, correspond aux deux groupements géographiques : les *cotonniers d'Amérique* et ceux *d'Asie.*

Espèces américaines :

Gossypium hirsutum Linné,
— *barbadense* Linné,
— *arboreum* Linné.

Espèces asiatiques :

Gossypium herbaceum Linné,
— *arboreum* Linné.

Nous prenons les autres caractères différentiels dans la couleur des fleurs qui sont jaunes rougissantes, blanches ou rouges; ensuite dans la constitution du poil et du duvet de la graine, soit que celle-ci ne porte que du poil long sans duvet, soit qu'elle retienne à sa surface un duvet adhérent, verdâtre ou blanc. Nous obtenons de la sorte le tableau suivant :

A. *Feuilles grandes.* Groupe américain : *a*) Face inférieure pubescente, recouverte de poil grisâtre. Fleurs généralement blanches. Poil long e: duvet *G. hirsutum.* — *b*) Face inférieure glabre. Fleurs généralement jaunes. Poil long sans duvet. 1. Graines séparées *G. barbadense;* 2. Graines agglomérées *G. peruvianum.*

B. *Feuilles plus petites.* Groupe asiatique : *a*) Fleurs généralement jaunes. Poil et duvet verdâtre. Arbuste *G. herbaceum.* — *b*) Fleurs généralement rouges. Poil et duvet blanc ou jaunâtre. Arborescent *G. arboreum.*

La classification botanique, d'autre part, admet 2 groupes comprenant :

1° Les espèces dont les graines sont recouvertes de poils tous de même longueur (*G. barbadense* et *G. peruvianum*) ; 2° celles dont les graines portent du poil long et du duvet (*G. hirsutum*, *G. herbaceum* et *G. arboreum*).

Fibre de coton sous la loupe.

Les industriels qui, eux, se préoccupent du produit et non de la culture, ont une classificatiou plus simple à leur usage. Ils divisent les cotons en 2 grandes catégories : les *cotons longue soie* et les *cotons courte soie*, suivant la longueur du fil. De cette façon, les *G. hirsutum* et *herbacum* qui donnent des « courte soie », se trouvent réunis, ainsi que les *G. barbadense* et *arboreum* qui donnent des « longue soie », sans égards pour la géographie et les pays de production.

La longueur moyenne du fil varie, en effet, du simple au double, et si, dans certaines variétés du *G. barbadense* (*Sea island*, *Brésil*, *Egypte*) elle atteint et dépasse 4 centimètres — jusqu'à 7 centimètres dans la variété « Griffin » — elle n'en dépasse guère 3 dans la *G. herbaceum*. La largeur aussi, à laquelle l'industrie attache de l'importance, varie de 1/100ᵉ à 37/100ᵉ de millimètre. Les constantes de dimensions de la variété étant connues, il devient possible à un technicien expérimenté de la reconnaître à ces caractéristiques. Sous la loupe, le poil de coton apparaît comme rubané, par aplatissement de sa forme cylindrique.

Le *G. barbadense*, ou cotonnier des Barbades, est originaire des Antilles. Plante vivace de 1 m. 50 à 4 mètres de haut, à tige glabre et fleurs jaunes tachées de rouge à la base des pétales. C'est cette espèce dont les variétés ont fait, pendant longtemps, la fortune des Etats méridionaux de l'Amérique du Nord et notamment la variété « Sea island », ou « Géorgie longue soie ». Son coton est abondant, résistant, soyeux, de couleur blanche, mesurant de 35 à 75 millimètres de longueur. Une variété était naguère cultivée en Egypte sous le nom de « coton Jumel » dont le fil est couleur jaune-brun pâle. Le cotonnier des Barbades est surtout cultivé aux Etats-Unis (Géorgie, Caroline du Sud et Floride) et il a été introduit en Egypte et à la Réunion. Des essais de culture en Algérie et dans le midi de l'Europe n'ont pas été très heureux.

Le *G. peruvianum* est appelé aussi « coton pierré », ou *Kidney cotton*, à cause de l'adhérence de ses graines. Cultivé dans l'Amérique du Sud, au Pérou et au Brésil, on le trouve encore aux Antilles, en Egypte, en Chine méridionale, etc.

Le *G. herbaceum*, qu'on confond souvent botaniquement avec le *G. hirsutum*, est probablement originaire de l'Inde. Il groupe un grand nombre de variétés, quelques-unes considérées comme des espèces, et fournit à la culture ses éléments généralement le plus volontiers choisis. Plante annuelle ou vivace, ce cotonnier fournit les cotons « courte soie » dont le poil adhère assez fortement à la graine. Les Etats-Unis en ont de nombreuses variétés locales parmi lesquelles à signaler : l'*Upland*, le coton *Louisiane*, *Nouvelle-Orléans*, etc. Il en existe une variété à coton jaune, le *Nankin*. Il est cultivé dans l'Inde, en Chine, Indochine, Australie, sur la côte d'Afrique et en Europe méridionale.

Le *G. arboreum*, originaire de l'Afrique (Guinée et région du Nil), est une plante ligneuse, de 4 à 6 mètres de haut, à coton très adhérent. Les cultures sont peu étendues. Ajoutons que les cotonniers « longue soie » sont plus délicats et plus tardifs que les « courte soie » et, de ce fait, se font volontiers, et de plus en plus, supplanter par ceux-ci dans les cultures.

CONDITIONS DE CROISSANCE COTTON BELT

Les limites de la zone cotonnière (*cotton belt*) en Amérique sont estimées à 36° de latitude nord et sud. Le coton d'Asie, plus rustique, peut être cultivé jusqu'au 45e degré de latitude nord (Turkestan). Définir les conditions thermiques nécessaires par des moyennes de température annuelle, soit 16°, soit 20° — ce sont les chiffres admis dans les deux cas — n'est ni caractéristique ni déterminant, les moyennes, encore une fois, étant moins instructives que les amplitudes, avec indication des minima. On pourrait faire intervenir le calcul des *sommes thermiques*, à condition qu'une partie de la somme ne fut pas donnée par des températures trop basses prolongées. Le cotonnier préfère des répartitions de températures égales et la récolte, aussi bien que le début de la végétation, se trouvent perdus par les gelées du printemps ou de l'automne.

C'est par ces exigences que le cotonnier est une plante de *culture de plaine* où les sautes de températures sont moindres, et particulièrement de *climat maritime*, la mer étant le régulateur par excellence de la température. Le plus beau coton, le *Sea island*, est récolté dans les îles des côtes de Géorgie et de la Floride, baignées dans le *Gulf Stream*, la salinité de l'atmosphère y exerçant peut-être aussi une action, qui n'est cependant pas encore considérée comme certaine. Les belles récoltes du Turkestan sont obtenues dans un sol de *loess*, avec une assez forte teneur en chlorures.

Quoi qu'il en soit, le cotonnier est fils du soleil; il craint les pluies froides persistantes, et l'abondance des pluies à travers toute sa période de végétation. Il les craint surtout après l'ouverture de ses capsules et la sortie du coton, que la pluie détériore sans rémission. Ciel clair le jour et nuitées humides avec beaucoup de rosées : ce sont là les meilleures conditions. Là où les pluies tardent trop longtemps, il faut avoir recours aux irrigations (Egypte, Turkestan). La culture irriguée typique est celle de l'Egypte où on cultive des variétés longue soie. Des amenées d'eau répétées jusqu'à 10 fois dans le cours d'une végétation de 8 mois, assurent le quantum d'eau nécessaire et on comprend l'intérêt et le rôle des barrages du Nil et l'économie de ce vaste projet d'irrigation de la plaine de Gézirah dans le Haut Soudan. Au Turkestan, le réseau véritablement ingénieux des canaux et canalicules d'irrigation (*aryks*) marque à son extrême ramification la limite de la culture cotonnière. Les inondations sont funestes.

Le sol doit être fertile, perméable, profond. Le cotonnier a une racine pivotante qui atteint 30 à 50 centimètres chez le cotonnier d'Asie et jusqu'à 1 m. 20 — 1 m. 50 chez celui d'Amérique. Le meilleur sol est une terre meuble argilo-calcaire ou argilo-sablonneuse, grasse, riche en humus, comme les alluvions du Mississipi et du Nil, ou le loess du Turkestan. Nous en avons d'excellents dans les régions alluvionnaires du Niger et en Indochine, où nous trouvons également (comme dans l'Inde anglaise, les latérites rouges, ou terre des *Moïs*). C'est d'ailleurs vers ces régions que se porte l'effort actuel de la culture cotonnière française.

CULTURE. ENGRAIS La culture du cotonnier est vite épuisante. Jadis, lorsque les terres disponibles étaient abondantes encore, la culture se transportait d'un terrain épuisé à un terrain vierge; aujourd'hui, il faut, ou mettre de l'engrais, ou laisser reposer la terre, ou alterner les cultures. En Egypte, on ne fait du coton que tous les trois ans sur le même terrain, les deux années intermédiaires étant prises par des cultures de rotation, légumineuses ou blé. Les légumineuses, nous le savons, sont d'excellents reconstituants du sol et très bonnes aussi comme engrais vert. On peut restituer au sol une partie de la récolte cotonnière, tiges, feuilles et, comme engrais excellent, mais pas toujours abordable, les tourteaux obtenus des graines du cotonnier après expression de l'huile.

Ailleurs, on emploie des engrais azotés ou minéraux appropriés, suivant les indications de l'analyse du sol, ou encore des cendres, de la vase des marais, etc.

La préparation de la culture rationnelle commence par l'ameublissement du sol au moyen de plusieurs labours dont le premier profond, à 50 centimètres, et autant de hersages. La culture est, ou sèche ou irriguée. Sur les terrains où il faut assurer, soit l'écoulement, soit l'amenée des eaux, et sur lesquels on ne sème pas à la volée, on aménage ensuite les billons ou les rigoles intermédiaires, à une distance moyenne de 1 m. 20.

La plantation sur billon peut se faire : 1° en *lignes* — sillons au sommet du billon dans lesquels on dépose les graines, de façon à ce que les plants levés, puis éclaircis, se trouvent à une distance de 40 à 60 centimètres les uns des autres; ou 2° en *poquets*, c'est-à-dire en trous à cette même distance, dans lesquels on met 4 ou 5 graines qui lèvent et dont on ne garde que le plant le plus robuste, le mieux venu.

Il y a donc, avec le semis à la volée, 3 modes d'ensemencement, mais

Culture cotonnière irriguée à Richard Toll

celui à la volée est le moins employé (Chine) à cause de multiples inconvénients et surtout de l'éclaircissage. L'écartement final des plantes doit d'ailleurs correspondre à leur taille, ceux d'un développement plus faible pouvant être plus rapprochés.

Les semences doivent être d'origine sûre et de première qualité. Les levées mélangées font plus tard des hybridations qui déprécient la récolte devenant inégale. Aussi, la sélection joue-t-elle un rôle capital dans la supériorité de la culture.

La graine pousse ses cotylédons au-dessus du sol, huit à douze jours après le semis.

D'après ce qui précède, l'époque du semis est à régler sur celle de la récolte qui doit absolument se faire en saison sèche. De plus, les jeunes plantes sous les tropiques ne doivent pas être exposées aux pluies violentes ni aux sécheresses. Il n'y a donc pas d'époque fixe pour tous les pays, ni même pour des régions à climat différent d'un même pays (Annam, Cambodge).

Dans les pays de grande culture, on pratique la rotation généralement triennale comme en Egypte où le sorgho, la canne à sucre, le maïs et la jachère interviennent dans l'assolement.

SOINS Les soins doivent être incessants, ce qui exige des sarclages répétés et des binages, car il faut que la cotonnière soit très propre. L'éclaircissage en ligne ou en poquets se fait définitivement, lorsque, parmi les jeunes pieds ayant une trentaine de centimètres de hauteur, le plus vigoureux s'accuse pour être maintenu.

Au moment où le cotonnier, vers son troisième mois, a atteint une hauteur suffisante, on l'*écime*, c'est-à-dire qu'on enlève le sommet de la tige pour l'empêcher de pousser en hauteur et l'obliger à développer des branches latérales. Ces branches latérales, à leur tour, sont *arrêtées* en les coupant à la longueur d'environ 40 centimètres, généralement un certain nombre de fois, pour les maintenir à ces dimensions et favoriser le développement des fleurs en restreignant celui du bois. On butte légèrement après chaque taille.

Il va sans dire que les cultures indigènes ne s'inquiétent pas de ces traitements qui sollicitent d'ailleurs l'emploi d'une main-d'œuvre abondante.

RECOLTE Dans les meilleurs conditions, la récolte peut commencer quatre mois après les semailles ; généralement, elle commence dans le 5e ou 6e mois. Certaines variétés n'évoluent qu'en dix mois et le *G. punctatum*, des cultures indigènes soudanaises, ne donne son plein rendement qu'à la 2e année. D'autres peuvent vivre pendant une dizaine d'années et acquérir la taille d'un arbre de 4 à 5 mètres de hauteur. Dans certains pays comme en A. O. F., l'indigène pratique le récépage des pieds du cotonnier. Il y a une vingtaine d'années, une variété arborescente et pérenne, le *Caravonica*, venu d'Australie, eut un succès

Récolte du coton (Inde).

éphémère dans les plantations. L'époque de la cueillette est déterminée par l'ouverture des premières capsules. Le choix de la variété, très hâtive, hâtive moyenne ou tardive, doit correspondre à la durée de la saison favorable. En Amérique, on attend que la quantité à récolter soit suffisante pour donner 25 kilogrammes à la journée de travail d'un ouvrier. Ajoutons de suite que cette quantité peut aller jusqu'à 50 kilogrammes; mais l'ouvrier doit être très habile pour arriver à 75 kilogrammes.

Les capsules ne s'ouvrent pas toutes à la fois : il y a donc plusieurs cueillettes qui se prolongent, suivant les variétés et les pays, pendant des mois. La récolte des dernières capsules est de qualité inférieure à celle des précédentes. La récolte doit se faire par un temps sec lorsqu'il n'y a ni rosée ni pluie. Le coton mouillé perd considérablement de sa valeur.

La capsule éclatée, ouverte, ayant mis à nu son contenu, la touffe cotonneuse est enlevée à la main, le plus complètement et le plus proprement possible, puis enfouie dans un long sac que porte l'ouvrier, avec une pochette latérale dans laquelle, s'il est consciencieux, il mettra le coton taché ou détérioré.

Il est important que les capsules soient bien mûres. Elles lâchent alors assez facilement leur contenu et il n'est pas nécessaire de les couper avec des ciseaux, ce qui est une grosse perte de temps et de force de transport.

Cette méthode d'enlèvement des capsules à la main est le *snapping* des Américains auquel on a substitué, pour réduire la main-d'œuvre, le *sledding*, qui consiste à cueillir les capsules à l'aide d'une voiturette qui traîne, au-dessus des cotonniers, un plan incliné muni de fentes coupantes dans lesquelles les capsules se prennent et se font détacher (1).

La récolte, transportée au magasin, y est étendue sur des claies — il faut éviter le sol à cause des impuretés — où elle séchera à fond, à l'ombre dans un endroit sec et bien aéré, quelquefois pendant plusieurs semaines, s'il le faut.

La siccité est à point lorsque la graine craque sous la dent. Il s'agit ensuite de séparer le coton, le poil, de sa graine, c'est-à-dire de l'*égrener*. Avant de suivre la récolte dans cette opération, jetons un coup d'œil sur le rendement de la cotonnière.

RENDEMENT Le cotonnier, plante annuelle ou vivace suivant le climat, est le plus souvent traité en culture annuelle, c'est-à-dire qu'on renouvelle les semis à chaque culture. Dans certaines régions, et pour certaines variétés, bien entendu, on le cul-

---

(1) Il existe également une machine pour la cueillette des touffes de coton à l'intérieur des capsules. Dans ce dispositif, des bras tentaculaires en tubes, très longs et flexibles, rayonnant autour d'une pompe centrale, sont terminés par des crochets digitiformes en couronne qui agrippent, comme le ferait la main de l'ouvrier, le contenu des capsules sous l'action d'une pression venue de l'appareil central. Il ne semble pas y avoir économie ni de temps ni de main-d'œuvre.

tive en plante vivace, le même pied pendant plusieurs années, ce qui diminue, il est vrai, les frais de culture, mais également les rendements au delà de la deuxième année. Le rendement de celle-ci est généralement supérieur à celui de la première année, dans les régions tropicales.

Voici quelques chiffres. Aux Etats-Unis les *rendements moyens à l'hectare* varient beaucoup suivant les conditions locales : de 200 à 400 kilogrammes.

Dans l'Inde, ce rendement moyen est moins élevé : on l'estime autour de 180 kilogrammes. Nous pouvons admettre également ce chiffre pour nos cotonnières du Cambodge et de l'Annam.

Il est entendu que cette quantité est celle du coton brut *égrené*, qui n'est que le tiers du poids de la récolte, fil et graine réunis. Comme rendement valeur argent il faut donc ajouter au prix de la récolte en fil de coton ou « coton en laine », le prix de l'huile à retirer de la graine et celui des tourteaux qui sont faits avec les résidus.

Dans les dernières années, les rendements moyens ont sensiblement baissé dans toutes les régions de grande culture, qui ont négligé d'employer des variétés sélectionnées bien adaptées et qui se sont trouvées victimes des ravages de parasites d'autant plus redoutables, que la défense ne pouvait être improvisée, dans l'ignorance de ses moyens.

C'est ainsi que, de 243 kilogrammes à l'hectare qu'il était en moyenne aux Etats-Unis en 1904, le rendement n'est plus que de 175 kilogrammes en 1923 du fait des dégâts du *boll weevill* qui diminue la récolte de 31 p. 100. En Egypte, le rendement de 517 kilogrammes tombe à 383 kilogrammes en 1923, et ce n'est que dans l'Inde anglaise, relativement indemne, que le faible rendement précédent de 85 kilogrammes en 1904, a pu se relever à 110 kilogrammes en 1923.

ENNEMIS ET MALADIES Le cotonnier est, de toutes les plantes cultivées, une des plus attaquées par les insectes : larves, chenilles, borers, pucerons, punaises, sans compter les maladies cryptogamiques. On a pu identifier jusqu'à près de 500 espèces d'insectes plus ou moins nuisibles à ses organes de végétation et de fructification.

Le plus redoutable de ces insectes est le *Ver rose*, ou *pink boll worm* (*Gelechia gossypiella* Saunders), qui peut vivre aux dépens de tous les organes de la plante, mais dont les larves attaquent surtout les capsules et les graines et empêchent le développement de la fibre.

C'est l'Egypte surtout qui a à souffrir de ses ravages. Jusque dans les dernières années, il n'était reconnu dans nos colonies qu'à Madagascar.

Le *charançon de la capsule*, ou *boll weevil* (*Anthonomus grandis* Boh.), est la plaie des plantations de coton aux Etats-Unis, en Amérique centrale et aux Antilles, où ses larves et les adultes arrivent à détruire chacun jusqu'à une centaine de fruits.

Le *Spiny bollworm* (*Earias insulana* et *E. biplaga*) existe dans toutes les cotonnières africaines où sa larve, ou ver de la capsule, attaque les fruits.

L'*Aletia xylina*, une Noctuidée sœur du ver à soie, est redoutable par sa chenille qui dévore la feuille du cotonnier et peut se multiplier en masse.

La *Punaise rouge, red bug* ou *cotton stainer* des Anglais (*Dysdercus cingalatus*) affectionne les graines oléagineuses dans les capsules qu'elle perfore; au coton, ses atteintes donnent une couleur de rouille.

Le cotton belt américain en semble indemne juqu'à présent, mais aux Indes occidentales et au Togo, par exemple, on a pu estimer à plus de 40 p. 100 les dégâts infligés à la récolte. Le coton *Cambodia*, introduit dans l'Inde anglaise, de culture pluri-annuelle, est parasité par le *Pempheres affinis*, ou *Stem weevil*.

A citer encore, parmi les plus dangereux, le *Sphenoptera gossypii* Cotes, ou *Stem borer*; l'*Oxycarenus laetus* ou *dusky cotton bug*; les *Nisatra*, qui dévorent les feuilles du cotonnier, etc.

Quant aux maladies cryptogamiques, c'est l'*anthracnose* (*Glomerella gossypii*), le *pourridié* des racines, les *rouilles* des feuilles et des tiges, la *maladie bactérienne* (*Bacterium malvacearum*), le *charbon* (*Aspergillus niger* et *Rhizoctonia nigricans*), etc.

Parmi les moyens de défense contre ces nombreux ennemis de l'un et de l'autre règne, figurent la propreté des plantations et la désinfection des semences. Il faut condamner la pratique qui consisterait à enfouir dans le sol et à ne pas brûler les déchets des cotonniers dont l'apport en matière fertilisante de restitution est faible, alors que le danger est grand de confier au sol les œufs des insectes prédateurs et les spores des champignons dangereux. La désinfection des graines peut être obtenue par des matières chimiques ou par la chaleur sèche ou humide.

Les pulvérisations, dans les plantations, sont appliquées avec les bouillies insecticides et anticryptogamiques; des essais ont été faits aux Etats-Unis, d'aspersions étendues à l'aide d'avions. On y emploie volontiers l'arséniate de calcium.

Les études de biologie nous ont déjà appris l'existence, dans le monde même des insectes, d'auxiliaires précieux dans la lutte contre certains prédateurs dont ils sont les ennemis ou les exploitants, parce qu'ils les parasitent en leur confiant leur progéniture. La multiplication et la colonisation de ces espèces adjuvantes doivent être assurées.

Enfin, dans l'arsenal de combat figurent des plantes pièges comme le maïs auquel j'ai déjà fait allusion plus haut.

Beaucoup d'insectes fréquentant le cotonnier pour y déposer leurs œufs, confient leur ponte également à d'autres malvacées (*Hibiscus, Sida, Althœa, Malva*), et il y a là, peut-être, en évitant le synchronisme des floraisons, une méthode utile de dérivation à déterminer.

PRÉPARATION — On appelle *égrenage* l'opération qui consiste à sé-parer mécaniquement le fil du coton de la graine à laquelle il adhère plus ou moins solidement. Les indigènes, les petites exploitations familiales, se servent encore partout aujourd'hui d'un petit instrument appelé *chourka* (de son nom indien), ou *manganello* en Italie, ou *roller gin* en pays anglais.

L'appareil consiste simplement en deux cylindres ou rouleaux horizontaux en bois, tournant sous l'effort d'une manivelle à bras; le fil engagé dans leur intervalle est arraché, passe d'un côté et la graine reste de l'autre.

Cet instrument primitif, à rendement lent, au surplus donnant un coton en laine très emmêlé, fut en usage en Amérique, même dans les grandes exploitations, jusqu'en 1792, époque à laquelle E. Whitney inventa l'égreneuse à scies, le *saw-gin*. (Les égreneuses de coton s'appellent *gin* en pays de langue anglaise).

La machine est composée, en principe, d'un cylindre de 80 à 90 scies circulaires très rap-prochées qui, dans un mouve-ment de rotation rapide, arra-chent le poil de la graine qu'on

Égreneuse à main « Manganelle ».

leur présente au fond d'une trémie. Le coton arraché rencontre, sous le cylindre à scie, un cylindre à brosses qui le détache des scies.

Le *saw-gin* fit rapidement fortune et il est encore aujourd'hui l'engin ré-pandu pour l'égrenage du coton *courte-soie*. On lui trouva l'inconvénient de déchirer le coton longue soie et il fut remplacé, pour ces variétés, par une égreneuse à laminoirs dont la plus connue est le *Mac-Carthy gin*.

Elle se compose, en principe, d'un cylindre horizontal tournant, en cuir, qui engage le coton entre son rouleau et une plaque métallique appelée « docteur », où le fil rencontre une autre plaque en mouvement faisant office de batteur qui détache la graine et la projette dehors, alors que le coton est entraîné par le cylindre et sort sous forme de boudin ou de nappe. Nous omettons les détails du mécanisme.

A l'époque où fut introduite l'égreneuse mécanique, vers le début du XIXe siècle, l'Angleterre manufacturière inventa la fileuse et le métier mécaniques : ce fut une révolution économique extraordinaire.

L'égreneuse à scie, comme unité, remplaça le travail de 360 unités de main-d'œuvre et, dans le rayon d'action *manufacturière* de l'industrie du coton, les trois machines associées se substituèrent comme unité collective à 2.200 ouvriers (Semler). Il y a là matière à méditation, à une époque comme la nôtre, où, en présence de la difficulté de recrutement ou de l'instabilité de la main-d'œuvre, nous voulons faire bénéficier les grandes cultures des progrès du machinisme agricole. Il existe des modèles de petites égreneuses à main dont l'usage est à répandre dans nos colonies pour les petites cultures industrielles ou familiales.

Le coton égrené est nettoyé, puis mis sous presse, pour être comprimé en balles rectangulaires d'un poids variant de 50 à 200 kilogrammes (1).

Les Américains tentent maintenant de remplacer leurs balles carrées par des balles roulées en cylindre dont la confection et le transport sont plus économiques.

EMPLOIS Nous ne suivrons pas le coton en laine à travers les cardeuses, les filatures, les métiers, etc. Nos colonies sont d'ailleurs loin d'être encouragées par la métropole industrielle, jalouse de ses débouchés, à créer des usines cotonnières et de tissage qui lui feraient concurrence.

Les graines du cotonnier donnent, par pression, 18 à 20 p. 100 d'une huile comestible et blanche, après épuration : elle est employée en mélange avec l'huile d'olive, ainsi que dans l'industrie savonnière. Des résidus on fabrique des tourteaux, très recherchés comme engrais.

La graine du cotonnier contient, dans la proportion de 0,4 à 1,2 p. 100, un principe toxique, le *gossypol*, qui pourrait devenir dangereux dans une ration alimentaire animale qui contiendrait de 10 à 20 p. 100 de graines de cotonnier. Antidotes : *sels ferriques et ferreux.*

Citons parmi ses multiples emplois, quelques-uns des plus marquants.

Le coton, plongé dans un mélange d'acide sulfurique et d'acide azotique, se convertit en *pyroxyline*, explosif qui a l'apparence de l'étoupe et qui porte encore les noms de *nitro-cellulose*, de *fulmicoton*. Les alcalis agissent énergiquement sur le coton à basse température; ils lui donnent la propriété de prendre des mordants et des couleurs. Cette action fut reconnue, en 1844, par un chimiste français du nom de Mercier, et on appelle aujourd'hui *mercérissage* une opération qui donne, au moyen de la soude et par une action mécanique, au coton un brillant très soyeux.

Le fulmicoton, dissous dans un mélange d'alcool et d'éther, fournit le *collodion*. Associé au camphre et à l'alcool, le fulmicoton produit le *celluloïd* qui, fortement comprimé, se laisse travailler comme l'ivoire ou l'écaille. Cette composition entre également dans la fabrication de la soie artificielle. En ajoutant à la pâte de celluloïd de l'huile de ricin, on obtient le linge dit « américain ».

---

(1) Les balles américaines sont comptées à 500 livres anglaises et les balles de l'Inde à 400 lbs. C'est peut-être à la confusion de poids de ces deux unités que sont dues les discordances de certaines statistiques. Théoriquement, les balles sont rigoureusement pesées à 500 livres anglaises, soit 226 kg. 800 grammes.

PRODUCTION ET COMMERCE — Les plus grands pays producteurs de coton sont, par ordre d'importance, les Etats-Unis, l'Inde anglaise, l'Egypte, la Chine et la Russie. Voici les chiffres de la production mondiale du coton pendant la campagne 1926-1927 (en tonnes métriques) :

Etats-Unis, 3.897.800; Indes britanniques, 907.700; Egypte, 343.800; Russie (U. R. S. S.), 163.800; autres pays (Bulgarie, Mexique, Chypre, Corée, Syrie et Liban, Algérie, Soudan anglo-égyptien, Union sud-africaine). 144.100.

Au total, 5.457.200 tonnes pour la campagne 1926-1927, et, prévisiblement pour celle de 1927-1928, un total de 4.351.400 tonnes, marquant une forte régression de la production qui atteint surtout les Etats-Unis avec une diminution de 1.124.900 tonnes et l'Egypte, une diminution de 72.400 tonnes.

La superficie mondialement cultivée en coton a reculé, dans le même sens, de 31 millions d'hectares à 28 millions d'hectares, affectant, pour près de 3 millions d'hectares, les Etats-Unis.

Pour les pays industriels consommateurs de coton d'importation qu'ils achètent aux gros pays producteurs, les Etats-Unis et l'Inde anglaise, la situation est devenue préoccupante au point qu'on a pu dire, dans les dernières années, que l'Europe est menacée d'une disette, d'aucuns diront d'une famine de coton, conditionnée par les deux facteurs que nous connaissons déjà, diminution du rendement des récoltes et des superficies cultivées, auxquels viennent s'ajouter deux autres causes qui sont, d'une part, les demandes d'année en année croissantes de coton industriel en Europe, et, d'autre part, le pourcentage de plus en plus élevé que les Etats-Unis et l'Inde retiennent sur leurs récoltes pour alimenter leurs propres industries textiles.

La matière première ainsi travaillée sur place échappe au marché d'exportation dont les disponibilités se restreignent avec le développement des filatures locales. Ces filatures, aux Etats-Unis par exemple, ont augmenté, de 1907 à 1923, de 39 p. 100 le nombre de leurs broches à filer qui dépassent maintenant le chiffre de 30 millions et travaillent plus de 72 p. 100 du coton américain, soit 7.322.000 balles en 1927.

Mettons en regard les chiffres de l'industrie française qui fait tourner 9 millions et demi de broches et consomme, en moyenne, 1.150.000 balles de coton par an, dont elle demande 793.000 balles à l'Amérique.

Complétons aussi nos statistiques par les chiffres d'importation en France de coton de toute origine (en tonnes métriques) :

Année 1926

Etats-Unis	240.504
Egypte	41.447
Indes anglaises.	38.270
Union Ec. Belg. Luxembourg.....................	8.011
Grande-Bretagne	6.062
Turquie.	5.417
Autres pays.	28.532
Total.................	368.243

En 1927, l'importation figure pour 355.723 tonnes, valant 3.896.175.000 francs, dont 5.373 tonnes venant des colonies, d'une valeur de 68 millions et demi de francs.

Cela représente un prix d'achat, c'est-à-dire une exportation d'or, de près de 4 milliards de francs par an à l'étranger.

On comprend le sens et la portée des efforts que font tous les pays manufacturiers d'Europe pour se soustraire à la tyrannie de cette situation économique.

La Russie, jadis, est entrée la première dans cette voie en créant, dans ses possessions transcaspiennes et centralasiatiques, des plantations de coton très étendues qui lui fournissent maintenant la plus grosse proportion de son coton en laine. J'ai vu naître ces cultures, de 1880 à 1886, dans le Bokhara et le Turkestan et, déjà en 1903, l'Asie Centrale était arrivée à un chiffre de production de 61.000 tonnes. Ce résultat est dû en majeure partie au chemin de fer transcaspien qui, de purement stratégique qu'il était dans l'esprit de ses promoteurs, est devenu une voie commerciale d'une importance insoupçonnée, au point que le matériel est devenu rapidement insuffisant pour transporter les balles de coton que le rail a, pour ainsi dire, fait naître le long de son ruban de fer. Il y a là un exemple et un enseignement à méditer. Un chemin de fer de pénétration vers un pays à richesse latente est un instrument créateur de prospérité.

Successivement, les pays d'Europe qui possèdent un domaine colonial se sont efforcés, par l'introduction ou l'extension de la culture cotonnière sur des territoires appropriés, de se soustraire à la dépendance du marché américain.

L'effort anglais, puissamment aidé par la *British Cotton Growing Association*, fondée en 1901, et l'*Empire Cotton Growing Corporation*, créée après la guerre, obtient des résultats remarquables dans l'Ouganda (où, en 1925-1926, 250.000 hectares en culture ont produit 34.500 tonnes de coton) et en Nigéria, au Kénya, dans l'Afrique du Sud, au Soudan anglo-égyptien, etc.

Les Italiens étendent la culture cotonnière en Somalie et les Belges au

Congo belge, où la production, de 4 tonnes en 1916, a atteint 5.000 tonnes en 1926.

Avant la guerre, l'Allemagne, avec l'impulsion donnée par le *Kolonial wirthschaftliches Komite*, favorisait les entreprises de culture cotonnière dans ses colonies africaines.

La France possède un domaine colonial où de nombreux et vastes centres se prêtent à la culture du coton. En dépit des multiples possibilités offertes dans presque toutes ses colonies, elle n'en obtient jusqu'à présent que des apports tellement faibles, qu'ils ne représentent pas 2 p. 100 du total de ses importations. Voici les chiffres de ces apports, pour les colonies et les pays sous mandat, en 1926 et en tonnes métriques : Algérie, 1.246; Afrique occidentale, 3.679; Togo, 700; Syrie, 292; Indochine, 21; autres colonies, 3.679 tonnes. Au total, 7.019 tonnes en 1926, 4.679 tonnes en 1925 et 5.373 tonnes en 1927.

Ce n'est pas que les régions les plus aptes à fournir du coton dussent être initiées à cette culture. Les populations soudanaises aussi bien que les indigènes de l'Annam et du Cambodge — pays que nous considérons comme des centres possibles d'une grande production — connaissent depuis longtemps la culture cotonnière et nous n'avons pas à leur faire connaître une plante nouvelle avec la façon, au moins élémentaire, de la faire pousser. Les conditions économiques font que les indigènes n'étendent pas leurs plantations, d'ailleurs mal conduites, et que les entreprises européennes hésitent encore à investir des capitaux dans des cultures industrielles qu'elles considèrent comme aléatoires, ou insuffisamment rémunératrices. L'obstacle n'est pas d'ordre cultural, mais bien plutôt démographique et d'insuffisance de main-d'œuvre, ce qui a pu faire dire qu' « il faut faire du nègre si on veut faire du coton. »

Nous ne saurions, dans ce court inventaire des produits coloniaux, examiner les multiples faces du problème. Nous constatons la faiblesse des résultats obtenus et les espoirs que l'avenir fait naître, à la faveur d'enquêtes et d'études de techniciens à qui les possibilités culturales, les premières, dictent des jugements optimistes.

Il s'est constitué en France, il y a une vingtaine d'années, une *Association cotonnière coloniale* dont l'action est similaire de celle des Associations britanniques, mais loin d'être aussi puissante parce qu'elle dispose de ressources infiniment moins grandes. En dépit de la modicité de ses moyens d'action, elle a obtenu des résultats appréciables, dès le début de son œuvre, par la distribution, aux centres cotonniers coloniaux, de graines, de machines (égreneuses et presses), de subventions, par l'organisation de champs de démonstration et, dans les dernières années, par la création d'usines d'égrenage et de manutention du coton au voisinage des plantations indigènes les plus denses de l'Afrique occidentale française.

C'est surtout à ce groupe de colonies que s'attachent les espoirs de future production. La culture cotonnière sèche des indigènes ne saurait être de règle et seule y est possible, pour des buts économiques réalisables, la culture intensive irriguée. Les courageux efforts tentés dans le delta moyen du Niger montrent, dans une expérience qui n'a pas été sans difficultés, les résultats qu'une entreprise, par ailleurs très intéressante dans la solution du problème de la main-d'œuvre et des cultures associées à celle du cotonnier, peut espérer de l'aménagement d'un système d'irrigation étendu. Il y a là 2 millions d'hectares susceptibles de recevoir des plantations de cotonnier. La vallée du Sénégal offre les mêmes possibilités et l'Algérie s'est mise résolûment à la culture cotonnière, avec les premiers centres autour d'Orléansville, de Perrégaux et de Philippeville.

L'Indochine, depuis longtemps, cultive le coton sur une échelle industrielle au Cambodge où les *chomkars*, rives alluvionnaires périodiquement recouvertes par les crues du Mékong, produisent, sur quelque vingt mille hectares, le *Krabas bay*, un coton courte soie qui se faisait exporter par 5.000 à 6.000 tonnes annuellement vers le Japon où sa fibre, frisant naturellement, est recherchée pour la fabrication de crêpes. Un autre centre de culture, moins actif, se trouve dans la région de Than-hoa, du Nord-Annam. Ces productions, faibles d'ailleurs, sont de plus en plus absorbées par les filatures locales. La métropole ne pourra escompter un apport indochinois que le jour où de grandes plantations auront été créées dans les régions des « terres rouges », qui sont particulièrement aptes à donner de beaux rendements si les cultures sont bien conduites.

Les projets de culture cotonnière doivent, dans toutes nos colonies, porter la plus grande attention au choix des variétés. Les neuf dixièmes des importations en France sont des cotons *Upland* moyenne ou courte soie, qualité *middling*, et c'est à l'obtention de ces types que nos colonies peuvent prétendre, avec le bénéfice de l'introduction de variétés métissées comme celles qu'on a obtenues en Egypte et que Aug. Chevalier croit provenir de croisements entre le *G. barbadense* à longue soie et le *G. punctatum* à courte soie (1). Ce sont des formes relativement instables.

---

(1) L'Egypte a fourni une série remarquable de types de croisements, à commencer par la variété *Mit-Afifi* qui a remplacé le *Jumel* et qui a été remplacée elle-même par le *Sakellaridis*, très répandu dans les cultures africaines européennes. Le *Sakellaridis* a donné naissance aux variétés *Pima* et *Yuma*, employées dans les cultures irriguées de l'Arizona et il s'est trouvé que le Pima, revenu en Egypte, avait bénéficié d'une amélioration rapide et devenait un nouveau type intéressant auquel on a donné le nom de *Maraad*, petit-fils par conséquent du *Mit-Afifi*, et fils du *Sakellaridis*.

A noter l'engouement qu'on porte à présent, en Amérique, à la variété *Acola*, considérée comme une des meilleures du type Upland. Le coton du Cambodge est également un type Upland, originaire d'Amérique. Il a été introduit dans l'Inde sous le nom de *Cambodia* et il est très apprécié des filateurs de Manchester.

Retenons finalement que les types égyptiens les plus remarquables par leur finesse, leur qualité, leur rendement, etc., sont, d'après Avigdor, pour la Haute-Egypte, le *Zagora Malaki* et pour la Basse-Egypte, le *Sakellaridis* des Domaines, le *Sakel* n. 310, le *Nahda*, qui est un coton brun, et le *Maraad*, retour d'Amérique.

Nombreux et divers se montrent les problèmes à résoudre pour permettre à la culture du coton dans nos colonies de prendre l'essor si nécessaire et si souhaité. Leurs solutions favorables dépendent de l'enseignement que doivent fournir des expériences scientifiquement conduites et de la persévérance de l'effort dans la collaboration solidaire de l'agriculture, de l'industrie, du commerce et de l'Administration.

2. — *Le Kapok*

On appelle « ouatier », « fromager », faux cotonnier » ou *kapok* (nom malais de l'arbre et du produit) un grand arbre de la famille des Malvacées, qui produit le *kapok*, la « laine » ou « soie végétale ». Ce poil végétal est très recherché par le commerce et l'industrie, depuis quelques années.

Le véritable *Kapokier* est, botaniquement, l'*Eriodendron anfractuosum* De Candolle ou *Ceiba pentandra* Gœrtner, probablement originaire de l'Amérique tropicale, mais à présent répandu et cultivé dans beaucoup de régions tropicales, et notamment à Java, où son produit est donné au commerce sous le nom de *kapok de Java*, par opposition avec le *kapok de l'Inde* qui provient d'une espèce différente.

Le kapokier est un arbre qui arrive très rapidement à une belle taille. La base du tronc est revêtue de verrues épineuses. Ses branches horizontales, étalées en étage, le font souvent choisir, nous l'avons déjà dit, comme arbre d'ombrage dans les plantations, et le télégraphe y accroche volontiers ses godets et ses fils. On en fait des tuteurs vivants pour poivriers.

Le *fruit* est une capsule fusiforme à enveloppe coriace, parcheminée, contenant un grand nombre de graines au milieu d'un duvet fin et soyeux, blanc ou jaunâtre, qui est la soie végétale du commerce. La *culture* de l'arbre est très facile par semis en pépinière ou bouturage dans les terrains les plus divers et peu favorisés. Il arrive en plein rapport vers la sixième année, fournissant alors, en moyenne, 1 kilogr. 500 de kapok par an et par pied. A Java, on obtient d'une plantation, à la septième année, jusqu'à 435 kilogrammes de fibre à l'hectare. La récolte est faite à la gaule; les capsules ouvertes et leur contenu sont séchées à l'air, puis égrenées à la main ou à la machine, par le procédé de plus en plus employé de l'égreneuse à scies du coton.

Le bois de cet arbre est fort léger et facile à travailler. Elastique et compressible, on pourrait parfois le substituer au liège. La graine contient de 15 à 18 p. 100 d'une huile comestible et agréable au goût. Les Javanais la font griller et la grignotent à la façon de la cacahouète.

Le kapok filé a trouvé récemment son utilisation comme fibre de tissage, malgré sa brièveté et son peu de résistance; mais il constitue surtout un article aujourd'hui très demandé pour bourre de matelas, coussins, oreillers, et accepté par beaucoup d'administrations publiques.

Sa légèreté, la difficulté de l'imbiber d'eau en font une matière précieuse pour engins de sauvetage d'une flottabilité parfaite, de beaucoup supérieure à celle du liège (ceintures de sauvetage, gilets, matelas, radeau), ce qui l'a fait admettre dans les marines de plusieurs pays.

Le pays gros producteur de kapok est Java, qui a livré au commerce, en 1925, 17.561 tonnes de fibre, dont 40 destinées à la France et la majeure partie aux Etats-Unis. Ce produit, le *randou* des Javanais, le *Kabou-Kabou* des Malais, est le plus apprécié; les Allemands l'appellent Kapok « noble » ou *Edel-Kapok*. Ce sont les plantations indigènes qui fournissent, à Java et à Madoura, la production la plus forte (90 p. 100). Les variétés « Kapok géant » et « Kapok vert » y sont également très appréciées.

Cette espèce existe au Cambodge où il y avait naguère des plantations européennes. L'arbre y croît, épars, dans les clairières forestières.

A côté de l'*E. anfractuosum* se place le *Bombax malabaricum* De Candolle, ou *Bombax Ceiba* Barmann, qui produit le *Kapok de l'Inde*. C'est un arbre qui ressemble beaucoup au vrai kapokier. Son feuillage est caduc et l'arbre se couvre de grandes et superbes fleurs rouges d'un effet très décoratif, dont la chute met au pied de l'arbre un tapis rutilant. On le rencontre nombreux dans la brousse indochinoise, jusque dans le Tonkin. Ce kapok, moins exporté (Ceylan, Inde), est une fibre plus longue, d'une teinte jaune ou brune ; elle possède un éclat brillant et soyeux du plus bel effet.

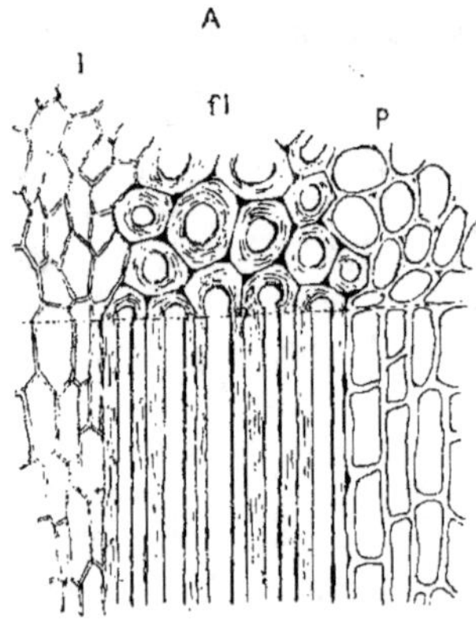

Coupe transversale et projection
d'une région libérienne
d'une plante textile
montrant les fibres *fi*
entourées de parenchyme

A la flore africaine occidentale appartient le *Bombax buonopozense*, bel arbre d'une vingtaine de mètres qui constitue de grands peuplements dans toute la zone soudanienne. L'espèce présente de nombreuses variétés. Le bois, très léger, sert aux indigènes à faire des pirogues et à sculpter des fétiches et de grossières figurines. Au Togo et au Cameroun existe une espèce susceptible d'être exploitée : le *Bombax angulicarpum*. Mais le Kapokier le plus intéressant de cette région africaine est l'*Eriodendron anfractuosum* var. *clausa* du Soudan, parce que ses fruits, indéhiscents, ne s'ou-

vrant pas à la maturité, n'abandonnent pas leur contenu au vent. Il serait intéressant d'introduire cette variété en Indochine et à Madagascar.

De nos colonies, l'Indochine exporte moins de 100 tonnes par an et quelques tonnes seulement sortent de la Guinée française, du Dahomey et de
Madagascar.

Les fibres proprement dites, pour lesquelles les plantes textiles sont
exploitées, se trouvent généralement dans la partie de l'écorce appelée *liber*,
où elles forment des groupes ou des îlots plus ou moins épais ou des couches plus ou moins nombreuses et rapprochées. La longueur, l'épaisseur,
les caractères physiques et chimiques déterminent les qualités différen-
tielles de ces fibres, non moins que leur abondance et la facilité de leur
extraction et de leur nettoyage. Une des espèces les plus importantes de
ce groupe est le jute.

---

3. — *Le jute*

Botanique. — Culture. — Préparation. — Commerce.

La fibre textile qui porte ce nom — très vieux, dérivé du sanscrit — est
produite par deux espèces du genre *Corchorus*, de la famille des *Tiliacées* :
le *Corchorus capsularis* Linné et le *C. olitorius* Linné. Les deux espèces
sont originaires de l'Inde et pénétrèrent vers l'Ouest, jusqu'en Europe,
fort anciennement, non comme textile, mais comme légume (« corite potagère » ou mauve des juifs »), car on en consommait, comme aujourd'hui
encore, les feuilles cuites, en Egypte, en Italie et en Crète.

BOTANIQUE Les Jutes sont des plantes annuelles, herbacées, qui atteignent jusqu'à 4 mètres de hauteur, à tige simple à la
base, se ramifiant un peu vers le sommet. Les feuilles
sont alternes, ovales-lancéolées, dentées, très faciles à reconnaître par les
prolongements filiformes des deux premières dents de la feuille.

Opposés aux pétioles et aux feuilles se trouvent les fruits, qui sont des
capsules sèches contenant des graines très petites, nombreuses dans l'espèce *olitorius*, et moins nombreuses dans le *C. capsularis*. Les fruits distinguent facilement les deux espèces, étant cylindriques et longs dans le
C. olitorius et globuleux, courts dans le *C. capsularis*. Cette dernière espèce atteint aussi une taille plus élevée que l'autre. Dans l'Inde, on distingue
une trentaine de variétés de jute.

CULTURE — PREPARATION   Les conditions de *végétation* des deux espèces sont peu différentes. Le *C. capsularis* vient de préférence dans les terrains élevés. Le meilleur sol pour le jute est un terrain humide, ou plutôt frais, argilo-sablonneux, comme ceux que présentent les alluvions décou-

Le jute.

vertes des rivières ou fleuves à inondations temporaires. Ajoutons de suite que le jute craint les trop fortes pluies, et surtout les inondations quand il est jeune, les supportant assez bien plus tard.

On sème à la volée, en mélangeant les graines avec du sable ou de la cendre à cause de leur petitesse, ou bien au semoir en lignes, puis on éclaircit. La végétation est rapide et les tiges sont bonnes à couper trois ou quatre mois après le semis, au moment indiqué par la floraison, sans attendre la fructification. Plus tôt, en effet, la fibre est plus belle de couleur et plus fine, mais moins résistante; plus tard, elle est plus forte, mais plus grossière.

La coupe se fait à la serpette ou à la machine (Amérique), plus ou moins au-dessus du sol, suivant la qualité à obtenir. Au Bengale, certaines variétés sont même arrachées avec la racine et mises à sécher grossièrement, entières, pour servir en sparterie, comme les brins de saule en Europe. Les bottelées de tiges sont mises en javelles sur le champ pour faner pendant quelques jours, puis débarrassées de leurs feuilles et de leurs petites branches; elles sont portées ensuite au *rouissage*, c'est-à-dire à leur immersion dans de l'eau stagnante.

Le rouissage par la rosée, ou dans l'eau courante, pratiqué en certains pays, est moins égal et plus aléatoire.

Les tiges de jute, réunies en faisceaux ou bottelées d'égales longueurs, sont plongées dans l'eau d'une mare, le gros de la tige en bas, d'abord, ensuite toute la tige, maintenue immergée au moyen de pierres et de planches. Elles y restent, suivant la température de l'eau — qui ne doit être ni froide, ni dure, — de 8 à 15 jours, jusqu'à ce que l'écorce se détache facilement du bois; à ce moment, le rouissage est suffisant. Un rouissage trop prolongé nuit à la qualité de la fibre. L'eau de la mare est devenue fétide; on s'en sert d'ailleurs comme d'un engrais et elle est délétère aux poissons. Elle ne servira qu'à un seul rouissage.

Le rouissage, c'est-à-dire la destruction des tissus végétaux qui entourent la fibre libérienne, est opéré par des agents microbiens, représentés par plusieurs espèces de bacilles qui diffèrent sans doute de ceux qui interviennent dans le rouissage sous l'eau des textiles européens. Le rouissage du jute en eau courante est plus long et plus irrégulier, mais on obtient une fibre plus belle.

Lorsque la tige est à point, l'écorce fibreuse peut en être détachée aisément à la main, pour être lavée ensuite dans l'eau courante et séchée au soleil. Les Annamites ne font pas rouir généralement, mais arrachent l'écorce en vert. Le rendement à l'hectare est, moyennement, de 1.200 à 1.500 kilogrammes et différent suivant la fertilité du terrain, en présence d'une plante très épuisante.

COMMERCE — Le jute, plante de pays chaud et de climat chaud et humide, est surtout cultivé dans l'Inde, au Bengale, où il est une sorte de spécialité, monopolisée comme le coton l'est aux Etats-Unis. C'est de là que lui vient le nom de « chanvre du Bengale ».

En 1926, la récolte du jute dans l'Inde anglaise a été de 12 millions de balles, sur près de 2 millions d'hectares.

Les usines de Calcutta, plus d'une trentaine, et ses 20.000 métiers à tisser en ont retenu 7.405.000 balles et exporté 4.170.000 balles : soit, sur Amérique, 589.450 balles; Europe, 2.223.790 balles; Angleterre, 1.042.836 balles, et autres pays, 313.945 balles.

La diminution de la production est une menace pour l'industrie du jute; elle a conduit, il y a quelques années, les filatures et les tissages du Bengale à réduire, d'un commun accord, à quatre le nombre des jours de travail par semaine.

Avant la guerre, la France importait jusqu'à 180.000 tonnes de jute brut, teillé ou peigné. Son chiffre moyen est maintenant de 100.000 tonnes environ, qui vont aux 150.000 broches des usines de la région de Dunkerque, de la vallée de la Somme et en Alsace. La fibre est travaillée en tissus, tapis, toiles cirées, maquettes, cordages, velours, tresses, toiles d'emballage et d'ensachage, etc. Dans les Pyrénées, on confectionne des semelles de chausson tressées en fil de jute.

L'Indochine est celle de nos colonies qui se prêterait le mieux à la culture industrielle du jute. Des essais en ont été faits, il y a une vingtaine d'années, au Tonkin, sur l'initiative tenace de la maison Saint frères qui est, comme on sait, une grande marque de France pour les tissus de jute. Mais, tout en y venant très bien, la plante a rencontré des conditions économiques de culture qui la mettent au deuxième plan (main-d'œuvre et épuisement rapide du terrain sans engrais). Les indigènes en cultivent de notables superficies, pour la consommation locale des fibres. Il y aurait pourtant grand intérêt à ce que nos rizeries d'Indochine fussent affranchies du marché de l'Inde, où elles sont obligées d'acheter annuellement pour plus de 40 millions de francs de sacs de jute (*gunnies*), servant au logement de leur riz d'exportation.

---

4. — *La Ramie*

Botanique. — Culture. — Récolte. — Préparation. — Rendement.
Production. — Commerce.

Il y a une trentaine d'années, on pouvait voir encore, souvent installés sous les portes cochères à Paris, des camelots vendeurs de tissus, bas et chaussettes en fil de *ramie*, appelée aussi *ortie de Chine*. C'était une tentative de popularisation d'un produit que Decaisne avait fait connaître en 1845 et qui a fait son chemin depuis, dans l'industrie des tissus moins vulgaires.

Le nom de *ramie* est malais; dans l'Inde, la plante s'appelle *rhea*, et *tchou-ma* en Chine qui est sa patrie d'origine. Les Anglais l'appellent improprement *china-grass*, parce que ce n'est pas une herbe qui fournit le produit commercial, mais un petit arbrisseau, de 1 à plus de 2 mètres de hauteur, vivace par un rhizome souterrain, qui pousse annuellement des tiges vertes fournissant le textile.

BOTANIQUE — La ramie appartient à la famille des *Urticacées;* elle est parente de notre *Ortie (Urtica urens)*, mais comme elle n'a pas de poils urticants et qu'elle possède quelques autres caractères différents, on en a fait le genre *Boehmeria*. La fibre de ramie est produite par deux espèces de ce genre : le *B. nivea* Hooker et Arnott et le *B. tenacissima* Gaudichaud. Le *B. nivea* est la plante chinoise, pouvant être cultivée dans la zone subtropicale (Amérique du Nord, Alger, Egypte, etc.). Elle est facile á distinguer par le duvet de poils blanchâtres, « neigeux », qui revêt la face inférieure de la feuille. On l'appelle plus particulièrement *ortie blanche* et elle est le véritable *china-grass* des Anglais.

Le *B. tenacissima* ou *B. utilis* Decaisne, est la plante malaise, répandue dans l'archipel Malais et cultivée seulement sous les tropiques. Ses feuilles ne sont pas duvetées, mais vertes ou grisâtres à la face inférieure, d'où le nom de *ramie verte*.

Toutes deux ont des feuilles opposées, ovales-oblongues, acuminées, dentées, à pétiole velu; les fleurs sont axillaires. Nous négligeons les autres espèces.

CULTURE — La plante est vivace, et une plantation de ramie est établie pour plusieurs années.

Les qualités de finesse de la fibre dépendent du climat, du sol et de la culture. Le sol doit être meuble, très riche, car la culture est épuisante, et drainé. Les engrais, si possible fumier de ferme et cendres, sont nécessaires.

La plantation peut être faite par semis, éclats de rhizomes, ou bouturage. La meilleure méthode, et la plus répandue, est la multiplication par *éclats de rhizomes*. On les coupe, chacun muni de bourgeons, sur les rhizomes, à la longueur de 10 à 12 centimètres, à prendre sur des pieds de 3 à 4 ans, et on les plante comme des pommes de terre, en ligne, à environ 1 mètre de distance d'entreligne et à 20 ou 25 centimètres l'un de l'autre sur ligne. On plante au début de la période des pluies, sous les tropiques.

Lorsque les plants ont quelque hauteur (30 centimètres), on butte comme pour la pomme de terre. L'engrais liquide, très employé en Chine, donne de très bons résultats. La tige peut atteindre jusqu'à 2 m. 50 de hauteur dans les pays chauds.

RECOLTE — Dans les meilleures conditions, la première coupe peut être faite trois mois après la plantation, mais le plus souvent elle a lieu au quatrième ou cinquième mois. Cette première coupe est généralement de mauvaise qualité et négligée.

Dans les bonnes terres tropicales, on arrive à faire 5 et même 6 coupes annuelles, 3 et 2 dans les autres régions plus ou moins tempérées. Ce n'est qu'à la troisième année qu'on peut avoir le plein du rendement.

La tige est mûre pour la coupe vers la fin de la floraison, lorsque le bas du pied commence à rougir ou à brunir.

On coupe à quelques centimètres seulement du sol. Les tiges doivent être droites et, dans une bonne culture, serrées, sans beaucoup de ramifications. Les feuilles sont enlevées avec les branches; l'extrémité est coupée et les tiges, en bottelées de 200 à 300, sont remisées à l'abri de la pluie.

PREPARATION — Contrairement au jute, la ramie n'est pas soumise au rouissage, mais elle est *décortiquée,* c'est-à-dire qu'on sépare tout d'abord l'écorce de son cylindre de bois. Le procédé le plus simple, à cet effet, est celui employé en Chine, Annam, Java, et qui consiste à casser la tige à la main et à en tirer la lanière d'écorce sur toute la longueur. A l'aide d'un couteau obtus, l'ouvrier racle ensuite la surface supérieure de l'écorce pour enlever les pellicules sèches de l'extérieur, et la surface interne, pour en enlever le plus possible d'une substance gommeuse qui agglutine les fibres. C'est la préparation de la ramie en vert; elle n'est possible que sur les plantations où la main-d'œuvre est abondante et bon marché. C'est elle qui donne le *china-grass* brut des Chinois.

On a donc cherché à remplacer la main lente de l'ouvrier par des machines décortiqueuses qui traitent la tige en vert et fournissent la lanière dépelliculée.

Cette lanière sèche doit être ensuite *dégommée.* En effet, après la libération mécanique de la fibre, celle-ci demeure entourée d'une gaine de matière gommeuse (pectose) dont on la débarrasse aujourd'hui par des procédés chimiques divers. Un des plus récents permet un dégommage rapide sans autoclave. Ces procédés sont brevetés et tenus secrets. La fibre est ensuite passée au peigne, blanchie et livrée au tissage.

Le commerce demande de plus en plus, aux pays de grande production, des fibres brutes simplement dépelliculées (*china-grass*), le dégommage se faisant ensuite dans les usines, en Europe.

Il existe des procédés de « cotonisation » de la ramie qui donnent à la fibre un aspect brillant et la souplesse de la soie.

RENDEMENT — Les rendements à l'hectare, comme il faut s'y attendre d'après ce que nous savons des conditions de culture, de la richesse du sol et de la mise d'engrais, du nombre de coupes, etc., sont très variables. On évalue, en moyenne, dans les cultures tropicales, le rendement en poids à 1.600 ou 2.000 kilogrammes de tiges dépelliculées, dont on obtient, après dégommage, environ 60 % de fibres textiles, soit 960 à 1.200 kilogrammes.

Dans des cultures d'Algérie, Fél. Michotte indique, pour 4 coupes, un rendement en fibres lanières à raison de 1.500 à 2.000 kilogrammes par coupe, un total de 4.000 à 7.000 kilogrammes à l'hectare.

La *durée* d'une plantation est variable, de cinq à plus de vingt ans, suivant les soins qu'on lui donne et la reconstitution de la richesse du sol, au fur et à mesure qu'elle s'épuise.

EMPLOI — La fibre de ramie, plus longue que celles du chanvre, du lin et du jute, est souple, résistante et soyeuse, mais plus chère. On en fait de beaux tissus « soie de Canton » (*grass-cloth* des Anglais), des batistes, et de fort jolies dentelles, sans compter les multiples usages indigènes. Les Annamites en fabriquent leurs filets de pêche. C'est un textile de grand avenir pour le mélange avec la soie, le lin, le coton, etc., le jour où l'industrie possédera de bonnes machines de préparation.

PRODUCTION. COMMERCE — La Chine et les îles de la Sonde sont les deux centres de grande production. L'Algérie a essayé de l'introduire; on y obtient des résultats suffisants dans les terres riches et irrigables. Madagascar et la Réunion ont fait des essais sans conviction. L'Indochine est certainement la colonie où la ramie blanche dans le Nord, au Tonkin, et la ramie verte dans le Sud, en Cochinchine, ont le plus d'avenir. Elles y sont d'ailleurs cultivées par les indigènes, mais nous voudrions y voir les plantations se développer.

Des expériences très intéressantes, dans ce sens, ont été faites jadis dans la province de Baria.

Une fois de plus, nous nous sommes trouvés dans un cercle vicieux : d'un côté la culture qui attend la certitude de l'emploi rémunérateur de sa production et de l'autre, l'industrie qui attend l'assurance de la production en quantité commercialement suffisante pour s'installer dans le pays.

La Chine est actuellement le principal producteur de ramie; elle en a exporté en 1925, sous forme de *china-grass* et de fibre, 12.000 tonnes, surtout au Japon. L'Inde Anglaise et les Indes Néerlandaises tendent à augmenter leur production. Avant la guerre, la France importait de 1.500 à 2.000 tonnes de ramie. Fél. Michotte, en regrettant qu'on n'ait pas accordé à la ramie, en Afrique, le même intérêt qu'au coton, estime que l'Afrique pourrait devenir, au même titre que l'Inde, le plus important producteur de ramie du monde.

5. — *L'Abaca*

L'Abaca porte le nom de *chanvre de Manille*, d'après son pays d'origine et de grande production. C'est un bananier, le *Musa textilis* Nees, très voisin du *Musa Sapientum* dont il se distingue par quelques caractères botaniques, et principalement par la forme anguleuse, un peu prismatique de son fruit; il porte aussi des graines dans un fruit non comestible.

Il n'est plus seul aujourd'hui de sa famille à donner une fibre textile : le bananier ordinaire, à fruits comestibles, est de plus en plus exploité pour ses fibres, après qu'on a mis à l'essai, aux Indes Néerlandaises, des machines spéciales pour leur préparation.

L'*abaca* est donc une culture spéciale aux Philippines et nous l'indiquerons sommairement, bien que nous ayons eu des plantations d'essai au Tonkin (Tuyen-quang), où, d'ailleurs, les résultats n'apparaissaient pas comme encourageants.

Ce bananier se reproduit de graines, mais plus facilement de jeunes pousses ou rejets qu'on plante en terrain meuble et suffisamment riche, au pied des collines, à raison de 2.000 à 2.500 pieds à l'hectare. On peut couper à la troisième année, et la plantation dure généralement une dizaine d'années, avant d'être renouvelée.

Ce sont les gaines emboîtées des feuilles qui donnent la fibre, celles de l'intérieur la meilleure, la plus fine. L'extraction mécanique de la fibre se fait encore aujourd'hui à l'aide d'une machine assez primitive (perfectionnée par Duchemin au Tonkin) en usage chez les Tagals.

Plantation d'Abaca (*Musa textilis*).

On peut récolter 800 kilogrammes de filasse à l'hectare. Cette fibre est fine; mélangée à la soie, elle donne des tissus superbes. Les meilleures filasses nous viennent aussi en France pour tissus de luxe.

La marine se sert de cordages en chanvre de Manille, très résistants et légers, pouvant flotter à l'eau.

En 1926, les Philippines ont exporté 154.000 tonnes d'abaca, dont 7.660 tonnes sont allées en France. La production de 1925 avait été de 180.000 tonnes.

6. — *Les Agaves*

Les Agaves sont toutes des plantes américaines, de la famille des Amaryllidées. Elles rappellent, par leurs formes, les aloès, avec lesquels on les

Plantation d'agaves.

confond volontiers. Ce sont de grosses touffes de feuilles à pointe acérée, généralement armées de dents aiguës sur les bords. A l'époque de la floraison — à six, dix, vingt ans d'âge de la plante, suivant les espèces — jaillit du centre de cette touffe une hampe florifère chargée d'un grand nombre de fleurs en clochettes : son apparition marque la fin de l'existence du pied qui lui a donné naissance. Les feuilles tombent et la vie se retire dans les racines qui, parfois, donnent d'autres pousses.

Les fibres textiles des Agaves sont contenues dans les feuilles, au milieu d'un tissu très aqueux et très acide, qui brûle la peau. On les en extrait au moyen d'une simple machine rotative qui écrase le tissu de la feuille tout en la battant : c'est le *raspador*. Les faisceaux de fibres sont ensuite lavés et brossés, puis séchés. Leur préparation demande de l'eau en abondance. Plusieurs espèces et variétés d'Agaves, assez différentes les unes des autres par la forme et la constitution de la feuille, sont cultivées en

Plantation de Sisal à Tamatave.

grand sur les plantations d'Amérique, d'Afrique et d'Asie. Il y a une douzaine d'années, le Yucatan au Mexique avait la plus forte production de *sisal mexicain* ou *hennequen*, fourni par l'*Agave rigida* var. *elongata*. De 200.000 tonnes, cette production est ensuite tombée à la moitié.

L'*ixtle* ou *chanvre de Tampico*, est produit par l'*Agave heteracantha* Zaccarini.

Le *Sisal* proprement dit est la fibre de l'*Agave rigida* Miller var. *Sisalana* et le *Maguey* provient de l'*Agave Salmiana* Otto.

C'est le Sisal qui intéresse le plus nos cultures coloniales. La production de sa fibre prend d'autant plus d'intérêt que la production mexicaine diminue. La plante n'est pas très exigeante, bien que reconnaissante aux soins qu'on lui donne et à l'engrais qu'on pourrait être en mesure de lui administrer. Mais elle s'accommode de terrains rocailleux relativement secs et même de sols sablonneux, ce qui permet de lui attribuer des terres qui refuseraient l'hospitalité à la plupart des autres cultures. Les basses températures lui sont funestes.

La multiplication se fait au moyen de bulbilles aériennes, mises en pépinière, puis repiquées à 3 ou 4 mètres de distance entre les pieds, ou de drageons basilaires qui peuvent être mis directement en place. La coupe des feuilles peut commencer à 3 ans d'âge de repiquage et obtenir par an, de chaque pied, de 25 à 50 feuilles. Dans de bonnes conditions, le rendement atteint, à raison de 3 à 4 % de fibre sèche, de 900 à 1.500 kilogrammes de produit commercial à l'hectare. La feuille détachée doit être travaillée dans les 24 heures après la coupe. En sortant du *raspador*, et lavée à grande eau, elle est suspendue à sécher au soleil pendant 2 jours, ensuite nettoyée à la brosse. Les écheveaux de filasse doivent avoir, autant que possible, une longueur régulière.

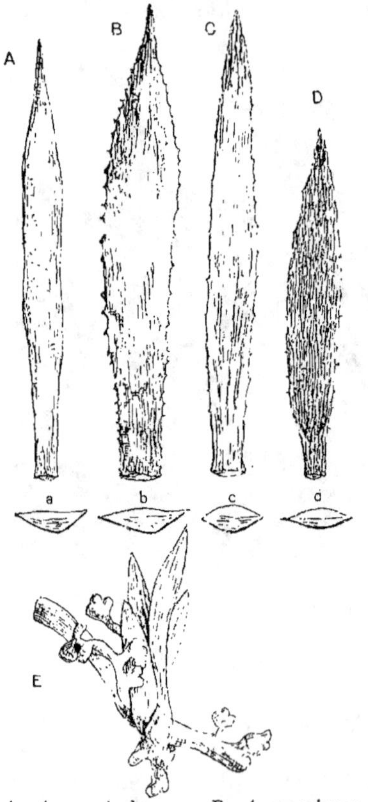

L'exploitation du Sisal a fait naître, dans les dernières années, des projets d'utilisation du suc des feuilles, qui contient des matières fermentescibles, pour la fabrication d'un alcool d'agave auquel on avait d'emblée prédit un bel avenir comme carburant colonial. Il se peut, et la chose est souhaitable, mais non démontrée encore comme pratiquement réalisable.

A. *Agave sisalana.* — B. *A. americana.*
Feuilles d'agaves (d'après Hautefeuille).
C. *A. elongata.* — D. *A. vivipara.*
E. Bulbilles.

Les plus grands centres de production de la fibre de Sisal sont actuellement le Mozambique, Quilimané, la région du Tanganyika, les anciennes colonies de l'Est africain et du Togo où les planteurs allemands ont obtenu de très beaux résultats, et les Indes Néerlandaises.

La culture du « maguey » se développe beaucoup aux Philippines qui en exportent maintenant plus de 15.000 tonnes.

De nos colonies, c'est le Soudan qui a pu donner avec succès un certain développement à la culture du Sisal, et il n'est pas douteux que toute la côte occidentale française peut imiter son exemple (1). On a pu regretter que le « sisal du Soudan » n'ait trouvé, il y a quelques années, un accueil encourageant que sur le marché de Liverpool. L'Indochine, qui possède déjà des peuplements sauvages sur les bords de la côte d'Annam, pourrait pratiquer cette culture aussi bien que ses voisines, les Philippines, où les efforts des Américains ne s'arrêtent pas à la seule production de l'*abaca*.

La France importe annuellement quelque 25.000 tonnes de fibre de sisal appelée improprement « fibre d'aloès ». Ses colonies y contribuent pour quelque 2.000 tonnes. Ce textile est surtout employé en corderie.

---

7. — *Textiles divers*

Le nombre des plantes à fibres textiles utilisables est si grand — on en connaît plus d'une centaine — que nous devons nous borner à signaler seulement la valeur de celles qui peuvent jouer un rôle notable dans la production coloniale. Une des plus belles fibres textiles connues est celle de l'ANANAS (*Ananassa sativa* Lindley), qu'on trouve sur les marchés de l'Inde et de Singapour. Fine, soyeuse et très résistante, elle sert à la confection de batistes et de dentelles, plus appréciées que les tissus de soie.

Le DA (*Hibiscus cannabinus* L.), appelé aussi « Chanvre de Guinée » ou « Chanvre du Deccan », est une Malvacée arborescente qui peut atteindre jusqu'à 3 mètres de hauteur. Cultivée dans l'Inde, elle l'est également sur les bords alluvionnaires du Niger, périodiquement inondés. La plante arrachée est soumise au rouissage et ses tiges sèches donnent de 17 à 19 p. 100 de fibre, avec un rendement de 1.500 à 2.000 kilogrammes à l'hectare en culture européenne. L'A. O. F. essaie d'étendre la culture de cette plante

---

(1) Aug. Chevalier assigne aux quatre principales espèces d'Agaves cultivées dans le monde, l'état civil botanique suivant :

a) *Agave rigida* var. *elongata*, ou *A. furcroïdes*, — espèce très épineuse, fournit le « hennequen blanc » du Mexique.

b) *A. rigida* var. *Sisalana*, — le véritable sisal ou « hennequen vert » du Yucatan, du Soudan et de l'Afrique occidentale.

c) *A. Wightii*, auparavant *A. Cantala*, de l'Inde et de l'Annam.

d) *A. Rumphii*, également différenciée du *Cantala* — des Philippines et de Java.

A. Chevalier estime que les terrains sur lesquels on peut cultiver les Agaves, en Afrique occidentale, sont illimités ; seule la rareté de la main-d'œuvre pour des exploitations agricoles d'entreprises européennes restreint le champ des possibilités.

fort intéressante bien que, contrairement à ce que l'on espérait, elle ne saurait remplacer le jute pour la résistance de la fibre.

Une autre espèce d'*Hibiscus*, l'*H. tiliaceus*, sert en Océanie à la confection de ces tissus bruts obtenus par le battage des écorces et connus sous le nom de *bouraos*, parfois très curieusement ornés de dessins par les indigènes des îles Wallis et Futuna (1).

L'*Hibiscus sabdariffa* donne la fibre de *roselle*, exploitée entre autres, en

Tige florifère d'*Hibiscus cannabinus*.

Malaisie. La famille des Malvacées est d'ailleurs très riche en espèces textiles appartenant aux genres *Malva. Sida, Abutilon, Thespesia, Urena*, etc.

A ce dernier genre appartient le *Paka* de Madagascar (*Urena lobata* L.), arbrisseau spontané bisannuel également connu au Brésil et à Cuba sous le nom d'*Aramina*, dont les tiges vertes donnent de 7 à 8 p. 100 de fibres sèches, longues, dures, et de bonne résistance (2).

La culture du *Paka* est facile et fortement recommandée.

---

(1) L'*Antiaris toxicaria* Lesch., une Urticacée de la flore extrême-orientale qui fournit aux Malais l'*Upas antiar*, poison violent de flèche, est un arbre qui prête son écorce aux mêmes usages. Les Moïs d'Indochine en retirent par le battage une sorte de tissu naturel, formé de la nappe des fibres libériennes entrecroisées et ils en confectionnent des vêtements.

(2) La tige est soumise au rouissage dans l'eau courante. On a cru observer que le rouissage est beaucoup plus rapide dans les cours d'eau peuplés de petits crustacés d'eau douce ce qui correspond peut-être à une composition chimique particulière de l'eau.

En 1924, Madagascar a exporté 636 tonnes de fibre de paka.

Récolte du Dâ (Ségou).

Le PHORMIUM TENAX Forster (Liliacées) est une grande herbe vivace, rhizomateuse, portant des feuilles longues de 1 à 2 mètres, disposées en éventail comme celles du lis. On en retire une fibre un peu grossière, résistante, connue sous le nom de « lin » ou de « chanvre de la Nouvelle-Zélande ». Ce pays en a exporté 18.000 tonnes en 1926.

Quelques-unes de nos colonies se préoccupent également d'essais de culture de deux plantes voisines des précédentes : l'une, le *Fourcroya gigantea* Ventenat (familles des Amaryllidées), appelé *chanvre de Maurice,* ou *aloès vert de la Réunion;* l'autre le *Sanseviera zeylanica* Willdenow (famille des Liliacées), dont la culture est pratiquée surtout dans son pays d'origine: Ceylan. Il existe, en Afrique, d'autres espèces de sansevières textiles (*S. latifolia; S. cylindra*).

Phormium tenax.
(*Cliché Vilmorin, Andrieux et Cie*).

Dans l'Inde et en Extrême-Orient, on exploite le MADAR (*Calotropis gigantea* Dryander) et la CROTALAIRE (*Crotalaria juncea* Linné) de la famille des Légumineuses, qui fournit le « chanvre de Bombay, de Calcutta ou de Madras ».

Une autre espèce de *Calotropis*, le *C. procera*, habite les régions soudaniennes sèches.

Les fibres libériennes de l'*Abroma augusta* L., de la famille des Sterculiacées, cultivé dans l'Inde et aux Philippines sous le nom de *Komoul*, connu également dans le Nord de l'Indochine, sont parmi les plus belles; mais la culture de cet arbrisseau ne semble pas suffisamment rémunératrice.

Nous ne saurions allonger cette liste quel que soit l'intérêt que différentes espèces, non cultivées encore, offriraient à des essais de plantation; nous renvoyons au Dictionnaire de Watt, à l'ouvrage de J. Beauverie et au Catalogue de Crevost et Lemarié.

---

8. — *Sparterie et vannerie*

Très nombreuses également sont les espèces végétales dont les fibres, plus grossières, de la tige ou des feuilles, trouvent leur emploi dans les divers produits manufacturés de la sparterie, de la vannerie, de la corderie.

Voici, le premier, l'ALFA (*Stipa tenacissima* Linné), de la famille des Graminées, que les Espagnols et les Anglais appellent *esparto*, un nom qui est à l'origine du mot « sparterie ».

L'ALFA est une grande herbe vivace, à rhizomes rameux formant des souches compactes. Ses feuilles atteignent jusqu'à 1 mètre de longueur et persistent au moins pendant deux années. Les jeunes pousses se développent au printemps, au milieu des pousses fanées de l'année précédente. Plate et rubanée pendant la saison des pluies, la feuille s'enroule sur ses bords pendant la saison sèche et prend l'apparence d'un jonc à limbe dur, cylindrique, terminé en pointe acérée. La longueur de la feuille et la présence de nombreuses fibres résistantes assurent à cette plante un usage industriel très varié.

L'aire de dispersion de l'alfa est assez étendue dans son habitat méditerranéen. On le rencontre non seulement en Algérie, en Tunisie et au Maroc, mais encore dans le Sud de l'Espagne. En Algérie, il croît dans le Tell inférieur et jusque dans la région désertique; sa présence est surtout abondante sur les Hauts-Plateaux, et, dans la province d'Oran, ses peuplements en nappes, sans discontinuité, ont valu à des régions entières le nom de « mer d'Alfa ». On évalue à 5 millions d'hectares la superficie occupée par cette plante en Algérie et à près de 10 millions dans le Nord africain.

L'alfa peut venir aussi dans les forêts de pins et de chênes verts, mais seulement dans les terrains secs. Il n'existe pas dans les terrains où la chute annuelle des pluies dépasse 50 centimètres.

Les terrains d'alfa appartiennent soit à l'Etat, soit à des communes ou à des particuliers. Ceux de l'Etat et des communes font l'objet de concessions moyennant redevance.

La feuille pourrait être exploitée presque toute l'année; cependant, les « alfatiers » sont astreints à l'observation d'un règlement d'exploitation qui interdit l'arrachage pendant la période du 1er mars au 30 juin chaque année et la soumet à un contrôle permanent. Le meilleur mode d'arrachage consisterait à récolter les feuilles séparément, à la main gantelée (pour éviter les blessures) ; mais l'ouvrier, allant vite en besogne, se sert le plus souvent d'un bâtonnet autour duquel il enroule une touffe de fuilles et, par traction saccadée, arrache des souches entières au grand détriment de la repousse.

Les feuilles d'alfa, parfois trempées dans l'eau de mer préalablement, sont ensuite séchées, triées, réunies en paquets ou en balles pressées, et livrées à l'industrie indigène ou au commerce. Brutes, elles peuvent servir à la nourriture des chevaux et des chameaux; préparées, elles servent à la confection d'ob-

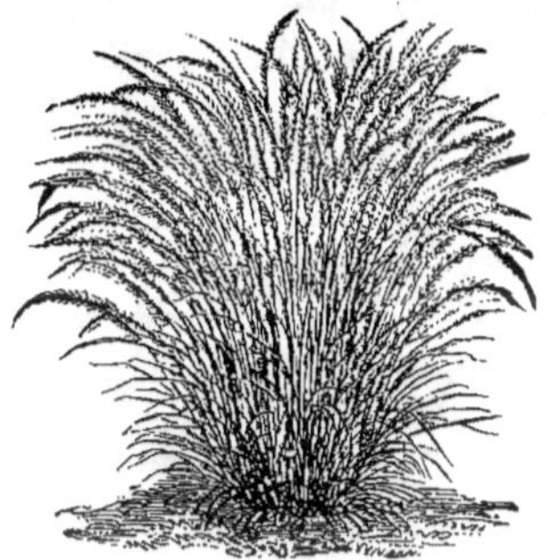

Stipa pennata.
(Cliché Vilmorin, Andrieux
et Cie).

jets de vannerie et de sparterie; après rouissage à l'eau douce et « piquage », c'est-à-dire battage au maillet, elles entrent dans la fabrication de cordages, tapis, nattes, etc.

Mais l'alfa est demandé surtout pour la fabrication de pâte à papier. Avec le produit de première qualité, on fait du papier à cigarettes et de la papeterie de luxe. Le papier d'alfa est souple, soyeux, résistant, transparent, d'une grande pureté. A poids égal, il est plus épais que tout autre papier; il prend bien l'impression et convient pour les éditions de luxe et les belles gravures.

Les fibres d'alfa n'entrent pas seules dans la fabrication du papier; elles sont généralement mélangées à une trame solide et constituent une matière de remplissage, dont la proportion peut atteindre les trois quarts de la pâte.

En 1923, l'Algérie a exporté 110.000 tonnes d'alfa, d'une valeur de 33 millions de francs.

L'Angleterre en absorbe, pour la fabrication de la pâte d'alfa, 90 à 95 p. 100, laissant à l'Algérie et à la France quelque 10.000 tonnes, employées en majeure partie à la fabrication d'objets en sparterie et de cordages.

Ce sont les deux ports algériens d'Arzew et d'Oran qui exportent les plus fortes quantités.

Il paraît assez singulier de voir la France, qui est grand pays producteur de papier et achète annuellement à l'étranger pour des dizaines de millions de francs de la pâte de bois, délaisser, en apparence, une matière première aussi importante, au profit de l'industrie étrangère. Les procédés de fabrication sont connus, et les défauts du papier d'alfa, un peu teinté, ne sont pas plus grands que ceux du beau papier de chiffon. On explique cette anomalie par la différence des prix des matières premières employées dans la fabrication de la pâte, et qui seraient plus élevés en France qu'en Angleterre. Mais il est possible, et souhaitable pour le développement de cette richesse dans nos colonies nord-africaines, de voir l'industrie papetière en France se retourner vers la fibre d'alfa, lorsque la raréfaction de la fibre de bois aura rapproché les prix de revient.

Un très grand nombre de Palmiers prêtent leurs feuilles à l'industrie du tressage de chapeaux, de toiles, nattes, objets de ménage divers, etc.

Rappelons que c'est le CARLUDOVICA PALMATA Ruiz et Pavon, de l'Amérique centrale, dont les feuilles servent à la confection des chapeaux dits « de Panama », auxquels léur finesse et leur légèreté assurent des prix très élevés dans le pays même de leur confection.

Le *Borassus flabelliformis* Mart., ou *rônier*, a des feuilles superbes en forme d'éventail qui fournissent une fibre employée en sparterie et en corderie. Les lanières des feuilles servent aux bonzes d'Extrême-Orient, depuis les temps les plus anciens, à recevoir des écritures à la pointe d'un stylet, manuscrits fort durables, appelés *satras* chez les Cambodgiens.

Le *Corypha umbraculifera* Linné, ou *talipot*, très répandu dans la flore extrême-orientale, est un magnifique palmier dont les feuilles très grandes sont employées directement comme voiles à barque, couverture d'ha-

Tonkin. — Palmiers à paillote.

bitations, etc. Ses fibres pétiolaires, connues sous le nom de *bountal*, servent aux Philippines au tressage de chapeaux très légers et réputés.

Ce sont ensuite les *Livistona* ou *lataniers*; le *Nipa fruticans* ou *palmier
d'eau*, et surtout, à Madagascar, le *Raphia pedunculata* Beauvois, beau

Raphia pedunculata. — Côte E. de Madagascar.

palmier pouvant atteindre 15 à 18 mètres de hauteur et qu'on rencontre
en massifs serrés dans les bas-fonds de l'île. Les fibres textiles extraites
de la feuille de ce palmier constituent un article d'exportation important :
elles y figurent annuellement pour une quantité de 8.000 tonnes. Ce palmier
est, à l'instar du cocotier, un arbre providentiel. Les pétioles des feuilles.

qui mesurent souvent plus de 5 mètres de long, sont employées par les
Malgaches comme chevrons de couverture de leurs cases, montants d'échelle,
barres de filanzanes, etc; le bourgeon central, cuit ou cru, est un excellent
chou palmiste. La sève du tronc fournit une boisson rafraîchissante et les
nervures principales des folioles servent à faire des nasses, pour les pê-
cheurs. Enfin, l'épiderme supérieur des jeunes feuilles non épanouies fournit
des lanières très souples et très résistantes qui, soigneusement lavées et séchées au soleil, entrent dans la fabrication des chapeaux et sont exportés en
Europe en fortes quantités (223 tonnes en 1926). L'horticulture les emploie
comme liens, sous le nom de *rabane*, et les indigènes en font des étoffes du

Préparation du *Raphia* à Madagascar.

même nom, très appréciées. Une autre espèce de *Raphia*, le *R. vinifera* Palisot de Beauvois, plante saccharifère aussi, est exploitée pour ses fibres
sur la côte occidentale d'Afrique et surtout en Guinée.

Dans les îles de l'Océanie, les indigènes retirent une paille fine, pour la
confection des chapeaux, des fibres de la tige florale du PIA, le *Tacca pinnatifida* Forster, dont le rhizome leur fournit également une sorte d'arrow-
root.

Ch. Crevost, au Tonkin, a essayé d'organiser, comme industrie familiale,
la fabrication des chapeaux avec la très grande variété de matières premières dont la flore de l'Indochine est pourvue. Les tentatives ont porté entre autres, sur les feuilles du *Livistona sinensis* et sur la fine lanière qu'un

certain nombre de bambous permettent de détacher de leur « écorce » et il en a obtenu des chapeaux finement tressés par la main-d'œuvre indigène, habile et rapidement instruite. Alors cependant que cette industrie a pris un développement considérable à Java, elle est demeurée à ses débuts en Indochine.

Java, en effet, a exporté, en 1924, plus de 3 millions et demi de chapeaux en bambou tressé dont plus d'un million dirigés sur la France où ces chapeaux se font appeler « chapeaux rotin » ou « chapeaux de Manille ».

C'est également Java qui exporte, en 1925, plus de 11 millions de chapeaux en fibre tressée de *Pandanus* dont près de 2 millions dirigés sur la France, où ils portent le nom commercial de « chapeaux Bovy » ou « chapeaux bovins ».

Le *Pandanus utilis* Bovy est beaucoup exploité à la Réunion pour sa fibre foliaire appelée *vacoua* ; elle sert à la confection de sacs pour loger les denrées locales.

On appelle PAILLE DE CHRISTOPHINE, les rubans d'une paille très fine, d'un jaune brillant, extraits de la tige du *chayote* ou *chouchou*, aux Antilles et à la Réunion, où elle est très abondante. C'est le *Sechium edule* Swartz (Cucurbitacées) dont le fruit comestible est utilisé comme les courges. La plante pousse dans les terrains frais et humides et se multiplie au point d'envahir les cultures environnantes. L'extraction du ruban de fibres se fait sur les entre-nœuds

Pandanus utilis.
(Cliché Vilmorin, Andrieux et Cie).

des tiges fendues en long, choisies jeunes, par simple raclage du tissu, après immersion dans de l'eau de savon. L'opération peut être faite par des enfants et même des infirmes. La repousse des rejets est très rapide. La paille de *chouchou* était naguère recherchée en Europe pour la fabrication de chapeaux de luxe.

A cette même famille des Cucurbitacées appartiennent les LUFFA, sortes de courges qu'on fait macérer dans l'eau pour en retirer ce tissu fibro-spongieux, connu sous le nom d' « éponge végétale ».

Le *Luffa acutangula* Roxb. est la liane-torchon des Antilles et la *pipan-*

gaye de la Réunion où son fruit frais est estimé comme légume. Le *Luffa cylindrica* Roem. est la courge-torchon des Antilles et c'est cette espèce qui convient le mieux à la confection des éponges végétales. Ses graines donnent une huile as-sez siccative laissant un tourteau qui con-tient un principe toxique, mais constitue un excellent engrais. Pieraerts et de Winter pré-conisent la culture de cette espèce, au Congo belge, comme plante vivrière et oléagineuse.

L'Indochine exporte des quantités notables de fibres de *chiendent* qui ne sont autres que les racines secondaires des rhizomes de plu-sieurs espèces de Graminées, parmi lesquelles le *vetiver* ou *chiendent odorant* (*Vetiveria zizanioides* Nash) que nous retrouvons aux plantes à parfum ; de même le *Chrysopogon*

Pipengaye (*Luffa acutangula*).
(*Cliché Vilmorin, Andrieux et Cie*).

aciculatus Trin. ou chiendent d'Annam, abondant sur le littoral. Pour être bien acceptées par le marché en France, ces fibres doivent être débarrassées de leur gaîne corticale et présentées en bottelettes régulières de brins d'é-gale longueur. Elles sont employées en brosserie, sparterie et vannerie.

On appelle *piassava*, dans le commerce, les fibres dures et grossières que l'on peut récolter sur les pétioles et les gaînes des vieilles feuilles de beau-coup de palmiers, où elles se présentent après la destruction du parenchyme par l'âge et les intempéries. Ces fibres sont employées en brosserie, corderie, sparte-rie et à beaucoup de menus usages, par les indigènes. Les plus connus et exploi-tés proviennent du *Caryota urens* L. qui fournit le piassava connu dans le com-merce sous le nom de *Kêttoul* ; le *Bo-rassus flabelliformis* Mart., qui donne

Chamaerops excelsa.
(*Cliché Vilmorin, Andrieux et Cie*).

la *fibre de palmira* ; *l'Arenga saccharifera* Labill. ; *l'Attalea funifera* Mart., et le *Leopoldinia piassaba* Wall. du Brésil, etc. Nous connaissons déjà la *coir* de la noix du cocotier, appelé aux mêmes usages.

Beaucoup de palmiers portent à la base de leurs feuilles et autour des gaînes basilaires des feuilles desséchées, des étoupes de fibres dures plus ou moins fines et claires qui constituent commercialement le *crin végétal*. Le *Chamaerops humilis* en fournit les plus fortes quantités par l'extraction des fibres de ses feuilles.

Ce palmier nain, le *doum* des Arabes, couvre de ses peuplements spon-tanés de vastes superficies dans l'Afrique du Nord où sa présence rend parfois le défrichement des terres difficile et onéreux. Ainsi en fut-il jadis dans la zone littorale des provinces d'Oran et d'Alger. C'est d'ailleurs l'Afrique française du Nord qui livre du crin végétal au monde entier pour l'industrie matelassière, la sparterie, la bourrellerie, la fabrication de tissus grossiers qui remplacent parfois la laine, ainsi que pour la confection de matériaux en fibro-ciment. Les feuilles sont vendues par les Arabes aux usines qui préparent la filasse et la présentent en longues cordelettes tressées et tordues soit comme *crin blond*, soit comme *crin noir*, celui-ci simplement passé au bain de teinture et qui atteint alors des prix plus élevés parce qu'il imite mieux le crin animal.

L'Algérie a produit, en 1926, 59.000 tonnes de crin végétal et le Maroc en fournit près de 15.000.

On peut rapprocher du crin végétal, une bourre pileuse que l'on récolte au Tonkin, sous le nom de *Kimao*, de la base des feuilles du *Dicksonia Barometz* Link. ; ce sont des poils soyeux, de couleur brune, se prêtant à des usages de matelasserie comme le kapok et qui feraient un joli article de commerce si la cueillette pouvait en être plus régulière et plus abondante.

Rhapis flabelliformis.
(Cliché Vilmorin, Andrieux et Cie).

A l'Indochine encore, appartiennent quelques produits intéressants dont le commerce d'exportation alimente l'Europe, par une voie détournée, celle du négoce chinois qui en masque l'origine.

Telles sont les *nattes en jonc* dites « nattes de Chine » dont le gros centre de fabrication se trouve dans la région de Phat-diém au Tonkin d'où les industriels chinois les dirigent sur Hong-Kong, après les avoir poinçonnés : « Made in China ».

La matière première est **fournie par la tige** plus ou moins fine, grêle et élastique de plusieurs espèces de Cypéracées dont les plus recherchées, soit à l'état spontané, soit à l'état de culture dans les lais marécageux, sont les *Cyperus tegétiformis* Roxb., et *C. malaccensis* Link., celui-ci servant également à la confection de ces sacs et cabas dits « du Tonkin » dont les bazars, en France, sont bien pourvus.

Le même camouflage commercial est appliqué aux cannes dites « de Hong-Kong » ou « Tonking canes », ou, en France « Cannes de laurier », originaires pour la majeure partie de nos provinces tonkinoises et du Nord-Annam. Ces cannes, très employées également comme manches d'ombrelles et de parapluies, sont faites de la tige d'un élégant petit palmier du genre *Rhapis*, le *luï* des Annamites, qui peuple abondamment certaines brousses. Beccari en distingue trois espèces que ne différencient pas les coupeurs indigènes.

Nous citons pour mémoire l'*Eichhornia crassipes* Mart. ou « Jacinthe d'eau », une Pontedériacée originaire du Brésil dont les fibres, peu résistantes, n'ont pas pu être utilisées comme textile (1).

PRODUITS SUBERIFORMES Mentionnons finalement, à ce chapitre, l'existence, dans nos colonies, de plusieurs produits qui, bien que d'origine anatomique différente, participent des propriétés du liège et le remplacent à certains usages.

Les *Aeschynomene aspera* et *A. indica* L., sont des arbrisseaux de la famille des Légumineuses qui croissent dans les régions marécageuses de l'Inde, et sont répandus en Indochine. Les racines, longues et renflées sont formées presque entièrement d'une moëlle grisâtre spongieuse, appelée *sola*, dont on fabrique surtout des casques coloniaux. Les Tonkinois arrivent maintenant à le cultiver et à perfectionner le produit. Dans l'Inde anglaise, d'habiles artisans taillent dans cette moelle mille bibelots de fantaisie de bazar.

Appartenant à la même famille et très semblable au *sola* est le *sorindrana* de Madagascar, botaniquement le *Smithia Chamaecrista* Benth., une plante également de marécage dont les racines un peu tortueuses, atteignant la grosseur du bras, sont faites d'une substance subéreuse jaunâtre, compacte et élastique d'une légèreté extrême (densité 0.140).

Ce produit peu connu, qui pourait recevoir de nombreuses et surtout

---

(1) Cette plante aquatique semble être venue d'abord au Tonkin, fortuitement, par des caissages envoyés du Japon à l'Exposition de Hanoï, en 1903. En quelques années elle a envahi les mares du Tonkin et, descendue en Cochinchine, elle a fini par couvrir les canaux de navigation d'un tapis de végétation tellement serré que la marche des sampans en est devenue difficile et, en quelques endroits, s'est trouvée arrêtée. Des essais pour tirer parti de cette encombrante végétation, soit par ses fibres pour la fabrication de sacs d'emballage, soit comme engrais, ration à donner aux animaux domestiques, ou dans la fabrication d'une pâte à papier, n'ont pas donné de résultats satisfaisants de sorte que cette jolie plante est devenue une sorte de calamité coûteuse à combattre.

intéressantes applications en technologie, est malheureusement de cueillette insuffisante pour donner lieu à une exploitation suivie.

Se prêtent également à la confection de casques coloniaux, entre autres, les moelles d'agave et de sorgho et celle d'une Broméliacée des Antilles, le *Karatas* (*K. Plumieri. E.* Morr.).

Le *Melalcuca Cajeputi* Roxb., ou *M. Leucadendron* L., est une Myrtacée connue sous le nom néocalédonien de *niaouli*, et de *tram* chez les Annamites. Il est très répandu en Nouvelle-Calédonie, en basse Indochine et commence à devenir abondant à Madagascar où il a été introduit naguère. En Cochinchine, la plante couvre des milliers d'hectares de plaines basses, deltaïques et humides, où elle forme des peuplements groupés de petits arbres atteignant quelques mètres de hauteur. C'est une essence exploitée par les indigènes comme tuteurs de plantations de poivrier ainsi que pour son écorce feuilletée qui leur donne une matière parfaite pour le calfatage de leurs sampans et de leurs jarres ; ils en font aussi des torches avec de la résine de *chaï*. Cette écorce, en effet, se compose d'une succession de couches de fibres sèches tissulaires, en nappes lamellaires blanchâtres de plusieurs centimètres d'épaisseur qui se détachent du tronc et se reproduisent à la façon du liège. Ces feuillets constituent un produit dont l'industrie des isolants a reconnu la parfaite résistance diathermique avec la possibilité de très intéressantes applications dans l'outillage frigorifique et des machines à vapeur.

L'exploitation de ces peuplements est d'autant plus souhaitable, qu'elle peut être aménagée forestièrement en coupes de repeuplements et que le service forestier de l'Indochine a pris déjà des mesures pour en garder en réserve quelque 25.000 hectares en Cochinchine.

---

9. — *Plantes à papier*

L'industrie papetière, depuis longtemps, s'adresse à des essences forestières pour en obtenir la matière première de la pâte à papier. Les Egyptiens déjà exploitaient le *Cyperus Papyrus* Linné des bords du Nil, les Chinois le bambou et les Japonais, le *Broussonetia papyrifera* Ventenat ou « mûrier à papier ». L'industrie moderne, à défaut de déchets de tissus, jadis employés, a dû chercher des produits plus abondants et elle s'est adressée aux forêts de *Picea* de l'Amérique du Nord, d'épiceas, de pins, de trembles et de bouleaux de l'Europe septentrionale, diminuant graduellement la superficie des peuplements forestiers. Avec l'augmentation constante des besoins, la matière première tend à se raréfier et il n'est pas

inutile d'appeler l'attention sur les réserves que nos colonies peuvent fournir, de plantes, herbacées ou arborescentes, susceptibles d'être employées
pour la fabrication des pâtes à papier. Nous avons déjà parlé de l'*alfa* et
de son exportation à l'étranger.

C'est aussi une Graminée que cette « herbe à paillotte », « herbe à éléphant », l'*alang-alang* des Malais, le *tranh* des Annamites, qui couvre en
Extrême-Orient d'immenses
s u p e r f i c i e s brousseuses,
mauvaise herbe vivace et en-
vahissante et véritable fléau
dans les défrichements et sur
les plantations qui ne pratiquent pas le *clean weeding*,
ou une culture de couverture.
Elle appartient, en plusieurs
espèces, au genre *Imperata*.
Ses tiges atteignent jusqu'à 3
et 4 mètres de hauteur et
fournissent une matière première pour pâte à papier
d'une abondance inépuisable,
mais de médiocre qualité.
Une usine de production
existe au Tonkin. On y traite
également le bambou et le
bananier sauvage.

Nous savons combien le
bambou y est abondant, représenté par de nombreuses
espèces dont plusieurs, parmi celles dont la tige a le
moins de nodosités, s'offri-
ront à l'industrie papetière le
jour où l'exploitation d'immenses peuplements, comme

Bambusa aurea.
(*Cliché Vilmorin, Andrieux et Cie*).

celui connu en Cochinchine sous le nom de « mer de bambous », pourra
être entreprise dans des conditions économiques acceptables.

Une des meilleures espèces connues est le *Phyllostachys pubescens*.

Il en est ainsi également des énormes superficies de marigots et de cours
d'eau que couvre en Afrique équatoriale le *Papyrus*, qui a fourni aux essais de l'Ecole de papeterie de Grenoble un papier d'une qualité remarquable ; du *parasolier* aussi (*Musanga Smithii* R. Br.), et de nombre d'autres espèces, sans compter les essences forestières à bois tendre qui demeu-

rent inexploitées faute d'utilisation sur place. Les immenses peuplements d'*Eucalpytus* aménagés au Brésil commencent maintenant à être exploités pour la fabrication de la cellulose.

La fabrication de la pâte à papier et d'un papier de qualité existe depuis

Cyperus Papyrus

longtemps au Tonkin où les industriels indigènes, avec des moyens primitifs, traitent les écorces d'espèces cultivées comme le *Rhamnoneuron Balansae* Gilg. et le *Broussonetia papyrifera* Vent., ou spontanées comme le *Daphne cannabina* Lour. et le *Streblus asper* Lour.

Le jour viendra sans doute ou l'énorme consommation du papier dans la métropole, avec la diminution des apports de l'étranger et l'augmentation de ses prix, amèneront l'industrie à considérer les possibilités papetières coloniales. Elle y trouvera de meilleures matières premières que la paille de riz et la bagasse de canne à sucre pour la production de pâtes mécaniques, et aussi de pâtes chimiques, à fabriquer sur place et à importer en France. En 1926, l'Indochine figure aux statistiques pour une exportation de 142 tonnes de pâtes de cellulose (1).

Une place revient, à la fin de ce chapitre, au mûrier, qui indirectement produit de la matière textile en alimentant le ver à soie.

10. — Le Mûrier

CULTURE DU MURIER   Le mûrier est un arbre de la famille des Urticacées, dont les botanistes distinguent trois espèces principales et un grand nombre de variétés. Les trois espèces sont les *Morus alba* Linné, *nigra* Linné et *rubra* Linné, ainsi nommées d'après la couleur de leur fruit ; ce fruit est une fausse baie succulente, charnue et comestible. La feuille est ovale, cordiforme ou trilobée. L'arbre atteint la taille de nos ormes et ses fruits don-

---

(1) Des essais sont faits maintenant par R. Lorenz, en Allemagne, pour préparer du papier avec de la cellulose dissoute qui est la matière première de la soie artificielle. Ainsi pense-t-il, pourraient être mis à profit les bois coloniaux à fibres courtes le jour où les forêts du Canada et de la Scandinavie seraient devenues pauvres.

nent lieu, en certains pays, comme la Perse et l'Asie centrale, à une récolte de rapport appréciable dans l'alimentation.

Le mûrier fut cultivé en Chine, paraît-il, 2.700 ans avant J.-C., mais connu seulement en Europe (Sicile) au XIIe siècle et introduit en France, d'après la tradition, en 1494, par un pied planté à Allan, près de Montélimar, d'où descendraient tous les mûriers de Provence.

Le mûrier rouge (*M. rubra*) est d'origine américaine. Le mûrier noir (*M. nigra*) est originaire de Perse et d'Arménie et cultivé plutôt pour ses fruits que pour ses feuilles, qui sont rudes et peu propres à l'alimentation des vers à soie. Le mûrier blanc (*M. alba*), généralement employé en séri-

Tonkin. — Plantation de mûrier.

ciculture, est originaire de l'Inde septentrionale d'où il a été introduit en Chine, probablement par les oiseaux migrateurs, ainsi que le croit De Candolle.

A côté de cette facilité de naturalisation par semis direct ou indirect, beaucoup de variétés de mûriers reprennent de boutures, d'autant plus facilement que le climat est plus chaud et humide, et ce sont des variétés du *Morus alba*, telles que les *M. indica* Linné, *M. Lhou*, *M. multicaulis*, etc., qui sont appelées à la culture en Extrême-Orient.

Les plantations de mûriers, ou *mûraies*, peuvent être en arbre ou en taillis, c'est-à-dire permanentes ou à renouvellement plus ou moins fréquent.

La plantation en taillis, à mi-tige, maintenant les pieds à une faible hauteur (de 2 à 3 mètres), présente de nombreux avantages dans les pays chauds. La feuille est d'abord plus succulente, moins siliceuse et coriace, d'où une nourriture mieux acceptée par le ver à soie et une meilleure qualité de cocon; la cueillette des feuilles est plus facile; la plantation est plus indépendante des conditions locales et, enfin, le rapport mieux adapté au polyvoltinisme des races indigènes ou acclimatées.

Les mûriers arbres ne donneront une récolte appréciable qu'à la troisième ou la quatrième année, alors que les mûriers taillis en fournissent au troisième ou quatrième mois; de plus, les cueillettes mensuelles et bimensuelles sur taillis seraient, aussi fréquentes, ruineuses pour la végétation de l'arbre.

A titre d'exemple, voici comment se pratique, d'après V. Vieil, la culture du mûrier nain au Tonkin. Les terrains choisis sont de deux sortes. Les premiers sont les terres basses alluvionnaires du fleuve ou des rivières à inondations périodiques. On trace à la charrue des sillons, à la distance de 0 m. 50 à 0 m. 60, dans lesquels sont couchées, très rapprochées sur ligne, des boutures coupées à 0 m. 30 de longueur et recouvertes d'une faible épaisseur de terre.

Les bourgeons poussent presque immédiatement et lorsque, environ deux mois après, ils ont développé des pousses de 20 à 40 centimètres, la cueillette des feuilles commence, par les plus basses, et devient de mois en mois plus abondante, jusqu'à ce que les pousses aient atteint de 1 m. 20 à 1 m. 50 de hauteur. C'est alors — la plantation ayant été faite au commencement de février — l'époque des inondations d'août et de septembre; les eaux recouvrent le terrain, mais, à condition qu'elles ne submergent pas entièrement les pieds de mûriers pendant une dizaine de jours, la récolte continue et se fait même en pirogue ou « panier » naviguant au milieu des plantations. Fin janvier, la végétation se ralentit, les feuilles sont enlevées sur toute la tige et le pied est coupé à ras du sol. Après un labour avec ou, généralement, sans fumure, la repousse se fait quelques semaines plus tard, et la cueillette recommence.

Dans les terrains plus élevés, berges des fleuves ou jardins, la culture est un peu différente, en vue d'une durée plus longue de la plantation. Les sillons sont tracés à la distance de 1 m. 50 à 2 mètres et les boutures sont placées, 2 ou 3 ensemble, horizontalement ou légèrement inclinées, à 0 m. 80 ou 1 mètre de distance des groupes les uns des autres. On supprime les boutures qui ont donné les bourgeons les moins vigoureux et, sur la seule conservée, on enlève les rejets les moins bien développés. Les jeunes plants sont buttés légèrement. La plantation reçoit souvent des cultures intercalaires de maïs, haricots ou autres plantes à croissance rapide. La première cueillette se fait un peu plus tard, au troisième ou quatrième mois, mais la récolte ne commence à être abondante qu'en juillet et août, aux sixième et septième mois. Vers le douzième mois, les mûriers sont taillés, non plus au ras du sol, mais à la hauteur de 0 m. 80 à 1 mètre, et le cultivateur garde un certain nombre de pieds pour les éducations d'hiver du ver à soie. Tous les trois ou quatre ans, ces plantations sont rajeunies par une coupe générale au ras de terre. La durée très productive d'une plantation est de dix à douze ans; au bout de ce temps, il y a intérêt à la renouveler.

Le commerce des feuilles de mûrier peut rapporter au cultivateur de jolis bénéfices.

CHAPITRE VII

PLANTES TINCTORIALES ET SUBSTANCES TANNANTES

Plusieurs de nos colonies, comme d'ailleurs leurs voisines étrangères, possédaient jadis, dans la culture des plantes tinctoriales, une source de richesse appréciable. Cette source est tarie, ou à peu près, depuis que la découverte des couleurs chimiques, d'aniline, dérivées des sous-produits du goudron de houille, a imposé celles-ci à l'industrie par leur variété et leur prix, sinon par leur supériorité. Le rocou et le bois de campêche ont dû battre en retraite, l'indigo est menacé et, jusqu'en France, la garance, le pastel ont dû disparaître devant le triomphe des produits de laboratoire.

Il en reste cependant assez dans nos colonies pour leur reconnaître une valeur économique et nous inviter à ne pas les ignorer.

Les substances tinctoriales, très nombreuses, peuvent être d'origine animale, comme celles que donnent la cochenille, le kermés, le *Carteria* de la laque, etc., ou d'origine végétale, tirées soit de la racine ou d'un tubercule (garance, curcuma, cunao), du bois (campêche, cachou), de l'écorce (bois jaune, palétuvier), des feuilles, fleurs ou fruits (badamier, henné, rocou, dividivi), soit de l'ensemble de la plante, à la suite de préparations spéciales (indigo, orseille).

Ces substances sont solides, cristallisables ou résineuses; elles subissent l'action de la lumière et de l'oxygène de l'air, à la longue décolorante. Les unes, plus longtemps résistantes, sont dites « solides » et couleurs de « bon ou de grand teint » (indigo, garance, cochenille, cachou, noix de galle); les autres, plus fugaces, sont dites couleurs de « faux ou de petit

teint » (campêche, curcuma, rocou). Solubles la plupart dans l'eau, elles
s'unissent plus facilement aux fibres et tissus d'origine animale comme
la laine et la soie, qu'aux fibres végétales, parmi lesquelles le coton les
retient plus fortement que le lin et le chanvre. L'indigo, le cachou, le
curcuma adhèrent directement; d'autres, pour se fixer, ont besoin d un *mordant* préalable que l'industrie choisit parmi les oxydes métalliques (sulfate de fer ou cuivre, aluns, etc.), mais qui modifient généralement ia
teinte fondamentale : c'est l'opération du *mordençage*, précédée clle-même
du *premier apprêt* : lavages à l'eau ou au carbonate de soude que le tissu
à teindre doit toujours subir, afin d'être débarrassé des impuretés qui s'op-
poseraient à sa complète imprégnation par la matière tinctoriale.

Il faut distinguer la teinture des étoffes, qui doit pénétrer profondément toutes les fibres, de l'impression sur étoffes, destinées à teindre un
côté ou une partie seulement du tissu. Une des plus curieuses associations
de ces deux opérations est représentée par l'industrie javanaise du *bâtyk*
et des *sarongs*, teints sur dessins à la cire, imprimés ou tracés fort artisti-
quement à la main.

Parmi les substances tinctoriales naturelles, une des moins atteintes encore, bien que menacée par les colorants artificiels, est l'indigo.

1. — *L'Indigotier*

Origine. — Botanique. — Préparation. — Commerce.

ORIGINE   L'indigo, du mot latin *indicum*, indiquant son origine hin-
doue, était connu des Romains. C'est, de tous les colorants
végétaux, le plus solide et le plus résistant.

Contenu dans d'autres plantes, il est extrait de plusieurs espèces d'indi-
gotiers ou *Indigofera*, plantes de la famille des *Légumineuses*. Ces espèces appartiennent : à l'Abyssinie et à la région du Kordofan (*I. argentea*
Linné); à l'Amérique du Sud (*I. Anil* Linné); à la région de l'Himalaya
(*I. leptostachya* De Candolle), mais la plus importante : l'*Indigofera tinctoria* Linné ou « indigotier des teinturiers », à l'Inde et à l'Extrême-
Orient où elle intéresse notre Indochine. Les pays de grande culture de
l'indigotier se font reconnaître, par le voyageur, à la couleur du vêtement
de leurs habitants, où le bleu prédomine. Cela se voit à Java et dans l'Inde,
dans le haut Tonkin aussi, sans que le pittoresque du paysage y gagne. Le
cunao produit les mêmes effets ternes en Indochine. Les Antilles ont plus
de gaieté avec leurs étoffes teintes au rocou.

Dans l'indigotier, le principe actif colorant n'est pas l'indigo bleu tel qu'il apparaît finalement, mais bien d'abord un glucoside, appelé *indican*, lequel, par suite d'une fermentation, donne naissance à l'*indigotine*, puis à l'*indigo blanc* qui se fixe sur les fibres, s'oxyde et se convertit en substance bleue, adhésive et insoluble.

BOTANIQUE — L'*Indigofera tinctoria* est un sous-arbrisseau bisannuel ne dépassant pas 2 mètres de haut. Les feuilles pennées sont composées de petites fôlioles grisâtres ; les fleurs, blanchâtres ou rosées, sont disposées en grappe. Le fruit est une petite gousse cylindrique, arquée. Il faut à cette plante un terrain de plaine et un sol léger, meuble, fertile, sans humidité.

Sa limite nord ne dépasse guère 40° à 42° de latitude. La graine est semée à la volée, en ligne ou en poquets. La première récolte se fait avant la floraison, 3 à 4 mois après les semis. La tige, coupée à la faucille, à 10 centimètres du sol, permet d'avoir une deuxième, et parfois une troisième récolte par les repousses de la souche. Il faut d'ailleurs renouveler la culture, car la plante dégénère facilement. Voici, rapidement, les principes de préparation de l'indigo.

Indigofera macrostycha.
(Cliché Vilmorin, Andrieux et Cie).

PRÉPARATION — Les feuilles peuvent être traitées en vert ou après séchage. Elles sont mises à macérer en couches dans des cuves en maçonnerie ou *trempoirs*, dans lesquelles elles fermentent pendant 9 à 12 heures. La fermentation doit être très surveillée. Elle est à point lorsque l'eau, jaunie ou grisâtre, a pris un goût âpre à la bouche. Il se forme ainsi, en dissolution dans l'eau, de l'indigotine.

L'eau qui en est chargée est soutirée et recueillie dans une autre cuve en contre-bas, appelée *battoir*. On additionne une certaine dose d'ammoniaque, qui transforme l'indigotine en indigo blanc. Ensuite, à l'aide d'une roue à palettes, d'avirons, ou par des battages effectués par des ouvriers descendus dans la cuve, l'eau est vivement agitée, ce qui a pour effet d'oxyder l'indigo blanc au contact de l'air, et de le transformer en indigo bleu : grains et grumeaux se déposent au fond du battoir en une masse plus ou moins épaisse. Les eaux du battoir sont à leur tour soutirées dans une troisième cuve plus basse, appelée *reposoir*, où elles déposent une couche inférieure d'indigo dans des cuvettes en forme de marmite. On décante et on retire la matière bleue pâteuse pour la faire sécher sur des claies, ou la mettre simplement dans des jarres. Dans le premier cas, la masse fendillée est découpée en gâteaux de pâte sèche d'indigo et livrée au commerce, comme le sont également les jarres remplies de la même pâte, celles-ci devant être, à leur tour, desséchées complètement le plus vite possible, pour empêcher le retour de l'indigo bleu à l'indigo blanc.

Nous négligeons les détails; il suffit de connaître la marche générale des opérations, qui doivent d'ailleurs être méticuleuses.

On estime qu'il faut 30 tonnes de feuille fraîche pour 75 kilogrammes de pâte d'indigo. L'indigo du commerce a une nuance variant du bleu violet au bleu noirâtre. C'est une substance légère, à cassure facile, prenant une couleur rouge cuivré par le frottement de l'ongle; elle happe à la langue.

Pour la teinture, on transforme l'indigo bleu en indigo blanc à l'aide d'un alcali. Le tissu, trempé dans la solution, est mis à sécher et c'est l'oxygène de l'air qui se charge de le bleuir à nouveau.

PRODUCTION — L'indigo naturel fait encore l'objet de cultures importantes dans l'Inde anglaise, aux Indes néerlandaises et en Malaisie, à destination surtout des teintureries locales. Nous avons encore des cultures d'indigotier au Cambodge, en Afrique occidentale, notamment en Guinée française et au Dahomey, et à la Martinique.

En 1926, la Guinée française a exporté 127 tonnes d'indigo en feuilles préparées, le Dahomey 17 tonnes et le Togo 6 tonnes.

En 1878, le chimiste Ad. Baeyer découvrit un premier procédé de synthèse chimique de l'indigotine; mais les frais de l'opération restèrent trop élevés pour concurrencer l'indigo naturel. En 1890, Heuman trouva un autre procédé, considéré d'ailleurs comme une merveille de patience et de difficulté vaincue. Il suffit de dire que l'indigo bleu devient le *neuvième* produit de transformation de la naphtaline, et que l'industrie a récolté le fruit de 7 années d'études.

Cette industrie est devenue une spécialité des usines allemandes; en 1917, les Américains ont commencé à l'introduire chez eux, espérant se rendre indépendants du monopole de la fabrication allemande.

Le produit artificiel se présente sous la forme d'une poudre cristalline. Or, l'indigo naturel, très irrégulier en teneur d'indigotine (maximum 25

p. 100), mal soigné et impur, ne pourra lutter qu'à la condition de modifier et de perfectionner ses méthodes de culture et d'extraction. Nous ne croyons pas que cette industrie soit destinée à disparaître entièrement comme on le lui prédit depuis des années, prophétie fâcheuse d'ailleurs parce qu'elle a pour premier effet de décourager les tentatives utiles d'amélioration de la culture.

La culture de l'indigotier offre un réel avantage économique; elle n'est pas épuisante et elle entre très opportunément, comme plante améliorante, dans des combinaisons de rotation.

---

2. — *Bois tinctoriaux*

LE BOIS DE CAMPECHE   Le bois de campêche, ou *bois de l'Inde*, très employé naguère comme matière tinctoriale, a subi le sort de l'indigo, mais dans une moindre proportion. Il servait notamment à la coloration des vins auxquels il n'ajoutait pas de principes nocifs comme le faisait la fuchsine, qui se substituait parfois à lui.

Originaire des côtes du golfe du Mexique, l'arbre qui fournit ce bois est de belle taille, atteignant 12 mètres de hauteur. Il appartient à la famille des Légumineuses-Césalpiniées, et porte le nom d'*Hæmatoxylon Campechianum* Linné. Ses propriétés furent connues en Europe dès la découverte de l'Amérique. Il fut introduit aux Antilles au commencement du XVIIIe siècle et s'y acclimata fort bien dans nos colonies, où sa culture subsiste jusqu'à nos jours. En 1904 encore, on comptait 150 hectares à la Basse-Terre et 3.000 hectares à la Grande-Terre, en Guadeloupe; mais les « coupes » Guadeloupe et Martinique ne sont pas les plus estimées, parce que les bois sont présentés en petites bûches irrégulières et noueuses, avec des restes d'aubier. Son principe colorant, étudié en 1810 par Chevreul, est *l'hématine* ou *hématoxyline*, cristallisable, contenu dans le cœur du bois, seul exploité après l'enlèvement de l'aubier. Ce principe se développe par fermentation naturelle dans le bois coupé et par dédoublement d'un glucoside. Dès que l'hématine, qui est incolore, arrive au contact de l'air ou d'un alcali, elle se colore vivement en rouge.

Elle est obtenue par traitement du bois à l'eau bouillante et sert aux teintures en noir, gris, violet ou bleu-marine des textiles, cuirs, fourrures, etc., ainsi qu'à la fabrication des encres. Avant la guerre, la France importait jusqu'à 100.000 tonnes de campêche. En 1926, les statistiques portent 521 tonnes d' « extrait de campêche » à l'exportation de la Martinique, et 303 tonnes de « campêche » à celle de la Guadeloupe. Des essais de culture de l'arbre ont été faits à Madagascar et dans nos colonies de l'A. O. F. où, d'après P. Ammann, des provenances du Sénégal se sont montrées remarquables.

BOIS ROUGES — Connus sous les noms de « bois du Brésil », « Pernambouc », « des Antilles », « bois de Sappan », « bois rouge de *Caesalpinia* » : *C. echinata* Lam, *C Sappan* Linné; *C. brasiliensis* Linné, dont le principe colorant est la *brésiline*, un glucoside employé pour des teintures dans la gamme des rouges.

BOIS JAUNES — Proviennent de diverses variétés du *Morus tinctoria*, qui a servi à la teinture des draps militaires en kaki, pendant la guerre.

Le bois de Santal du *Pterocarpus santalinus* des Indes orientales donne le « bleu de Nemours » et plusieurs espèces de Madagascar et de l'A. O. F. fournissent le *barwood* et le *camwood* donnant une couleur rouge vif.

De l'écorce du *Quercus nigra* ou *Quercitron*, arbre de l'Amérique centrale et méridionale, exploité aussi à Madagascar et à Nossi-Bé, sont extraits des colorants de teintes jaunes ou rougeâtres, suivant les réactifs chimiques appliqués dans l'industrie.

LE ROCOU — Le *Rocou* est une belle teinture rouge orangée, obtenue de la graine du rocouyer, *Bixa orellana* Linné, de la famille des Bixacées, arbuste originaire de l'Amérique méridionale. Il atteint une taille de 4 à 5 mètres de hauteur. Le fruit est une capsule de couleur rougeâtre, hérissée de poils épineux, s'ouvrant en 2 valves. Les graines sont revêtues d'une pulpe jaune orangé ou rouge renfermant la matière colorante, appelée *rocou* ou *arnatto* (en Angleterre). On y a trouvé (Zwiek) deux principes colorants : l'un, la *bixine*, formant des cristaux d'un rouge métallique brillant; l'autre, l'*orelline*, se présentant sous forme de granulations jaunes de nature résineuse et inflammables.

La préparation du rocou est des plus simples. Les graines, placées dans un récipient, sont recouvertes entièrement d'eau chaude, puis brassées pour en séparer la matière colorante. Après tamisage pour éliminer les parties solides, le liquide est laissé au repos, puis décanté. Le produit déposé au fond est mis à sécher, sous forme de gâteaux ou de boudins, suivant les pays de production.

Ce colorant donne de jolies nuances, du saumon clair à l'orange, qui résistent au savon, mais s'altèrent à la lumière. Employé naguère beaucoup dans la teinture des étoffes et notamment des soies et des laines, ainsi que dans la fabrication des vernis et des laques, il disparaît de plus en plus devant les teintures d'aniline. Sa bonne solubilité dans les matières grasses le fait rechercher pour colorer les fromages dits « de Hollande ».

Les Antilles françaises et la Guyane exportaient jadis d'assez grandes quantités de rocou, celle-ci jusqu'à 500 tonnes; mais l'exportation est presque nulle actuellement en Guyane, et ne figure que pour 17 tonnes de rocou préparé à la Guadeloupe, en 1926. L'Indochine, après des essais de culture d'ailleurs réussis, a abandonné. Le rocouyer est d'une culture très facile; il commence à fructifier dès l'âge de deux ans.

LE CUNAO — Le *Cunao* est le tubercule d'une plante d'espèce indéterminée encore, qu'on a rapportée au genre *Dioscorea*, mais qui est probablement un *Smilax*.

La taille de ce tubercule varie et peut atteindre celle d'une noix de coco. La plante vit dans la forêt vierge du Nord indochinois, et la récolte en est faite surtout dans la Haute et la Moyenne région du Tonkin. Le tubercule est simplement déterré; la plante n'est pas encore connue à l'état de floraison et elle s'est refusée jusqu'à présent à fleurir en serre. Le cunao sert à teindre les étoffes en brun plus ou moins foncé et se trouve d'un usage très répandu parmi les populations du Tonkin, dont le costume sombre, teint au cunao, acquiert par l'usage prolongé une apparence de pauvreté caractéristique.

La Chine méridionale en emploie des quantités considérables et l'exportation tonkinoise suffit difficilement à la demande. Le Tonkin exporte annuellement de 7.000 à 8.000 tonnes de cunao.

PLANTES DIVERSES — Parmi les produits tinctoriaux figurant à l'exportation sur divers marchés coloniaux, il faut citer :

Le CACHOU ou *cutch* des Anglais, extrait du bois de l'*Acacia Catechu* Willdenow, dont l'écorce fournit également une matière tannante. Le cachou est employé dans la teinture en *kaki* des étoffes, et les Indes anglaises en font un commerce considérable.

De très belles teintures en *kaki* pourraient être obtenues également des écorces de palétuvier (*Rhizophora* et *Bruguiera*) et la Chambre de commerce de Rouen en a obtenu des résultats qu'il serait intéressant de suivre. L'industrie allemande emploie beaucoup ces écorces pour la teinture en noir, assez peu solide, des étoffes.

Le GAMBIER ou *Gambir*, désigné aussi sous le nom de *cachou pâle*, est fourni par des lianes de la famille des Rubiacées (*Uncaria Gambir* Roxburg et *U. acida* Roxb.) de la presqu'île de Malacca et de la Malaisie. Il est obtenu par décoction des jeunes feuilles et des bourgeons qui abandonnent, au battage du liquide, une masse boueuse brunâtre qu'on découpe en petits cubes lorsque la consistance est devenue assez épaisse.

Le gambir sert également de mordant et de substance tannante. Le marché principal est Singapour qui en exporte jusqu'à 40 tonnes par an. La plante existe au Cambodge et en Cochinchine. Au Tonkin, l'*Ourouparia* (*Uncaria*) *sclerophylla* donne aussi un beau cachou.

Le HENNÉ (*Lawsonia alba* Lamark, de la famille des Lythrariées), est un arbuste dont les feuilles sont employées depuis la haute antiquité à la teinture, à la mode jusqu'à nos jours, de diverses parties du corps humain et, plus rarement, des tissus.

Les anciennes beautés égyptiennes, à en croire leurs momies et leurs peintures, s'en servaient déjà pour se teindre les ongles en rose, ainsi que le font encore les femmes d'Orient.

En Perse et dans l'Inde, elles s'en teignent également les cheveux, les sourcils et souvent la plante du pied et la paume de la main. Les hommes s'en font rougir la barbe, et les chefs de village sénégalais en teignent la crinière et la queue de leur cheval. Les feuilles sont séchées au soleil, pulvérisées et appliquées en cataplasme. L'Algérie, la Tunisie et le Sénégal cultivent le *henné* au seul usage de la toilette.

L'ORSEILLE qui sert à teindre en rouge foncé, en violet ou en jaune, peu durables, la laine et la soie, est fournie par divers lichens (*Lecanora, Roccella, Physcia*, etc.), dont certaines espèces sont exploitées à Madagascar.

Ils figurent à l'exportation de l'île, en 1926, pour 268 tonnes.

Si les cultures européennes de la *garance*, du *pastel*, du *carthame*, de la *gaude*, jadis florissantes dans la région méditerranéenne, sont à présent à peu près abandonnées, de nombreux produits tinctoriaux des flores coloniales sont mis à profit localement et, parce que produits de cueillette peu coûteux, luttent encore contre les couleurs artificielles d'importation européenne. Notons : feuilles de badamier, de *Stillingia*, de goyavier, fleurs de *Sophora*, écorces de grenadier et de mangoustanier, rhizomes de curcuma, fruits de *Dillenia*, bois de jaquier, et beaucoup d'autres dont la valeur pourrait être réelle si l'industrie locale, comme il est souhaitable pour les produits à tanin, arrivait à en tirer des extraits.

3. — *Matières tannantes*

Nombreuses sont, dans nos colonies, les plantes qui contiennent dans leurs divers organes, racines, écorces, feuilles et fruits, des MATIÈRES TANNANTES. Le tannage des peaux se fait, en Europe, surtout avec l'écorce de diverses espèces de chênes, de sapins et de pins, de sumac, substances très fortement concurrencées par l'écorce de *quebracho* rouge du Tucuman (*Schinopsis Lorentzii* Engler), qui est le type des tannants, caractérisé par une action rapide et parfaite, en mélange avec d'autres substances tannifères.

Aux colonies, l'industrie du tannage des cuirs n'a pas encore fait de progrès suffisants et l'Indochine, tout aussi bien que Madagascar et l'Afrique occidentale française, auraient grand intérêt à obtenir d'une meilleure préparation des peaux qu'un cheptel nombreux met à leur disposition, un revenu qui demeure insuffisamment exploité jusqu'à présent.

La *mangrove* constitue sur les côtes maritimes de beaucoup de régions tropicales une mine inépuisable de matière tannante. On appelle de ce nom la végétation si singulière des *palétuviers* ou *mangliers*, dont les peuplements, racinés dans la vase des bords de la mer périodiquement recouverts par le flux de la marée, réalisent un des paysages sylvestres les plus curieux (1).

Les palétuviers comprennent beaucoup d'espèces des genres *Rhizophora, Bruiguiera, Ceriops, Kaudelia,* tous de la famille des *Rhiozophoracées.*

Les plus intéressantes au point de vue teneur en tanin des écorces sont : *Rhizophora mucronata* Lam., appelé « palétuvier mâle » et *honkolahy* à Madagascar; *Bruguiera gymnorhiza* Lam., ou *honkovary* et *Ceriops Candolleana* Arn., le *tsibolona* de Madagascar, où ces trois espèces sont le plus exploitées, se trouvant d'ailleurs représentées dans nos autres colonies tropicales.

Ces écorces contiennent de 30 à 40 p. 100 de tanin en même temps qu'une matière colorante qui, si elle en diminue la valeur, lui confère par contre des propriétés spéciales pour l'apprêt de cuirs teintés en maroquinerie. Les industriels allemands et nord-américains les emploient beaucoup et l'industrie française les néglige jusqu'à présent.

---

(1) Les racines adventives de certaines espèces (*Sonneratia*) se redressent verticalement au-dessus du sol et font office de véritables organes respiratoires (*pneumatophores*). Bizarre également est, chez certaines espèces, le mode de germination des graines s'effectuant sur la branche même qui les porte; les radicelles descendent pour s'enraciner dans la vase avant que la jeune plante se détache du support maternel.

Les peuplements de Madagascar sont les plus exploités et il en est sorti, à l'exportation, plus de 6.000 tonnes d'écorces en 1926. L'Indochine en a exporté un millier de tonnes la même année; mais les vastes superficies qu'on exploite dans cette colonie le sont surtout pour l'alimentation des chaloupes en bois de feu, à un rythme si accéléré il y a quelques années,

La mangrove au bord de l'Ogooué.

que le service forestier a essayé de prendre des mesures de conservation par des mises en défense d'une partie des peuplements.

Les mêmes espèces paraissent avoir un pourcentage en tanin plus élevé à Madagascar qu'en Indochine et en Afrique occidentale.

Dans certains pays, au Brésil par exemple, on utilise également les feuilles des palétuviers pour le tannage (1).

____

(1) Le bois des palétuviers est employé en ébénisterie; ses qualités de résistance à la pourriture, sa dureté et sa densité l'ont fait recommander pour la confection de traverses de chemin de fer. De couleur rouge violacée, il se prête bien au polissage. Au Gabon et dans l'Ogooué, on trouve des pieds de *Rhizophora racemosa* de 15 mètres de hauteur et de 0 m. 90 de diamètre. La pharmacopée emploie l'écorce du manglier noir en poudre comme astringent ainsi que, pour le même but, un suc épaissi obtenu par incision du tronc de l'arbre et connu sous le nom de *Kino d'Amérique*. Des essais de fabrication de pâte à papier avec le bois de palétuvier ont donné de faibles résultats.

On désigne improprement, sous le nom d' « écorces de *Mimosas* », des écorces provenant de différentes espèces d'*Acacias,* parmi lesquelles se trouve l'*A. dealbata,* qui est le « Mimosa » de la Côte d'Azur. Ces écorces contiennent de 15 à 45 p. 100 de tanin, pourcentage variable avec l'espèce et, pour la même espèce, variable avec le sol et le climat.

L'espèce la plus riche en tanin est l'*Acacia decurrens,* ou *Wattle bark,* qui en contient jusqu'à 48 p. 100 et possède une écorce très épaisse.

Acacia dealbata.
(*Cliché Vilmorin, Andrieux et Cie*).

Les autres espèces à considérer sont, d'après Ammann : *A. pycnantha,* avec plus de 40 p. 100 de tanin; *A. mollissima,* qui en contient de 30 à 40 p. 100, et *A. dealbata,* avec 15 à 30 p. 100.

Ces Acacias sont cultivés surtout, parmi nos colonies, à Madagascar où ils furent introduits d'abord comme essences de reboisement destinées à fournir du bois de chauffage. Prenant exemple de l'Afrique du Sud et du N a t a l pincipalement, où 150.000 hectares de superficie sont consacrés à la culture des Acacias comme plantes tannifères, Madagascar étend maintenant ses cultures avec une seule espèce, l'*Acacia decurrens,* que G. Carle considère comme la plus intéressante à conserver, après avoir éliminé les autres ; les hybridations étant faciles, la survivance de l'espèce de choix serait ainsi assurée. Cette précaution serait à prendre surtout contre le *dealbata* qui a une croissance très rapide et donne du bon bois de chauffage, mais dont le pourcentage en tanin est trop faible.

En 1922, Madagascar a exporté 271 tonnes d' « écorce de Mimosa ».

Le *Rhus pentaphylla* est un arbre du Nord africain qu'on trouve au Maroc où il porte le nom de *tizra.* Son bois, très dur, rouge, est un excellent tannant que les Marocains exploitent sans ménagement; comme les peuplements sont épars et très divisés, ils seront sans doute bientôt épuisés.

L'*Acacia arabica* et l'*A. Adansoni* sont des essences arbustives du Sénégal connues, la première sous le nom le plus répandu de *gonakié*, et la seconde sous celui de *nep-nep*. Les gousses de ces Légumineuses — que nous avons déjà trouvées parmi les plantes fourragères — contiennent de 20 à 30 p. 100 de tanin; les graines n'en contiennent pas. La gousse du gonakié est longue d'une dizaine de centimètres et forme un chapelet de globes séparés par de profonds étranglements; celle du nep-nep est plus épaisse, à bord ondulé. Au tannage, avec des gousses fraîches, on obtient une nuance claire, et une nuance rouge avec les gousses sèches ou cueillies mûres (*sallaha* des Maures). L'industrie française commence à s'intéresser à ce produit qu'on pourrait récolter en quantités considérables.

Les *noix de galle* sont des excroissances cancéreuses produites par des piqûres d'insectes sur certaines plantes. Tel est le chêne du Levant, piqué aux feuilles et aux branches par une espèce de *Cynips;* ses galles sont exploitées commercialement.

De même, le *Rhus semi-alata*, une sorte de Sumac d'Extrême-Orient, qui, piqué par un puceron, l'*Aphis sinensis*, développe des excroissances appelées *galles de Chine*, très tannifères et exploitées comme telles. On les récolte en quantités notables dans la Haute région du Tonkin pour le marché de Hong-Kong.

Non moins intéressant est le *takaout*, galles tannifères récoltées dans le Sud marocain où elles sont produites par la piqûre d'un acarien, l'*Eriophyes tlaiae* Trabut, sur le *Tamarix articula*. Ces galles sont petites et contiennent, d'après Ammann, environ 40 p. 100 de tanin. On rapporte qu'un arbre adulte peut donner jusqu'à 200 kilogrammes de galles; elles sont particulièrement employées au tannage des cuirs marocains. Grâce aux efforts du colonel Pariel, l'industrie des cuirs des Ksours de Figuig et des villes du Nord en a pris un grand développement. Comme ce *Tamarix* peut également jouer le rôle de fixateur du sol et, planté en haie, faire office de brise-vent, l'extension de sa culture est très recommandable dans certaines régions.

Notons encore, parmi les produits tannifères importants, les *Myrobolans*, fruits du *Terminalia Chebula* Retz., qui, ainsi que l'écorce de ce petit arbre, originaire de l'Inde et de Birmanie, contiennent de 25 à 30 p. 100 de tanin. Il existe également en Indochine, mais la France reçoit le produit en extrait de la colonie anglaise qui fournit à l'Angleterre annuellement plus de 30.000 tonnes employées au tannage des cuirs forts.

Enfin, citons l'écorce du *filao* (*Casuarina equisetifolia* L.), si répandu dans toutes les colonies tropicales; les tubercules de *Canaigre* (*Rumex hymenosepalus* Torrey), d'origine américaine ; la coque de Mangoustan ; l'écorce de *dividivi* (*Caesalpinia Coriaria* Willdenow); la gomme rouge connue dans le commerce sous le nom de « Gomme Kino » et qui, contenant jusqu'à 50 p. 100 de tanin, provient d'incisions sur l'écorce du *Butea frondosa* Roxb., etc.

Nous ajoutons à cette liste l'indication de quelques plantes à substances saponifiantes.

Le produit le plus connu est le *bois de Panama*, très employé en économie ménagère pour le lessivage des tissus et des objets fins; il provient du *Quillaja saponaria* Molina, une.Rosacée originaire du Chili. Les savonniers sont de petits arbres du genre *Sapindus* qui possèdent des fruits drupacés saponifiants, très recherchés dans l'industrie. Il y a quelques années, l'Algérie s'est mise à cultiver le *Sapindus utilis* sur une assez grande échelle. Le Dr Trabut espérait surtout pouvoir employer ces fruits à la préparation d'une émulsion pour pulvérisations anticryptogamiques. A la flore d'Extrême-Orient, et à celle du Tonkin, appartient le *Sapindus Mukorossi* Gaertn., auquel il serait intéressant d'accorder plus d'attention. On a signalé des peuplements sauvages très fournis de Savonniers aux îles Marquises (Henry).

CHAPITRE VIII

PLANTES A CAOUTCHOUC ET A GUTTA

Laticifères et latex. — Historique. — Botanique

LATICIFERES ET LATEX Lorsque l'on déchire une tige ou une feuille de laitue, d'euphorbe, de grande éclaire, de pavot, ou qu'on entame l'écorce d'un figuier ou d'un « gommier » d'appartement, il s'en écoule un suc laiteux généralement blanc, parfois jaune : *le latex*. Dans le corps de ces plantes, ce suc est contenu dans de longues cellules spéciales ramifiées, appelées *vaisseaux laticifères*. La longueur de ces tubes peut atteindre, comme dans le tronc de ces énormes et vieux « ba-

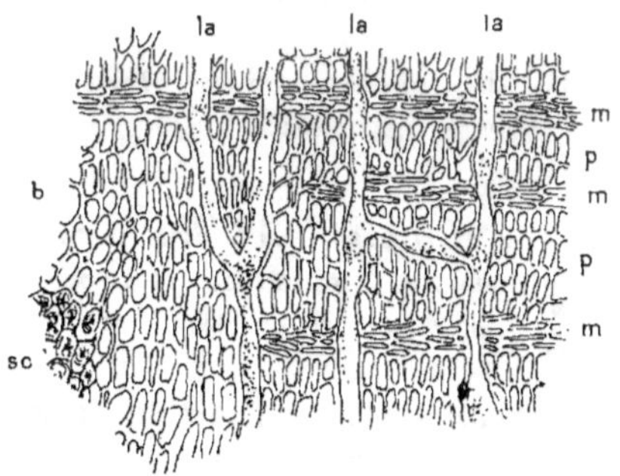

Coupe longitudinale à travers l'écorce
de l'*Hevea* (d'après Vernet).
la, laticifères; *m*, rayons médullaires;
parenchyme libérien; *p*, parenchyme cortical;
sc, cellules scléreuses.

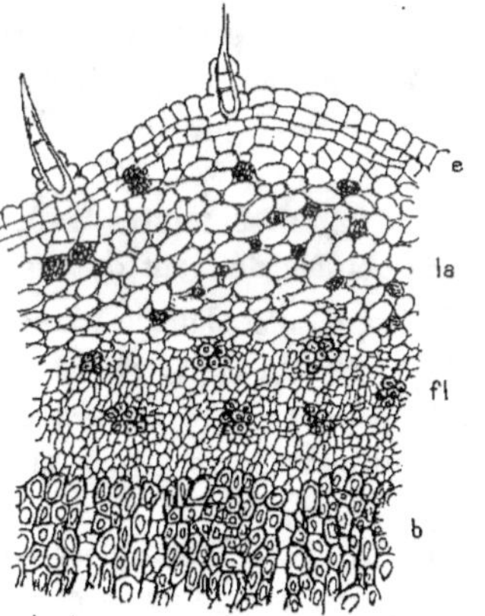

Coupe transversale
d'une écorce de liane
à caoutchouc (d'après C. Spire).
e, épiderme; *la*, lacticifères;
b, bois. *fl*, fibres libériennes.

nians » de l'Inde, plusieurs dizaines de kilomètres. Ils se trouvent généralement dans l'épaisseur de l'écorce, à une profondeur et en quantités variables.

Au microscope, on voit dans la masse liquide de ce lait ou *latex*, un grand nombre de petits globules généralement ronds, parfois allongés, et si, par un moyen approprié, évaporation du liquide, chaleur ou produit chimique, ou même par l'action centrifuge d'une turbine, on réunit ces globules en les collant les uns aux autres, on obtient, suivant les plantes, soit un magma poisseux ou grumeleux, soit une substance élastique : le *caoutchouc*.

Ainsi naît, dans la graine déjà, se forme et s'obtient cette substance si recherchée et si répandue de nos jours. Nous ne tenons pas au surplus à savoir si le latex est, ou non, un aliment de réserve de la plante, question de physiologie débattue encore. Notons que ce lait est parfois comestible.

HISTORIQUE Le caoutchouc n'est connu en Europe que depuis 1736, alors que La Condamine, en mission astronomique à Quito, en envoya un échantillon à l'Académie des Sciences, en signalant les usages qu'en faisaient les Indiens Maïnas, du Brésil, sous le nom de *cahuchu*. Ils avaient coutume de tremper leurs mocassins en toile dans du lait d'*Hévé* pour ne pas se mouiller les pieds (1).

Les missionnaires avaient déjà signalé la *gumana*, sorte de résine élastique qu'ils avaient observée en Amérique. Encore aujourd'hui, le nom de *caucho* est donné au produit élastique du *Castilloa*, récolté au Brésil par les *caucheros*. Priestley, en 1770, appelle l'attention sur la propriété du caoutchouc d'effacer les traces de crayon sur le papier et le nom de *rubber*, ou « frotteur », que lui ont donné les Anglais, est resté chez eux à la gomme élastique jusqu'à nos jours. Ce fut d'ailleurs son seul usage jusqu'au XIX° siècle.

En 1762, un botaniste français, Aublet, décrivit la première plante indiquée comme donnant du caoutchouc : l'*Hevea guyanensis*.

Voici quelques dates critiques :

En 1821, l'Anglais Hancock installe aux environs de Londres la première usine pour le traitement et le laminage du caoutchouc. Il produit la « feuille anglaise », par un procédé à la scie, encore en usage aujourd'hui.

En 1823, Mac Intosh découvre, dans la benzine, un dissolvant du caoutchouc permettant d'imperméabiliser les tissus et popularise son nom par les vêtements et les manteaux qui le portent. En 1828, la première usine de caoutchouc française est installée à Saint-Denis, près de Paris.

En 1836, l'Américain Goodyear invente la « vulcanisation », en mélangeant du soufre au caoutchouc. Ce fut une révolution industrielle.

---

(1) Etymologiquement, le nom indigène vient de *Caa*, bois, et *ochu*, larmes. (E.-A. Hauser.)

En 1837, Nickel trouve le procédé de *régénération* du caoutchouc, c'est-à-dire de purification des caoutchoucs bruts.

En 1851, Morey imagine le durcissement du caoutchouc par le soufre et la chaleur, et obtient l'*ébonite*.

Puis les innovations et les applications se suivent, si nombreuses, qu'en 1857, le nombre des brevets (d'après Jackson, Commercial botany) délivrés

Nelson Goodyear.

en Angleterre est tel, qu'ils forment, au « Patent office », un volume de plus de 700 pages in-8°.

Nous pouvons dire que, depuis, le caoutchouc est devenu un des produits les plus indispensables à la vie moderne dans le monde civilisé.

BOTANIQUE Les plantes qui fournissent les caoutchoucs, aujourd'hui nombreuses, sont, les unes des arbres, les autres des lianes ; on y trouve également des herbes.

Elles appartiennent pour la plupart à trois familles botaniques : celles des *Euphorbiacées*, des *Apocynacées* et des *Artocarpacées*. Quelques-unes se réclament des *Asclépiadacées* et une seule, jusqu'à présent, de la famille des *Composées*.

Nous avons réuni, dans le tableau suivant, les principales espèces, en indiquant leur groupement par familles, leur nom botanique, leur patrie et leur nature : arbre, liane ou herbe. Celles qui ont des noms indigènes ou vulgaires connus y sont nommées.

EUPHORBIACÉES

Hevea brasiliensis Mueller (J.). Grand arbre. Brésil. Caoutchouc *Para*.
Hevea guyanensis Aublet. Grand arbre. Guyanes.
Manihot Glaziovii Mueller (J.). Grand arbre. Brésil. Caoutchouc *Céara* et *Maniçoba*.
Sapium biglandulosum Mueller (J.). Petit arbre. Equateur. Caoutchouc *Colombie*.
Euphorbia Intisy Drake. Arbre. Madagascar. Caoutchouc *Intisy* ou *Pirahazo*.
Micrandra siphonioides Bentham. Grand arbre. Brésil. Caoutchouc *Tapuru*.

URTICACÉES-ARTOCARPAPÉES

Ficus elastica Roxburgh. Très grand arbre. Assam. Birmanie. *Assam rubber*.
Ficus nitida Thunberg (F. *prolixa* Vieillard et Deplanche, non Forster). Arbre. Nouvelle-Calédonie. Caoutchouc de *banian* ou de *Sa*.
Ficus Vogelii Miquel. Arbre. Côte occidentale Afrique. Caoutchouc *Dop*.
Castilloa elastica Cervantes. Très grand arbre. Amérique centrale. Caoutchouc *Caucho*.
Bleekrodea tunkinensis, Dubard et Eberhardt. Arbre. Tonkin.

APOCYNACÉES

Landolphia Heudelotii, De Candolle. Liane. Afrique occidentale et centrale. *Liane Gohine*.
L. owariensis, Pal. de Beauv. Liane. Afrique occidentale et centrale.
L. Klainei, Pierre. Liane. Gabon. Congo.
L. Thollonii, Dewevre. Plante en buisson. Afrique occidentale et centrale. Caoutchouc *des herbes*.
L. Kirkii, Dyer. Liane. Côte orientale Afrique.
L. madagascariensis, K. Schumann. Liane. Madagascar. *Liane Voahena*.
Cryptostegia madagascariensis, Bojer. Liane. Madagascar. Caoutchouc *Lombiro*.

Hancornia speciosa, Gomez. Arbre. Brésil. **Caoutchouc** *Mangabeira* ou *Pernambouc*.

Funtumia elastica, Stapf. Arbre. Afrique occidentale et centrale.

Mascarenhasia elastica, K. Schumann. Arbre. Madagascar. **Caoutchouc** *Guidroa*.

Parumeria glandulifera, Bentham. Liane. Sud Indochine.

Ecdysanthera micrantha, De Candolle. Liane. Sud Indochine.

Melodinus Tournieri, Pierre. Liane. Annam. Laos. **Caoutchouc** *Laos*.

Xylinabaria Reynaudi, Jumelle. Liane. Nord Indochine. **Caoutchouc** Tonkin.

Willughbeia firma, Blume. Liane. Malaisie.

Asclépiadacées

Marsdenia verrucosa, Decaisne. Arbrisseau. Madagascar. **Caoutchouc** *Bokalahy*.

Composées

Parthenium verrucosa, Asa Gray. Herbe. Mexique. **Caoutchouc** *Guayule*.

Nous pouvons reprendre cette liste par un autre bout et en grouper les plantes en *distribution géographique*, d'ailleurs assez nette. Il s'agit, bien entendu, des espèces spontanées.

1° *Espèces américaines* : des genres *Hevea*; *Castilloa*; *Manihot*; *Hancornia*; *Sapium*; *Parthenium*; *Micrandra*.

2° *Espèces africaines* : la plupart des *Landolphia* sur la côte occidentale et en Afrique centrale, avec le *Funtumia* et le *Ficus Vogelii*.

Quelques *Landolphia* à Madagascar, avec les *Mascarenhasia*, *Cryptostegia*, *Marsdenia* et l'*Euphorbia Intisy*.

3° *Espèces asiatiques* : les *Ficus*, depuis l'Inde jusqu'à la Nouvelle-Calédonie; les *Parameria*, *Melodinus*, *Ecdysanthera*, *Willughbeia*, *Xylinabaria*, *Bleekrodea* en Indochine. Nous négligeons d'autres espèces moins importantes et nous n'examinerons de plus près que les producteurs de caoutchouc, arbres et lianes, les plus répandus.

La culture intertropicale s'est emparée, en effet, dans des proportions extraordinaires, de jour en jour grandissantes, de quatre plantes caoutchoutifères : l'*Hevea brasiliensis*, le *Castilloa elastica*, le *Manihot Glaziovii* et le *Ficus elastica*, dont elle a peuplé de vastes superficies de plantations. L'Hevea l'emporte à présent de beaucoup sur les autres.

1. — *L'Hevea*

Origine. — Les seringueiros du Brésil. — Culture de l'*Hevea*. — Modes de saignée. — Procédés de coagulation. — Maladies et ennemis. — Rendement.

ORIGINE L'Hevea est originaire du bassin de l'Amazone, pays de l' « Or noir » (*ouro preto*), auquel ses forêts vierges redoutables ont valu encore le nom d' « Enfer vert » (*inferno verde*). Il donne le caoutchouc le plus estimé et le plus cher : le caoutchouc de *Para*.

Les Indiens l'appelaient *Hévé* et les habitants de l'Amazonie, *Seringueira*. Les hommes qui l'exploitent dans la forêt vierge sont appelés *seringueiros*. Parmi une vingtaine d'espèces, l'*Hevea brasiliensis* a seul de l'importance pour nous, étant réellement « l'empereur des arbres à caoutchouc » (Paul Walle).

C'est, dans sa patrie, un grand arbre de 20 à 30 mètres, au tronc cylindrique, gris clair, portant à une grande hauteur un feuillage étalé d'un vert intense. Il vit au voisinage des fleuves dans une atmosphère constamment chaude (22 à 35° C.) et chargée d'humidité. Les feuilles à 3 folioles, longuement pétiolées, sont caduques, mais très vite remplacées par les nouvelles poussées. Les fleurs sont monoïques; les femelles produisent des graines de la grosseur d'une pistache, lancées à une certaine distance avec un légère détonation, au moment où leur capsule, formée de 3 coques, éclate.

Lorsqu'en Amazonie un futur exploitant veut se mettre à l'œuvre, voici comment, d'après Paul Walle, les choses se passent, et il n'y a rien de plus attachant à lire que le récit de la vie et des aventures journalières de ces travailleurs de l' « enfer vert », dans une des régions les plus malsaines du monde.

LES SERINGUEIROS DU BRESIL Le seringueiro commence par demander au gouverneur de la province la concession d'un *seringal*, ou de plusieurs *seringals*, et devient ainsi *patrao seringueiro*, ou *aviado*. Le *seringal*, de superficie variable, contient un certain nombre d'*estradas*, unités d'exploitation d'arbres à caoutchouc, en groupes plus ou moins serrés ou éloignés, d'une moyenne de 100 arbres (120 à 200 dans un espace réduit). Tracées en forme ovale, les *estradas* (à proprement parler les « sentiers ») sont parcourues en zig-zag en partant de, et en aboutissant à la case du *seringueiro*. Cette case est flanquée du *defumador*, endroit où le caoutchouc brut sera enfumé. L'exploitation se fait en saison sèche.

Voici le seringueiro au travail, au parcours de son *estrada*. Armé de sa hachette, la *machadina*, il va d'arbre en arbre, s'arrêtant une minute et donnant à chacun, d'un coup habile qui ne doit pas atteindre l'aubier, un certain nombre de blessures obliques, le plus haut possible sur le tronc, pour commencer. Ces incisions sont espacées de 12 à 15 centimètres l'une de l'autre, de 4 à 10 pour les arbres de moins de 40 centimètres de diamètre, et jusqu'à 20, pour ceux au-dessus de cette grosseur. Le lait s'écoule de suite de la blessure en gouttes pressées qui sont recueillies dans de petits godets — *tigelina* — en fer blanc, fichés par leur rebord tranchant dans l'écorce au-dessous des entailles. Au lieu de ces incisions obliques, on fait souvent des entailles en V, ou des tours en spirale plus ou moins longue, et successivement prolongée vers le bas.

Hevea brasiliensis.
(*Cliché Vilmorin, Andrieux et Cie*).

Le contenu des godets est rassemblé et porté au *defumador* ou *fumeiro*. Les *seringueiros* soigneux recouvrent l'incision d'un peu de terre glaise, pour empêcher les insectes d'y pénétrer; ils se font apprécier surtout par la connaissance qu'ils ont de la résistance de l'arbre au degré de saignée qu'il convient de lui appliquer. Le même arbre peut être incisé tous les huit jours, pendant les cinq mois que dure la campagne.

L'enfumage, ou fumigation du latex, se fait au-dessus de la fumée développée par la combustion, sur un petit fourneau à tuyau d'échappement, de noix de palmiers (*Attalea excelsa*, *Maximiliana regia*) et du bois de résineux. Sur une palette, ou un ustensile analogue, suivant la forme à donner à la boule, l'ouvrier verse une cuillerée de latex et, en tournant, expose la palette à la fumée. Le latex se coagule en mince couche adhérente, et la même opération est répétée jusqu'à ce que ces couches superposées fassent le volume et aient pris la forme de la boule voulue. Ces boules, ou *bolachas*, varient de 2 à 50 kilogrammes. Bien préparées, elles donnent le *borracha*, caoutchouc fin ou *fine Para*.

La deuxième qualité, *borracha entre-fina* (demi-fin), vient d'un latex ayant subi un commencement de fermentation, ou dont la fumigation a été imparfaite.

La troisième qualité est le *borracha grossa*, mélange de divers latex avec des impuretés, et enfin le *Sernamby*, produit des résidus, déchets, caoutchouc coagulé à l'air dans les entailles ou les fissures lorsque, comme il arrive, l'arbre a des crevaisons de vaisseaux trop gorgés, comme par une hyperhémie sanguine.

La production minima d'un *Hevea* en para fin, dans une campagne, c'est-à-dire un semestre, est estimée à 5 kilogrammes.

La récolte d'un *seringueiro* est en moyenne de 400 kilogrammes et lorsqu'il est habile, il arrive presque à la doubler.

Ainsi se passent les choses, en quelque sorte normalement, dans la patrie de l'*Hevea*, et pour les arbres venus à l'état spontané dans la forêt vierge. Plus délicates et nombreuses sont les opérations dans les plantations, car, encore une fois, l'*Hevea* est un arbre dont l'exploitation méthodique et policée, en culture, atteint maintenant des proportions extraordinaires.

CULTURE DE L'HEVEA — Les conditions de végétation les meilleures sont toujours celles qui placent la plante dans un sol, une atmosphère et une température pareils à ceux de sa patrie d'origine. Ces conditions sont, sur les rives de l'Amazone et de ses affluents : un sol alluvionnaire, profond, riche en humus, temporairement inondé; une chaleur moyenne de 27° qui ne tombera jamais au-dessous de 18° ; une forte humidité de l'air, avec une saison sèche assez courte.

Jeune plantation d'*Hevea* en Cochinchine.

Ces conditions sont réalisées dans beaucoup de régions tropicales, notamment à Ceylan, dans la presqu'île Malaise, en Indochine jusque dans le Sud Annam, à Java, Bornéo, etc.

Les premières semences d'*Hevea* furent récoltées et importées du Brésil par Wickham en 1876. Les premiers plants furent obtenus dans les serres du jardin de Kew, qui en envoya, en 1867, un certain nombre au jardin botanique de Singapour où ils prospérèrent et firent souche des plantations actuellement si florissantes en Extrême-Orient.

Plante de région basse, l'*Hevea* vient moins bien à une altitude de quelques centaines de mètres et on distingue déjà, dans la presqu'île Malaise, les cultures *lowlands* et les *higlands*. Il craint également les inondations prolongées pendant quelques jours, ainsi que les terrains trop sablonneux. Les grands vents lui sont dangereux (coupe-vents ; haies de bambous).

Les semences d'*Hevea* présentent de grandes et nombreuses différences de grosseur, forme, couleur et bariolage. Il importe de les choisir avec soin sur des pieds-mères qui auront accusé leur potentiel de bon rendement à partir de leur cinquième année d'âge ; car il est déjà permis de considérer des fixations de caractères assez stables pour donner des races. Pour un transport d'une certaine durée, les graines sont stratifiées dans des caisses spéciales, dites « caisses Ward », où rien ne les empêche de commencer leur germination.

La multiplication par boutures et marcottes est possible ; mais comme elle réussit avec un pourcentage trop faible, ou demande des opérations délicates, elle est remplacée généralement par le *semis*. Le semis en pépinière doit être fait sur planches, en terrain très soigné et riche. La graine est mise à 3 centimètres de profondeur et lève au bout d'un mois à un mois et demi.

Les jeunes plants doivent être abrités sous dais de couverture. Ils sont mis en place, au début de la saison des pluies, lorsqu'ils ont atteint une hauteur de 1 mètre environ. Le terrain de la plantation est préparé à l'avance par le débroussaillement à la hache et au feu — en Cochinchine on laisse parfois des haies de bambous en coupe-vents — dessouché et troué, à la distance voulue, des trous de plantation. On donne généralement à ces trous 80 centimètres de profondeur sur 60 centimètres de diamètre.

On plantait, il y a quelques années, à 10 mètres de distance ; aujourd'hui, on rapproche volontiers à 6, 5 et même 3 mètres (soit, à 5 mètres, 400 pieds à l'hectare). Les expériences, d'ailleurs, se poursuivent à ce sujet. On ne saurait trop insister, à ce propos, sur la nécessité des études *scientifiques*, sans escompter les faveurs aléatoires des méthodes empiriques et du laisser-aller. Nous avons vu jadis, en Cochinchine, un champ d'expériences d'*Hevea*, après trois années d'existence, être mis en vente aux enchères publiques, sous prétexte qu'il « ne rapportait rien » et que la culture de l'*Hevea* était suffisamment connue ! Or, un *Hevea* ne doit être exploité qu'à partir de sa sixième année d'existence, au plus tôt.

Gardons-nous de ces jugements à courte vue, persuadés que l'agriculture tropicale, qui est la base de la richesse économique de nos colonies, sera méthodique, ou succombera sous la supériorité de ses rivales mieux avisées.

Plantation d'Hevea en exploitation.

Pendant les premières années, le planteur doit lutter contre l'envahissement des mauvaises herbes parmi lesquelles la plus agressive et tenace est, en Extrême-Orient, « l'herbe à paillote » ou *alang-alang*, une des premières à apparaître sur les défrichements. Le *clean-weeding*, assez dispendieux, avec ou sans outillage mécanique, est remplacé généralement par des cultures de plantes de couverture jusqu'à l'âge où l'arbre lui-même peut, de son ombrage, se défendre de l'envahissement des mauvaises herbes.

L'enfouissement de cette couverture en légumineuses, a le double avantage d'apporter au sol un engrais vert et de l'ameublir. Il résulte, en effet, d'observations récentes, que l'administration d'engrais, tel que le nitrate de soude, sur les plantations en production, bien qu'élevant le chiffre du rendement des arbres en latex et caoutchouc, est moins opérante et efficace que le permanent ameublissement du sol.

Les recherches scientifiques poursuivies pendant les dernières années ont dégagé également un certain nombre de résultats dont la culture a reçu de nouvelles directives. Elles ont pour but principal la détermination des meilleures méthodes de sélection des arbres, au maximum de rendement de latex.

L'*Hevea* présente une variabilité très grande, collective par groupes autant que par individu ; elle paraît, d'une part, contenue dans les limites des caractères d'hérédité et, d'autre part, très sensible aux influences modificatrices du milieu. De sorte que le problème est malaisé à résoudre et que les expériences de sélection à entreprendre doivent être continuées pendant de longues années, sur des générations dont les représentants n'accusent leurs caractères qu'à l'âge de 5 ou de 6 ans.

La sélection par graines, qui paraît la plus naturelle et la plus facile, est à vrai dire rendue anodine par la pollinisation croisée qui est la règle et qui est opérée par les insectes. La pollinisation artificielle est praticable par l'autofécondation, ou la pollinisation entre producteurs reconnus bons laitiers, mais la théorie est trop stricte pour trouver son application dans la pratique courante des cultures. Sans doute, sera-t-il utile de suivre la suggestion de A. Zimmermann, à introduire sur les plantations d'Extrême-Orient qui, toutes, proviennent des mêmes parents primitifs, des semences rénovatrices à prendre en Amazonie où, sur le terrritoire d'Acre, se trouvent les plus beaux *Heveas* sauvages.

Il paraît possible, cependant, d'obtenir des semences d'arbres de grande productivité qui ont conservé ce caractère pendant une suite d'années sans défaillance et qui l'ont transmis à leurs descendants de greffage (1).

La greffe, pratiquée avec des greffons de choix sur des sujets en parfait état, est à présent très répandue bien qu'elle ne soit pas une garantie constante de la supériorité des arbres qui en proviendront. Elle se fait d'après plusieurs méthodes, dont celle de Forkert, par incision entre l'écorce et le bois en évitant de blesser le cambium, est considérée comme une des meilleures. Le Dr Cramer estime que la greffe avec des variétés sélectionnées permet de tripler et de quadrupler le rendement à l'hectare.

---

(1) L'ensemble de ces descendants de greffe d'une même plante mère est désigné aux Indes Néerlandaises sous le nom de *clone*. Les *clones*, comme unités expérimentales, sont mis en observation et les moyennes retenues comme valables.

Un moyen de sélection par justification directe de la valeur des sujets est assez généralement pratiqué à présent sur les vieilles plantations, et se multiplie sur les jeunes. Il consiste à éliminer les sujets dont le rendement a été reconnu faible ou insuffisant et comme, de ce fait, la densité du peuplement est diminuée, le planteur donne au début à sa plantation une grande compacité de pieds à l'hectare qu'il réduit ensuite jusqu'au chiffre normal en enlevant les arbres reconnus mauvais fournisseurs de latex et de caoutchouc. En plantant, au début, 400 pieds à l'hectare, on peut ramener ce chiffre à 120 ou 150 par éliminations successives.

Notons que les arbres peuvent être transplantés sans inconvénient, même âgés de 5 et de 6 ans. La diminution de la compacité donne plus de vigueur aux arbres conservés (1).

L'*Hevea* a une croissance rapide. A deux ans de plantation, il atteint 5 ou 6 mètres de hauteur et se ramifie. A dix ans d'âge, il mesure facilement de 0 m 80 à 1 mètre de diamètre et une dizaine de mètres de hauteur. La rapidité de la croissance diffère souvent beaucoup, sur le même terrain, suivant les individus. Les jeunes arbres, bien nourris, « filent » volontiers, c'est-à-dire s'allongent beaucoup en restant très minces.

Les premières saignées — on dit *taper* un arbre à caoutchouc — ne doivent pas être faites avant sa sixième année et il est recommandé d'attendre davantage, avant de commencer une exploitation régulière.

C'est — encore une fois — l'époque douloureuse des bailleurs de fonds ou commanditaires de Sociétés. A Ceylan, on attend volontiers la dixième année avant de commencer l'exploitation.

En procédant rationnellement, un *Hevea* peut être saigné tous les ans. Le pricipe est celui-ci : permettre à la blessure faite de se cicatriser, pour recommencer l'incision au bout d'un certain nombre d'années, à la même

---

(1) Le contrôle de la qualité du latex et du pouvoir laticigène de l'arbre aux différents moments de son développement, peut se faire par différentes méthodes, dont celle de Buitenzorg, due au docteur Cramer, empirique et expéditive, paraît donner d'excellents résultats. Elle consiste à couler une mince couche de latex sur une plaque de verre qui, chauffée, se couvre d'une pellicule de caoutchouc ; ces pellicules se comparent entre elles en séries obtenues à diverses époques ou âges de la végétation du pied d'Hevea, jusqu'au moment où celui-ci se fait éliminer ou conserver comme mauvais ou bon sujet.

Il a été reconnu que le nombre et la largeur des laticifères est en rapport avec la richesse de l'arbre en latex, de sorte qu'un examen microscopique peut servir de guide dans le choix des individus.

place, et ne pas faire les blessures telles, que l'existence de l'arbre, bonne vache à lait, soit compromise, ou sa bonne volonté diminuée.

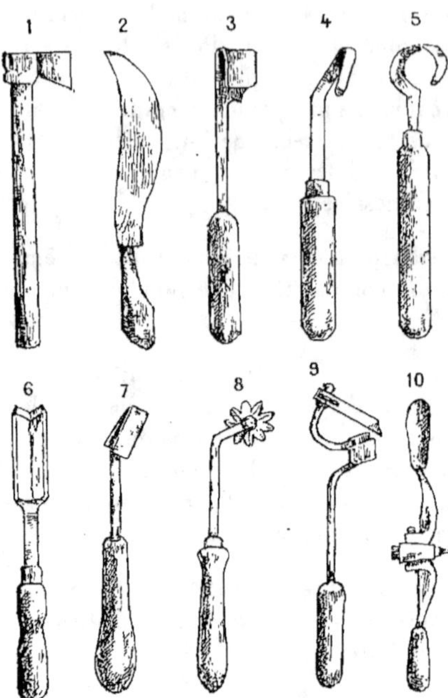

SPÉCIMENS D'INSTRUMENTS POUR ENTAILLER L'ÉCORCE DES ARBRES A CAOUTCHOUC.

1. Machadinha du Brésil. — 2. Coutelas de l'Amérique du Sud. — 3, 4, 5. Couteaux-râcloirs à anse coupante. — 6. Gouge Colledge. — 7. Couteau-racloir Holloway à triangle coupant. — Inciseur à roulettes (pricker) Browinann-Northway. — 9. Inciseur à lame réglable. — 10. Inciseur à couteau réglable à 2 mains.

E. Girard, en Cochinchine, a démontré l'excellence de la méthode des saignées alternées qui laissent un intervalle plus ou moins long entre les reprises par l'avivement des plaies d'incision.

A égalité de rendement, cette méthode s'est trouvée beaucoup plus économique que celle des saignées continues, tout en laissant les arbres en meilleur état de santé.

Le comportement des arbres de plantation, avec l'âge avancé et leur durée, n'est pas fixé encore puisque les premières plantations ne remontent qu'à une cinquantaine d'années et que, de ce fait, on ne peut que faire des comparaisons avec les *Heveas sauvages* d'Amazonie, où on connaît des pieds de 80 ans qui ont donné leurs meilleures récoltes à l'âge de 20 ans. Tel, paraît être également le cas des arbres de plantation dont certains, à Ceylan, ont à présent 50 ans d'existence.

MÉTHODES DE SAIGNÉE

Nous avons vu, plus haut, comment les *seringueiros* incisaient l'arbre à l'aide de leur *machadina*. Dans les plantations, on a cherché à faire mieux, avec de meilleurs instruments. Ceylan a institué, il y a quelques années, des concours et des expositions, et fait les plus intéressantes études à ce sujet.

Il importait, au début, de mettre entre les mains des ouvriers un instrument qui dispensât de s'en remettre à leur habileté, ou à leur conscience, pour ne pas détériorer l'arbre, en faisant l'incision trop profonde, c'est-à-dire au delà de la couche génératrice.

Les inventeurs en ont donc proposé et fabriqué de nombreux modèles.

Dans la plupart, l'effort doit être réglé à la pression-main, et n'est pas mécaniquement limité pour une incision maximale de profondeur. Ces derniers types existent également, mais n'ont pas donné suffisante satisfaction pour se généraliser. Tels sont le *pricker* à poignée de Kindt, celui de Browmann-Northway, etc. ; de sorte qu'avec l'habileté professionnelle à présent acquise par les saigneurs indigènes, on leur met entre les mains un couteau-racloir ou une gouge à arête coupante droite, triangulaire, courbe, an-

Incisions progressives de l'écorce au couteau « Burgess ».

nulaire, etc., dont ils savent tirer tout le parti voulu. Le *pricker* à roulette piquante a été abandonné également : cet instrument au lieu d'inciser l'écorce de l'arbre, la piquait assez profondément de lignes de trous par lesquels le latex venait s'égoutter au dehors.

Les entailles se font en estafilades corticales disposées de diverses façons, au gré du planteur qui a ses préférences. En Amazonie, nous l'avons vu, les *seringueiros* font des entailles obliques simples, ou doubles, en forme de V. Ce serait, à première vue, le meilleur système s'il ne fallait pas un nombre considérable de godets à placer, à manipuler, à nettoyer et... à perdre. En Asie, dans les plantations, on pratique de préférence l'incision en arête de poisson, à rigole médiane, ou l'incision en spirale, ou fraction de spirale intéressant le quart, la moitié de la circonférence ou la circonférence entière.

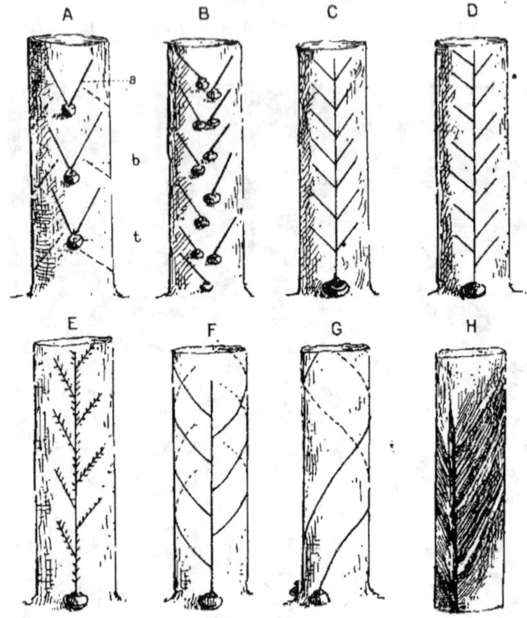

FIGURES SCHÉMATIQUES MONTRANT LES DIVERS MODES D'INCISION
DES PLANTES A CAOUTCHOUC.

A. Entaille en V; *a*, les entailles *b* de l'année suivante sont marquées en pointillé, *t* tigelina. — B. Entailles obliques alternantes. — C. Incision en arêtes opposées sur canal médian, au 1/4 de la surface du tronc. — D. Incision en arêtes de poisson alternantes, au 1/4 de la surface du tronc. — E. Incision par encoches barbelées au canal médian. — F. Incision en demi-spirales alternantes. — G. Incision en spirales entières superposées. — Les plaies d'incision superposées sont avivées par la lèvre inférieure et finissant par former une large entaille des deux côtés du canal collecteur.

Quel que soit le mode adopté, il s'agit de calculer le nombre, la longueur, l'écartement des incisions, de telle façon que l'arbre continue à donner, sans souffrir, du latex tous les ans, tout en ayant le temps de refermer ses blessures antérieures, auxquelles on doit pouvoir revenir, lorsque, au bout de trois ou de quatre ans, elles sont cicatrisées. Sans entrer dans

Divers modes d'incision de l'écorce.

les détails — ils sont nombreux et importants — ajoutons que les incisions faites, en exploitation et en saignée continues, sont avivées tous les jours, ou tous les deux jours : il s'ensuit que la plaie se poursuit successivement de haut en bas, jusqu'à atteindre presque le bord supérieur de la plaie en dessous.

PROCEDES DE COAGULATION Le latex collecté et maintenu liquide par un peu d'eau préalablement mise au fonds des godets est ensuite porté au laboratoire pour la *coagulation*.

Le latex est une émulsion formée d'un sérum incolore tenant en suspension des globules microscopiques tantôt sphériques, tantôt ellipsoïdaux. On en compte plus de 50 millions par millim. cube. Ils sont chargés d'électricité négative. Ces globules sont constitués par du caoutchouc.

La coagulation du latex a pour but, et comme effet, de réunir les globules en un caillot homogène définitif.

Le sérum est à réaction alcaline, neutre ou acide suivant les conditions biologiques; il contient en dissolution des matières organiques et des matières minérales : résines, cires, tanins, sucres, albuminoïdes, chaux, potasse, soude, magnésie et parfois des composés ferreux. Certains auteurs admettent la présence de diastases intervenant dans la coagulation spontanée, des ferments hydrolysants pouvant agir sur les albuminoïdes dont la présence confère au latex des propriétés fermentacibles et une grande instabilité physico-chimique.

La coagulation du latex peut être spontanée, ou obtenue par divers moyens physiques ou agents chimiques.

Le choix de ces agents est important parce que c'est d'eux que dépendent l'efficacité, la durée, les conditions économiques de l'opération, ainsi que la qualité du caoutchouc.

Tous les latex peuvent coaguler spontanément, mais plus ou moins rapidement, souvent sur l'entaille même ou le long de l'écorce d'où le caoutchouc peut être retiré en filaments ou résilles (*sernamby*) qui constituent le mode de récolte de certains caoutchoucs (*Ficus*).

La chaleur sèche coagule le latex lorsque, adhérent en couches successives autour d'une palette en bois, il est exposé à la fumée d'un feu de bois (Para). Le chauffage du latex en vase y provoque la formation d'un caillot de caoutchouc. La filtration à travers un vase poreux, ou un très fin tamis, produit le même effet.

La coagulation par écrémage est obtenue avec des appareils à centrifugation tournant à grande vitesse. Il existe des procédés de coagulation au courant électrique.

Les coagulants les plus communément employés sont : l'alcool à 90°, le sublimé, les acides, l'acétone, l'alun, le sel marin. Parmi les acides (sulfurique, phénique, citrique, acétique, etc.), les acides acétiques et trichloracétiques paraissent être les meilleurs. On peut coaguler aussi au fluo-silicate de soude. Ces coagulants peuvent agir sur tel latex et demeurer sans effet sur d'autres. C'est ainsi que l'alun ne coagule pas le latex d'*Hevea*, ni l'acide acétique le latex du *Funtumia*.

La coagulation du latex de *Castilloa* est obtenue par un brassage avec une solution visqueuse de savon délayé dans une très faible quantité d'eau. Il en résulte une masse gélatineuse, blanche et très poreuse d'où le liquide inclus est ensuite expulsé (J. Dugué).

Aux Indes Néerlandaises on remplace maintenant, comme coagulant, l'acide acétique par l'acide formique. L'avantage est d'ordre économique, mais l'inconvénient résulte de la facilité avec laquelle cet acide attaque les ustensiles métalliques. Dans les dernières années, le procédé américain du *spray drying* de Hopkinson a pris un grand développement aux Etats-Unis. Le latex liquide — on opère généralement avec du latex d'importation, conservé sans coagulation par l'addition de 2 à 3 % en volume d'ammoniaque — est conduit sur un disque tournant horizontalement à grande vitesse dans une chambre qui reçoit un courant d'air chaud sous pression. L'eau et l'ammoniaque s'évaporent et le caoutchouc tombe, sous forme de flocons neigeux, sur les panneaux du plancher d'où il est retiré au fur et à mesure de sa formation, à l'état de masse spongieuse, comprimée ensuite en blocs de 70 à 90 kilogrammes.

Ce *sprayed rubber* est homogène, nerveux; il accepte et incorpore les charges versées sur le plateau tournant, ce qui permet, entre autres, une vulcanisation rapide.

L'addition au latex frais d'un anticoagulant comme l'ammoniaque — le sulfate de soude a la même propriété — permet à présent son transport au loin dans des réservoirs ou *tanks*, ainsi que Henry en avait prévu la possibilité il y a une vingtaine d'années.

Le caoutchouc obtenu du latex frais, sur les plantations, est préparé et présenté en feuilles, rubannées, lisses ou gaufrées, laminées et passées sur des tambours à dessiccation, ou bien en biscuits plus ou moins épais, les unes et les autres enfumés — *smoked* — ou non.

Les caoutchoucs de plantation, obtenus par les méthodes modernes, sont très propres, secs, de belle coloration brune ou blonde cornée, un peu transparente, alors que les fins *paras* sauvages, tout aussi nerveux, sont foncés, noir et passent pour être de meilleure conservation. Aussi les planteurs d'Asie en reviennent-ils volontiers à pratiquer l'enfumage, à l'exemple des *seringueiros*, sans d'ailleurs y employer, comme ceux-ci, des plantes fumigènes spéciales. Les fumées agissent comme antiseptiques par l'aldéhyde formique qu'elles dégagent, notamment par la combustion des sucres et des résines.

On appelle *stickage*, la transformation contagieuse du caoutchouc en une substance poisseuse, à la suite de fermentations bactériennes, généralement provenant de lavages incomplets ou dues à des inclusions de liquides dans sa masse.

Le paranitrophénol peut être, dans ce cas, un antiseptique ou désinfectant utile. Un autre fongicide de même action est le dinitroorthocrésol.

MALADIES ET ENNEMIS L'héveïculture ne semble pas exposée encore, comme d'autres cultures tropicales et de premier rôle, à des attaques redoutables de parasites animaux ou végétaux difficiles à combattre. Plusieurs espèces cryptogamiques attaquent les racines, l'écorce et les feuilles. Le *pink disease*, ou « maladie rose », est due au mycélium d'un champignon, le *Corticeam salmonicolor* qui pénètre jusqu'au bois et dessèche les branches. On le combat par la bouillie bordelaise. Il en est de même du *brown bast*, une maladie du liber, et du *tread disease*, ou chancre de l'écorce et du *birds eye spot* des feuilles. Ces affectations deviendraient menaçantes si on laissait aux foyers d'infection repérés le temps de s'étendre. On a identifié comme un *oïdium* un parasite des jeunes feuilles de plants de semis qu'on combat difficilement avec des pulvérisations soufrées. Sur *seedlings* d'Hevea, dont il dévore les feuilles, Cerighelli signale, en Cochinchine, le danger des attaques d'un curculionide, *Hypomesces squamosus* qu'il faut combattre par l'arséniate de chaux. Il y a aussi des vers xylophages et les fourmies blanches causent des dégâts.

Les ruminants : cervidés, moutons, bovidés sont très friands du jeune feuillage et les plantations sollicitent, à leur début, la protection de clôtures de défense.

RENDEMENT Un chiffre typique pour la comparaison doit nous suffire ici. Une plantation en plein rapport, dans de bonnes conditions de culture, de terrain et de méthode de saignée, doit donner par an et par arbre, en moyenne minimale, 1 kilogramme de caoutchouc sec ; soit, à raison de 400 arbres à l'hectare, 400 kilogrammes.

Dans le Sud-Annam, Vernet a établi le titre moyen du latex à 40 p. 100 de gomme précipitable par son volume d'alcool à 90°, et desséchée dans le vide. Le rendement moyen optimum peut être réglé par la longueur totale des incisions et le nombre des opérations de saignée. Le rendement en caoutchouc peut être déterminé à l'analyse par l'emploi d'une table thermodensimétrique.

Herbert Wright, spécialiste très expert, admettait, pour les plantations de la péninsule Malaise, un rendement moyen de 337 kilogrammes. H. Jumelle considère le rendement de 300 kilogrammes à l'hectare comme le plus bas. On a pu citer des rendements exceptionnels de 2.000 kilogrammes à l'hectare.

On s'explique, par ces simples données, la *fièvre du caoutchouc* qui s'est emparée, à une certaine époque, des planteurs et de leurs bailleurs de fonds. Nous y reviendrons tout à l'heure, quand nous aurons fait la connaissance des principaux autres producteurs de caoutchouc.

2. — *Le Céara*

Son nom lui vient de l'Etat brésilien où il est le plus exploité ; on l'appelle encore *manicoba*. En botanique : *Manihot Glaziovii*, de la famille des Euphorbiacées, un frère, en arbre, du manioc (*M. utilissima*) producteur du tapioca.

Le *Céara* est un arbre de 12 à 15 mètres de haut, à tronc droit, grisâtre, lisse, à feuilles palmatilobées, longuement pétiolées, caduques.

Les conditions de végétation du *Céara* sont à l'opposé de celles de l'*Hevea*. Bien que plante de la zone intertropicale exigeant 26 à 28° C de chaleur moyenne, il ne s'accommode que des régions sèches, subit volontiers de longues sécheresses et, sans dédaigner les bons terrains, préfère les sols sablonneux, arides, rocailleux, ainsi qu'une certaine altitude (200 à 300 mètres). Il existe plusieurs espèces de *Manihot* ; le *M. Glaziovii* est le plus anciennement connu; le *M. de Jéquié* est très répandu.

On le multiplie par boutures et graines, le plus souvent par semis. La graine a une enveloppe très dure et, pour hâter la germination, on lime le côté correspondant à la radicelle; on laisse aussi séjourner la graine dans l'eau pendant quelques jours. Sa croissance, est très rapide et on peut saigner déjà à la sixième année. L'arbre dure de quinze à vingt ans. Les saignées se font comme celle de l'*Hevea*, en spirale ou en arête de poisson. L'épiderme de l'écorce est très dur et les incisions demandent beaucoup de précision.

Le rendement moyen en culture est estimé à 50 kilogrammes à l'hectare (400 pieds), et près du double, si on saigne deux fois par an. Les Brésiliens enfument maintenant le caoutchouc *céara* et obtiennent un produit comparable, comme qualité, au *para*.

La culture du Céara a donné de nombreux mécomptes et elle semble de plus en plus rétrograder à l'arrière-plan. Un de ses défauts est la résistance insuffisante de son tronc à la violence des vents de tempête comme il s'en produit périodiquement dans les régions tropicales et qui font perdre d'un coup les espoirs de longues années d'efforts.

Tonkin. — Jeune plantation de *Céara*.

Le *Manihot dichotoma* avait naguère acquis la faveur de quelques planteurs d'Extrême-Orient.

Le latex se coagule spontanément à l'air et on le retire sur l'écorce en longues lanières qui sont enroulées en boule.

3. — *Le Castilloa*

En botanique : *Castilloa elastica*, Cervantes, famille des Artocarpacées. Appelé *Caucho*, ou *Hulé*, au Brésil, il y croît en abondance aux sources des rivières et des grands fleuves. Il y a une dizaine d'années, on le supposait surtout répandu dans le Sud mexicain, en Amérique centrale, à l'ouest des Andes.

Arbre de 15 à 20 mètres de haut, il atteint 50 à 90 centimètres de diamètre. Ses feuilles sont caduques, composées, multifoliolées, à folioles penchés; les fleurs sont monoïques. Tous les jeunes organes sont revêtus d'un duvet feutré de poils blancs et rudes. Croissance rapide.

Le *Castilloa* pousse aux basses altitudes dans les sols humides et gras des régions très chaudes. Il donne beaucoup de latex, contenu non seulement dans l'écorce, mais également dans l'aubier du bois; il en résulte un mode d'exploitation ruineux pour les peuplements sauvages et qui consiste à abattre l'arbre. Ces peuplements sont plus clairsemés que ceux de l'*Hevea* et il n'y est plus question de *seringuaes* ou d'*estradas*.

Autour des arbres choisis, le *cauchero* nettoie le sol, le bat et le tasse de ses pieds, puis creuse un certain nombre de trous ou pochettes dont chacune est reliée au tronc par une étroite rigole. Au fond des pochettes, il dispose un petit gobelet.

Il entaille ensuite son arbre en incision oblique ou en V, et le latex qui s'écoule, fluide et abondant, va remplir les gobelets. Quand les petits ruisselets sont taris, il coupe l'arbre á 1 mètre du sol et pratique de nouvelles saignées sur la souche restante. La récolte liquide est versée dans une excavation rectangulaire de 1 mètre sur 0 m. 50, ou dans une cuvette en fer blanc appelée *tasa*. La coagulation du caoutchouc est provoquée par un mélange d'eau de savon et de potasse, ou un coagulant chimique, en ayant soin de couvrir le réceptacle de feuilles de palmier pour empêcher la pluie de diluer le latex.

On obtient ainsi du caoutchouc en *pranchas*, c'est-à-dire en plaques du poids de 50 à 60 kilogrammes. Ce caoutchouc est noir foncé à l'extérieur et jaune à l'intérieur, percé de trous comme un fromage de gruyère, d'odeur désagréable, mais estimé pour son élasticité.

Le *Castilloa* n'est donc pas enfumé et ne peut être obtenu en *bolachas* ou boules.

Si le *cauchero* ne trouve pas utile de faire des plaques, il fait du *sernamby de caucho*. Les incisions étant faites de la même manière, le latex qui en découle est conduit et demeure dans les petites rigoles du sol, où il se coagule en donnant de longs rubans que l'on enroule.

Un arbre adulte peut fournir, d'après Paul Walle, 50 à 56 litres de sève donnant 20 kilogrammes de cautchouc (abattu en *pranchas*). La destruction

Castilloa elastica en Amazonie.

progressive des vieux pieds diminue d'année en année les peuplements naturels, déjà peu denses.

Les plus importantes *cultures* de *Castilloa* se trouvent au Mexique. Les plantations doivent être faites sous bois, élevées de semis et de repiquages au bout d'un an. Les pieds sont distancés de 6 à 8 mètres. On peut commencer les saignées à la sixième année, mais il est préférable d'attendre un âge

Java. — Plantation de *Castilloa elastica.*

plus avancé. Le latex est à réaction acide et l'enfumage ne lui est pas applicable. Il faut coaguler avec une substance alcaline, sel de cuisine ou bicarbonate de soude, ou bien centrifuger ou écrémer. Au Nicaragua, on coagule avec le suc d'un liseron (*Ipomœa Bona-Nox*). Le latex contient de 40 à 44 p. 100 de caoutchouc. L'espèce mise en culture à Java et introduite naguère à titre d'essai dans nos colonies de l'A. O. F. et à Madagascar, ne semble pas devoir s'y maintenir et nous ne croyons pas à son avenir économique au regard de l'heveïculture.

4. — *Le Mangabeira*

En botanique : *Hancornia speciosa*, Gomez, de la famille des Apocynacées, donnant le « caoutchouc de Pernambouc ». L'espèce est arbustive, n'atteignant que 3 mètres à 3 m. 50 de haut. Le feuillage est peu abondant et les branches sont tortueuses. Le fruit est une baie, la *mangaba*, comestible, de saveur sucrée et aromatique-vineuse. La plante n'est pas exclusivement tropicale et descend, au Paraguay, jusqu'à 25° de latitude Sud. Elle aime les terrains rocailleux et arides, une certaine altitude et la sécheresse. A ce titre, elle pourrait retenir l'attention pour certaines régions de nos colonies, Madagascar, par exemple et la côte d'Afrique. Des données récentes lui attribuent un rendement, par pied, de 1 kilogramme en moyenne. On entaille près du sol ou on incise l'écorce pour obtenir des *bolachas* comme pour l'*Hevea*. Ce rendement paraît bien élevé.

LE GUAYULE — *Parthenium argentatum* Gray, de la famille des Composées, est une plante spontanée des régions sèches et rocailleuses du Mexique où elle croît jusqu'à 2.000 m. d'altitude. Asa Gray, en 1884, y trouva du caoutchouc. C'est un arbrisseau qui peut atteindre 1 m. 30 de hauteur dont non seulement les laticifères, mais également le parachyme de l'écorce, le liber et les rayons médullaires contiennent du caoutchouc dans la proportion de 14 %. On compte qu'un hectare rapporte de 5 à 8 kilogrammes de caoutchouc (?). La multiplication est facile par semis et la plante peut être coupée à la quatrième année; elle se reconstitue ensuite assez rapidement. On a pensé que sa résistance au gel et les caractéristiques de son habitat mexicain la désignaient pour des cultures dans le nord africain et particulièrement au Maroc. On a étendu à présent les cultures à l'Arizona et à la Californie. Des semis faits au Jardin botanique de Montpellier y prospèrent.

5. — *Les Ficus*

Le *Ficus elastica*. — Culture. — Marcottage. — Rendement. — Le *Ficus retusa*

Ce genre de la famille des Artocarpacées compte une infinité d'espèces, parmi lesquelles le fameux *banian* (*F. religiosa* Linné et *F. indica* Linné) qui est un des plus puissants et des plus curieux arbres du monde. Toutes ces espèces contiennent un latex plus ou moins fluide, abondant et susceptible de donner de la gomme. Mais, dans la plupart, le caoutchouc se trouve mélangé avec des matières visqueuses, de la *viscine*, qui fait que le coagulum est poisseux, gluant et inutilisable comme gomme élastique. Nous avons consigné plus haut trois espèces donnant lieu à une exploitation industrielle: le *F. elastica*, de l'Asie méridionale, le *F. retusa* Linné, de la Nouvelle-Calédonie, et le *F. Vogelii* Miquel, de la Côte occidentale d'Afrique.

FICUS ELASTICA De ces trois espèces, le *F. elastica* Roxburgh, surtout nous intéresse ici comme plante de grande culture — c'est d'ailleurs la seule cultivée — et comme important producteur de caoutchouc.

Sa patrie est la région indo-malaise où il vit dans les forêts humides, sur des sols frais, mais non marécageux, allant jusqu'à 800 mètres dans la montagne. Mais il s'accommode également de climats de la zone subtropicale comme celui du Tonkin, même de l'Algérie, et on sait que sa tenue en appartement est facile.

Ses feuilles, entières, luisantes, parcheminées, ont souvent le pétiole et la nervure d'une teinte rouge, ainsi que le bourgeon — caractère général dans la variété de Java et qui est considérée comme appartenant aux variétés à latex abondant et de qualité. Il y a en effet — le fait a été constaté en Algérie — des variétés ou races improductives, qui ont contribué à laisser suspecter cette plante comme productrice suffisante de caoutchouc.

La multiplication se fait par *semis*, ou par *bouturage* et *marcottage*. La graine, issue de figue, est très petite et, pour les semis, doit être mélangée avec du sable. Le semis est une opération assez délicate. Il faut semer sur sable humide, très superficiellement. La germination est rapide; on repique en pépinière et on transplante en place définitive lorsque la plante, au bout d'un ou de deux ans, a 1 mètre environ de hauteur.

Le marcottage se fait couramment par marcotte aérienne, appelée *gootee*, dans l'Inde. Sur les branches, à divers niveaux, on pratique une incision annulaire enlevant l'écorce — le mieux au-dessous d'un bourgeon foliaire — et on entoure cette blessure d'une boule de terre pétrie, assujettie en place avec de la bouse de vache, un morceau de chiffon, du coir, etc. En arrosant convenablement ces boules, les racines adventives se développent autour de l'incision, pénétrant dans le manchon de terre et lorsqu'elles per-

Jeune *Ficus elastica.*
(*Cliché Vilmorin, Andrieux et Cie*).

cent, la branche ou marcotte sera coupée en amont et plantée comme pied indépendant. Ces marcottes peuvent être établies en grand nombre sur un pied ou un arbre de bonne taille ; et on en obtient de suite de 1 à 2 mètres de longueur, ce qui est une avance de développement considérable sur les plants de semis. On a observé, cependant, qu'au bout d'un certain nombre d'années, ceux-ci rattrapent la différence et deviennent plus robustes que leurs frères de marcottage.

Les *Ficus,* avec l'âge, envoient de leurs branches des racines aériennes qui les entourent d'une sorte de long chevelu et qui, s'enracinant, forment des contreforts d'une architecture bizarre de colonnes enchevêtrées. Un pied de *Ficus* peut recouvrir, de la sorte, une superficie de terrain considérable et former, à lui seul, un petit labyrinthe. La surface, développée en écorce entaillable, est ainsi très étendue.

Il faut espacer les pieds en culture d'au moins 8 à 10 mètres. Leurs racines traçantes vont au loin et n'admettent pas d'autres commensaux attablés au même sol. Plus le terrain est riche, bien entendu, et mieux viennent les arbres; mais il est possible d'avoir des *Ficus* sur un terrain relativement médiocre, ce qui en fait précisément une plante fort utile à défaut de culture plus riche à mettre à sa place (Tonkin).

Il est bon de ne pas commencer les saignées avant la septième ou la huitième année — sans atteindre la vingt-cinquième, comme on le

Marcotte aérienne
de *Ficus elastica.*

croyait auparavant. Les incisions doivent être faites obliquement par rapport à l'axe du pied ou de la branche, à cause de la nature des laticifères

et on peut les diriger en arête de poisson, sur une rigole médiane. On dispose
au pied de l'arbre, sur le sol nettoyé, des feuilles de bananier sur lesquelles
le latex coule et se coagule, comme il se coagule assez rapidement aussi sur
les lèvres des incisions, donnant des filets et du *sernamby* qu'on euroule en
pelotes.

On ne peut pas saigner indéfiniment tous les ans, comme pour l'*Hevea;*
le rendement diminue rapidement à la deuxième, et surtout à la troisième
année, et l'arbre dépérirait. Après une campagne de saignée, il convient de
laisser reposer l'arbre pendant les deux années suivantes. Il est possible
d'obtenir de cette façon des rendements assez considérables sur des pieds

Plantation de *Ficus elastica.*

âgés de plus de quinze ans (1 kilogramme et plus), mais qu'on doit escompter relativement faibles au-dessous de cet âge, étant donné la triennalité de
la récolte. Mais, encore une fois, le *Ficus* ne saurait se mesurer avec l'*Hevea*
dont la supériorité énorme est évidente ; il ne peut prétendre à rendre des
services que là où les autres espèces à caoutchouc sont incultivables. Tel
est le cas du Tonkin.

La plantation la plus ancienne est celle de Chardwar, en Assam, établie
il y a cinquante ans et où les arbres sont devenus énormes (125 à l'hectare).
Java s'est attaché à la culture du *Ficus,* très discutée encore, parce qu'on
n'envisage guère que des possibilités.

Le caoutchouc de figuier, ou d'Assam (*Assam rubber*), est de très bonne
qualité, nerveux, clair, sec et peu poissant.

FICUS RETUSA Il existe en Nouvelle-Calédonie un « banian », ou figuier, dont le port rappelle d'assez près celui du *F. elastica,* mais à feuilles plus petites : le *Sa* ou *Ficus retusa* Linné. C'est le seul arbre producteur de caoutchouc de l'île. Pour préparer le caoutchouc, on étale le latex fraîchement recueilli sur une feuille de tôle ; on expose au soleil pendant quelques heures et, la coagulation étant ainsi obtenue, on enroule le produit en boule ou en boudin. Ce caoutchouc est reconnu de bonne qualité.

---

6. — *Les Lianes*

Botanique. — Procédés d'extraction. Les *Landolphia*. — Autres espèces. — Usages du caoutchouc. — Production et commerce. — La fièvre du caoutchouc.

Les rapides indications sur ces producteurs de caoutchouc s'appliqueront aussi bien au groupe africain, dans lequel dominent les *Landolphia,* depuis la côte occidentale jusqu'à Madagascar, qu'au groupe asiatique que nous avons à considérer en Indochine, et dont les divers représentants figurent déjà sur le tableau d'ensemble.

BOTANIQUE Presque toutes ces lianes appartiennent à la famille des Apocynacées et à la région tropicale, où elles habitent les profondes et sombres forêts vierges. Quelques-unes, celles du Tonkin, par exemple, s'avancent jusqu'au 23e degré de latitude nord. S'élançant sur les hauts fûts des arbres, courant de l'un à l'autre, elles atteignent 50 et jusqu'à 80 mètres de longueur et l'épaisseur du bras. Leurs petites grappes de fleurs blanches ou jaunes, sans prétention, s'épanouissent au sommet des tiges et donnent des fruits très différents suivant les espèces : tantôt gros, charnus, globuleux ou piriformes, parfois comestibles (*Willughbeia edulis* Roxburgh et *Landolphia*), avec des graines enfouies dans une chair juteuse ; tantôt, dans d'autres espèces, les fruits sont des follicules doubles, secs, déhiscents, en forme de chapelet, de cornes de buffle, d'ergot de coq, etc. et contiennent une infinité de graines à touffes de poils en aigrette, formant parachute, et donnant prise au vent pour la dissémination.

Cependant, lorsque ces mêmes lianes, privées de leurs tuteurs et de l'ombre des forêts, sont obligées de croître à l'air libre et par leurs propres moyens de sustentation, elles se replient sur elles-mêmes, se pelotonnent, en formant de gros et épais buissons qui s'écroulent sous leur propre poids.

Leurs exigences du sol sont assez modestes et la plupart de ces lianes se contentent d'un sol rocailleux, peu profond; elles viennent à d'assez fortes altitudes dans la montagne.

PROCEDES D'EXTRACTION — L'une de ces espèces, le *Landolphia Thollonii* Dewevre, du Congo, plus particulièrement exposée aux atteintes des feux de brousse, a trouvé moyen de s'y soustraire en se réfugiant sous le sol, où sa tige forme de longs et épais rhizomes, d'où partent annuellement, pour son ravitaillement, de multiples branches feuillues qui, seules affrontent le feu. Et c'est le rhizome qui est exploité pour son caoutchouc, mais non pas au moyen d'incisions ou de saignées, mais, après arrachage, par voie mécanique : pilonnage et trituration.

Ce procédé peut être appliqué également aux écorces des lianes. Verneuil et Arnaud (du Muséum) l'avaient industrialisé il y a une vingtaine d'années. En principe, l'opération consiste à pilonner les écorces sèches, à en éliminer les particules de bois plus ou moins poudreuses, à reprendre, un certain nombre de fois, le restant par de l'eau chaude, pour obtenir finalement le caoutchouc aggloméré sous forme de lamelles rugueuses, après passage par des laminoirs. On a pu retirer, par ce procédé, 8 à 9 p. 100 de caoutchouc des écorces aériennes et jusqu'à 14 et 15 p. 100 des rhizomes. Appliqué naguère dans des usines en France et à Anvers, ce procédé ne semble plus donner satisfaction, à cause évidemment de la difficulté de se procurer de la matière première sur une longue distance et par transport relativement onéreux. Il intervient aussi ce fait que la teneur en caoutchouc de l'écorce diminue avec le temps qu'on met à la conserver, de sorte que nous paraît souhaitable, l'invention d'un appareil pouvant être employé sur les lieux mêmes de la récolte des lianes ou de la matière première.

Quant à l'exploitation des lianes par les indigènes, nègres d'Afrique, de Madagascar, ou indigènes de l'Indochine, elle est depuis longtemps dénoncée comme rapidement ruineuse, sans qu'il soit possible de rendre réellement efficace une réglementation administrative d'exploitation rationnelle, ainsi que nous avons essayé de le faire, il y a quelques années, pour l'Indochine. Les lianes, dans leurs peuplements naturels, sont entaillées à n'importe quel niveau et à n'importe quelle profondeur, hachées, coupées, détruites pour en obtenir le maximum de latex. Elles deviennent de plus en plus rares et lointaines.

Le latex est traité sans soins et souvent mélangé avec des produits similaires, qui déprécient la marchandise et préparent des crises commerciales. Les nègres coagulent avec de la salive, de l'urine, ou simplement au feu dans des tubes de bambou, où sont recueillis les apports de saignées avec toutes leurs impuretés. Souvent, la méthode est encore préférable, ils coagulent le latex à la chaleur de leur corps, en en faisant des sortes de crêpes minces sur les bras, les jambes ou la poitrine.

LES LANDOLPHIA Les espèces de *Landolphia* africaines sont nombreuses, mais leurs produits de valeur très inégale.

Le caoutchouc le plus abondant, et de bonne qualité, est fourni par les *L. Heudelotii, owariensis, Klainei* et *Thollonii.*

Le *L. Heudelotii* A. de Candolle ou liane *Gohine,* se distingue, à l'âge adulte, par des feuilles petites et velues, des fleurs blanches et un fruit de la grosseur d'une prune. C'est lui qui fournit la majeure partie du caoutchouc sur la côte occidentale d'Afrique ; il est surtout répandu dans la Haute-Guinée, le Sénégal et le Soudan.

Le *L. owariensis* Palisot de Beauvois, diffère du précédent par ses feuilles adultes plus grandes, glabres et son fruit plus volumineux, de la gros-

Récolte du caoutchouc sur un *Landolphia.*

seur d'une orange. On le trouve également dans la Haute-Guinée, au Congo et jusque dans le nord d'Angola.

Le *L. Klainei* Pierre, est particulier au Bas-Congo. Il a des feuilles adultes glabres, des fleurs jaunes et un fruit atteignant 10 à 20 centimètres de diamètre.

Le *L. Thollonii* Dewevre, spécial aussi au Congo, est une petite plante buissonnante qui ne dépasse pas 30 centimètres de hauteur, d'où le nom de « caoutchouc des herbes » donné au produit. Le fruit mesure 5 à 6 centimètres de diamètre. La plante croît, dans la savane, dans les terres sablonneuses pauvres. Ses rhizomes s'étendent sous le sol à de grandes distances à l'instar du chiendent, et c'est d'eux qu'on retire le caoutchouc.

Les lianes sont généralement exploitées à la fin de la saison des pluies. Le tronc et les branches principales sont incisées, ou devraient l'être, horizontalement et à des distances de 10 centimètres ; l'incision doit n'intéresser que l'écorce et sa largeur ne pas dépasser 2 millimètres. En opérant

Landolphia owariensis.

sur les deux faces de la tige et en ayant soin de faire alterner les incisions, les lianes pourraient être traitées tous les quatre mois, c'est-à-dire trois fois par an, sans que leur vitalité soit très compromise.

Les incisions sont aspergées avec de l'eau salée, du jus acide, une décoction de fruits de tamarin, d'oseille de Guinée, etc. Le sel marin, d'un usage courant, étant hygroscopique, le caoutchouc coagulé par lui a besoin d'être mieux séché. La coagulation par ébullition, après récolte patiente (et assez laborieuse) des gouttes produites sur les incisions, a l'avantage d'être simple et de ne pas altérer le produit, mais elle exige certains soins. L'ébullition doit être amenée assez lentement, sur un feu doux, pour que la masse, trop vite coagulée, n'emprisonne pas des poches de liquide dont la fermentation ensuite déprécierait la valeur du caoutchouc.

La masse coagulée vient surnager dans le récipient d'où elle est retirée

Rameau fructifère du *Landolphia madagascariensis.*

pour être étalée, en minces galettes, sur des claies et séchée dans un endroit aéré, à l'abri du soleil. Les lamelles en plaquettes de caoutchouc coagulées sur les entailles des lianes, sont soulevées, pressées et enroulées, de façon à former des boules de 150-200 grammes Ces boules sont suspendues au-dessus d'un feu où elles sèchent, dans l'intérieur des cases.

Les indigènes de la côte d'Afrique, impatients de recueillir le maximum d'un produit rémunérateur, ont fini par s'affranchir des règles d'une exploi-.

tation avisée et saignent la liane au delà de ses forces. Ils font l'incision trop large et trop profonde (l'écorce seule a des laticifères), enlevant, comme le font les Foullahs dans la Haute-Guinée, de larges plaques d'écorce, ou même abattant entièrement la liane pour la débiter en tronçons. Il a donc fallu songer, non seulement à protéger les peuplements existants, mais encore à favoriser les repeuplements, ou à en créer de nouveaux par la culture.

Branche de *Funtumia elastica*. Fleurs et fruits.

Bien que les *Landolphia* bouturent, on a préconisé le repeuplement par semis. Les fruits, en abondance, sont à maturité au commencement de la saison des pluies, époque à laquelle les semis peuvent être faits sur place. On dispose 3 ou 4 graines dans des trous de 20 centimètres de profondeur, à la distance de 4 à 5 mètres, autant que possible à proximité d'arbres destinés à servir de tuteurs à la liane. Les soins à donner ensuite consistent à défendre les jeunes plants contre les herbes trop envahissantes et contre les feux de brousse. Trois ans après le semis, les lianes sont assez fortes pour se défendre elles-mêmes et, dans un bon terrain, l'exploitation peut être commencée à leur dixième année d'âge.

En ce qui concerne les lianes de Madagascar et celles de l'Indochine, les mêmes remarques peuvent être faites sur leur mode d'exploitation barbare par les indigènes et la nécessité de leur préservation.

Le rendement en caoutchouc des lianes, suivant l'espèce, la saison, l'âge, les conditions de croissance, le mode d'exploitation, etc., est encore très mal connu et semble d'ailleurs varier entre des limites très distantes. A titre de termes de comparaison, notons que le *L. Heudelotii* (*Gohine*) réputé le plus riche, peut donner, à l'état adulte (dix ans), de 400 à 450 grammes de caoutchouc récolté de 3 saignées annuelles ; le *L. owariensis*, à six ans d'âge, en donnerait 135 grammes.

AUTRES ESPECES — Le *Funtumia elastica* Stapf ou *Kicksia elastica* Preuss, de la famille des Apocynacées, appartient également à la flore forestière de l'Afrique occidentale. C'est un arbre atteignant jusqu'à 25 et 30 mètres de hauteur, à feuilles oblongues, d'un vert foncé avec des fleurs jaunes. Le fruit n'est plus charnu comme chez les *Landolphia,* mais forme une capsule sèche. Cet arbre produit une grande partie du caoutchouc exporté de l'Afrique occidentale. Des peuplements relativement intacts existent encore dans les forêts vierges de la Côte d'Ivoire. On le trouve, plus disséminé, au Congo, dans l'Oubanghi, la Sanga, au Cameroun, à la Côte d'Or, etc., mais il n'a pas été signalé encore dans la zone côtière. C'est l'une des espèces auxquelles il semble qu'on puisse s'adresser utilement pour la plantation et on s'occupe, dans nos colonies tropicales africaines, de sa culture méthodique.

L'*Euphorbia Intisy* Drake, ou *Intisy,* est un petit arbre de 5 à 6 mètres de haut, de la famille des Euphorbiacées, caractéristique de la flore du sud et du sud-ouest de Madagascar. Les Européens le connaissent depuis 1891 et il est coté dans le commerce comme bonne espèce, donnant le caoutchouc appelé *Pirahazo* ou *Antandroy.* Ses peuplements sont localisés dans cette région du sud-ouest connue sous le nom de « brousse à Intisy », plateaux desséchés où les pluies sont fort rares et où la flore désertique, composée de plantes charnues ou épineuses cactiformes, prend un aspect si bizarre, qu'on a pu lui appliquer le nom de « jardin des horreurs ». Les Intisy, assez clairsemés, ont l'apparence de plantes sans feuilles, tortueuses, chargées de rameaux cylindriques grêles, verts charnus, s'enchevêtrant les uns dans les autres. Le latex épais est riche en caoutchouc qui se coagule spontanément à l'air, et plus rapidement sous l'action d'un jus acide. Le produit commercial se présente en boules de couleur brun-jaunâtre, formées de lanières pelotonnées. Préparé avec soin, il est de très bonne qualité. Il devient de plus en plus rare, la cupidité et l'imprévoyance des indigènes amenant bientôt la disparition complète de l'*Intisy.* Bien que la plante bouture, la culture en semble difficile à cause de la lenteur de sa croissance.

Nous connaissons, depuis quelques années, l'existence, dans les forêts du Moyen et du Haut Tonkin, d'un arbre à caoutchouc de la taille du noyer, appartenant à la famille des Urticacées : le *Bleekrodea tunkinensis*. Son latex, peu abondant, il est vrai, donne un excellent caoutchouc. L'espèce est fort intéressante parce qu'elle est rustique et végète dans des conditions de climat de la zone subtropicale. Les Annamites et les Chinois ont commencé un mode d'exploitation barbare que nous essayons de combattre, au moins par la mise en réserve des principaux peuplements.

Nombreuses, enfin, sont les plantes dont le latex est formé d'un mélange de gomme élastique et de matières visqueuses ou résineuses qui les éliminent

Saignée à mort d'un *Funtumia*.

de la classe des caoutchoucs proprement dits. Leur emploi industriel, après traitement chimique, deviendra sans doute de plus en plus étendu comme agglomérants, ciments ou succédanés du caoutchouc. Un de ces produits, connu en Extrême-Orient sous le nom de *Jelutong* est donné au commerce par les Etats Malais, Bornéo, Sarawak, les Indes Néerlandaises qui l'envoient par Singapour aux Etats-Unis où il sert presqu'entièrement à la fabrication du *chewing gum*, ou « gomme à mastiquer » à laquelle on ajoute un peu de papaïne qui est un principe digestif.

En 1925, Singapour en a ainsi exporté 6.620 tonnes. Le *jelutong* provient du latex de plusieurs espèces de *Dyera* et de l'*Alstonia*, Apocynacées qui croissent à l'état sauvage. Ce latex contient jusqu'à 80 p. 100 de résine et 20 p. 100 d'une substance plus voisine de la gutta que du caoutchouc. Sa coagulation est obtenue, après acidification par l'acide acétique, en le mélangeant à 2 fois et demi son volume d'alcool. Certains *Willughbeia*, *Wrightia*, *Cerbera*, etc., de la famille des Apocynacées, donnent des produits du même genre et pourraient être exploitées en Indochine.

Le Karité (*Butyrospermum*) que nous avons trouvé déjà parmi les plantes oléifères, laisse exsuder une gomme guttoïde dont le Dr Schweinfurth a vu les nègres Bongos faire des balles élastiques comme joujoux.

SORTES COMMERCIALES ET USAGES DU CAOUTCHOUC

Voici donc le caoutchouc brut sur le marché, à la porte des usines. Il s'y présente sous forme de boules, pains, blocs, boudins, pelotes, galettes, plaquettes, lamelles, crêpes, biscuits, feuilles, etc., suivant ses pays d'origine, son mode de préparation et les plantes productrices.

Madagascar. — *Euphorbia Intisy*.

Sur la côte d'Afrique, les formes commerciales les plus communes sont les suivantes :

Twists : grosses boules, composées de larges bandelettes enroulées, de couleur rouge noirâtre, enfumées, avec une odeur de fumée.

Niggers : boules bosselées, formées de bandelettes minces enroulées, enfumées. Boules assez grosses, rouge ou rouge-brun dans les *Niggers rouges*; petites, de couleur brun foncé, dans les *Niggers blancs* ou *Soudan niggers white*.

Les *twists* et les *niggers* donnent un caoutchouc de première qualité.

Cakes : petits gâteaux noirs en forme de tronc de cône irrégulier. Ils comprennent les *biscuits* plats, durs, noirs, obtenus par compression mécanique du coagulum.

Lumps : grosses masses de 20 à 30 kilogrammes obtenues par coagulation dans des formes, mélangées de matières étrangères, mal préparées, creusées de poches, malodorantes, dépréciées sur le marché. Les *cakes* et les *lumps* représentent le caoutchouc de deuxième ou de troisième qualité.

Les *rejections* sont les déchets, présentés généralement en fûts.

Nous avons vu plus haut le mode de présentation des caoutchoucs de cueillette américains et des caoutchoucs de plantation.

Il n'est pas rare de voir dans des expositions, à titre de réclame, des blocs de caoutchouc de plusieurs centaines de kilogrammes.

Il n'entre pas dans le cadre de ce livre de suivre le caoutchouc brut à travers les laminoirs, mélangeurs, épurateurs, régénérateurs, etc., de l'ou-tillage moderne.

Qu'il nous suffise de savoir que le caoutchouc brut est repris complète-ment, déchiqueté, malaxé, changé de constitution physique, afin de le faire entrer dans les moules et les formes innombrables de ses divers usages.

Vieux, usé, à l'état de déchets, il est repris maintenant par l'industrie moderne et devient du « régénéré », de valeur, il est vrai, moindre, mais qui se prête de nouveau à de multiples usages.

Nous avons déjà parlé de la découverte, en 1836, de la *vulcanisation* du caoutchouc par Goodyear. Elle consiste à incorporer au caoutchouc, à la température de 130° C., du soufre dans la proportion de 7 à 10 p. 100. Le caoutchouc vulcanisé est plus souple, plus élastique et il résiste à l'action du froid, alors que le caoutchouc ordinaire en perd son élasticité.

En chauffant à 135° C. et en augmentant jusqu'à 50 p. 100 la dose de soufre, on obtient l'*ébonite*, d'une dureté comparable à celle de la corne, noir, susceptible d'un beau poli et dont l'emploi est aujourd'hui très répandu en électricité, en physique et en chirurgie. En mélangeant au caoutchouc du liège pulvérisé et en appliquant le mélange laminé sur de la toile imprégnée d'huile de lin, on obtient le *linoléum*.

Il serait malaisé d'exposer tous les innombrables usages du caoutchouc naturel; ils augmentent de jour en jour :

Industrie automobile; aéronautique qui en imprègne ses toiles; peintures, vernis, ciments qui l'incorporent dans leur composition; chirurgie qui s'adresse pour ses instruments à l'ébonite; parquets et chaussées en caout-chouc (1); dessus de table remplaçant le marbre; chaussures munies de semelles directement coupées dans les feuilles épaisses ou superposées, etc., etc.

---

(1) La cour d'honneur des bureaux du Gouvernement à Kuala-Lumpur (Etats Malais) a été revêtue d'un pavage en caoutchouc. Dès 1913, Borough High Street, à Londres, a reçu une plate-forme en blocs de caoutchouc, et le même système a été adopté en différentes villes aux Etats-Unis d'Amérique.

Il va sans dire que l'industrie choisit ses qualités, dont la première est le « crêpe pale first latex », suivi du « crêpe brune », du « smoked sheet », feuille ou crêpe fumés, sans compter les « Para » de l'Amérique du Sud, très estimés.

Nos caoutchoucs africains de cueillette sylvestre ne donnent pas toute satisfaction aux industriels, mais nous pensons, avec H. Jumelle, que des méthodes d'exploitation plus soignées soutiendront les demandes du marché.

L'industrie caoutchoutière a reçu un développement considérable de l'emploi direct qu'il lui est possible de faire, à présent, du latex naturel conservé à l'état liquide ou, par réversion, du caoutchouc reconduit à l'état liquide. Parmi les emplois modernes du latex à l'état naturel, on peut citer la fabrication des agglomérés de fibres végétales comme le coton, ou animale comme le crin, ou minérales comme l'amiante par imbibition et séchage: l'imprégnation de filets de pêche; l'incorporation dans la pâte de papier ; la galvanoplastie; le moulage de formes poreuses ; la conservation de certains fruits tropicaux ou autres (1).

Si le látex obtient, dans ses applications industrielles, des résultats remarquables, d'ailleurs perfectionnés incessamment, il offre cependant certains inconvénients, parmi lesquels son instabilité, bien que corrigée par l'addition d'environ 3 p. 100 d'ammoniaque, demande une constante surveillance afin que, sous l'action des fortes chaleurs, la volatilisation ne diminue pas ce taux de l'anti-coagulant. Son manque de viscosité et son refus d'accepter l'incorporation de déchets et d'agents solides, ainsi que la forte nervosité de son coagulum immédiat, sont également des obstacles à l'extension de son emploi.

Par l'évaporation, on peut lui donner une plus forte consistance, presque crémeuse, et le présenter sous cette forme à l'usage industriel (E. A. Hauser).

On a pensé que le transport de 60 à 80 p. 100 d'eau dans le latex liquide et même concentré était inutilement onéreux, d'où l'invention et l'application actuelle de procédés de réversibilité du caoutchouc solide, c'est-à-dire sa transformation en latex au moyen d'émulsifs dans des appareils spéciaux. Ces dispersions aqueuses du caoutchouc solide acceptent des incorporations de soufre, matières colorantes et autres charges, ainsi que des *antioxgènes* et des principes *accélérateurs* dont l'action sur la conservation

---

(1) En appliquant le latex sur des étoffes à tissu serré, Wavelet a obtenu des pellicules de dépôt peu adhésifs, mais suffisamment pour permettre, appliquées en dessin, de remplacer la cire dans le « batyk » javanais.

Aug. Chevalier a reçu, en 1923, de Buitenzorg, envoyés par Cramer, des mangoustans trempés dans du latex et enveloppés dans du papier huilé. 60 p. 100 arrivèrent en bon état. Il y a une quinzaine d'années, j'avais reçu de Saïgon des mangoustans trempés dans une solution préservatrice, probablement silicate l'alumine ; 40 p. 100 étaient en excellent état à l'arrivée.

et la coagulation du caoutchouc ont fait l'objet d'études approfondies dans les laboratoires scientifiques (J. Ch. Bongrand).

De sorte que l'on peut dire que nul autre produit de culture industrielle tropicale n'a été, autant que le latex et son coagulum, l'objet d'investigations chimiques et physiques aussi nombreuses et profitables.

La graine d'*Hevea* est, elle aussi, exploitable au titre de graine oléagineuse. Son amende contient jusqu'à 42 p. 100 d'huile siccative comparable à l'huile de lin et laisse, après expression, un tourteau, accepté par le bétail, dont la composition accuse environ 26 p. 100 de protéine, 6 p. 100 de matière grasse et 5 p. 100 de cellulose (Pilinski).

Chimiquement, le caoutchouc est un carbure d'hydrogène ($C^5 H^8$), blanc à l'état pur, insoluble dans l'eau et l'alcool, soluble dans les huiles de houille et dans un mélange de sulfure de carbone et d'alcool. Le latex est une solution colloïdale de caoutchouc dans un sérum composé d'eau jusqu'à 80 p. 100, contenant 2 p. 100 de protéine et 1,65 p. 100 de résines et divers hydrates de carbone. C'est la partie résineuse, liquide ou poisseuse, dont la proportion détermine surtout la qualité du caoutchouc commercial.

La synthèse du caoutchouc a été réalisée depuis longtemps par polymérisation de l'isoprène ou de ses dérivés. Mais la production *in vitro* de cette substance artificielle ne saurait, jusqu'à présent, menacer le caoutchouc naturel, pourvu de propriétés que ne possède pas le produit chimique et d'un prix de revient incomparablement moindre.

PRODUCTION ET CONSOMMATION D'après les statistiques publiées par la *Rubber Growers Association*, puissante corporation anglaise, l'exportation nette du caoutchouc brut des principaux pays producteurs se répartit, en 1927, de la façon suivante (en milliers de tonnes) :

	Malaisie britannique.	242.0
	Indes néerlandaises.	229.0
	Ceylan	55.4
	Inde anglaise.	11.3
Caoutchouc de plantation.	Bornéo N. britannique	6.6
	Sarawak.	11.0
	Indochine française.	8.0
	Siam, etc.	4.0
	Total	567.3
Caoutchouc sylvestre.	Amérique du Sud.	28.0
	Autres pays.	10.0
	Total	38.0
	Total général	605.3

Ce total de 605.300 tonnes est de 14.600 tonnes inférieur à celui de l'année 1926 précédente, la diminution provenant apparemment de la répercussion du plan Stevenson appliqué aux productions anglaises.

Le total de 1928 atteindra 620.000 tonnes et les prévisions pour 1929, sont de 700.000 tonnes.

Au 31 décembre 1926, la surface complantée en arbres à caoutchouc est évaluée (en milliers d'acres) à :

Malaisie	2.250	Bornéo et Sarawak	150
Ceylan	450	Indochine française	90
Indes néerlandaises	1.600		
Inde anglaise	140	Autres pays	70

Total : 4.750.000 acres, soit plus de 2 millions d'hectares.

En 1913, l'exportation nette des pays producteurs fut de 11.000 tonnes de caoutchouc de plantation et de 83.000 tonnes de caoutchouc sylvestre. En 1904, 50.000 acres (20.000 hect.) seulement étaient complantés en arbres à caoutchouc.

On voit par ces deux chiffres, à comparer à ceux de 1926, le rythme accéléré de la production depuis l'époque du plein rendement des premières plantations, débutant de 1897 à 1906.

Sur le tableau suivant sont portées les importations nettes de caoutchouc brut dans les principaux pays industriels consommateurs en 1926 (en tonnes) :

Etats-Unis	400.000	Australie	7.000
Angleterre	84.900	Autriche-Hongrie	3.000
France	38.900	Pays Scandinaves	3.300
Allemagne	22.800	Hollande	2.700
Canada	20.400		
Japon	17.000	Belgique	2.500
Italie	10.200	Espagne	1.500
Russie	7.000	Autres pays	4.500

Au total, 625.700 tonnes, contre 130.000 tonnes en 1913 et 529.800 en 1925. Pour 1928, le total serait de 619.000 tonnes et les prévisions pour 1929, de 678.000 tonnes.

L'importation totale des caoutchoucs en France a atteint, en 1927, 49.162 tonnes, dont 8.095 tonnes venant des colonies, soit 16,48 p. 100. En valeur, 825.661.000 francs, dont 135.753.000 francs aux colonies, soit 16,44 p. 100.

En 1907, — il est intéressant de rappeler ce chiffre, — notre consommation était de 6.000 tonnes, d'une valeur de 48 millions de francs, principalement absorbée par les centres industriels de Paris et de Clermont-Ferrand (5.000 tonnes).

En ce qui concerne plus particulièrement nos colonies productrices et exportatrices de caoutchouc, nous notons les chiffres suivants :

Indochine

Superficie occupée par les plantations :   Exportation

1913 : 14.300 hectares........................	6.000 tonnes
1914 : 16.200 —	191 —
1924 : 36.000 —	6.787 —
1925 : 40.000 —	6.562 —
1926 : 49.000 —	7.421 —

L'exportation est prévue à plus de 8.000 tonnes en 1929.

L'Indochine méridionale, c'est-à-dire la Cochinchine, le Cambodge et le Sud Annam, se sont montrés, par leur climat et leur sol, fort accueillants aux plantations, dont la première, dans le voisinage de Saïgon, remonte à 1896. L'*Hevea* réussit en « terre grise » et vient admirablement en « terre rouge », donnant, dans les premières, une moyenne de 350 kilogrammes de caoutchouc à l'hectare, et jusqu'à 600 kilogrammes dans les secondes. De nombreuses plantations s'y sont établies, apportant à la colonie une richesse directe et virtuelle à la fois puisque l'hévéiculture florissante est venue écarter le danger que courent les pays de monoculture comme la Cochinchine le fut pour le riz.

Pays producteur relativement faible jusqu'à présent, l'Indochine peut espérer augmenter sa production dans l'avenir jusqu'à fournir à la métropole la majeure partie de son chiffre d'importation. On estime à 150.000 hectares la superficie susceptible d'être complantée en hévéas (1). L'Indochine exportait aussi du caoutchouc de cueillette sylvestre de ses forêts de l'intérieur (Laos), mais cette récolte est maintenant négligée.

Nos colonies de la Côte occidentale d'Afrique, à part quelques essais de plantations de Ceara, s'en tiennent à la récolte du caoutchouc sylvestre de lianes et de *Funtumia* par les indigènes..

Voici, pour 1926, les chiffres d'exportation des diverses colonies et pays de protectorat (en tonnes) :

Sénégal, 110,7; Soudan français, 23,3; Guinée française, 1.258,1; Côte d'Ivoire, 486,2; Haute Volta, 19,6; Togo, 44,6; Cameroun, 1.037,1; A. E. F., 1.756,3; Madagascar, 116,5, soit au total 4.852 tonnes et demie, qui n'apparaissent pas toutes dans les importations de France, allant, pour une certaine quantité, aux Etats-Unis qui sont les plus forts consommateurs de caoutchouc du monde et s'adressent à toutes les sources d'approvisionnement accessibles.

Le développement de l'hévéiculture pendant les deux dernières décades s'inscrit par une courbe assez régulièrement et rapidement ascendante pour la production, mais fort irrégulière pour la marche des prix du caout-

---

(1) La question de la main-d'œuvre y met moins d'obstacles que dans d'autres pays. L'ouvrier annamite apprend vite et volontiers le métier de « saigneur » et il arrive à saigner de 400 à 500 arbres par jour, lorsque l'ouvrier malais, d'après Angoulvant, ne dépasse pas 400.

chouc auquel la période de la guerre, après des cotes antérieures élevées, n'apporta pas un bénéfice commercial suffisamment rémunérateur des exploitations culturales. L'accumulation des stocks avait amené, en 1919, une baisse des prix qui s'accentua par la suite, de sorte que les producteurs anglais vendaient finalement au-dessous du prix de revient et, près de succomber, crièrent au secours. Ce fut l'origine du « plan Stevenson », du nom du Président de la « Rubber Growers Association » qui, très influente, le fit édicter par le Gouvernement britannique sous la forme d'une loi, en 1922.

Le plan Stevenson met en jeu une convention par laquelle, afin de stabiliser les cours du caoutchouc, très irréguliers, sur le marché mondial, les Compagnies anglaises établies à Ceylan et dans les Straits Settlements, acceptent de n'exporter que 60 p. 100 de leur production. A ce pourcentage de base est appliquée une taxe de sortie minimum de 1 penny par livre. Si l'exportateur — et il en est libre — veut exporter davantage, il paiera une taxe progressive avec la quantité mais qui devient vite prohibitive. Toutefois, le pourcentage de base peut être élevé avec la hausse des prix du caoutchouc sur le marché de Londres.

Par ce système de valorisation « en soupape » furent maintenus, au début, des prix rémunérateurs par le déséquilibre artificiel entre l'offre et la demande, la demande la plus forte venant des Etats-Unis d'Amérique. Cependant, les planteurs non adhérents au pacte, Hollandais des Indes néerlandaises, Français de Cochinchine et même certains planteurs de Malaisie britannique, profitèrent à la fois du maintien des cotes sur le marché et de la faculté qu'ils avaient d'y vendre leur production entière sans restriction. C'est ainsi qu'en 1927, les Indes néerlandaises arrivèrent à exporter 229.000 tonnes de caoutchouc alors que Ceylan et la Malaisie en exportent 296.000.

L'industrie caoutchoutière des Etats-Unis, étant le plus fort consommateur de caoutchouc, s'est trouvée le plus atteinte par cette situation et il a été question de représailles. Entre temps, les Américains organisent l'industrie du caoutchouc régénéré et ils en produisent 164.500 tonnes en 1926 (1).

A présent, le plan Stevenson n'étant plus opérant, menaçant même de devenir dangereux, est abandonné : une décision du 8 avril 1928 en fixe la fin au 1er novembre de la même année.

Il est intéressant de noter que les Etats-Unis, afin de s'assurer dans l'avenir des sources d'approvisionnement libres, incitent les capitalistes à investir des fonds dans de vastes concessions demandées en Amazonie. Ils

---

(1) En 1926, les Etats-Unis et le Canada font rouler 25 millions d'automobiles (la France 800.000). La ville de Détroit en fabrique 2 millions par an. Les usines de Détroit et Akron sont spécialisées dans le travail de l'automobile et l'industrie du caoutchouc.

établissent de grandes plantations de Guayule sélectionné — les peuplements du Mexique sont spontanés — en Californie et des projets de culture de *Cryptostegia*, le « lombiro » de Madagascar, ont été conçus en Floride.

La fortune financière des plantations d'Extrême et Moyen-Orient n'est apparemment pas menacée de péricliter — et ce sera le parallélisme des courbes assuré selon toutes prévisions pour plusieurs années prochaines — aussi longtemps que l'industrie. comme elle le fait aujourd'hui, absorbera la production. Plus tard, sans doute aussi entrera en jeu la loi économique impérieuse de l'abaissement du coût de la production, pour éliminer les négligents et les malhabiles.

Un facteur avec lequel il faudra compter est la culture de l'*Hevea*, de plus en plus pratiquée par les indigènes, notamment à Java.

En manière de conclusion, nous partageons entièrement l'avis de Henri Brenier, lorsqu'il dit que. seules, primeront, ou du moins survivront, les entreprises conduites *économiquement* et *scientifiquement*. Nous ajoutons, avec lui : et ce sera justice. Les vieilles plantations à rendement inférieur disparaîtront et les entreprises incapables d'améliorer leur culture seront en mauvaise posture.

7. — *La Gutta-Percha*

Bien que de composition élémentaire très voisine, hydrocarbure comme le caoutchouc ($C^{10} H^8$), la gutta a des propriétés physiques très différentes. Sa principale, et la plus précieuse, est d'être mauvaise conductrice de l'électricité et de résister longtemps. à l'action de l'eau de mer, d'où son emploi comme enveloppe des câbles sous-marins.

La Gutta — du malais *guetta* — est obtenue du latex de plusieurs arbres de la famille des Sapotacées des genres *Palaquium* et *Payena* (1).

Les indigènes de la Malaisie la connaissaient depuis longtemps et s'en servaient, lorsqu'en 1832, le chirurgien Montgomerie, de Singapour, la signala en Europe. Quinze ans plus tard, von Siemens la faisait employer comme isolant, et elle entrait dans la confection des câbles où elle n'a pas trouvé, jusqu'à présent. de produit équivalent et rival.

Les *Palaquium* sont des arbres de 20 à plus de 30 mètres de hauteur, à feuilles oblongues-lancéolées, dures, vert foncé en dessus, revêtues d'un

---

(1) Le genre *Palaquium* est synonyme du genre *Dichopsis*, mais non du genre *Isonandra*, qui, d'après H. Lecomte, possède. des caractères différentiels nettement accusés.

feutrage soyeux et doré à la face inférieure. Ils se trouvent localisés dans les forêts vierges, chaudes et humides, de la presqu'île Malaise, de Sumatra, de Bornéo et des îles Philippines. Les deux principales espèces exploitées sont le *P. Gutta* Bentham et le *P. oblongifolium* Burck. Du genre *Payena*, c'est le *Payena Leerii* Bentham et Hooker.

Java. — Plantation d'arbres à gutta.

Le latex de ces arbres ne coule pas d'une façon continue et abondante comme celui des caoutchoutiers, parce que leurs laticifères ne sont pas anastomosés dans la même continuité : ils donnent donc beaucoup moins à l'incision et pour en avoir un rendement commercial, on a pris le parti de les abattre et de les débiter en tronçons. On n'obtient d'ailleurs d'un arbre adulte que la quantité relativement faible de 300 à 400 grammes de gutta, ce qui explique assez le prix très élevé du kilogramme de ce produit. ·

Il s'ensuit que les peuplements naturels ont reculé et se sont faits de plus en plus rares. Actuellement, le *P. Gutta* a disparu de son habitat accessible de la presqu'île Malaise. Aussi, les tentatives de culture ont-elles été assez nombreuses dans nos colonies et dans les colonies étrangères. En 1898, Henri Lecomte, dans une mission aux Antilles et à la Guyane française, entreprit d'y introduire des plants de *P. oblongifolium* provenant de la mission Raoul; mais ces essais sont demeurés sans lendemain. Des essais tentés à la Grande Comore, au Cameroun et au Congo belge avaient fait naître quelques espoirs de réussite.

Jusqu'à présent, ce ne sont que les Hollandais, à Java et à Sumatra, qui, grâce à une méthode parfaite et une suite remarquable dans les idées, sont arrivés à créer des peuplements de culture constituant une véritable richesse. Java possède maintenant plusieurs milliers d'hectares, complantés d'arbres à gutta âgés, exploités rationnellement et assurant au gouvernement une sorte de monopole de production, comme il a pu déjà s'assurer, en quelque sorte, le monopole de la production du quinquina et de la quinine. Ces forêts artificielles sont admirables de tenue et de valeur.

La plus importante de ces plantations est actuellement celle de Tjipetir, créée en 1885 par le Gouvernement. La saignée et l'abattage des arbres y sont remplacés par l'extraction de la guetta des feuilles et, à cet effet, pour obtenir le maximum en matière première foliaire, l'arbre est arrêté dans son développement en hauteur par la taille, à la façon du théier. La cueillette comprend celle des feuilles tombées, des feuilles fraîches et des menues branches. Elle donne, dans les bons lots, jusqu'à 10 tonnes à l'hectare avec une teneur moyenne de 2,5 p. 100 de gutta-percha.

Ce mode d'exploitation avait été imaginé et préconisé, il y a une vingtaine d'années, par les chimistes français Jungfleisch, Sérullas et Ledeboer. Leur méthode comporte l'emploi de solvants, la trituration et la cuisson à l'eau. Des usines s'étaient montées à Singapour pour le traitement des cueillettes de feuilles sèches des peuplements voisins encore existants, mais la difficulté d'en assurer la marche par un apport de matière première en quantité suffisante a fait abandonner l'entreprise. La qualité du produit obtenu au début a été améliorée à Tjipetir, où le taux de la gutta-percha en résine a pu être ramené à 9 p. 100, alors qu'il atteint de 15 à 20 p. 100 dans les gommes de provenance sauvage.

Nos essais d'introduction d'arbres à gutta-percha dans le Sud de l'Indochine n'ont pu être poursuivis, bien que nous pensions, avec Seligmann-Lui, que leur acclimatement y était possible par le choix des terrains et des conditions climatériques. Nous y trouvons par contre — en Cochinchine et au Cambodge, notamment dans la « chaîne de l'Eléphant » et probablement jusque dans le Laos — une espèce affine, découverte par J. Pierre, le *Palaquium (Dichopsis) Krantziana* Pierre, qui produit une sorte de gutta très intéressante que les indigènes appellent *thior*. Après traitement chimique à l'effet d'éliminer une certaine proportion de substances gênantes qu'il contient, ce produit fournit une gutta mise jadis en expérience par l'administration des Postes et Télégraphes, à la Seyne, et trouvée très utilisable. Il conviendrait de prêter une nouvelle attention à ce produit.

Le grand marché d'exportation de la gutta est Singapour où se préparent, moyennant mélanges, les diverses sortes commerciales qui se présentent au marché de Londres. Il ne faut pas, paraît-il, que la gutta soit trop pure pour être bonne. Elle est d'ailleurs reprise par l'industrie en Europe et apprêtée pour ses divers usages.

Les chimistes différencient, dans sa composition, trois substances en proportions variables suivant qualité : la *gutta* proprement dite, la *fluavile* et l'*albane*, ces deux derniers, corps oxydés.

La gutta, tenace, peu élastique à la température ordinaire, se ramollit à la chaleur et s'altère à l'air et à la lumière. A 100° C., elle devient pâteuse et se prête aux moules et formes qu'on veut lui donner. En dehors de son principal emploi pour les câbles sous-marins, elle sert à de nombreux usages : en galvanoplastie, confection de cuvettes, flacons, instruments de chirurgie, courroies de transmission, balles du jeu de « golf » dont elle constitue la couche extérieure, etc.

Il y a 40 ans, la production mondiale était de 1.500 tonnes; elle est aujourd'hui d'environ 6.000 tonnes, et l'Angleterre est la meilleure cliente du marché.

---

8. — *La Balata*

On appelle de ce nom un produit voisin de la gutta-percha, provenant du latex d'une plante de la famille des Sapotacées : le *Mimusops Balata* Gærtner ou *Sapota Muelleri* Balk., que les Anglais appellent *bully-tree*. C'est un grand arbre des forêts des Guyanes, du Vénézuéla, du Brésil, où il vit en petits groupements épars.

Ce produit est connu en Europe depuis 1855, par un échantillon envoyé à Paris de la Guyane française.

L'exploitation des arbres se faisait jadis, et se fait encore assez souvent à présent, par simple abatage qui permet de retirer d'un pied de moyenne grandeur jusqu'à 5 kilogrammes de gomme. Les propriétaires de concessions, plus avisés, emploient la méthode des incisions en récoltant le latex comme sur les saignées des arbres à caoutchouc, avec un rendement d'un tiers à un demi-kilogramme seulement par arbre, mais avec la continuité assurée pendant des années.

La gomme de balata coagulée se présente à l'état brut sous l'apparence d'une masse blanchâtre, parfois rosée. très flexible et élastique comme le cuir. Elle devient malléable à 49° C. et fond à 149° C., se prête à la vulcanisation. est soluble dans le sulfure de carbone et s'électrise au frottement. Elle brûle en crépitant avec une flamme fuligineuse.

Comme succédané de la gutta-percha, elle sert à la confection de câbles . aériens, d'isolateurs électriques, de montages et d'objets de chirurgie, de semelles de chaussures, d'appareils dentaires, etc. Mais elle trouve son principal emploi dans la confection de courroies de transmission et de bandes minces, souples et résistantes.

Tandis que les Guyanes voisines et le **Vénézuéla** exploitent ce produit sur une large échelle, la Guyane française, qui est cependant riche en arbres producteurs, le délaisse trop en accusant la pénurie de la main-d'œuvre. Elle a donné à l'exportation, en 1926, 195 tonnes.

CHAPITRE IX

GOMMES. — RESINES. — GOMMES-RESINES
ET OLEO-RESINES.
CIRES VEGETALES. — IVOIRE VEGETAL.

Les *gommes* sont des substances généralement amorphes, *plus ou moins solubles dans l'eau*, avec laquelle elles forment des mélanges épais et filants. Elles sont à peu près insolubles dans l'alcool et insolubles dans l'éther, les essences, les huiles fixes.

Les unes sont entièrement solubles dans l'eau, les autres le sont partiellement; le liquide qui en résulte devient visqueux. Ces différences proviennent de l'époque à laquelle la gomme a été récoltée, mais surtout de son origine botanique. Les gommes, assez mal connues encore au point de vue de leur origine, sont acides et contiennent de l'acide arabique, quelques-unes de l'acide acétique.

Em. Perrot n'admet pas leur origine bactérienne; il croit que la gomme résulte de la transformation du contenu et de la membrane des tissus de la plante qui bénéficie de la sorte d'une certaine réserve d'eau — la gomme arabique à l'état sec contient encore de 16 à 18 p. 100 d'eau — lui permettant de traverser les périodes de sécheresse prolongées des régions désertiques. Les exsudats de gomme se forment autour des piqûres d'insectes et des blessures.

Les *résines* sont des substances *insolubles dans l'eau* et solubles, plus ou moins, dans l'alcool, l'éther, le chloroforme, le toluène, l'essence de térébenthine, etc.

Les *gommes-résines*, substances composées à la fois de gomme et de résine, ont des propriétés qui participent à la fois de celles des gommes et de celles des résines.

Une *oléo-résine*, enfin, est une solution d'une substance résineuse dans une huile essentielle. Un grand nombre d'oléo-résines sont communément désignées sous le nom de *baumes*.

---

1. — *La Gomme arabique*

Acacia arabica. — Acacia Senegal. — Récolte. — Commerce

L'un des produits naturels les plus importants du Sénégal-Soudan est la *Gomme*. C'est l'un des plus anciennement connus.

Au XVIIe siècle déjà avant l'ère chrétienne, les Egyptiens connaissaient la gomme arabique et l'employaient, sous le nom de *Kami*, à la fabrication de leurs couleurs picturales. Comme, jadis, elle venait à l'Occident par les ports d'Arabie, elle en reçut le nom d'origine.

Les plantes productrices de la gomme — ou plutôt des gommes arabiques --- sont des *Acacias* de la famille des Légumineuses-Mimosées, arbres ou arbustes souvent épineux dont il existe de nombreuses espèces qui sont surtout abondantes en Afrique et en Australie. Les régions du Sénégal et du Haut Niger sont particulièrement riches en acacias gummifères.

Avec Em. Perrot, nous retenons les 3 espèces principales suivantes, productrices de gomme arabique :

L'*Acacia Verek* Guill. et Perrott. (*Acacia Senegal* Willd.), que les Arabes appellent *hachab*, est un petit arbre à écorce grisâtre pouvant atteindre jusqu'à 8 mètres de hauteur. Le fruit est une gousse aplatie, membraneuse, épointée aux deux bouts, à bords légèrement sinueux.

C'est le « gommier blanc » d'Adanson. Il est abondant dans la zone soudanienne de la Mer Rouge au Sénégal. Il croît dans les endroits sablonneux, en abondance surtout sur la rive droite du Sénégal où il couvre de vastes étendues, formant sur certains points des peuplements assez denses, mais généralement des groupements éparpillés. Il est très abondant en Mauritanie. Cette espèce est la plus importante pour le commerce.

L'*Acacia Seyal* Delile (arabe *talk*) est une espèce de plus haute taille que le *Verek*. Elle porte aussi le nom commercial de *Salabreida* et se distingue par des gousses droites en forme de faucille avec de légers étranglements entre les loges des graines. On en reconnaît deux types : le blanc et le rouge; mélangé avec le *Verek*, il habite les mêmes régions.

L'*Acacia arabica* Willd. (arabe *Sount*) est un petit arbrisseau épineux de

2 à 6 mètres de hauteur, très rameux, à petites fleurs en capitules sphériques jaune d'or. Les gousses sont droites, comprimées et fortement étran-
glées dans les intervalles qui séparent les grains disposés en chapelet.

Cet arbrisseau habite l'Egypte, le Sénégal, le pays des Somalis et toutes
les régions de l'Afrique au sol sablonneux et au climat sec, jusqu'au cap
de Bonne-Espérance. On le retrouve en Arabie et dans l'Inde.

C'est le « gommier rouge » du Sénégal. Le produit qu'il donne est de
qualité inférieure; il est le moins récol-
té, la presque totalité de la gomme, dans
la région soudanienne française aussi
bien qu'au Soudan égyptien, étant fournie par l'*Acacia Verek*.

Dans les régions sénégalaises, la récolte de la gomme commence en novembre,
c'est-à-dire à la fin de la saison des
pluies, lorsque le tronc et les rameaux
des arbres sont gonflés par la sève.

A la période pluvieuse succède alors
le vent brûlant qui souffle de l'Est,
l'*Harmattan*. Sous son action, les écorces
se fendent, la gomme s'écoule par les
fissures et se durcit à l'air. Plus le vent
est fort et prolongé, plus la récolte est
abondante. Cette première récolte, dite
petite traite, est relativement peu importante.

Rameau, fleurs et fruit du gommier.
Acacia arabica.

La récolte principale, ou *grande traite*, commence après les mois de janvier et février. Pendant ces mois, les vents d'ouest amènent des rosées
auxquelles succède une sécheresse extrême. La seconde traite se prolonge
jusqu'en juin et juillet.

La récolte est faite à la main ou à l'aide de perches munies de crochets.
Les morceaux de gomme sont entassés sur des nattes, mais ils se trouvent
parfois souillés par de la terre ou des débris végétaux.

Au Soudan égyptien où les peuplements naturels sont aménagés et exploités méthodiquement, les arbres sont soumis à l'écorçage (*tapping*), opération qui consiste à enlever de l'écorce, à l'aide d'une hachette spéciale,
des lanières de 30 à 50 centimètres de longueur sur 3 à 4 centimètres et
demi de largeur. Les bords de la plaie laissent exsuder alors un liquide
visqueux qui durcit rapidement et forme des boules de gomme.

Ainsi, — mais moins méthodiquement et prenant moins de soins pour
ne pas blesser le cambium de l'arbre, — font les Maures, auxquels on
reproche d'amener, par leurs procédés barbares, la diminution progressive
des peuplements de gommiers.

L'importance de la récolte diffère suivant les conditions régionales, l'âge de l'arbre, etc.

Au Soudan égyptien on obtient, dans les meilleures conditions, de 500 à 800 grammes de gomme d'un arbre de 5 à 7 ans. Un arbre de plus de 15 ans ne produit plus de gomme que sur les jeunes branches à écorce lisse.

Le commerce de nos gommes du Sénégal distingue les sortes principales suivantes :

1° Gommes du *Haut du Fleuve* ou de *Galam*. Très pures, assez tendres, friables et très solubles dans l'eau. Se présentent en morceaux réguliers et petits.

2° Gommes du *Bas du Fleuve* ou de *Podor*. Les plus abondantes; formes très diverses, vermiculaires, noueuses, irrégulières, coloration jaune clair à brune; parfois incolores, gros morceaux rougeâtres appelés *marrons* (de Keghel). Ramassés par terre, sont souvent souillés de sable.

3° Em. Perrot sépare nettement des autres la gomme du *Bas du Fleuve* dite *de Louga*, comparable à la gomme blanche et transparente du *Kordofan*. Elle est récoltée par les Peulhs du Fouta — ce qui est ethnographiquement caractéristique — sur des peuplements aménagés comme ceux du Soudan égyptien et traités par écorçage.

4° Gommes *Salabreida*. Généralement incolores ou peu colorées. Très dures et friables. Présentées surtout sous forme de cylindres allongés et vermiculaires.

La *Gomme du Sénégal* arrive en France principalement par Bordeaux, où s'effectue le triage et le classement en catégories commerciales nombreuses comportant une quinzaine de sortes.

Le chiffre de l'exportation de la Gomme du Sénégal est très variable d'une année à l'autre; mais il va croissant régulièrement depuis l'année 1896. En 1926, nos colonies ouest-africaines en ont exporté 6.320 tonnes, dont 5.858 tonnes du Sénégal et 457 tonnes du Soudan français.

Marseille, Trieste et Londres sont les marchés de distribution des arrivages d'Europe.

---

2. — *Résines*

L'industrie de la résine. — La sandaraque. — Les copals durs
Les résines damars. — Les Diptérocarpées

Les principaux résinifères sont les arbres de la famille des Conifères, souvent désignés sous le nom général de « résineux », où la résine se forme dans le bois et surtout dans le bois jeune.

Une de nos colonies intertropicales, l'Indochine, est riche en peuplements de conifères représentées, entre autres, par plusieurs espèces de pins (*Pinus Khasya*, pin à 3 feuilles, et *P. Merkusii*, à 2 feuilles) dans la chaîne annamitique à partir de 800 mètres d'altitude des parties du Cambodge au nord du Grand Lac et dans le nord du Tonkin. C'est là une richesse indiscutable qui mérite d'être exploitée, et il nous semble utile de dire quelques mots du mode l'exploitation possible de ces essences, qui peuvent fournir de la résine et toute la série de ses sous-produits.

On sait quelle importance ont prises les plantations de *Pin maritime* (*Pinus Pinaster* Solander, *P. maritima* Lamark), dans le sud-ouest de la France, apportant la richesse dans un pays au sol jadis non seulement infertile, mais dangereux par les miasmes de ses parties marécageuses et par ses dunes mouvantes qui menaçaient sans cesse d'envahir les cultures de l'intérieur. On sait aussi que cette plantation de la forêt landaise est l'œuvre de Brémontier et qu'elle remonte au début du siècle dernier.

C'est là que nous trouvons le modèle de l'exploitation de la résine par le procédé dit du *gemmage*. Il rappelle, dans une certaine mesure, le mode d'extraction du latex de caoutchouc au Brésil.

A la base du tronc est pratiquée une entaille ou *quarre* d'où s'écoule la résine appelée *gemme*. L'entaille est poussée jusqu'au jeune bois et au delà. La résine est recueillie dans un petit godet en terre disposé sous la quarre à l'aide d'un clou.

La résine, solidifiée sur la blessure, nécessite de continuer la quarre, de la rafraîchir, en l'étendant progressivement en hauteur. Avivée ainsi à peu près tous les huit jours, de mars à octobre, la quarre arrive à mesurer 50 centimètres, pour atteindre 2 m. 50 de longueur en cinq ans.

On abandonne alors l'entaille et on en recommence une autre sur une autre face du tronc, répétant l'opération jusqu'à ce qu'on en ait fait le tour, ce qui exige trente ans.

Pendant trente ans encore, l'exploitation peut être continuée en ravivant successivement les anciennes quarres dans l'ordre où elles ont été faites primitivement. Dans le gemmage *à mort*, l'arbre est couvert de quarres qui l'épuisent rapidement.

La résine ainsi obtenue est pâteuse; elle est mise en barriques et porte le nom de *térébenthine brute*. Purifiée et distillée, elle donne l'*essence de térébenthine*, la *colophane*, le *brai*, etc.

En Indochine, le *brai gras*, produit sur place, acquiert une valeur réelle pour la fabrication des briquettes de charbon, alors que les charbonnages sont obligés de le faire venir de Norvève ou d'Allemagne jusqu'au Tonkin.

Les peuplements de pins de la région du Langbian, en Annam, et ceux de la région de Moncay, au Tonkin, ont reçu un commencement d'exploitation.

Une résine particulière, la Sandaraque, est produite par un Conifère du nord de l'Afrique, le *Thuya articulé* (*Callitris quadrivalvis* Ventenat) dont il a été déjà question dans un autre chapitre (Bois). Cette résine exsude du tronc; elle est employée en Europe pour la fabrication des vernis. La sandaraque de qualité supérieure se présente sous forme de larmes d'un jaune très pâle, presque incolores, transparentes, légèrement poudrées de blanchâtre. La Sandaraque commune se présente en larmes plus petites, d'un jaune foncé, moins transparentes en raison des impuretés qu'elles contiennent. L'Algérie, mais surtout le Maroc, sont les principaux pays exportateurs. L'Australie en produit qui est tirée principalement du *Callitris verrucosa* Robert Brown, d'après Maiden.

Très nombreuses sont les espèces d'arbres qui produisent des résines par écoulement naturel ou incisions. Les familles des Légumineuses et des Diptérocarpacées, surtout, rivalisent sous les tropiques avec les Conifères dans cette production. Les résines les plus recherchées par l'industrie des vernis sont les résines anciennes, semi-fossiles ou fossiles, que l'on trouve dans le sol au pied des arbres producteurs, ou après leur disparition.

LES COPALS PROPREMENT DITS OU COPALS DURS Très employés, sont produits dans quelques-unes de nos colonies.

A Madagascar, le *Copal* (nommé aussi « résine animé ») est fourni par un grand arbre de la famille des Légumineuses, le *Trachylobium verrucosum* Hayne (*Hymenœa verrucosa* Gærtner) et ce copalier se retrouve sur la côte orientale d'Afrique. Son tronc est droit et cylindrique ; ses feuilles sont constituées par deux folioles inégales, coriaces ; les fleurs, de couleur blanche, donnent naissance à des gousses ovoïdo-oblongues, indéhiscentes, à péricarpe dur et épais, de couleur brune et comme vernissé relevé de poches résineuses saillantes formant comme des sortes de verrues. Ce fruit contient 3 graines.

Le copal fossile est la résine anciennement exsudée et qui forme des dépôts plus ou moins abondants dans le sol. Pour le découvrir, les indigènes creusent des trous de 50 centimètres à 1 mètre de profondeur au pied des arbres dont ils endommagent souvent les racines. Ils récoltent aussi la résine fraîche (*copal vert*) qui suinte de toutes les parties de l'arbre vivant, sur lequel ils pratiquent des incisions pour favoriser l'écoulement.

Le copalier est surtout abondant sur la côte orientale de l'île. Il se plaît particulièrement dans les terrains bas, sablonneux du littoral.

Les Malgaches emploient le copal pour vernir les meubles, mais ils le récoltent surtout en vue de l'exportation.

Le copal fossile doit être débarrassé de la terre qui le souille, avant d'être livré à l'industrie. Pour cela, on le fait tremper pendant vingt-quatre heures dans de l'eau contenant 1 p. 100 de soude caustique. On le lave à l'eau bouillante, puis à l'eau froide et on le fait sécher.

Les sortes les plus recherchées sont celles qui sont dures et transparentes, de couleur jaune pâle et jaune foncé.

Sur la côte occidentale d'Afrique, nos colonies de la Guinée, de la Côte d'Ivoire et du Congo récoltent du copal; mais c'est la Guinée qui en exporte le plus.

Le copalier de la Guinée appartient, lui aussi, à la famille des Légumineuses : c'est le *Copaifera Guibourtiana* Bentham, arbre qui rappelle le copalier de Madagascar par son port.

Il était autrefois très abondant sur le littoral, mais il disparaît de plus en plus par les incendies de brousse, ou sous la hache des indigènes qui l'abattent pour établir des cultures vivrières. Les principaux centres de récolte de la résine sont Dubreka et la Mellacorée. L'arbre existe aussi à la Côte d'Ivoire.

Pendant la saison sèche, les indigènes pratiquent sur les troncs des incisions d'où suinte la résine, qui peut être recueillie quelques jours après.

Le copal fossile se trouve dans le sol, sur les emplacements où l'arbre vivait autrefois.

La Guinée exportait jadis pour 2 à 3 millions de francs de copal chaque année; mais la destruction des arbres et l'épuisement des gisements fossiles ont déterminé une diminution considérable du chiffre des expéditions. Il était encore de 138 tonnes en 1926. Madagascar en exporte 10 tonnes et l'Afrique occidentale française 90 tonnes en 1926.

Le Congo français, comme le Congo belge, produit aussi du copal dont il existe deux sortes : le copal *blanc* et le copal *rouge*, sans que l'on connaisse botaniquement les arbres producteurs, ce dernier étant rapporté cependant au *Copaifera Mopane* Kirk.

C'est encore un arbre voisin des précédents, l'*Hymenœa Courbaril* Linné, qui produit le copal d'Amérique. Les feuilles rappellent celles du copalier de Madagascar et de la Guinée. Le fruit est une grosse gousse indéhiscente, de 10 à 15 centimètres de longueur, à péricarpe dur, rugueux, contenant des poches résineuses. Cet arbre habite les Guyanes, le Vénézuéla, le Brésil, les Antilles, etc. Le produit, connu sous le nom de *Résine animé du Brésil*, est un copal demi-dur.

Cette résine découle du tronc, des branches et même du fruit de l'arbre, blessés accidentellement ou à la suite d'entailles, mais la meilleure sorte est celle que l'on trouve enterrée dans le sol depuis un temps plus ou moins long; elle est constituée alors par des nodules arrondis ou ovoïdes plus ou moins volumineux, de couleur grisâtre terne. En enlevant la couche superficielle ou en cassant ces nodules, la résine apparaît vitreuse et parfaitement limpide. Cette résine donne des vernis moins colorés, mais moins résistants que ceux obtenus avec les copals durs.

LES RÉSINES DAMARS OU COPALS TENDRES doivent leur nom aux espèces de *Dammara,* superbes Conifères de l'Extrême-Orient mélanésien, qui fournissent les sortes les plus connues.

Comme les copals, les damars sont récoltés verts ou à l'état fossile dans le sol.

Le principal pays producteur est la Nouvelle-Zélande qui, en 1907, en a exporté 10.000 tonnes, d'une valeur de plus de 14 millions de francs à l'époque. C'est le *Dammara australis* Lambert qui fournit cette résine, tirée en grande partie de gisements situés sur l'emplacement de forêts disparues. Les Maoris désignent cet arbre sous le nom de *Kauri* ou *Kaori.* C'est le *Cowrie pine* des Anglais, d'où les noms de *Copal de Kauri,* ou de *Cowrie,* sous lesquels la résine est connue dans le commerce anglais.

Cette résine nous intéresse particulièrement parce que nous possédons, en Nouvelle-Calédonie, trois espèces de *Dammara* qui peuvent la produire. La plus commune dans notre colonie, celle qui donne aussi la résine la plus abondante, est le *Dammara lanceolata* Lindley, ou *Kaori de la Nouvelle-Calédonie.*

C'est un grand arbre qui peut dépasser 30 mètres de hauteur. Son tronc possède une écorce grise qui s'exfolie en grands lambeaux. Les branches sont dressées et portent des ramules verticillées par quatre, comprimées, aplaties. Les feuilles, opposées, sessiles, sont lancéolées, luisantes à la face supérieure.

Le *kaori* existe dans le sud de l'île, où il abondait autrefois et où il est en voie de disparition. Il formait jadis de grands peuplements au voisinage de la Baie du Sud et certains noms de localités : *Anse des Kaoris, Rivière des Kaoris,* rappellent combien ces Conifères étaient communs dans ces régions où existent d'importants gisements de résine fossile.

La recherche du produit fossile a été l'une des principales causes de la destruction des forêts, exploitées d'une manière barbare, même avec l'aide de la poudre, pour supprimer tout ce qui pouvait gêner dans les recherches. Des incisions profondes, pratiquées sur les racines pour fabriquer de toutes pièces une résine ayant les apparences de la résine fossile, achevaient la destruction.

On a mis un frein à ces actes de vandalisme et l'exploitation des *kaoris* se fait aujourd'hui par adjudication et sous la surveillance de l'Administration. On se préoccupe d'ailleurs de reconstituer les peuplements de *Dammara,* et des pépinières ont été créées à cet effet.

L'Administration a adopté un procédé de gemmage qui est sans dommage pour les arbres; il consiste à pratiquer des incisions intéressant toute l'écorce jusqu'à l'aubier, sur les arbres ayant au moins 40 centimètres de circonférence. Les arbres ainsi traités fournissent annuellement 10 kilogrammes de *damar.* La résine fossile est beaucoup plus estimée.

Les résines fossiles de qualité supérieure ont une couleur ambrée; elles sont limpides et peuvent être tournées et sculptées comme l'ambre jaune.

En 1907, la Nouvelle-Calédonie a exporté 18.350 kilogrammes de *Kaori* et 2.900 kilogrammes en 1926.

Les damars de *la Malaisie et des Philippines*, connus sous le nom de *Damars de Batavia* et *de Manille*, sont produits, en très faible partie, par une espèce de *Dammara* qui habite ces régions, le *D. alba* Rumphius, qui donne peu de résine. Ce sont des arbres de la famille des Diptérocarpées appartenant aux genres *Hopea* et *Anisoptera* qui semblent en fournir la presque totalité.

Cette famille des Diptérocarpacées a de nombreux représentants dans notre colonie de l'Indochine, en Cochinchine, au Cambodge et dans le Sud de l'Annam. Diverses espèces d'*Hopea*, notamment les *H. odorata* Roxburgh et *Recopei* Pierre; les *Anisoptera cochinchinensis* Pierre et *robusta* Pierre, donnent des produits similaires aux damars verts ou fossiles; mais ils ne sont utilisés jusqu'à présent que dans l'industrie locale. L'Administration pousse les indigènes à la récolte de ces produits dont Ch. Crevost a signalé l'intérêt et qui peuvent devenir articles d'exportation.

---

3. — Oléo-Résines

Les oléo-résines sont des matières résineuses auxquelles sont mélangées, en proportions plus ou moins fortes, des huiles essentielles odorantes.

Celles qui sont fournies par les familles des Burséracées et des Anacardiacées sont ordinairement désignées sous le nom d'*élémis*. Elles sont utilisées, mais en petites quantités, dans la préparation des vernis et des encres lithographiques.

Le principal arbre producteur d'*élémi* vrai, en Asie, est le *Canarium luzonicum* A. Gray, qui donne l'*élémi de Manille*. Sa résine est molle, visqueuse, jaune pâle, à parfum agréable; elle sert à fabriquer des torches; elle durcit à l'air. Le *Canarium commune* Linné donne l'élémi utilisé dans l'archipel Malais. Le *Canarium copaliferum* A. Cheval. est une espèce qui croît au Tonkin et que les Annamites emploient, en grande partie, sous le nom de *Cay tram trang*, pour la préparation des bâtonnets rituels qui sont allumés devant les autels, dans les pagodes (*Jossticks*) (1).

---

(1) Les *jossticks* sont des bâtonnets de bambou fendu plus ou moins gros et longs enduits à la moitié de leur longueur d'une pâte de poudre odorante de bois de santal, bois d'aigle, benjoin, écorce de cannelle, élémi, etc., mélangée à de la poudre de charbon de soja. La pâte sèche, mise en ignition, continue à charbonner en répandant une fumée odorante. Il n'y a pas de cérémonie rituelle sans allumage de jossticks. On confectionne aussi des pièces en longue spirale pouvant durer plus d'une journée.

Les élémis d'Afrique sont également produits par des arbres du genre *Canarium*, notamment par le *C. Schweinfurthii* Engler, qui donnerait une résine blanc verdâtre à odeur agréable, utilisée au Gabon; les *C. Chevalieri* Guillaumin et *occidentalis* A. Chevalier, de la Côte-d'Ivoire; le *C. multi-florum* Engler, de Madagascar, dont la résine, *ramy* des indigènes, est jaune verdâtre, à odeur de citron.

Les élémis d'Amérique sont fournis par des arbres de la famille des Burséracées.

Le *Protium guianense* Marchand donne l'encens de Cayenne, oléo-résine à parfum agréable. Il croît à la Guyane. Une autre espèce, le *P. heptaphyl-lum* Marchand, de la Guyane et des Antilles, produit l'*encens blanc*. Le *P. decandrum* Marchand, de la Guyane; le *P. Aracouchini*, du même pays, donnent des produits similaires.

Le *Bursera gummifera* Jacquin, ou *Gommier rouge*, croît dans les Antilles françaises; son tronc incisé laisse écouler une oléo-résine blanche, aromatique, qui se concrète à l'air et qui est connue sous le nom d'*Elémi des Antilles* ou *résine gommart*. Le *Dacryodes hexandra* Grisebach, *Gommier blanc*, donne un produit qui a les mêmes emplois que le précédent. On le brûle comme encens et il entre dans la composition des vernis.

OLEO-RESINES FLUIDES Nous avons vu que certains arbres de la famille des Diphtérorcarpacées donnent des aléo-résinées plus ou moins concrètes (*Hopea, Anisoptera*), qui se rattachent aux *Damars* par leurs propriétés générales.

Le genre *Dipterocarpus*, qui appartient à cette même famille, possède des espèces qui produisent, au contraire, des oléo-résines fluides, connues sous le nom d'*Huile de bois* ou *Wood oil*, qu'il ne faut pas confondre avec le *Wood oil of China* que nous avons déjà appris à connaître comme étant l'huile d'*Abrasin* ou de *Bancoulier* (*Aleurites*).

La flore de l'Indochine est riche en espèces de *Dipterocarpus* qui croissent en grand nombre en Cochinchine, au Cambodge, dans le sud de l'Annam et au Laos. Leur produit est généralement mélangé et constitue un très important article de commerce local.

L'espèce la plus exploitée est le *D. alatus* Roxburgh, *Yao con ray* des Annamites. C'est un grand arbre, au tronc très élancé et droit. Pour l'exploiter, on pratique dans son tronc, à quelque hauteur du sol, un trou oblique ou une niche assez profonde, dans laquelle on allume du feu qui a pour effet de provoquer l'écoulement rapide de l'huile que l'on récolte dans des jarres. Un arbre adulte exploité de la sorte, pendant les six mois de la saison sèche, peut donner jusqu'à 80 litres d'huile, et cela pendant six années de suite.

La couleur de l'huile de bois varie, suivant l'espèce de *Dipterocarpus* qui l'a produite, du jaune clair au brun foncé. Cette huile, d'un usage général en Cochinchine et au Cambodge, sert comme vernis pour la peinture des bateaux, jonques et sampangs. On l'utilise aussi en peinture au même titre que l'huile de lin, mais elle est moins siccative. Elle possède encore des propriétés médicinales analogues à celles du copahu et sert en thérapeutique sous le nom de *Baume de Gurjum* ou de *Gurgum*. Mélangée à la résine *Chaï*, tirée du *Shorea vulgaris* Pierre, autre Diptérocarpée qui habite les mêmes régions, l'huile de bois donne une substance employée au calfatage des barques et à la confection des torches.

Nous citons seulement pour mémoire le *Myroxylon Pereiræ* Klotzsch, le *M. toluiferum* H. Baillon et le *Copaifera officinalis* Jacquin, arbres de la famille des Légumineuses qui produisent des oléo-résines utilisées en médecine. Le premier donne le *Baume du Pérou* ; le second le *Baume de Tolu* ; le troisième le *Baume de Copahu*. Ce sont des arbres de l'Amérique centrale et du Brésil.

---

4. — Gommes résines

La gomme gutte. — Les plantes à laque.

Ainsi que nous l'avons déjà dit, les produits désignés sous ce nom sont constitués à la fois par des gommes et des résines associées en proportions variables, auxquelles s'ajoute, dans certains cas, une huile essentielle odorante. Lorsque la gomme est soluble dans l'eau, on peut la séparer aisément de la résine ; lorsqu'elle est insoluble, la séparation s'obtient en traitant le produit par un solvant de la résine : alcool, éther, chloroforme, toluène, etc.

Les gommes-résines s'écoulent des plantes productrices soit naturellement, soit à la suite d'incisions. D'abord fluides, elles se concrètent à l'air pour constituer une substance plus ou moins dure.

Parmi les principaux produits de cette catégorie, on peut citer la *Gomme-gutte*.

La Gomme-gutte est fournie par des arbres de diverses espèces appartenant au genre *Garcinia*, de la famille des Guttifères. La sorte la plus estimée est produite par le *Garcinia Hanburyi* Hooker fils, qui croît surtout au Siam et au Cambodge et qui est désigné par les Annamites sous le nom de *Vang-nhua*.

La récolte s'obtient en pratiquant des incisions sur l'écorce des arbres, pendant la saison sèche. Le liquide suinte et on le recueille dans des entrenœuds de bambous dans lesquels il se concrète en prenant la forme du moule. Il constitue alors la *Gomme-gutte en cylindres*, homogène et très dure. La *Gomme-gutte en gâteaux,* ou *en pains,* est le produit formé par le suc qui s'écoule goutte à goutte des rameaux et des feuilles lorsqu'on les brise. On la fait sécher au soleil dans des vases d'argile, puis on la réunit en masses agglomérées qu'on entoure de feuilles.

Les meilleures qualités de gomme-gutte renferment jusqu'à 74 % de résine et 21 % de gomme soluble. Cette matière est cassante, à cassure conchoïdale luisante ; elle est de couleur jaune orange foncé et devient jaune clair, lorsqu'on la frotte avec le doigt mouillé.

La principale propriété de la gomme-gutte est de former avec l'eau une émulsion employée dans la peinture à l'eau. La résine sert en peinture et dans la préparation du vernis à l'alcool et à l'essence.

L'Indochine a exporté, en 1903, 48.759 kilogrammes de gomme-gutte, mais une partie importante de la récolte du Cambodge va au Siam et ne figure pas dans les chiffres d'exportation.

LA LAQUE — Une autre gomme résine très intéressante est la *Laque.* Elle est fournie par des arbres de la famille des Anacardiacées, localisés en Extrême-Orient, et particulièrement dans notre colonie de l'Indochine.

Il ne faut pas confondre ce produit avec la *Gomme laque* ou *stick-laque,* résine d'origine animale, dont les propriétés sont totalement différentes.

La laque de l'Indochine est surtout produite par deux arbres de genres différents : le *Rhus succedanea* Linné, var. *Dumoutieri* Pierre, du Tonkin, où les Annamites le désignent et le cultivent sous le nom de *Cay-son* ; et le *Melanorrhœa laccifera* Pierre, qui existe en Cochinchine et dans le sud de l'Annam, mais qui est surtout représenté dans la flore forestière du Cambodge, où il porte le nom de *Dom Kreul.*

Pour obtenir le produit, on incise les arbres par des entailles obliques transversales, superposées, et le latex est recueilli dans des vases clos hermétiquement, de manière à le soustraire à l'action de l'air.

G. Bertrand a établi que c'est sous l'action d'une diastase, la *laccase,* que ce latex se transforme en laque proprement dite.

En flacons bien bouchés, le latex a l'aspect d'une crème épaisse de couleur presque blanche. Au contact de l'air, il brunit, se couvre immédiatement d'une pellicule d'un noir intense, insoluble dans les dissolvants usuels. Grâce à cette propriété précieuse on en obtient un enduit noir brillant et inaltérable. Pour rendre la laque utilisable, on la mélange avec de l'huile *de bois* ou de *l'huile d'Abrasin* et le produit ainsi obtenu constitue les vernis si réputés employés en Chine et au Japon pour laquer les meubles, les pagodes, etc.

La laque est maintenant employée en France dans l'industrie des meubles et des objets d'art. Elle trouve également son emploi dans le laquage des hélices d'avion.

Au Japon, on cultive et on exploite le *Rhus vernicifera* Dc. qui donne une laque plus appréciée parce qu'elle contient un plus faible pourcentage d'eau. La récolte du latex se fait par des incisions tangentielles ou avec des couteaux à rainure creuse (1).

---

5. — *Cires végétales*

La cire végétale typique est celle du *Copernicia cerifera* connue sous le nom de *cire de Carnaouba*. Ce grand palmier appartient à la flore du Brésil et on le trouve en Guyane française. La production annuelle de cette cire est de 5.000 tonnes. Elle est obtenue des jeunes feuilles à la surface desquelles elle forme un mince dépôt d'une substance pulvérulente grisâtre qui s'en détache au battage des feuilles sèches. Fondue ensuite au feu ou à l'eau bouillante, elle est présentée en gâteaux de couleur grisâtre à cassure fibroïde.

Nous avons déjà noté que certaines variétés de canne à sucre sont pourvues d'un enduit de cire.

C'est Madagascar qui donne maintenant au commerce une cire végétale comparable à celle de *carnaouba* bien que de composition chimique différente. Elle est obtenue du *Raphia Raffia*, par ailleurs exploité pour ses lanières et ses fibres, en traitant à l'eau bouillante les déchets de jeunes feuilles à la surface desquelles se trouve la couche cireuse. Les premières exportations furent absorbées par l'Allemagne, la France ensuite en recevait jusqu'à plus de 8 tonnes en 1923, chiffre très diminué depuis.

H. Jumelle et Perrier de la Bâthie ont signalé la présence dans la flore malgache du S. O., de deux espèces cérifères à considérer : *Euphorbium enterophora* et *Vohemaria Messeri*, dont Hébert et Heim ont confirmé l'intérêt au point de vue d'une exploitation rationnelle à entreprendre.

---

6. — *Ivoire végétal*

On désigne du nom *d'ivoire végétal* l'albumen éburnéen de la noix de plusieurs plantes de la famille des Palmiers. La plus connue et qui donne

---

(1) La laque est un de ces produits dont l'action irritante sur la peau demande quelques précautions. Les ouvriers qui la manipulent sont atteints d'une sorte d'érythème œdémateux contre lequel on peut se prémunir en enduisant la peau de graisse ou de vaseline. La manipulation du jute peut produire également de la dermatite, de même que la vanille. Parfois, comme pour le coprah, les ouvriers sont piqués par de petits acariens qui occasionnent du prurit.

l'ivoire le plus apprécié est le *Phytelephas macrocarpa* Ruiz et Pavon de l'Amérique méridionale tropicale où il est connu sous le nom de *corozo*.

Abondant au Brésil, il existe également dans les Guyanes. Comme la noix de *corozo* est un produit très demandé, des essais d'introduction de la plante avaient été faits naguère au Gabon, abandonnés ensuite.

Le *Doum* (*Hyphaene thebaïca* Mart.), est un palmier abondant au Sénégal et dans la zone soudanaise jusqu'au Soudan égyptien. Ses noix ont un albumen corné qui, sans avoir les qualités d'épaisseur et de dureté du *corozo*, peut cependant lui être substitué dans beaucoup de ses emplois industriels ainsi qu'une entreprise locale l'a démontrée, dans la confection de boutons, de petits objets sculptés, d'agglomérés, etc. Le Soudan égyptien exporte plusieurs centaines de tonnes de ces noix que le Sénégal pourrait également fournir en quantité si la cueillette et le ramassage étaient moins onéreux.

La noix du *Rônier* (*Borassus flabelliformis* L. ou *B. aethiopium*) se prête à des usages analogues ; ce palmier est également très répandu en A.O.F., mais l'albumen corné de sa noix est moins épais et moins blanc que celui du *doum*.

On cite le *Caelococcus carolinensis* Dingl. comme pouvant fournir une sorte d'ivoire végétal de qualité inférieure. La noix est connue en Nouvelle-Calédonie sous le nom de *Pomme de Tahiti*.

CHAPITRE X.

ESSENCES ET PARFUMS

La culture et l'industrie des plantes à parfum et à essence intéressent plusieurs de nos colonies. Des entreprises déjà anciennes s'y sont maintenues comme à la Réunion, et d'autres s'y créent comme en Indochine.

Il serait malaisé de faire figurer ici la liste des nombreuses espèces pouvant donner une huile essentielle à la distillation ; la seule Indochine en connaît près de 150. Nous ne saurions en considérer d'autres que celles dont l'intérêt au point de vue économique est réel et affirmé.

1. — *Essences.*

GERANIUM ROSAT (*Pelagornium capitatum* Aiton) (famille des Géraniacées). — Ce petit arbuste, originaire du Cap de Bonne-Espérance, fut d'abord cultivé en Provence pour la production d'une essence très employée en parfumerie, où on la substitue à l'essence de rose; mais sa culture fut inaugurée en Algérie vers 1847 et elle a pris, depuis, un développement considérable dans le Sahel d'Alger et dans la plaine de la Mitidja.

La plante est cultivée en France, dans le département du Var, un peu en Corse et en Espagne, mais les cultures les plus importantes sont faites actuellement à la Réunion. Notons que des essais sont faits pour l'introduire au Maroc.

A la Réunion, le Géranium rosat réussit le mieux à l'altitude de 600 à 800 mètres dans un sol perméable et un climat chaud et assez sec. On le multiplie par boutures qui donnent déjà un produit dès le 4e mois de la culture. On cueille la feuille et le pétiole par une coupe lorsque la culture est annuelle comme en France, ou par 2 à 3 coupes par an lorsque, comme en Algérie et à la Réunion, la plantation dure de 4 à 8 ans.

Le rendement à l'hectare est estimé en Algérie à 25 tonnes de feuilles et pétioles frais donnant de 0,1 à 0,2 % d'essence et jusqu'à 0,6 % à l'état sec (Chalot).

L'essence de géranium contient du *géraniol* et du *citronellal*.

C'est la Réunion qui nous fournit la plus grande partie d'essence, dite « essence de géranium de Bourbon », soit 148 tonnes en 1926, alors que Madagascar en exportait 900 kg. En 1927, la production algérienne a été de 64 tonnes sur 3.741 hectares de culture. Dans le département d'Alger, les indigènes y ont participé pour une production de 446 kg. d'essence sur 30 hectares. En France la production atteint de 2 à 3 tonnes. Les fluctuations périodiques de prix affectent le marché sous la menace de la surproduction.

PATCHOULI — (*Pogostemon Heyneanus* Bentham, *P. Patchouli* Pelletier) (famille des Labiées). — Cette plante vivace, originaire de l'Inde et des Philippines, est voisine des *Coleus* de nos jardins, qu'elle rappelle par son port; on en connaît plusieurs variétés dont les produits sont de qualité différente, celle de l'Inde, la plus recherchée, ayant les feuilles moins allongées, plus arrondies. On extrait des feuilles sèches, par distillation, l'*essence de patchouli*, d'odeur forte et caractéristique, qui rappelle l'essence de santol. La culture de cette plante est possible dans toutes nos colonies à climat chaud et humide. Elle est surtout pratiquée dans la presqu'île Malaise, aux Indes Néerlandaises et aux Seychelles.

La plante est multipliée par bouturage, autant que possible des meilleures variétés. Se plaisant à l'ombre, elle peut être intercalaire dans les cocoteraies par exemple; 5 à 6 tonnes de feuilles vertes donnent 1 tonne de feuilles sèches qui fournissent à la distillerie 3 % d'huile essentielle. Les qualités les plus estimées sont les « Singapour » et « Penang »; l'huile de Malacca, très épaisse, forme des cristaux de « camphre de patchouli » ou *patchouline* (Chalot).

Madagascar et la Réunion ont entrepris la culture du patchouli sur une petite échelle encore ; elle y présente de l'avenir.

CITRONNELLE — Les *essences de citronnelle*, qu'il ne faut pas confondre avec les *essences de lemon-grass*, sont obtenues de la distillation des feuilles de plusieurs espèces de graminées dont les plus cultivées sont les *Cymbopogon Nardus* Rendle et *C. Winterianus* Jovitt, la première surtout à Ceylan et la seconde dans la presqu'île Malaise. La culture de ces herbes odorantes a pris également beaucoup d'extension à Java. Ce sont ses touffes rhizomateuses, épaisses, de plus d'un mètre de hauteur, à feuilles très étroites, linéaires, à bords coupants, poussant dans des terrains sablonneux plus ou moins humides. Ses feuilles sont coupées 7 à 8 mois après la plantation et ensuite régulièrement 4 fois par an. A Ceylan, on compte 20 tonnes d'herbe par hectare et par an, donnant 70 à 80 kilos d'essence. A Java, le rendement est plus élevé en terrains secs et climat humide. Les plantations y sont conservées de 5 à 6 ans, et plus longtemps à Ceylan.

Le commerce connaît la « citronnelle Ceylan » et la « citronnelle Java ». Celles de Ceylan sont moins riches en geraniol et en citronellal que celles de Java. Les deux sont principalement employées en savonnerie. D'après Chalot, Ceylan et Java ont produit en 1925 près de 1.400 tonnes d'essence, quantité considérable qui n'incite pas à pousser à la culture dans nos colonies, où elle serait pourtant facile à acclimater. Il n'en est pas de même du *Lemon-grass*.

LEMON-GRASS — L'essence du *lemon-grass* est obtenue de la distillation des feuilles de deux espèces de Graminées : *Cymbopogon flexuosus* Stapf. et *C. citratus* Stapf. La première de ces deux espèces est encore connue commercialement sous les noms d' « Herbe de Malabar », « Lemon-grass des Indes », «Herbe de citron » ou « Lemon-grass de Cochinchine ». La plante présente de grosses touffes de feuilles étroites et retombantes, de coloration rousseâtre, munies de gaines. Le *C. citratus*, ou « Verveine des Indes orientales », « citronnelle des Européens », est plus vigoureux, et ses touffes sont renflées à la base. L'essence qu'elle fournit est plus riche en citral (75 à 80 %).

La culture de ces espèces est, dans ses grandes lignes, la même que celle des citronnelles. Elle peut utilement être intercalaire dans des plantations d'arbres. Elle convient aux régions intertropicales de basse altitude, à pluies bien réparties, sans période de sécheresse prolongée.

La plantation est épuisée au bout de 4 ou de 5 années, après avoir donné des récoltes annuelles de 16 tonnes de feuilles à l'hectare et 40 kilos d'essence (Chalot).

Les essences du lemon-grass sont surtout recherchées pour leur teneur en citral qui fournit le parfum artificiel de violette (ionone) si employé aujourd'hui en parfumerie et savonnerie.

La culture du lemon-grass est pratiquée sur une assez grande échelle au Tonkin et en Annam, et elle prend beaucoup de développement en Cochinchine.

Elle existe aux Antilles françaises, à Madagascar et en Guinée française. Etant donné que la France achète encore à l'Inde anglaise, qui en est la plus grosse productrice, plus de 50.000 litres d'essence de lemon-grass par an, on ne saurait craindre une surproduction de l'extension de cette intéressante culture dans nos colonies. En 1926, l'Indochine a exporté 24 tonnes d'essence de lemon-grass et Madagascar, avec les Comores, 17 tonnes.

Il existe un certain nombre d'autres herbes aromatiques, à essences voisines des précédentes et dont la culture serait à tenter dans nos colonies.

Nous citons :

Cymbopogon coloratus Stapf., de l'Inde. Huile essentielle, très odorante, intermédiaire entre le lemon-grass et la citronnelle ; contient du citronellal et du géraniol.

C. pendulus Stapf. Huile insoluble connue sous le nom d' « essence de lemon-grass du Nord du Bengale ».

C. confertiflorus Stapf. Huile essentielle du nom vulg. de citronnelle. Cultivé dans l'Inde, au Tonkin et au Tranninh.

C. Martini Stapf. Fournit l'huile de *Palma rosa* ou de « Géranium des Indes » et l'huile essentielle de *ginger-grass*. Pourrait être cultivé en Indochine.

C. Caesius Stapf. Cultivé en Indochine comme plante aromatique donnant une huile essentielle.

Il ne faut pas confondre la citronnelle avec le produit tiré de la *verveine citronnelle* (*Lippia citriodora* Humboldt, Bonpland et Kunth), petit arbrisseau de la famille des Verbénacées, originaire de l'Amérique méridionale, fréquemment cultivé dans les jardins et dont les feuilles renferment une essence à odeur de citron et de mélisse. La culture industrielle de la verveine citronnelle est presque abandonnée en raison du prix élevé du produit qui est remplacé par des similaires d'une valeur beaucoup moindre. Une quantité appréciable en est cependant exportée encore d'Algérie et la culture en a été reconnue comme très facile au Maroc.

EUCALYPTUS — Le genre *Eucalyptus,* de la famille des Myrtacées renferme de nombreuses espèces, presque toutes originaires de l'Australie, et la plupart riches en essences balsamiques.

La plus connue est l'*Eucalyptus Globulus* Labillardière, grand arbre aujourd'hui introduit dans tous les jardins de la Provence, et auquel l'Algérie doit la salubrité de nombre de points réputés autrefois très malsains.

C'est en 1854 que Ramel, appelé en Australie, eut la pensée d'introduire cet arbre pour l'assainissement des lieux humides et marécageux de la région méditerranéenne. Grâce au concours du baron de Mueller, directeur du jardin botanique de Melbourne, il obtint de nombreuses graines qui lui permirent de réaliser ses projets.

L'eucalyptus existe aujourd'hui partout, aux bords des routes, dans les promenades, planté en lignes le long des voies de chemins de fer.

Cet arbre est un grand modificateur du climat local en raison de sa croissance rapide, un arbre de sept ans pouvant atteindre 20 mètres de hauteur, puis par l'ampleur de son feuillage persistant dont les effluves balsamiques se répandent au loin pendant les chaleurs.

La distillation des feuilles permet d'en tirer une essence dite *essence d'eucalyptus,* à odeur un peu camphrée et dont l'Algérie exporte annuellement de 6.000 à 7.000 kilogrammes.

VETIVER — L'*essence de vétiver* est extraite, par distillation, des racines d'une Graminée du genre *Andropogon,* l'*A. muricatus* Retzius. C'est une plante vivace, qui croît sur la côte de Coromandel, à la Réunion, Maurice, Java, les Philippines, les Antilles, etc. Ses racines, parfois désignées sous le nom de *chiendent odorant,* servent à parfumer le linge dans les armoires. On en fait des brosses au Tonkin et en Annam; dans l'Inde, on en forme des stores, des parasols (*tutty*), des nattes parfumées, etc...

Les racines, nettoyées et séchées, sont expédiées en Europe lorsqu'elles ne sont pas traitées sur place.

Plante très répandue dans les pays chauds, même en Tunisie et en Espagne, elle est très résistante et presqu'une « mauvaise herbe » au bord des routes ; mais elle n'est cultivée industriellement qu'aux Indes, à Java et à la Réunion. Java en a exporté 143 tonnes de racines en 1925 et la Réunion 105 quintaux d'essence en 1926. Il y aurait intérêt à étendre la culture à Madagascar et à l'Indochine où le Vétiver est commun à l'état spontané.

YLANG-YLANG — (*Cananga odorata* Hooker et Thompson) (famille des Anonacées). — Bel arbre de la Malaisie et des Philippines, où il est cultivé pour la valeur de son rendement en fleurs, dont la distillation donne l'*essence d'ylang-ylang* et l'*essence de Cananga.* La première de ces essences, renfermant plus d'éthers et, de ce fait, plus estimée, est le produit de la première phase de la distillation. L'essence de bonne qualité n'est obtenue qu'avec des fleurs fraîches, bien développées. Les arbres sont plantés à 5 ou 6 mètres d'intervalle, dans de bons terrains perméables, à l'abri des vents; ils sont en bon rapport vers l'âge de huit ans. On compte un rendement d'un kilo d'essence de premier choix et de 750 grammes d'huile de seconde qualité pour 350 kilos de fleurs, soit un rendement théorique de 3 kilos et demi d'essences à l'hectare.

Les qualités des Philippines sont les plus recherchées. Manille en a exporté 805 kilos en 1925 et Java 13 tonnes et demie en 1926, dont 8.740 kilos vers la France. De nos colonies, ce sont aujourd'hui Madagascar et les Comores qui produisent les plus fortes quantités : soit Madagascar 12.800 kilos et la Réunion 3.500 kilos en 1925, et Madagascar 16 tonnes en 1926 d'une valeur de 3 millions et demi de francs. L'Indochine paraît se désintéresser de la culture industrielle de l'ylang-ylang. Elle possède cependant, à côté du *Cananga odorata,* une espèce voisine, le *C. latifolia* Finet et Gagnep., à fleurs très odorantes, dont la **culture** pourrait donner les mêmes produits que ceux de la plante type.

La parfumerie connait un produit synthétique qui imite le **parfum** de l'ylang-ylang, mais elle n'a pas encore abandonné l'essence naturelle à **qui** sa finesse permet de se substituer au **jasmin.**

BADIANE OU ANIS ETOILE — Le *Badianier (Illicium verum* Hooker fils), de la famille des Magnoliacées, le *Quê hoi* des Annamites, croît à l'état spontané dans les régions frontières sino-tonkinoises; il est cultivé surtout dans la région de Langson, à la porte de Chine et dans la direction de Longtchéou. Il fournit l'*anis étoile* ou *anis de Hollande,* très prisé en Chine et en Europe où il sert à la fabrication de liqueurs comme l'anisette et l'absinthe, et aussi en parfumerie.

C'est un petit arbre qui ne dépasse guère 10 mètres de hauteur, à feuilles persistantes, lancéolées, que l'on reconnaît facilement à son port pyramidal et assez régulier et à la blancheur de son écorce. Son fruit, composé de 8 follicules ligneux, monospermes, doit son nom d'anis *étoilé* à la disposition des follicules, qui sont terminés en bec pointu.

Rameau et fruit du badianier.

L'essence d'anis étoilé ou de badiane a un parfum très pénétrant rappelant celui de l'anis vert ; elle est surtout contenue dans le péricarpe.

Le badianier prospère vers 200 à 400 mètres d'altitude sur les pentes des collines à sol profond, riche en humus comme il se trouve sur les défrichements nouveaux. Il peut vivre une centaine d'années. On le multiplie par graines, que l'on sème en pépinière. On repique en place à 8 mètres d'intervalle, et les jeunes plantations doivent être soigneuse-ment entretenues et se trouver à l'abri du vent.

On commence à récolter à la dixième année de plantation, et on con-tinue, en faisant trois récoltes par an. L'arbre est en plein rapport à l'âge de vingt-cinq ans et peut donner alors 50 kilogrammes de fruits verts, fournissant un kilogramme d'essence.

L'essence est obtenue, par l'industrie indigène primitive, dans des alam-bics peu compliqués, avec une perte assez forte que nos industriels euro-péens ont réduite par l'emploi d'appareils plus perfectionnés, lorsqu'ils peuvent traiter le badiane sur place, comme à Langson.

Une grande partie de la récolte est achetée par les Chinois qui la diri-gent sur Canton ; l'essence nous parvient du Tonkin par nos exportateurs nationaux.

L'essence de badiane est un produit d'un prix élevé. Le commerce en est assez risqué à cause des fluctuations considérables du marché, de la concurrence habile des Chinois contre nos acheteurs du Tonkin et des falsifications auxquelles l'essence donne lieu sur le marché de Canton. L'habitude d'y ajouter du pétrole avait, parait-il, créé jadis une marque commerciale plus cotée que l'essence pure (fait dont on a un exemple similaire avec la gutta-percha de Singapour), jusqu'au jour où la dose fut exagérée, ce qui amena une crise dont la répercussion se fit sentir sur nos cultures du Tonkin, il y a une vingtaine d'années.

L'administration a encouragé la culture du badianier ; elle fait la richesse de quelques indigènes avisés.

En 1926, l'Indochine a exporté 188 tonnes d'essence de badiane et 1.062 tonnes d'anis étoilé.

Une courte mention doit suffire à quelques autres plantes à essence.

AMBRETTE   *L'ambrette (Hibiscus Abelmoschus Linné)* est une plante de la famille des Malvacées ; elle est répandue dans toutes les régions tropicales, mais est originaire de l'Inde. C'est une herbe de un mètre de hauteur, à tige et à feuilles velues, celles-ci à 3-7 lobes, à grandes fleurs jaune soufre avec le centre pourpre à fruit capsulaire, poilu, s'ouvrant en trois valves et contenant de nom-breuses graines en forme de rein, d'un gris brunâtre, à odeur de musc assez prononcé, ce qui les fait rechercher pour l'extraction de l'huile essentielle.

NIAOULI   Arbre de la Nouvelle-Calédonie, qui, ainsi que l'eucalyp-tus, appartient à la famille des Myrtacées. C'est le *Mela-leuca Leucadendron* Linné. — Cet arbre paraît jouer, dans certaines parties de notre colonie, le même rôle que l'eucalyptus en Algé-rie. Il y croît en abondance et il constitue l'une des plantes caractéristi-ques de la flore de l'île. Nous l'avons également signalé en Cochinchine et

à Madagascar. Son tronc est blanc grisâtre, à écorce formée de feuillets
nombreux qui s'enlèvent par plaques et que les indigènes utilisent pour
faire des claies, des toitures, etc. Les feuilles, lancéolées étroites, renferment une huile essentielle, aromatique, dont l'odeur rappelle assez celle de
l'eucalyptus et que l'on extrait pour l'employer en parfumerie. C'est l'*essence de Cajeput*. Les jeunes bourgeons du Niaouli sont employés en infusion comme le thé.

En 1926, la Nouvelle-Calédonie a exporté 11.200 kilos d'*essence de
Niaouli*.

CASSIE — (*Acacia Farnesiana* Willdenow) (famille des Légumineuses). La *Cassie*, ou *Acacia de Farnèse*, est un petit arbre
de 2 à 3 mètres de hauteur, originaire de l'Amérique méridionale, mais aujourd'hui cultivé dans toutes les régions tropicales et subtropicales.

Les branches sont garnies d'épines droites; les feuilles sont composées, à
nombreuses petites folioles. Les fleurs, d'un jaune d'or, sont très petites,
réunies en capitules sphériques, groupés aux aisselles des feuilles. Le
fruit est une gousse cylindrique, brun foncé à la maturité.

Les fleurs de cassie dégagent un parfum délicieux et pénétrant, quelque
peu comparable à celui de la violette ; on l'extrait à l'aide de l'enfleurage.

BOIS DE ROSE FEMELLE — L'essence de bois de rose femelle **ou**
essence de Linaloë de Cayenne est **obtenue**
dans cette colonie d'un arbre de la famille
des Burséracées, le *Proteum altissimum* March, dont le bois très dense et
dur est très odorant. Il se faisait jadis distiller en Europe, mais à présent
on le traite également à Cayenne. Cette essence a une odeur fort agréable
qu'elle doit à sa teneur en *linalol* gauche ; elle est recherchée par l'industrie des parfums et de la savonnerie.

En 1926, la Guyane a exporté 104 tonnes et demie d'essence de bois
de rose.

FEVE TONKA — C'est la graine d'un arbre, le *Coumarouna odorata*
Aublet, (*Dipteryx odorata* Schreber), de la famille des
Légumineuses, qui croît dans les forêts de la Guyane.
Son principe odorant, la *Coumarine*, a une odeur qui rappelle celle de la
vanille et du *foin coupé*. Faisons remarquer à ce sujet que l'odeur caractéristique du foin séché est due à la présence d'une Graminée, l'*Anthoxan-
thum odoratum* (Flouve odorante) qui contient de la coumarine. On retrouve d'ailleurs ce principe odorant dans d'autres plantes, notamment chez
le *Liatris odoratissima* Wildenow, une Composée qui habite l'Amérique septentrionale et que l'on exploite pour son parfum.

La coumarine fournit des extraits fluides pour les parfums. La *fève
Tonka* sert aussi à parfumer le tabac à priser.

Bois d'Aigle, **Bois d'Agalloche** ou **Bois d'Aloès** (*Aquilaria Agallocha* Roxburgh) (famille des Thyméléacées). — Cet arbre croît dans l'Inde et en Indochine. C'est le *Tram huong* des Annamites. Son bois, déformé sous l'influence d'une maladie produite par un champignon, se vend sous forme de petites bûches irrégulières, biscornues, comme rongées, de coloration plus ou moins foncée.

Le *bois d'aigle* est un encens d'un parfum pénétrant et singulièrement fin, qui se développe à la fumée du charbonnement, le bois brûlant avec une flamme fuligineuse. Le premier choix de bois d'aigle vaut, en pays d'Annam, des prix qui rappellent ceux de la première qualité de la cannelle royale.

Rappelons pour mémoire — nous les avons déjà signalées à leur place d'origine — la valeur de quelques essences parmi les plus employées :

Essence de muscade, blanche, transparente, très aromatique, obtenue par distillation de la noix ;

Essence de macis, d'odeur aromatique différente ;

Essence de Cannelle, obtenue de la distillation de l'écorce du cannellier de Ceylan. L'essence tirée des feuilles est de qualité moindre.

Vanilline, aldéhyde naturel de la gousse de la vanille ; nombreux emplois en pâtisserie, parfumerie, liqueurs.

Essence de Santal, extrait par distillation du bois exporté en Europe ; sert en parfumerie et à des emplois médicaux.

---

2. — *Résines.*

ENCENS   L'encens est produit par plusieurs arbres de la famille des Burséracées, principalement par le *Boswellia Carteri* Birdwood, petit arbre du pays des Somalis et du sud de l'Arabie. Des incisions pratiquées sur son tronc déterminent l'écoulement de la résine sous forme de « larmes » blanchâtres, de qualité supérieure lorsqu'elle est récoltée sur le tronc, celle qui touche à terre, « *encens marron* », étant plus ou moins chargée d'impuretés. Notre colonie de la Côte des Somalis et l'Egypte en sont des pays exportateurs.

MYRRHE   La myrrhe est également produite par des arbres de la famille des Burséracées qui croissent dans les mêmes régions que les arbres à encens. D'après Engler, elle serait surtout fournie par les *Commiphora abyssinica* Engler et *C. Schimperi* Engler.

LE BENJOIN — Le benjoin, le *gum benjamin* des Anglais, est une résine balsamique qui est obtenue du *Styrax tonkinense* Pierre (*Anthostyrax tonkinense* Balansa) de la famille des Styracacées, arbre indigène du Laos, du Tonkin et du Nord-Annam.

Le benjoin qu'il fournit, appelé « benjoin de Siam » dans le commerce, parce que jadis le benjoin du Laos était exporté de Bangkok, est différent du « benjoin de Sumatra » qui provient d'une autre espèce, le *Styrax benzoin* Dryand, longtemps confondue avec la première, mais que Cardot en a nettement différenciée. Le *Styrax benzoin* appartient à la flore forestière de Java et de Sumatra et se trouve aussi dans la presqu'île de Malacca. Son produit est commercialement connu sous le nom de « benjoin de Sumatra », « de Pinang » et de « benjoin en estagnons ». Il existe dans les Etats Shans une troisième espèce, le *Styrax benzoïdes* Craib, dont le produit utilisé par les indigènes n'est pas article d'exportation.

Le benjoin de Siam ou d'Indochine contient plus d'acide benzoïque (19,8 %) que le benjoin de Sumatra et 1,5 % de vanilline, ce qui lui donne la première place sur le marché.

L'arbre à benjoin d'Indochine n'y est pas cultivé, et les indigènes l'exploitent de façon primitive en y pratiquant des entailles en languettes, superposées au coupe-coupe, derrière lesquelles l'exsudat se fige ; la récolte a lieu 2 ou 3 mois après la saignée, lorsque le liquide, d'abord visqueux, est durci à point.

A Sumatra, l'arbre à benjoin est l'objet d'une culture soignée et d'une exploitation méthodique. Un arbre bien traité y peut donner 3 kilos de benjoin à chaque récolte, tous les trois mois.

Le commerce s'alimente d'une part des exportations du benjoin de Sumatra et de l'Inde et, d'autre part, de celles du benjoin d'Indochine dont la majeure sortie se fait par Hanoï et Saigon, et une partie par Bangkok. La France importe plus de 50 tonnes de benjoin en certaines années, et l'Indochine en a exporté 92 tonnes en 1926. Aux Houa Pans, dans le Nord-Ouest du Tonkin, les Khas en récoltent jusqu'à 30 tonnes par an.

Le benjoin bonifie avec l'âge ; de jaune clair qu'il était, il brunit et accentue son parfum. En France, il trouve son principal emploi dans la parfumerie.

La pharmacie en tire de la teinture benzoïque pour diverses applications thérapeutiques ; il entre dans la composition de l'encens rituel des cérémonies religieuses et les chocolatiers s'en servent pour lustrer leurs œufs de Pâques.

Un emploi moins recommandé de l'arbre à benjoin, parce qu'il amène la diminution des peuplements spontanés, déjà clairsemés, est celui que réserve au *cay bôdè*, l'industrie des allumettes au Tonkin et dans le Nord Annam. Demange a nettement identifié le *bôdè* avec l'arbre à benjoin dont le bois se laisse dérouler au gré de la fabrication des allumettes et sert aussi à celle des galoches annamites, de telle sorte qu'en présence de la consommation considérable de cette matière première, précieuse à un autre titre, le Résident Pasquier a pu appeler l'attention sur le danger de l'exploitation excessive d'une essence forestière qu'il serait facile de remplacer, comme bois d'allumettes, par une essence autre que celle du benjoin.

CHAPITRE XI

PLANTES ET PRODUITS STUPEFIANTS

1. — *Le tabac*

Historique. — Botanique. — Composition des tabacs. — Conditions de culture. — Récolte et préparation. — Ennemis du tabac. — Commerce et production.

« Comme certains fumeurs recherchent les tabacs les plus forts, *les plus désagréables possible aux personnes qui ne fument pas,* je leur recommande le *Nicotiana angustifolia* du Chili, que les indigènes appellent *tabaco del diablo* ». Ainsi De Candolle termine son étude sur l'origine des plantes à Nicot, ce qui tendrait à prouver que le grand savant était réfractaire aux tentations du tabac.

HISTORIQUE — Au XVIIe siècle, Jacques Ier, roi d'Angleterre, qualifiait l'habitude de prendre du tabac de « dégoûtante à la vue, repoussante pour l'odorat, dangereuse pour la santé, malfaisante pour le cerveau, dont les exhalaisons semblent sortir des antres infernaux ». Précurseur de la société contre l'abus du tabac, son antipathie était moins redoutable cependant que celle de ce grand-duc de Russie, son contemporain, qui faisait déclarer hérétique tout fumeur et tout priseur, punissant les récidivistes de l'ablation du nez et les incorrigibles, de la décapitation. Le pape Urbain VIII également, en 1628, avait interdit l'usage du tabac dans les églises, sous peine d'excommunication.

Le tabac est une plante originaire de l'Amérique. A la découverte du Nouveau Monde, les habitants y fumaient, prisaient et chiquaient le tabac. Cortez en envoya de la graine à Charles-Quint, en 1520, et l'ambassadeur de France au Portugal, Jean Nicot, en apporta à Catherine de Médicis en 1560. La drogue, employée comme poudre à priser, ayant guéri la reine d'une migraine opiniâtre, prit le nom de « poudre de la reine ». La plante fut baptisée botaniquement *Nicotiana Tabacum*, « tabac » étant le nom américain.

Très combattue et vilipendée, elle finit par prendre une telle vogue, que Richelieu fort sagement y mit un impôt ; Colbert en fit un monopole. Ce monopole rapporte aujourd'hui aux caisses de l'Etat français un bénéfice de près de deux milliards de francs.

BOTANIQUE — Le tabac, *Nicotiana Tabacum* Linné, du nom de son espèce la plus répandue, appartient à la famille des Solanacées. C'est, on le sait, une plante herbacée naturelle qui atteint jusqu'à deux mètres de haut, la tige garnie de feuilles pétiolées ou un peu amplexicaules, couronnée d'un panache de fleurs rouges, roses ou blanchâtres.

Le fruit est une capsule contenant une infinité de graines très petites.

D'après la couleur des fleurs, on a établi une classification des tabacs en deux groupes d'espèces :

1° *Les tabacs à fleurs rouges ou rougeâtres*, dont le type est l'espèce *Nicotiana Tabacum* ;

2° *Les tabacs à fleurs jaunes verdâtres*, représentés par l'espèce *Nicotiana rustica* Linné.

Le premier groupe comprend les bonnes espèces ou variétés, très nombreuses, d'Amérique, d'Europe et d'Asie, tels que les *Maryland, Havane, Kentucky*, tabacs de Chine et tabacs turcs, *Virginie, Brésil, Java* et *Sumatra*, etc., ainsi que nos tabacs de France qui appartiennent à l'espèce *N. Tabacum*.

Les feuilles, plus ou moins grandes, larges, ovales, pointues, fines, à nervures obliques ou droites, velues, n'ont pas de pétiole accusé ou, du moins, la nervure principale est accompagnée jusqu'à sa naissance du parenchyme du limbe (pétiole auriculé).

Le deuxième groupe est représenté par le *tabac rustique* à grandes feuilles, dit « tabac des paysans », cultivé en Allemagne, en Hongrie et dans l'Inde ; il donne un produit inférieur qui n'est guère employé qu'en mé

Nicotiana Tabacum.

lange. Ses feuilles sont caractérisées par un pétiole nettement accusé. Il développe, en brûlant, une odeur qui plaît à certains fumeurs. Beaucoup d'espèces de *Nicotiana* sont de belles plantes décoratives.

Le tabac doit ses propriétés stupéfiantes à un alcaloïde, la *nicotine*, contenue inégalement dans les diverses espèces et variétés, en proportions variant de 1 à 10 p. 100. Certaines espèces, comme le *Nicotiana glauca* ou le *N. vedrariensis* Poisson, qui est un hybride étudié par Ph. de Vilmorin, sont dépourvues de nicotine. La fermentation a pour effet de libérer une partie de cet alcaloïde et d'en diminuer la proportion. La nicotine est un alcaloïde très vénéneux. liquide à la température ordinaire et d'une densité de 1,033. Incolore, elle se colore à l'air ; se volatilise sans se décomposer ; bout à 250°. Elle est accompagnée d'un principe actif appelé *nicotianine* ou « camphre du tabac », incolore, cristallisable, amer, soluble dans l'éther et l'alcool et qui paraît communiquer au tabac son arome spécifique.

Nicotiana rustica.

Le tabac contient encore des gommes et des matières résineuses.

COMPOSITION DES TABACS — Les nombreux chiffres d'analyses rassemblés, entre autres, par la Manufacture des Tabacs de France et qui sont dus en majeure partie aux travaux méthodiques de Schlœsing, montrent que la teneur en nicotine varie, dans les tabacs de France comme dans les tabacs étrangers, dans des proportions de 1 à 7 p. 100 pour les qualités les plus légères jusqu'aux tabacs les plus forts et que, dans une sorte d'origine nord africaine, appelée *Souffi*, le taux de nicotine atteint son maximum de 16 p. 100.

Les feuilles sont, en moyenne, d'autant plus riches en nicotine qu'elles sont plus épaisses et le taux de nicotine varie sur un même pied, de feuille haute à feuille basse et, dans une même feuille, de la pointe à la base et du bord au milieu.

Le taux de la nicotine diminue avec la densité ou compacité de la plantation ainsi qu'avec l'augmentation du nombre de feuilles laissées à chaque pied de tabac.

Les choses sont comme si l'hectare de plantation avait reçu son quantum donné de nicotine à distribuer à ses plants et aux feuilles de ces plants qui, chacun et chacune, en accuseront d'autant moins que leur nombre est plus considérable. Avec une compacité de 10.000 pieds à l'hectare et une autre de 30.000 pieds, la diminution du taux de la nicotine est dans le rapport de 1 à 0,67.

C'est la teneur en sels de potasse qui détermine la combustibilité des tabacs. La répartition du carbonate de potasse accuse des taux différents suivant les différentes régions d'une même feuille.

CONDITIONS DE CULTURE — L'existence de la culture du tabac dans nos régions tempérées, France, Allemagne, Hollande, Hongrie aussi bien que dans les régions intertropicales, Cuba, Manille, Sumatra, Indo-

Tabac de Déli-Sumatra aux Comores.

chine, en démontre la plasticité au point de vue climat. Les produits les plus fins sont cependant ceux des régions chaudes.

Le sol doit être frais, léger, riche, et contenir une assez forte proportion de potasse, élément de la combustibilité des tabacs.

La chaux importe peu. Une certaine teneur en sel marin ou chlorure

Cochinchine. — Semis en pépinière du tabac.

est nuisible. La culture est très épuisante et nécessite de la fumure et des engrais en bonnes quantités.

Les engrais nécessaires doivent correspondre à la teneur du sol en éléments fertiles et, notamment, en sels de potasse. L'engrais azoté doit être surveillé : il développe la feuille, mais aussi la teneur en nicotine et l'arome grossier ou de terroir.

La graine de tabac est extrêmement tenue : un dé à coudre, soit 1 gramme, en contient de 17 à 18.000 et suffit à un mètre carré de planche de semis, qui donnera plus de 500 pieds pour le repiquage. On mélange la graine avec du sable fin. La graine, semée sur planche en pépinière, n'est pas enterrée, mais simplement aplatie avec une latte. Elle lève après 15 ou 20 jours et on repique après 6 semaines ou 2 mois (en France 3 mois), lorsque les jeunes plants ont de 5 à 8 feuilles. On repique sur lignes, distancées de 0 m. 66 à 1 mètre et à 42 à 60 centimètres d'intervalle sur terrain bien labouré, à l'abri du vent ou sous la protection de brise-vents aménagés.

La culture demande des soins incessants, sarclage, binage, buttage. L'arrosage et l'irrigation trop abondants sont à éviter.

Dès que l'inflorescence s'apprête à se développer, environ 6 à 7 semaines après le repiquage, il faut *écimer*. L'*écimage* consiste à supprimer, avec les doigts et l'ongle du pouce, l'extrémité de la tige, pour empêcher la plante de fleurir. A la suite de cette opération se forment, à l'aisselle des feuilles, des bourgeons latéraux qu'il faut également enlever, de façon à ne laisser se développer qu'une dizaine de feuilles sur la tige.

L'*épamprement* consiste à supprimer les feuilles de la base, de qualité inférieure. On laisse à chaque pied un nombre de feuilles variable (10-16). Le degré de développement des feuilles est reconnu à point, lorsque les bords du limbe repliés se déchirent sous la poussée du doigt, avec un léger craquement.

La durée de la végétation du tabac, depuis le repiquage, est de trois mois, suivant climat et conditions, car il y a des variétés plus ou moins précoces ou tardives. La graine de tabac garde sa faculté germinative au delà d'une année.

Le rendement moyen à l'hectare est de 1.000 kilogr. de feuille sèche.

Les modes de culture diffèrent de pays à pays. A Déli (Sumatra) on défriche les terres vierges pour y faire une première culture, sans fumure. L'année suivante, souvent, on y fait une culture de riz et on laisse ensuite le sol en jachère pendant plusieurs années, pour défricher à nouveau et recommencer la rotation. Ce système de culture n'est évidem-

ıɜmment admissible que dans des pays où les terrains disponibles sont abon-
ısbdants; et où les frais de défrichement demeurent au-dessous des dépenses
ɘbde fumure, alors que la qualité des tabacs y gagne.

A Cuba, ou dans la plupart des pays producteurs, on cultive le tabac
ısq pendant plusieurs années sur le même sol, en ayant soin de lui assurer
ɔʻɓ d'abondantes fumures.

L'île de Cuba produit deux groupes de tabac, en de nombreuses variétés
ɟɜ et qualités : les tabacs *clairs* (*claro*) et les tabacs *foncés* (*colorado*)

Jeune plantation et séchoir.

) (*maduro*), dont les différences relèvent surtout de la nature du sol et de
l'exposition. Le tabac clair, qui a la feuille mince, légère, à nervures
fines, donnant une combustion rapide et une cendre blanc-grisâtre, moins
chargé en nicotine aussi, est un produit des terres sablonneuses (ayant
75 p. 100 de sable) et des cultures exposées à l'ouest, où l'action solaire
est moins intense. Le tabac foncé, par contre, à feuille plus épaisse, lourde,
de couleur acajou sale, avec de grosses nervures, une combustion lente
et des cendres gris foncé, est obtenu sur des sols argilo-calcaires couleur
chocolat et des terrains exposés à l'est. La culture des uns et des autres
est faite de préférence sous irrigations.

Le *veguero*, ou planteur de Cuba, imite à présent celui de Sumatra, en pratiquant la culture sous abri ou *cheese cloth*. Le *cheese cloth* est une toile, sorte de serpilière, claire suffisamment pour tamiser la lumière, tendue à 2 mètres ou 2^m,50 au-dessus des plants de tabac qu'elle enveloppe également sur les côtés. Les pieds sont rapprochés à 30 centimètres sur lignes distancées de 50 centimètres. On obtient de la sorte une chaleur plus constante et un degré hygrométrique plus uniforme. Mais le système, assez coûteux, peut avoir les défauts de ses qualités, par l'exagération de l'humidité et le manque d'éclairage.

On pratique encore, à La Havane, la culture associée du tabac et du bananier, l'un protégeant l'autre, mais lui enlevant également une partie

Java. — Séchoir à tabac.

de sa nourriture, de sorte que la méthode n'est pas à recommander, pas plus que celle de la culture en rapprochant outre mesure les pieds de tabac.

RECOLTE ET PREPARATION La récolte des feuilles peut se faire en coupant le pied en entier, au ras du sol — méthode souvent employée dans les pays chauds pour éviter une dessiccation trop rapide — ou bien en enlevant les feuilles une à une, au fur et à mesure de leur maturité, ce qui se fait á plusieurs reprises. Les feuilles récoltées sont déposées par paquets de 10 à 12 sur le sol, pendant plusieurs heures, à l'abri de la rosée, de la pluie et du soleil ardent. Ainsi assouplies, elles sont portées au *séchoir*.

Les séchoirs sont des constructions généralement légères, en bambou, pourvues sur les côtés de volets ou de paillassons mobiles, de façon à pouvoir établir une ventilation au gré des circonstances atmosphériques et empêcher en même temps la pénétration d'une trop grande humidité. Parfois, les séchoirs, sous nos climats, sont munis de calorifères. Les pieds entiers sont disposés sur des gaules horizontales, en rangées superposées, les feuilles séparées sont enfilées en guirlandes sur une ficelle par l'extrémité de leur grosse nervure et suspendues en pente. Quelquefois, à fin de maturation à point, elles sont mises dans de la paille.

La dessiccation est terminée au bout de trois à six semaines; elle se reconnaît suffisante lorsque la feuille est brunie, et la nervure principale ridée. On procède ensuite au *triage* par catégories de taille (les plus hautes sur tige étant les plus petites), de couleur et de degré de finesse. Cette opération a une grande importance pour la valeur finale du produit. Les trieurs de Sumatra, qui ont une parfaite habileté et appliquent beaucoup d'attention, arrivent à différencier jusqu'à 60 sortes parmi les feuilles récoltées dans une même culture.

Les feuilles ainsi triées sont réunies en paquets de 20 à 50, appelées *manoques*, ou *matouls* (Cuba). L'opération suivante est la *fermentation*, la plus importante et la plus délicate.

Pied de tabac amputé
des feuilles de sable et de pied.

Elle a pour but de diminuer la teneur en nicotine du tabac, de développer l'arome, et pour effet aussi de modifier la teinte de la feuille qui en devient plus uniforme. Les méthodes varient suivant les pays. Les grandes plantations l'opèrent elles-mêmes ; les petites et les indigènes se contentent du séchage des feuilles car, pour obtenir une bonne fermentation des tabacs, il est nécessaire d'opérer sur de fortes quantités. En France, la régie fait fermenter elle-même ses tabacs du pays et ceux qu'elle reçoit d'Algérie.

Les manoques sont mises en tas, la pointe des feuilles tournées vers l'intérieur. Ces tas, appelés *masses, pilons* (Cuba) ou *bancs*, sont de forme rectangulaire et doivent avoir un certain volume — de 1 à 3 mètres de hauteur — afin que la température, développée par la fermentation, se maintienne autant que possible uniforme entre 35 et 40° C. La température doit s'élever graduellement et ne pas dépasser 50°. Il faut donc la surveiller de façon à ce qu'elle ne dépasse pas cette limite et afin d'éviter que, par des coups de chaleur, les feuilles soient « brûlées ». A cet effet, on laisse dans la masse des tubes de bambou creux, contenant à leur extrémité enfoncée un thermomètre dont la lecture permet de suivre les progrès de la fermentation. Lorsque la température menace d'être trop élevée, on défait le tas et on le reconstitue, en ayant soin de placer les manoques de la périphérie à l'intérieur et inversement. Il est d'ailleurs

Java. — Mise en pente des feuilles de tabac dans le séchoir.

utile de faire cette même opération de retournement un certain nombre de fois, même pour des fermentations normales, si on veut avoir un produit homogène.

Cette opération dure environ six semaines. Elle donne au tabac sa couleur et ses qualités définitives.

Les feuilles de tabac *corsées*, c'est-à-dire épaisses et gommeuses, fermentent plus lentement, plus régulièrement et s'échauffent moins que les feuilles à tissu fin et léger.

Dans certains pays, on pratique le *sauçage* ou *bêtunement* : il consiste à arroser les tas d'une sauce, ou *bétoun*, qui est, soit une infusion de tabac dans de l'eau, soit un liquide préparé avec du miel, de la mélasse, etc. Les fumeurs connaissent le goût « mielleux » de certains tabacs anglais ou américains, tels que les *Old juge, Capstan brand, Navy Cut*, etc., ou les aromes spécifiques de certaines marques européennes. Nous pensons qu'il serait fort intéressant d'étudier à fond le chimisme de cette fermentation et de déterminer l'action spécifique des agents en cause. L'industrie des tabacs retirerait peut-être de cette connaissance les mêmes bénéfices que l'industrie des liqueurs fermentées a retirés de la détermination du rôle des agents de cultures sélectionnées.

Nombreuses sont les variétés et les qualités des tabacs préparés et les différences qui les caractérisent au goût, aux yeux et à l'accoutumance du consommateur, à qui est bien applicable le dicton : *de gustibus non est disputandum*. Remarquons, cependant, que le Cubain estime surtout le tabac frais, qu'il paye d'ailleurs assez cher, et que l'habitude de choisir le « Havane » le plus sec, qui craque sous la pression du doigt ou de réclamer du *claro*, est, à son point de vue, une aberration de snob indigne de « personas de gusto ».

Les tabacs les plus cotés de Cuba sont ceux dits « de Rio », provenant de plantations riveraines de cours d'eau à inondations temporaires. Les meilleurs sont ceux de la *vuelta de abajo*, c'est-à-dire des versants de l'ouest, de la province de Pinar del Rio, sur les flancs de la Sierra de Los Organos. Ils contiennent généralement 4 p. 100 de nicotine.

Le second type est celui des tabacs dits des *Villas*, de la région de Santa-Clara. D'après Paul Serre, les qualités se suivent dans cet ordre (en 1910) : *Vuelta-abajo*; *Partido*; *Semi-Vuelta*; *Remedios*; *Mayari*, etc.

Nicotiana Tabacum, var. Toumbak
(*Cliché Vilmorin, Andrieux et Cie*).

La feuille de Déli-Sumatra, remarquable par sa finesse, fait concurrence à tous les tabacs de fabrication cigarière parce qu'elle donne une parfaite couverture ou *cape*. (Le cigare est fait d'une *cape*, d'une *sous-cape* et d'une *bourre* ou *tripe*).

Les tabacs rémunérateurs sont ceux dont la feuille, par sa finesse, sa résistance, l'absence de grosses nervures, la combustibilité, la forme, etc., permet de découper des capes de cigare et c'est vers la production de ces tabacs que nous devons tendre dans nos colonies.

Les tabacs récoltés en France ont une combustibilité médiocre et une absence d'arome qui nécessite leur mélange avec des tabacs exotiques, de pays chauds, pour leur donner les qualités nécessaires. Ceux-ci y entrent dans la proportion de plus d'un tiers pour les tabacs ordinaires.

Le tabac est consommé sous forme de cigares, cigarettes, tabac de coupe, tabac à chiquer ou « carotte », tabac à priser et jus de tabac. Certaines tribus primitives le fument par le nez ; ailleurs, comme en Asie centrale chez les Kirghizes, on « chique » du tabac en poudre (*noss*). Les Chinois aiment le tabac opiacé qu'ils fument dans de petites pipes à eau, etc.

Le jus de tabac provenant de la macération des feuilles de tabac vulgaire et des déchets est aujourd'hui très demandé pour la destruction des insectes parasites des plantes, notamment pour détruire les *Cochilis* et *Eudemis* qui s'attaquent à la vigne. Le jus pur marque 15° Baumé et il est employé, plus ou moins étendu d'eau, en vaporisations ou fumigations. La médecine vétérinaire l'utilise également, en quantités notables, pour la destruction des parasites des animaux domestiques (1).

Les tabacs dits « d'Orient » contiennent en général moins de nicotine que les autres, et les tabacs à priser, moins que les tabacs à fumer.

ENNEMIS DU TABAC — De nombreux insectes s'attaquent à la famille du tabac : coléoptères, pentatomes, larves de sphingides, noctuèles, qu'il faut combattre par la cueillette et une surveillance incessante, sans compter diverses maladies cryptogamiques.

Des chenillles comme celle du *Gnorimoschema héliopa*, qui vit à l'inférieur de la tige du tabac, peut causer de grands dégâts (Cérighelli). Le déprédateur le plus répandu des tabacs manufacturés dans les magasins est la *Lasioderma serricorne*, un petit coléoptère qui perfore les cigares, cigarettes et tabacs en paquets. On le combat par l'anhydride sulfureux ou la chaleur.

COMMERCE ET PRODUCTION — La consommation des tabacs dans le monde va en augmentant. On évalue la production mondiale à plus d'un million de tonnes de feuilles. Elle fut de 1.682.000 tonnes en 1921-1922.

Les gros producteurs sont les Américains du Nord par leurs plantations particulièrement importantes dans les états de Kentucky et de Virginie. Leur production moyenne représente 35 p. 100 de la production mondiale. Ce chiffre est inférieur à celui de la production de l'Asie qui s'élève à 40 p. 100 (Inde Anglaise, Chine, Japon, Indes Néerlandaises, Philippines, Indochine, etc.); mais ces pays consomment une grande partie de leur propre production et ce ne sont que les qualités supérieures qui apparaissent à l'exportation, comme celles de Sumatra — la culture du tabac y remonte à 1865 seulement — de Java et des Iles Philippines. La moyenne quinquennale de production de 1920-1924, d'après les statistiques de l'Inst. Intern. de Rome, s'inscrit pour 940.000 tonnes.

Les principaux composants de ce total sont, par ordre d'importance

Etats-Unis d'Amérique . . . . 603.000 tonnes
N. R. S. S. (Europe et Asie) . . . . 72.500 —

---

(1) Un insecticide rival de la nicotine est l'extrait de *Derris* (*D. elliptica* et *D. Juliginosa*), plantes de la flore de l'Asie tropicale récemment préconisées (Dr Trabut) pour l'action toxique, par contact, des pulvérisations sans inconvénient pour le manipulateur.

Brésil.	71.600	tonnes
Japon.	63.700	—
Iles Philippines.	44.800	—
Grèce.	34.600	—

Viennent ensuite la Bulgarie, l'Italie, l'Allemagne, la Russie, Cuba, le Mexique, etc.

La production de la France et de ses principales colonies y figure pour :

La France.	26.300 tonnes	(19.500 en 1925)
L'Algérie.	20.300 —	
Madagascar.	6.200 —	(9.000 en 1925)
La Tunisie.	400 —	

Le total de ces quatre chiffres est loin de représenter la production conjuguée de toutes les colonies françaises dont la plupart, incapables de fixer avec quelque suffisante approximation le chiffre de la production indigène, n'apporteraient pas dans le calcul des prévisions qui permettraient d'exprimer un jugement exact sur la consommation locale et ses besoins immédiats. Ce que l'on peut dire, c'est que, presque toutes, importent des tabacs du dehors sous les diverses formes et qualités au gré des consommateurs.

Il en est de même de la métropole. En 1925, la France a importé les quantités suivantes de tabacs étrangers en feuilles ou en côtes :

Etats-Unis	22.150	tonnes
Algérie.	5.622	—
Brésil.	1.570	—
République Dominicaine.	8.009	—
Philippines	79	—
Autres pays	16.575	—
Total.	54.005	tonnes

En 1927, l'importation était de 39.462 tonnes, dont 9.545, soit 24,41 p. 100, des colonies.

Dans ce total ne sont pas compris les cigares, cigarettes et autres tabacs fabriqués acquis par la Régie. La valeur déclarée de ces tabacs a été de 276.622.000 francs en 1925 et de 138.547.000 francs en 1924.

Pour l'exercice de son monopole, la France a besoin annuellement de 65.000 tonnes de tabac dont 25.000 tonnes peuvent lui être fournies par la production de son sol — culture autorisée dans 32 départements — par un apport de 9.000 à 10.000 tonnes de l'Algérie en bonne année, et, à présent, près de 1.000 tonnes de Madagascar. Il reste quelque 27.000 tonnes á acheter à l'étranger, ce qui représente une exportation d'or de l'ordre de grandeur de 200 à 250 millions de francs. Le monopole ayant rapporté en France, en 1925, près de 2 milliards de francs, l'opération fiscale n'est pas mauvaise bien qu'inférieure à celle que pratique l'Angleterre, où ne jouent que les taxes douanières sur les tabacs étrangers, la culture du tabac n'y existant pas, et où le rendement budgétaire est évalué à 6.744 millions.

La Régie achète ainsi environ 15.000 tonnes de tabac aux Etats-Unis, 4.000 tonnes aux Indes Néerlandaises, 3.000 tonnes au Brésil et des quantités diverses à Cuba, aux Philippines, etc., tabacs ordinaires et de luxe compris.

Les départements où la culture du tabac est le plus développée sont : le Lot-et-Garonne, la Dordogne, l'Isère, le Pas-de-Calais, la Gironde.

Toute la récolte doit être livrée aux magasins de l'Etat aux prix fixés chaque année par arrêté préfectoral sur estimation d'une commission paritaire des planteurs et des agents de l'Administration.

Le chiffre de la consommation individuelle diffère beaucoup dans les divers pays. Comme il ne figure, assez plaisamment d'ailleurs, que le quotient de la division de la consommation totale, par le chiffre de la population, il n'a pas, à lui seul, une valeur indicative de coefficient de dépense, angle sous lequel il serait plus intéressant de considérer les choses. Quoi qu'il en soit, voici un tableau comparatif indiquant par tête d'habitant, la consommation de tabac en grammes sous toutes ses formes, dans quelques pays de fumeurs : Espagne, 650 ; Italie, 700 ; Angleterre, 800 ; France, 1.000 ; Allemagne, 1.400 ; Etats-Unis, 2.200 ; Hollande, 3.800.

Nous ne saurions, à cette place, y attacher de plus amples commentaires. Rappelons-nous, cependant, que si, il y a moins d'un siècle, des explorateurs avaient pu rencontrer dans une île lointaine de Polynésie, une population ignorant encore l'usage du tabac, il apparaît bien aujourd'hui que le goût, et chez beaucoup de peuplades primitives, la passion de la drogue américaine du XVe siècle ont pénétré jusque dans les coins les plus reculés du globe.

La France aurait grand intérêt à obtenir de ses colonies des quantités et des crus de tabac capables de se substituer aux achats à l'étranger.

Une « Commission interministérielle des tabacs coloniaux » s'est livrée, à ce sujet, à une enquête très étendue et ses travaux ont abouti à des résultats pratiques. Non seulement la plupart de nos colonies se sont qualifiées comme pouvant produire des tabacs acceptables par les manufactures de l'Etat, mais une intervention directe à Madagascar a eu pour effet de développer la culture dans la grande île au point qu'à présent elle livre à l'exportation près de 2.000 tonnes de tabac alors qu'elle en importait il y a 5 ans.

L'Indochine hésite encore à marcher sur ses traces, bien que plusieurs régions et de vastes superficies ont été reconnues comme particulièrement susceptibles de donner des crus acceptables au « goût européen » et d'entrer dans la fabrication des manufactures de l'Etat.

Nous constatons le fait pour la plupart de nos colonies, sans d'ailleurs surestimer les possibilités d'une future production en grand de ces sortes de tabacs indigènes. L'intensification de la culture tabatière ne saurait, pas plus dans nos colonies que n'importe ailleurs, être envisagée et espérée que si le bénéfice cultural escompté par le planteur lui apparaît comme suffisant en comparaison de celui dont ses efforts seraient rémunérés par la pratique d'une autre culture. Les plantations de tabac sont exigeantes de soins, leur conduite est chose délicate, impérieusement à confier aux spécialistes d'expérience à la fois scientifique et économique, experts également en matière de préparation des tabacs après la récolte. Si ces exigences, multiples dans leurs détails, reçoivent satisfaction, les résultats se traduiront par l'obtention d'un produit marchand de qualité, coté mondialement, et qui, par le fait même de sa qualité, trouvera son débouché rémunérateur assuré.

La culture du tabac apparaîtra de la sorte, *et à ces conditions,* comme une des plus riches que le planteur européen aussi bien que le planteur indigène peuvent entreprendre dans nos colonies (1).

La nicotine, on le sait, est un poison violent. L'abus du tabac conduit au *nicotinisme,* empoisonnement lent qui retentit sur le cerveau, le cœur, les poumons, la vue et semble prédisposer au cancer dit « des fumeurs ». Mais conseillez donc à un fumeur esclave d'abandonner en deçà de la limite de l'abus ! Aussi le tabac « dénicotisé », l'*eucalyptus* et le cigare à la créosote n'ont-ils qu'un succès éphémère devant la tyrannie d'un produit stupéfiant, qui a conquis les faveurs des tribus les plus primitives et règne à présent sans vergogne sur la mode féminine gracieusement émancipée.

---

(1) Une mention particulière est due aux cultures de tabac du **Cameroun, établies** par les Allemands avec des semences de Sumatra-Deli. Il y avait, en 1925, 5 centres de culture dont le principal était Niombé. Ce tabac reproduit le type de Sumatra ; il est admis à la condition des tabacs d'Amsterdam et obtient des prix élevés. En 1925, la récolte a été de 170 tonnes. Le rendement est en moyenne de 850 kilos à l'hectare et celui de 1.200 n'est pas rare. Les plantations sont à la compacité de 25.000 pieds, à 20-25 feuilles sur tige. Il est à noter que les semences paraissent conserver leurs caractères d'origine sans dégénérescence.

2. — *L'opium*

Récolte. — Usages. — Production. — Préparation. — Emplois thérapeutiques.

Cette drogue stupéfiante, bienfaisante en médecine et en thérapeutique, devient malfaisante par l'usage exagéré et la consommation passionnelle. « La mauvaise habitude de fumer de l'opium, dit philosophiquement de Candolle, est faite pour se répandre, comme l'absinthe et le tabac ». Et en effet, après l'Extrême-Orient, l'Occident menace d'être contaminé par le vice élégant, appris à l'école du *nirvanha* factice et tyrannique, hindou ou chinois.

Les Arabes le connaissaient depuis l'antiquité sous le nom d'*afioun*. Il n'est pas originaire, comme on pourrait le croire, de la Chine, mais de l'Asie Mineure et il n'y a que depuis deux siècles que les Chinois, instruits des propriétés de la drogue par les Portugais, ont établi des fumeries. La culture du pavot s'y est développée surtout vers la moitié du siècle dernier. Plus vieilles sont la culture et la consommation dans l'Inde Anglaise où, il y a trois siècles, l'Etat s'en est déjà réservé le monopole.

L'opium est obtenu du latex coagulé, récolté par incision des capsules vertes et mûrissantes du *Papaver somniferum* L. Cette Papavéracée est une plante annuelle, herbacée, dont deux variétés surtout ont de l'importance comme culture industrielle : la première, « pavot noir » à fleurs rouges, semences grises ou noires dans des capsules déhiscentes, est cultivée beaucoup en Europe, notamment en France où elle fournit, par ses graines oléagineuses, *l'huile d'œillette*.

La seconde, « **pavot blanc** », a des fleurs et des semences blanches dans des capsules indéhiscentes ; c'est elle qui, cultivée en Asie Mineure, Perse, Egypte, Inde anglaise, Chine et contrées avoisinantes, donne l'opium (1).

Dans l'Inde, la variété blanche cultivée atteint environ 1^m,20 de hauteur, ramifie sa tige et porte à chaque rameau (3 à 5) une capsule arrondie de la grosseur du poing. La variété cultivée au Yunnan est plus petite n'atteignant qu'environ 80 centimètres, avec des capsules de la grosseur d'une nèfle.

---

(1) Une autre espèce, le *Papaver orientale*, L. du Caucase, Arménie, Turquie, donne également de l'opium. C'est une plante pérenne à grandes fleurs écarlates tachetées de noir à la base des pétales.

Dans nos colonies, la culture du pavot n'a actuellement de l'intérêt que pour l'Indochine qui en consomme des quantités sérieuses et en retire un gros bénéfice fiscal. Elle ne réussit sous les tropiques que dans un climat d'altitude comme celui du Haut-Tonkin et de la chaîne annamitique où le pavot est cultivé pour la consommation indigène, d'ailleurs en assez faibles proportions comme culture familiale, par les tribus montagnardes et laotiennes. Comme elle exige un climat tempéré — des essais en ont été tentés en France et en Allemagne, abandonnés pour des raisons de coût de la main-d'œuvre — elle est pratiquée dans l'Inde, sur les plateaux élevés des régions montagneuses. Dans l'Inde, la récolte commence par l'enlèvement des pétales mûres qui servent à envelopper les pains (*cakes*) d'opium; puis, environ 15 jours avant la maturité des capsules, au moment de leur plus forte teneur en latex, celles-ci sont entamées par les incisions d'un scarificateur à plusieurs lames coupantes qui rappelle la forme d'un tire-ligne de

Capsule de pavot scarifiée.

portées musicales. Il en dégoutte des larmes laiteuses qu'on récolte le lendemain à l'état solide pour les réunir dans un récipient où, au bout de quelques jours, elles abandonnent un liquide (*passewa*) qui est d'autant plus soigneusement décanté que l'opium en aurait une diminution de finesse et d'arome. La masse mélasseuse restante, suffisamment épaissie au bout de quelque temps, est mise dans des poches faites de pétales de pavot et agglomérées et les pains ainsi formés sont saupoudrés de feuilles pulvérisées.

Des capsules séchées on prélève des semences pour le futur ensemencement et le restant sert à la confection de tourteaux alimentaires pour le bétail. Une capsule donne en moyenne de 3 à 4 grammes d'opium.

Au Yunnan, les Chinois donnent moins de soins à la récolte ; aussi le produit est-il moins coté et estimé, d'ailleurs souvent falsifié par l'ajoute de matières étrangères et notamment d'une résine appelée *Saïcao* (P. Merle). Au coagulat de latex recueilli sur les scarifications des têtes de pavot ils ajoutent l'extrait obtenu de la décoction des capsules et les pains sont enveloppés dans plusieurs feuilles de papier huilé.

PREPARATION   L'opium brut, dont nous venons de parler, n'est pas consommé comme tel par le fumeur. Il faut qu'il soit repris et travaillé par les *bouilleries* d'opium, comme celles de Saïgon et de Batavia qui sont des modèles du genre. Leur présence dans le voisinage se décèle par des odeurs floues et doucereuses qui flottent dans l'air.

La transformation de l'opium brut en *chandoo* ou *tchandou*, ou opium de pipe, est une opération délicate et compliquée qui demande des ouvriers habiles et expérimentés.

Elle se fait en trois étapes d'une journée : ouverture des pains d'opium et traitement des *imbrios* (1); cuisson et épuisement par l'eau; filtration des liquides et concentration en *chandoo*.

Les boules ou *cakes* d'opium sont d'abord coupées, puis lavées à l'eau. Les morceaux sont ensuite soumis à la cuisson dans des bassines en cuivre, avec de l'eau, jusqu'à consistance sirupeuse. De cette masse, on fait de minces galettes ou *crêpes*, torréfiées sur un feu ardent, puis mises à macérer dans de l'eau pendant une journée. Le liquide obtenu est filtré, et la liqueur filtrée est concentrée dans des bassines, successivement chauffées à la vapeur d'eau et sur un feu vif. Lorsque la concentration atteint 26°,5 Baumé, le produit a l'aspect d'une mélasse épaisse et brunâtre : le *chandoo*.

Pour devenir de l'opium à fumer, il faut encore donner au *chandoo* de l'arome. A cet effet, il est d'abord soumis à un battage mécanique qui régularise le refroidissement, rend la masse homogène et y introduit, avec l'oxygène de l'air, des germes de moisissures et des ferments. Les travaux du Dr Calmette ont montré que, parmi ces microphytes, l'*Aspergillus niger*, une de nos vulgaires moisissures, était l'agent actif et déterminant des qualités à donner à l'opium, c'est-à-dire l'arome, et qu'il était possible, par sélection, d'en ensemencer le *chandoo*, à l'exclusion d'autres ferments superflus ou nocifs. De plus, au lieu d'abandonner la masse à la fermentation pendant près d'une année ou plus, il devient maintenant possible de livrer l'opium à la consommation après quelques mois seulement de repos, ce qui est à considérer alors que l'opium représente un capital matière dont la valeur se chiffre par des millions de francs, immobilisé en magasin. Lorsque la fermentation est à point, les récipients d'opium se sont couverts d'une épaisse couche feutrée de moisissures.

L'opium à fumer est mis dans des pots, des boîtes en laiton, ou dans des tubes, comme à Java, et livré à la consommation et aux fumeries en quantités de 5 à 100 grammes, à des prix de régie de plus en plus élevés.

USAGES — L'opium, en dehors de son emploi médicinal, est consommé de deux façons : en morceaux d'une substance noire ou brun foncé, dure, résineuse et cassante, le *tariak*, avalés par les *opiophages* (Inde et Perse surtout), et sous forme sirupeuse, dans la *pipe à opium*.

Le fumeur d'opium prend la position couchée sur le côté, devant une petite lampe allumée, flanquée d'un petit pot d'opium et d'une grosse épingle ou aiguille. La pipe est faite d'un gros tube, en bois plus ou moins précieux et richement orné, portant vers son extrémité et perpendiculairement au tube, un godet en forme de cupule fermée, laissant à son som-

---

(1) On appelle *imbrio* les enveloppes des pains ou boules, imprégnées d'opium et vendues à bas prix.

met une ouverture assez petite qui constitue le fourneau, auquel il présente une perle d'opium grésillante et dont il aspire la fumée par une aspiration profonde.

Un fumeur habitué moyennement en fume une vingtaine par jour, les forts fumeurs, un nombre indéterminé.

A l'usage, la pipe s'encrasse d'un « culot » d'opium, substance noirâtre, épaissie, qui porte le nom de *dross* ou de *tinko* et de *samtching* en Chine. Etant donné le prix élevé de l'opium, ce résidu est raclé de la pipe et recueilli, afin de servir à un nouveau mélange. On estime que c'est surtout l'usage du *dross*, avec ses principes stupéfiants beaucoup plus violents, qui produit sur l'organisme les effets désastreux dont les populations de basse classe, en Chine et dans l'Inde, donnent parfois de si tristes exemples.

PRODUCTION — L'opium brut à fumer est produit principalement par l'Inde et la Chine. Celui de l'Inde, ou opium de *Bénarès*, est acheté aux producteurs par le gouvernement et vendu par lui aux prix fixés officiellement. Les Etats indépendants produisent également un opium dit de *Malva*, de qualité moins estimée et moins cher.

En Chine, les centres de culture les plus étendus sont le Yunnan et le Tsé-tchouen. L'importance de la production y est difficile à établir en l'absence de tout recensement et de la défense, toute théorique, d'y pratiquer la culture. Elle est, toutefois, estimée au chiffre annuel énorme de 15.000 tonnes.

La consommation exagérée de l'opium par les Extrêmes-Orientaux, l'opiomanie, sous la forme de *tariak* ou de fumée de pipe, n'a pas laissé de préoccuper le moraliste à la fois et l'économiste désireux, l'un de combattre une passion nocive, l'autre, tout en sympathisant avec les principes de combat, soucieux de la disparition d'une source de revenu fiscal importante.

Il convient de se rappeler que la culture du pavot à opium était proscrite en Chine jusqu'en 1853, ce qui ne l'empêchait pas d'être pratiquée plus ou moins clandestinement comme il y a quelques années avec la même interdiction éphémère.

En 1909, se réunissait à Changhaï une conférence ayant pour but la limitation de la production de l'opium, suivie en 1912, d'une seconde conférence à La Haye, qui élabora un projet de Convention internationale réglant la production et le trafic de la drogue, et surtout ceux de ses dérivés stupéfiants. L'une et l'autre demeurèrent à peu près inopérantes parce que les Gouvernements ne s'étaient pas tous ralliés aux propositions de réglementation légale de la Convention. La Société des Nations a repris la question et convoqué, en 1924, une Conférence internationale pour le contrôle international du commerce des stupéfiants.

L'aspect de la question a changé et c'est moins, semble-t-il, la situation de l'opium en Extrême-Orient qui est visé que le danger grandissant, dénoncé par Em. Perrot et H. Coutave, de l'abus, au sein de nos sociétés modernes, des dérivés de la drogue, alcaloïdes s'échappant trop facilement par ruse des officines ou du commerce clandestin : morphine, héroïne et leurs sels (1).

La Conférence de Genève aboutira-t-elle à l'impératif de ses résolutions ? L'avenir montrera combien la tâche est malaisée.

L'Indochine est la seule de nos colonies à consommer l'opium que lui livre l'importation de l'Inde anglaise et du Yunnan.

En 1862, à l'époque de l'occupation de la Cochinchine par le corps de débarquement, les fumeurs d'opium, alors peu nombreux, achetaient leur drogue à des marchands chinois qui payaient une forte redevance aux mandarins annamites.

L'administration française établit, en 1864, un fermage de 200.000 fr. sur la vente de l'opium; en présence d'abus manifestes qui s'étaient introduits dans la pratique, le gouverneur. de la colonie, en 1881, fit mettre en adjudication le monopole de la vente mais, n'ayant pas obtenu de résultat, le Conseil colonial vota la régie directe et c'est ainsi que fut créée la bouillerie de Saïgon. L'Indochine consomme en moyenne annuellement quelque 120 tonnes d'opium, sans compter les quantités introduites en contrebande, principalement par la frontière sino-tonkinoise. Les principaux consommateurs sont les Chinois, et non les Annamites, dont la généralité n'a jamais montré de goût pour la drogue.

EMPLOI THERAPEUTIQUE La composition de l'opium est très complexe. A côté de matières résineuses et de sels minéraux, il contient surtout des alcaloïdes cristallisables au nombre de plus d'une quinzaine, dont les principaux sont la morphine, codéine, narcotine, thébaïne, papavérine, narcéine, laudanine, etc. On y trouve encore de l'acide méconique et de l'acide lactique, ainsi qu'un corps neutre, l'opianyl.

Parmi ces alcaloïdes, la morphine est le plus important. Les opiums de Turquie et de Perse en contiennent jusqu'à 12 à 15 %, ceux de l'Inde et de Chine, de 5 à 10 %. Les premiers sont employés en pharmacopée à laquelle ils fournissent, entre autres, le *laudanum*, l'extrait *thébaïque* et les sels de morphine, notamment la diacétylmorphine. ou héroïne, pour injections hypodermiques.

---

(1) En dépit de l'interdiction, aux Etats-Unis d'Amérique, de la fabrication et de l'importation de l'héroïne, les statistiques de la criminalité y comptent, parmi les criminels, un pourcentage énorme d'*héroïnomanes*.

La production de la Turquie varie de 250 à 400 tonnes par an, et la France en reçoit de 80 à 90 tonnes.

Des expériences de culture faites récemment au Jardin botanique de Naples semblent démontrer qu'elle peut être avantageuse dans le Sud de l'Italie.

Tous les fumeurs d'opium ne sont pas des passionnels. Et pourtant, bien que le mal soit produit par l'excès, gardons-nous, quand nous y sommes, quand nous aurons lu le chef-d'œuvre de Boissière, de céder à la curiosité, à l'entraînement de l'exemple, aux mauvais conseils de l'ennui et du désœuvrement, à la puérilité même d'un exotisme de parade, gardons-nous bien de vouloir vaincre une première répugnance, comme à l'âge où la première cigarette amenait le repentir stomachal...

L'opium est tueur d'énergie, d'équilibre mental et de santé. Pour être acquises moins brutales que par l'alcool, les déchéances physiques et intellectuelles qui font cortège à l'abus de l'opium n'en sont pas moins le résultat d'une accoutumance tyrannique, dont l'énergie de la volonté arrive difficilement ensuite à triompher.

---

3. — *Le Haschisch*

L'émule de l'opium en pays musulman, est le *haschisch,* ou *Kif,* préparé avec les feuilles du *Chanvre indien (Cannabis indica* Lamarck) en plusieurs variétés dont les propriétés enivrantes, dues à une matière gommo-résineuse (*cannabène*) semblent dépendre du climat où elles sont cultivées. Son action est analogue à celle de l'opium.

Il se présente sous la forme d'une masse solide, obtenue de la poudre de feuille pulvérisée pétrie avec de la gomme, ou constituée par l'extrait d'une décoction de chanvre indien additionnée de miel ou de beurre, avec divers autres ingrédients. On fume aussi les plantes séchées et découpées. Le marché de Londres connaît le *bang,* sorte inférieure, et le *Ganja* qualité supérieure, obtenue des boutons très résinifères des rameaux du chanvre femelle. Le *charraz,* qui est la matière résineuse du chanvre femelle, est consommé dans l'Inde et dans l'Asie centrale.

En Tunisie, la France a organisé le monopole de la vente et du trafic du *chira.* Le chanvre indien est cultivé en tour de case jusque dans les villages des nègres musulmans de l'Afrique centrale. Au Brésil, la drogue (*djamba*) menace de devenir un danger social (1).

---

(1) La légende prétend qu'Ala-ed-din, ou Aladin, le « Vieux de la montagne », prince d'Orient du XIIIᵉ siècle, enivrait ses partisans avec cette drogue pour leur faire commettre toutes sortes d'atrocités : c'étaient, à ce que nous dit Littré, les *haschischins,* pères de nos *assasssins,* étymologiquement parlant.

4. — L'Arec et le Bétel

Nous associons ces deux produits de culture comme ils le sont dans la bouche du consommateur : ce sont, en effet, des masticatoires très répandus, favoris en Extrême-Orient, et qui font l'objet d'une production et d'un commerce importants.

La chique de *bétel* est préparée avec une feuille de *bétel* sur laquelle est étendue une petite quantité de chaux éteinte de coquillage, souvent teintée en rose, le tout enveloppant un morceau de noix d'arec fraîche ou sèche. Placée dans le coin de la bouche et mastiquée sans relâche, la salivation en devient abondante et le jet de salive rouge. Les lèvres

Un plant de bétel. Tonkin.

sanguinolentes, liserées de noir, deviennent souvent hideuses; les dents aussi se déchaussent, mais les dents noires proviennent d'un laquage spécial, opération longue et assez pénible. La chique de bétel est rafraîchissante à la bouche et passe pour stomachique, stimulante. La salivation trop abondante cependant semble ne pas être très profitable à l'organisme.

La feuille de *bétel* est fournie par une plante apparentée au poivre, le *Piper Betle* Linné, liane assez haute qui fait l'objet de cultures dans les *jardins de bétel* et ne manque généralement pas autour des cases annamites. Le principe actif, une sorte de *pipérine*, a des effets faiblement stupéfiants par l'abus. L'Indochine exporte du bétel dans les bonnes années; elle en reçoit aussi comme complément. On le cultive quelque peu aux Antilles et à la Réunion à l'usage des Asiatiques immigrés.

L'*Arec* est la noix de l'aréquier, *Areca Catechu* Linné, palmier fort élégant, fin et élancé dont la culture est prospère et rémunératrice en Extrême-Orient, en Cochinchine et en Annam, se poursuivant jusqu'au Tonkin, dans la vallée du fleuve Rouge. La résistance de ce joli palmier, frêle en apparence, aux assauts des coups de vent, est remarquable. Sa culture demande un terrain riche et profond; le meilleur est alluvionnaire des basses vallées.

Le fruit contient une noix formée d'un albumen corné, ruminé, à fécule astringente; le péricarpe n'est pas toujours rejeté. La noix est consommée fraîche ou séchée, en telle quantité en Cochinchine, que la production locale, pourtant considérable, ne suffit pas : la colonie en importe, pendant certaines années, pour plusieurs millions de francs de Singapour.

L'aréquier ne rapporte qu'au bout de douze ans et donne de bonnes récoltes pendant une trentaine d'années, sans soins particuliers. Il fait la fortune de beaucoup d'Annamites.

CHAPITRE XII

PLANTES MÉDICINALES

Le nombre des produits végétaux exotiques dont la pharmacopée européenne fait, ou pourrait faire usage, est considérable. Il ne nous appartient pas d'en entreprendre ici une étude détaillée. Comme dans les chapitres précédents, nous nous bornerons à signaler ceux qui ont une certaine importance commerciale, et qui pourraient être fournis par nos colonies.

Nous citerons seulement pour mémoire les plantes dont il a été question dans d'autres chapitres, auxquels nous renvoyons le lecteur. De ce nombre sont : le benjoin, le cacaoyer, l'eucalyptus, le pavot à opium, le ricin, le santal, le théier.

1. — *Les Quinquinas*

Historique. — Origine. — Description. — Culture.

Parmi les plus précieuses conquêtes de la thérapeutique, il faut citer au premier rang le *Quinquina*, dont l'écorce est si utile aux fébricitants, et tout particulièrement aux coloniaux.

HISTORIQUE Les quinquinas sont des arbres de la famille des Rubiacées, qui appartiennent au genre *Cinchona* : nom qui perpétue le souvenir de la comtesse El Chinchon, femme d'un des vice-rois espagnols du Pérou, au début du xviiᵉ siècle. Guérie de la fièvre par cette drogue, jusqu'alors employée seulement par les Indiens, elle la mit en crédit en la faisant connaître.

C'est d'abord sous le nom de *poudre de la Comtesse* que l'écorce de quinquina pulvérisée fut connue et employée.

En 1648, les Jésuites l'importèrent en Europe sous le nom de *poudre des jésuites* et la vendirent à un prix énorme (400 pistoles la dose). Louis XIV en acheta le secret et divulgua son origine. Le quinquina s'imposa alors peu à peu par son action bienfaisante, en dépit de toutes les oppositions des Facultés de l'époque, longtemps après que les Péruviens en eurent démontré l'efficacité.

Les savants français furent parmi les premiers à en faire connaître la valeur. La Condamine en 1751, Joseph de Jussieu, et surtout Pelletier et Caventou qui, en 1820, isolèrent le principe actif, la *quinine*, dont l'action sur les hématozoaires parasites du sang chez les impaludés a été mise en relief par les travaux de Laveran.

Mais l'emploi de plus en plus répandu du remède ne tarda pas à diminuer ses sources d'origine, et les forêts des Andes, exploitées sans ménagement, s'éclaircissaient d'une façon alarmante. Préoccupé à juste titre de cet état de choses, le gouvernement anglais songea, dès 1840, à introduire la culture des *Cinchonas* dans l'Inde britannique.

Le projet fut mis à exécution en 1846, lorsque Weddel, botaniste français, eût envoyé, de Bolivie, des graines de quinquinas au Muséum d'histoire naturelle de Paris, qui en distribua généreusement les plants de multiplication. Ainsi furent créées des plantations dans l'Inde, à Ceylan et à Java.

En 1868, il y avait dans l'Inde (Sikkim, au pied de l'Himalaya) 1.200.000 quinquinas et, en 1886, 5 millions de pieds des espèces reconnues les meilleures et les plus aptes à s'accommoder du climat de la région.

A Java, pays merveilleusement doué au point de vue du sol et du climat pour la réussite de cette culture, le premier *Cinchona* fut planté en 1852.

BOTANIQUE Les *Cinchona* comprennent une trentaine d'espèces très voisines, soit arbustives, soit des arbres de 10 à 25 mètres de hauteur. Ils habitent par groupes ou isolément les forêts immenses des versants orientaux des Andes, du Pérou, du Brésil et de la Bolivie, du 10ᵉ degré de latitude Nord au 19ᵉ degré de latitude Sud, á des altitudes de 1.200 à 3.000 mètres. Leurs feuilles sont opposées, entières, ovales ou lancéolées, plus ou moins amples, persistantes, vertes, mais rougissant avec l'âge. Les fleurs, à parfum agréable, en grappes composées, terminales, sont blanches ou carnées, à corolle infundibuliforme divisée au sommet en cinq lobes velus extérieurement et portant quelques poils sur la face interne. Le fruit est une capsule à deux valves contenant de nombreuses graines aplaties, entourées d'une aile membraneuse. Leurs écorces contiennent, en proportions variables suivant les espèces, des principes amers, alcaloïdes, dont le plus important est la *quinine.*

Le nombre des alcaloïdes déterminés dans les quinquinas est d'une quinzaine : quinine, cinchonine, cinchonidine, quinidine, quinamine, etc., s'accompagnant en proportions variables dans les écorces qui en sont les organes les plus riches de la plante, notamment vers sa base. On y

Branche de Quinquina. *Cinchona succirubra.*

trouve aussi du tanin quinique qui, en s'oxydant, donne le rouge cinchonique.

L'espèce la plus riche en alcaloïdes est le *C. Ledgeriana,* qui en contient jusqu'à 12,5 %, dont 11,6 % de quinine. Dans le *C. succirubra,* on trouve 10 % de tanin.

Parmi la trentaine d'espèces connues botaniquement, les chimistes d'abord, les planteurs ensuite en ont retenu trois principales qui donnent les meilleurs rendements en alcaloïdes :

1° Le *Cinchona Calisaya* Weddel, aujourd'hui le plus répandu dans les cultures, surtout avec sa variété *Ledgeriana* (*C. Ledgeriana* Moens), à cause de sa teneur en quinine (moins de cinchonine). C'est le quinquina le meilleur du commerce où il est connu sous les noms de *China regia* et *Calysaia jaune royal*. Son écorce épaisse donne une poudre jaune-orangé.

2° Le *C. succirubra* Pavon, grand arbre à feuilles ovales, amples, riche en quinine, en cinchonine et en cinchonidine, appelé *quinquina rouge*, à écorce volumineuse donnant une poudre d'un rouge vif.

3° Le *C. officinalis* Linné, la première espèce connue, riche en cinchonine et plus pauvre en quinine. Il donne tous les *quinquinas gris* du commerce; son-écorce est assez mince, roulée, astringente.

Nous négligeons les autres espèces, d'un intérêt secondaire ou historique, comme le *C. Pahudiana*, qui fut d'abord cultivé à Java, puis abandonné au profit du *C. Ledgeriana*.

RECOLTE ET BOTANIQUE La récolte des écorces des quinquinas sauvages, dans ce que A. de Humboldt appelait le « royaume des cascarilles », est faite par les *cascarilleros*, dont le métier est un des plus pénibles qui soient. Jadis, l'exploitation se faisait par abatage de l'arbre, méthode tentante puisqu'un arbre de 20 mètres de hauteur et d'un mètre de diamètre donnait une tonne environ d'écorce sèche.

A présent, l'exploitant trouve intérêt à pratiquer une sorte de démasclage en enlevant l'écorce par larges bandes qui sont séchées au feu ou au soleil et, après triage, livrées au commerce dans des « surons », peaux de bœufs fraîches au moment de l'empaquetage et qui se resserrent en séchant.

C'est à Java que la culture des quinquinas a pris son plus grand développement, spécialisée, monopolisée de fait et par l'effet des méthodes longtemps étudiées qui assurent aux exploitants un rendement permanent capable de soutenir les efforts.

Par sélections, hybridations, greffe (qui conserve les variétés dont l'analyse a reconnu la plus grande richesse), par des opérations culturales judicieuses, très soignées, les Hollandais ont montré, comme pour la *gutta-percha*, ce que vaut la méthode, la science et la suite dans les idées.

La récolte se fait : par coupe en taillis, la souche donnant des rejets; par abatage; par écorçage sur arbres vivants, l'écorce se reproduisant ensuite.

Les grosses écorces du tronc sont maintenues *plates* par des poids ; les minces, des branches, se *roulent* par la dessiccation.

Les troncs couverts de mousse et croissant à l'ombre étant plus riches en alcaloïdes, on a imaginé l'opération du *moussage*, qui consiste à revêtir les troncs de mousse, maintenue à l'aide de bandelettes. Les racines sont plus riches en principes extractifs que les parties aériennes des arbres.

C'est définitivement le *C. Ledgeriana* qui l'a emporté sur les autres espèces pour la plantation. Dans un sol et une exposition qui lui conviennent, il fournit un plus grand poids d'écorces avec un meilleur rendement en quinine que les autres espèces ou les hybrides (Em. Perrot).

L'usine modèle pour le traitement des écorces du quinquina est située à Bandoeng, au centre de Java. A quelques kilomètres de là se trouvent de superbes peuplements forestiers de quinquinas entourant le monument dressé à Junghuhn, un des quinologues les plus méritants et un de ces savants néerlandais qui ont créé de la prospérité aux Indes Néerlandaises.

Plantation de quinquinas
et monument de Junghuhn à Lembang. — Java.

La plantation d'essai du quinquina est à Tjinjiroean.

Nos efforts pour introduire la culture des arbres à quinquina dans nos colonies se sont arrêtés en route après avoir pu justifier des espoirs de réussite. Fauchère et Prudhomme à Madagascar et, avant 'eux, Balansa au Tonkin, entre autres, avaient amorcé des plantations aujourd'hui disparues. Le fait ne saurait surprendre lorsque l'on considère l'avance monopolisante prise par les Hollandais et l'aversion des planteurs des autres pays pour la pratique d'une culture présentant pour eux si peu de garanties de suffisante rémunération. Il serait pourtant nécessaire, devant la demande croissante des sels de quinine, d'augmenter la production des écorces, déjà déficitaire devant la tâche de la quininisation étendue que les Gouvernements, humanitairement et économiquement bien avisés, se proposent d'entreprendre parmi les populations indigènes de leurs colonies « anophéliques » et fébricitantes sans autres armes de combat que la moustiquaire.

La question préoccupe le Congo belge, qui consomme par an 4 tonnes de quinine valant près de 3 millions de francs (J. Claessens). Le *Cinchona succirubra* y vient assez bien à 400 ou 500 mètres d'altitude alors que le *C. Ledgeriana* y végète seulement, de sorte que, à défaut de sels de quinine difficiles à obtenir, on préparera et administrera de la poudre d'écorce de *succirubra*, comme on fit jadis, et le gouvernement invitera tous les planteurs et même les indigènes à participer à la production de cette écorce par la culture du plus grand nombre possible d'arbres.

En Indochine, après des essais de culture faits par le Dr Yersin, dans le Sud-Annam, à Honba d'abord, à Dran et Djiring ensuite, essais très encourageants et pleins de promesses, le gouvernement local, répondant aux suggestions du « Comité interministériel des plantes médicinales », a établi une station du quinquina aux abords du Langbian sur un territoire où, éventuellement, des plantations en grand pourraient être créées avec le concours des particuliers.

PRODUCTION ET COMMERCE En 1923, les plantations particulières en production occupaient, à Java, 17.000 hectares et produisaient 8.661 tonnes d'écorces, à raison de 730 kg. à l'hectare. Les plantations du gouvernement occupaient, en production, 1.171 hectares ayant donné 976 tonnes d'écorces, soit 1.189 kg. à l'hectare, chiffre sensiblement supérieur à celui des plantations particulières et qui est dû aux méthodes meilleures de culture. En outre, Sumatra, sur 1.023 hectares, produisait 417 tonnes d'écorce. Le marché principal en Europe est Amsterdam, où se présentent, d'une part, les écorces destinées à la pharmacie et, d'autre part, les écorces pour fabriques. Un marché réduit existe à Londres; il reçoit des lots d'importation de l'Inde et de Ceylan, et d'Amérique. La Havre reçoit parfois directement des lots importants de quinquinas sauvages de l'Equateur et de la Colombie (Em. **Perrot**).

Avant la guerre, l'Allemagne fabriquait 75 % de la quinine de la consommation mondiale. Actuellement, le nombre des usines dans les divers pays est limité (à 13 en 1926); elles sont contingentées par le Kinabureau d'Amsterdam suivant les conditions imposées par la « Convention du Quinquina »; entre producteurs et fabricants. L'Inde Anglaise traite des écorces dans ses usines de Madras et du Bengale.

La consommation mondiale de la quinine, qui était de 70 tonnes en 1872, est actuellement de plus de 450 tonnes par an. Or, les besoins mondiaux en sulfate de quinine sont évalués au minimum à 700 tonnes, et il est douteux que les plantations des Indes Néerlandaises puissent satisfaire aux demandes croissantes qui dépasseront ce chiffre, lorsque les

réserves d'écorces seront épuisées. La question de la culture des quinquinas dans nos colonies s'impose donc à notre prévoyante attention.

Les sels de quinine généralement consommés sont le sulfate (basique)
et le chlorhydrate, pris par la bouche ou administré en injection intra-
veineuse.

Beaucoup de plantes passent pour avoir des vertus fébrifuges, entre
autres, les faux quinquinas ou « Quinquinas Cuprea », des Andes de
Colombie et du Vénézuéla : *Remijia Purdieana* Wedd, *Ladenbergia pedunculata* Karst, *Cascarilla*, *Exostemma*, etc., mais aucune ne saurait remplacer les *Cinchona*. Sous le nom de *plamoquina* on a présenté récemment, en
Allemagne, un dérivé de la distillerie du goudron (benzopiridine) comme
un bon succédané de la quinine.

---

2. — Le Kolatier

Le *kolatier* (*Cola acuminata* Robert Brown, *Sterculia acuminata* Pal.
de Beauvois) (famille des Sterculiacées) est un arbre originaire de la
côte occidentale d'Afrique et du Soudan. On le trouve à l'état sauvage,
ou cultivé, depuis le 10° de latitude nord jusqu'au 5° de latitude sud,
mais il est surtout abondant en culture dans la zone forestière de la Haute-
Guinée française, à Sierra-Leone, à la Côte d'Ivoire, à la Gold Coast et
au Libéria. Le Cameroun en produit aussi dans les cultures introduites
par les Allemands.

Il donne la *noix de kola*, dont l'usage par les indigènes de l'Afrique
tropicale semble remonter aux temps les plus reculés.

C'est Lopez, dans son ouvrage *Relatione del Reame di Congo*, publié
en 1591, qui en a fait la première mention dans les termes suivants :
« Vu un autre arbre qui produit un fruit nommé *kola* et qui est grand
comme un noyer; ce fruit, semblable à la châtaigne, est de couleur rouge
ou rose. On le tient dans la bouche et on le mâche pour combattre la soif
et assainir l'eau. » Mais la description complète de l'arbre ne fut donnée
que beaucoup plus tard, en 1804, par Palisot de Beauvois, dans la *Flore
d'Oware et de Benin*.

Le kolatier est un bel arbre de 10 à 15 mètres de hauteur, à feuilles
alternes, entières, ovales-lancéolées, acuminées; il fleurit surtout pendant
la saison sèche; les fleurs, monoïques, sont disposées en grappes; les
fleurs femelles sont moins nombreuses que les fleurs mâles.

Le fruit est un follicule, sorte de gousse coriace renfermant, suivant
les espèces, de 2 à 10 graines de la grosseur d'un petit marron, anguleuses,
sans albumen et de couleur rouge ou blanche. Certains kolatiers ne pro-

duisent que des graines blanches et d'autres, que des graines rouges, mais
le même arbre peut donner les unes et les autres dans le même fruit

Les blanches sont les plus estimées des indigènes, mais les rouges
plus exportées.

· Branche de Kolatier, feuille, fleur et fruit

L'espèce la plus appréciée est le *Cola nitida* (Vent) A. Chev., à deux
gros cotylédons, les indigènes, d'après Chevalier et Perrot, n'utilisant guère
la noix à 3 ou 5 cotylédons qu'ils considèrent comme trop âpre et, à
tort, sans activité. La première espèce, originaire de la forêt de la Côte
d'Ivoire, est la plus cultivée et donne le « Cola demi ». Trois autres
espèces : *C. Ballayi, C. verticillata* et *C. acuminata*, **à noix de plus de**

deux cotylédons, contient les « Cola quart » permi lesquels le *C. Bal-layi* est le plus répandu à l'état sauvage et le plus apprécié.

CULTURE — Le kolatier se multiplie facilement par graines, mais on doit se servir du greffage pour reproduire les variétés et individus qui produisent le plus de fleurs femelles, de manière à s'assurer une fructification abondante et régulière. Il supporte mal la transplantation.

On doit le cultiver en sol fertile et le protéger des ardeurs du soleil pendant les premières années. Il fructifie vers la 6ᵉ ou 7ᵉ année. Après 10 ou 15 ans de plantation, l'arbre est en plein rapport et peut donner en moyenne, en deux récoltes, 10 kilogrammes de noix.

On rapporte que les nègres du Congo ont une façon bizarre et ingénieuse de conserver leurs récoltes. Ils confient les graines fraîchement récoltées à des *termitières* où les fourmis blanches les débarrassent de leur enveloppe mucilagineuse, en laissant intactes les graines elles-mêmes, sans doute à cause de leur amertume. Mais elles les recouvrent de la boue argileuse et durcie qui sert à faire la carcasse de leur habitation, et les mettent ainsi à l'abri de la pourriture. Lorsque les nègres en ont besoin, ils déterrent la quantité voulue, et les fourmis réparent les dégâts de la brèche. On peut ainsi, dit-on, conserver des stocks pendant des années.

EMPLOIS ET PRODUCTION — C'est aux travaux du Dʳ Heckel, de Marseille, et du chimiste Schlagdenhauffen, son collaborateur, que l'on doit la connaissance utile des propriétés de ces graines, et à la persévérance du premier, leur emploi de plus en plus grand dans la thérapeutique.

Leurs propriétés sont dues à une teneur élevée en alcaloïdes stimulants : *caféine*, 2 gr. 348; *théobromine*, 0,023; *rouge de kola*, 1 gr. 290; *albuminoïdes*, 6 gr. 671. Goris y a découvert un nouvel alcaloïde, la *kolatine*, qui est détruit par la dessication; il en résulterait que, pour en tirer les meilleurs effets, la noix doit être utilisée fraîche. A l'état sec, son action serait celle d'un mélange de tanin et de caféine.

Cette graine est astringente et a une saveur amère, mais l'Européen la consomme volontiers après quelques essais, et son bienfait est indéniable.

Les voyageurs ont reconnu depuis longtemps l'importance du rôle que joue la noix de kola en Afrique, où elle est consommée comme masticatoire par plus de vingt millions de noirs. Elle sert de base rituelle en quelque sorte, pour les marchés, les contrats de toutes sortes, les cérémonies religieuses, judiciaires ou politiques. Le kola blanc est un présent d'une valeur parfois inappréciable, qui sert de gage d'amitié et avec lequel se nouent les alliances.

La consommation s'accroît avec la richesse des populations, car cette denrée de luxe atteint, en certaines régions, des prix très élevés (1).

Le kolatier est maintenant planté partout en A. O. F., par millions depuis la guerre, notamment dans toute la zone forestière de la Haute-Guinée. Des essais de culture dans d'autres de nos colonies : Antilles, Madagascar, Indochine ont montré la possibilité de leur introduction et la qualité du produit, mais il n'est pas probable que ce masticatoire arrive à se substituer à la chique de bétel.

Il serait malaisé de fixer le chiffre de la production en Afrique; il paraît certain que le montant des transactions locales dépasse annuellement une cinquantaine de millions pour nos colonies.

En Europe, le produit est consommé en préparations liquides ou solides, granules, pastilles, tablettes, et considéré juridiquement comme un aliment, ce qui en enlève le monopole à la pharmacie.

Les effets stimulants toniques du cœur, modérateurs de l'essoufflement sont si bien reconnus aujourd'hui, que les troupes recevaient naguère la drogue sous forme de biscuits dits « accélérateurs ». Ces effets sont précieux dans la montagne et la richesse en tanin de la kola la fait préconiser contre la diarrhée.

Nos colonies de la Côte occidentale d'Afrique exportent de la noix de kola pour la pharmacopée.

Pour qu'elle parvienne fraîche à destination, l'expédition en est faite en fûts où des couches de noix alternent avec des couches de sable.

En 1926, la Guinée française en a exporté 148 tonnes, la Côte d'Ivoire 35, le Cameroun 20, Madagascar 70 quintaux, le Dahomey 15 et la Martinique 9.

3. — *La Coca*

La Coca, *Erythroxylon Coca* Lamark, et *E. novo-granatense* Morris, est une plante de la famille des Linacées. Ses produits ont une action physiologique comparable à celle que nous venons de reconnaître à la kola ; mais ici, ce ne sont plus les graines, mais les feuilles qui fournissent le **principe actif.**

---

(1) Avant la guerre, le prix moyen à Conakry était de 5 francs les 150 noix et 5 cent. la noix au détail. À Kouroussa et à Kankan, la noix se vendait de 10 à 25 centimes pièce. Actuellement, à Kankan, trois belles noix se vendent 1 franc. Avec une récolte abondante, les 150 noix tout venant valent 5 francs. Em. Perrot a vu des conducteurs d'automobiles au Soudan mâcher pour 2 ou 3 francs de noix de kola par jour.

Les anciens Péruviens en connaissaient les vertus ; l'usage de la coca était réservé alors aux seuls Incas et chefs, et défendu aux simples sujets. Aujourd'hui, ouvriers et voyageurs péruviens ne consentiraient à travailler ou à entreprendre une marche un peu longue s'ils ne pouvaient à leur aise

Erythroxylon Coca. — Branche de l'arbuste

mâcher la feuille bienfaisante qui leur donne « du nerf », de la gaîté, trompant la faim, la soif et la fatigue.

La plante est un arbuste de 1 à 3 mètres de hauteur, à petites feuilles ovales-lancéolées, d'un vert pâle, caduques ; les fleurs sont petites et blanchâtres ; le fruit est une petite drupe ovoïde, rougeâtre. Elle croît entre

700 et 1.700 mètres d'altitude dans les Andes de l'Amérique du Sud, sous un climat doux et humide.

Le principe actif de la feuille est un alcaloïde, la *cocaïne* cristallisable, dont un sel, le *chlorhydrate de cocaïne*, a un emploi important en thérapeutique et en chirurgie comme anesthésique et analgésique local sur les muqueuses.

L'arbuste se multiplie facilement par graines, qu'il produit en grand nombre. Il donne, dès la quatrième année, trois cueillettes de feuilles par an. Sa culture est possible et facile dans beaucoup de pays comme l'Inde, Java, Ceylan et l'Indochine où Yersin avait établi des cultures et entrepris de préparer de la cocaïne, tentative qui s'est heurtée au facile engorgement du marché d'Europe et, avant la guerre, à la concurrence des laboratoires allemands.

La conférence de Genève du Contrôle international du commerce des stupéfiants, en 1924, a compris la cocaïne et sa production dans le texte de sa convention parce que la « cocaïnomanie » a fini par se faire cataloguer parmi les abus des stupéfiants comme un des plus redoutables dans certains milieux des grandes villes modernes.

---

4. — *Le Maté*

Le Maté (*Ilex paraguayensis* Saint-Hilaire) (famille des Ilicinées). — Le *Maté, Yerba mate* ou *Thé du Paraguay,* est constitué par les feuilles torréfiées et broyées de plusieurs espèces de houx, surtout de l'espèce ici indiquée. On en prépare une infusion stimulante, dont les propriétés participent à la fois du thé et de la coca.

L'usage en est connu de temps immémorial au Brésil et au Paraguay et s'est répandu au Chili, au Pérou, à la République Argentine, etc., où le maté joue un rôle comparable à celui du thé en Extrême-Orient. La consommation annuelle dans ces parties de l'Amérique méridionale dépasse 50.000 tonnes.

L'*Ilex paraguayensis* est un petit arbre de la taille d'un oranger, à feuilles persistantes, oblongues-lancéolées, dentées en scie, glabres. Les fleurs sont blanches, petites ; le fruit est une baie rouge, de la forme et de la grosseur d'un grain de poivre ; il contient quatre graines. Il est originaire du Paraguay, du nord de la République Argentine et des provinces du Brésil limitrophes de ces pays ; mais une exploitation sans méthode a amené la destruction de l'arbre sur un grand nombre de points.

Les premières plantations industrielles importantes de maté ont été faites par les Jésuites dans l'Etat qu'ils créèrent, d'où le nom de *Thé des missions. Thé des jésuites* donné au produit.

Comme la coca, le maté aide à tromper la faim pendant un certain temps et à supporter des fatigues ; c'est un puissant stimulant grâce aux principes qu'il renferme : caféine et *acide matétannique*, avec des traces d'huile essentielle.

La récolte des feuilles s'opère au moment de la maturité des graines. Après avoir été triées, de manière à constituer des sortes commerciales basées sur l'état des feuilles, leur degré de développement, on les fait sécher sur un feu doux, pendant vingt-quatre heures et on les place dans des paniers où leur dessiccation s'achève. On les pulvérise ensuite en poudre grossière que l'on entasse fortement dans des peaux de bœufs, pour la livrer au commerce.

La *Yerba mate* fournit une infusion chaude qui se prend avec ou sans sucre. Dans l'Amérique du Sud, cette infusion est aspirée à travers une sorte de chalumeau à boule en passette, la *bombilla* (1).

Une plante stimulante très appréciée en Arabie et sur la côte E. d'Afrique est le *Khât* ou *tchai* des Arabes, le *Catha edulis* Forsk, de la famille des Célastracées dont les feuilles sont employées comme masticatoire.

Nous inscrivons ici deux produits d'un usage très répandu dans certaines colonies où ils sont consommés en infusion à la façon du thé.

Le *Faham, Angraecum fragrans*, est une Orchidée voisine de la vanille, originaire de l'île Bourbon et de Maurice. Ses feuilles sèches renferment de la coumarine et rappellent par leur arome la fève tonka. En infusion dans l'eau bouillante, il donne une boisson digestive, sudorifique et stimulante fort agréable et connue sous le nom de « Thé de Bourbon ».

L'*Ayapana, Eupatorium ayapana*, est une Composée originaire de l'Amérique tropicale et cultivée dans beaucoup de régions chaudes. Son infusion, comparable à celle de la camomille, est également fort agréable à boire en manière de thé. digestive et tonique à petites doses et sudorifique à doses plus élevées. Nos réunions mondaines ignorent ces deux « thés » qui pourraient se réclamer, avec leurs qualités, du pittoresque de leur origine.

---

5. — Le Camphrier

Origine. — Extraction. — Emplois. — Le celluloïd. — le Bornéol. — La Camphrée.

Le Camphrier (*Laurus Camphora* Linné, *Cinnamomum Camphora* Nees) (famille des Lauracées) est originaire de la Chine méridionale et du

---

(1) Pour obtenir une boisson aromatique sans astringence, il faut jeter la première et même la deuxième eau de l'infusion, remettre de l'eau bouillante et servir des infusions successives suivantes qui deviennent de plus en plus agréables au goût.

Japon, mais il abonde surtout dans l'île de Formose, entre 600 et 800 mètres d'altitude. Il a été introduit dans beaucoup de pays et, entre autres, dans la région méditerranéenne où il n'est pas rare dans les jardins de Provence et d'Algérie. Il était connu des Chinois dès le VIe siècle. Les Hollandais le faisaient raffiner en Hollande dès 1641. Son nom vient probablement du sanscrit *Karpura* qui veut dire « blanc ».

Branche de camphrier.

Il fournit le *camphre*, composé aromatique dont la formule est $C^{10} H^{16} O$. Raffiné, c'est une substance blanche, transparante, de saveur brûlante, très inflammable ; peu soluble dans l'eau ; soluble dans l'alcool, l'éther, le chloroforme, l'acide acétique et les huiles fixes et essentielles. Surnage dans l'eau avec un mouvement gyratoire. Densité 0,98 ; point de fusion à 175° C., d'ébullition á 204° C.

Le camphrier est un bel arbre de 8 à 15 mètres de hauteur, à tronc rugueux, mais à jeunes rameaux lisses, verdâtres. Les feuilles sont alternes, de la grandeur et de la forme de celles du poirier, mais triplinervées, glabres, luisantes et d'un vert gai, un peu glauques à la face inférieure, exhalant une odeur de camphre très prononcée lorsqu'on les froisse. Les fleurs, de couleur blanc jaunâtre, sont très petites. Le fruit est une baie noirâtre, de la grosseur d'un pois. La croissance de l'arbre est lente et il peut atteindre plus de 200 ans d'âge.

EXTRACTION — Le camphre est obtenu par distillation du bois divisé en copeaux, principalement du tronc, des branches et même des feuilles, depuis que la matière se raréfie à la suite d'exploitations excessives et inconsidérées.

Les arbres sont, en effet, abattus, les plus vieux de préférence, et les repeuplements mettent une trentaine d'années au moins à se reconstituer en coupe exploitable.

Pour obtenir le camphre brut, les indigènes se servent du procédé de Formose, très primitif ; il consiste à placer les copeaux de bois sur une planchette à trous, faisant plafond, d'une chaudière dont les vapeurs d'eau entraînent le camphre volatilisé dans des sortes de cloches en terre, faisant chapiteau, où le camphre sublimé se dépose en masse cristallisée, grisâtre. Il est accompagné d'une huile dite « huile de camphre » qui est, à proprement parler, une essence contenant du camphre cristallisé. Débarrassée de celui-ci, l'huile de camphre devient un produit secondaire à divers usages industriels. Les Japonais l'emploient comme huile d'éclairage, mais l'industrie moderne en retire surtout du *safrol*, un des produits de synthèse de l'héliotropine et qui est employé également dans la fabrication des savons.

Le camphre brut qui contient encore 6 á 8 % de matières étrangères, en est débarrassé par le raffinage en Europe et, de plus en plus, au Japon, fournissant au commerce ces pains de camphre vitreux, de forme caractéristique de calotte percée.

PRODUCTION — Formose, où le Japon exerce depuis 1889 le monopole de l'exploitation des grands peuplements, est le plus gros pays producteur de camphre : il assure les 4/5 de la consommation mondiale. Viennent ensuite le Japon et la Chine, notre Indochine ayant vu tomber, au Tonkin, ses peuplements de camphrier de jadis sous la hache des exploitants chinois. La production mondiale, difficile à évaluer, atteint annuellement, d'après E. Perrot et V. Gatin, de 6.000 à 8.000 tonnes, dont la France reçoit un millier de tonnes. Hong-Kong exporte vers les Etats-Unis de fortes quantités d'essence de camphre. En 1925, la production du Japon, y compris Formose, a été de 4.987 tonnes de camphre et de 6.510 tonnes d'huile de camphre.

Le Gouvernement japonais a institué un « Bureau du Camphre » qui assure le monopole de la vente ; il encourage les plantations et contrôle les méthodes de culture pour l'exploitation, soit des arbres à partir de l'âge de 40 ans, soit des feuilles des peuplements plus jeunes.

Il essaie de la sorte de conserver un monopole qu'il possède de fait depuis longtemps, mais auquel la fabrication du camphre synthétique par l'Allemagne menace de porter préjudice.

Cette synthèse, réalisée par Comppa, en 1903, est obtenue, au départ de l'essence de thérébentine par la production du *camphène*, donnant du *bornéol* par hydratation et celui-ci, du camphre par oxydation.

EMPLOIS — Antiseptique puissant et, en même temps, sédatif, analgésique et résolutif, le camphre est une drogue précieuse dans l'arsenal thérapeutique de la pharmacopée et Raspail, jadis. en préconisait déjà l'application. On connaît son emploi comme huile camphrée au 1/10 en injections hypodermiques pour combattre les défaillances

Vieux Camphrier dans la Haute-Région du Tonkin.

cardiaques. Il sert à la fabrication des poudres de guerre. Sa présence semble hâter la germination des graines.

C'est l'industrie du celluloïd, dont la fabrication en Europe remonte à l'année 1876, qui en absorbe les plus fortes quantités. Aussi le Japon, désireux de conserver, avec le monopole de la production du camphre, le bénéfice de sa préemption pour l'industrie, développe-t-il de plus en plus la fabrication du celluloïd en réduisant d'autant les quantités disponibles pour l'exportation.

Cette situation conduira peut-être d'autres pays comme les Etats-Unis, les Etats malais, Ceylan, l'Est africain, l'Algérie et le Tonkin à développer des plantations dont les essais se sont trouvés très encourageants.

En Extrême-Orient, l'ébénisterie fait, du bois de camphrier, des meubles et des malles d'un prix assez élevé, réputés éloigner les insectes prédateurs des vêtements et des fourrures. Inutile de dire que les falsifications sont fréquentes, et le résultat souvent illusoire.

Le camphre ordinaire du Japon est dextrogyre, déviant à droite la lumière polarisée. Il existe, dans d'autres plantes, des isomères lévogyres parmi lesquels le *bornéol* est le plus apprécié.

Le *Bornéol* est le plus ancien des camphres connus. Il existe à l'état cristallisé dans le *Dryobalanops aromatica,* Gaertn., une Diptérocarpacée des forêts de Bornéo et de Sumatra où il est récolté en fragments solides comme exsudat sur les fissures des troncs d'arbre, ou bien par décoction des copeaux du bois.

Par oxydation du bornéol on obtient du camphre et Berthelot l'a reproduit synthétiquement.

L'Allemagne en fabrique artificiellement et l'expédie en Extrême-Orient où il est connu aussi sous le nom de « camphre de Baros » et obtient des prix élevés.

L'Indochine possède en abondance une espèce végétale qui donne un produit voisin du bornéol. C'est la *Camphrée (Blumea balsamifera)*, de la famille des Composées. Les indigènes l'appellent *daibi* et désignent son produit sous le nom de *bang-phien*. Ils emploient celui-ci en pharmacopée et le considèrent un peu comme une panacée.

Le *Blumea* est une plante qui foisonne comme une mauvaise herbe. C'est un sous-arbrisseau qui peut atteindre 3 mètres de hauteur, à grandes feuilles. Il envahit rapidement les terrains d'anciennes cultures en colline et particulièrement les rizières abandonnées, à proximité de la forêt. Il s'accommode de sols peu fertiles ou épuisés.

La vigueur de sa végétation permet des coupes abondantes et répétées.

Il faut, en moyenne, 400 kilogrammes de feuilles pour obtenir 1 kilogramme de camphrée ; mais les modes de distillation des indigènes sont tout à fait primitifs, et avec un outillage plus perfectionné, on retirerait un pourcentage beaucoup plus élevé.

La camphrée croît en abondance depuis le Nord-Annam jusque dans les hautes régions du Tonkin. Les Chinois seuls profitent jusqu'à ce jour des petites quantités préparées par les indigènes et leur paient un prix imposé sans concurrence. Il s'agit donc là d'un produit d'avenir, sur lequel l'attention mérite d'être appelée. La camphrée est également très abondante dans les provinces orientales de l'Inde, des îles de Hainan et de Formose.

Récemment, E. Charabot a appelé l'attention sur une plante originaire de Mayotte, l'*Ocimum canum*, comme source naturelle de camphre « droit ».

On a pu en obtenir 35 % de son essence. La plante végète à la façon **des** basilics et peut donner jusqu'à 3 coupes de tiges feuilles par an. La possibilité et la facilité de se culture sont é signaler.

- - -

6. — *Les Casses. Le Tamarinier. Le Quassia amara.*
Le Chaulmoogra.

La Casse. — On désigne sous ce nom le fruit d'un arbre de la famille des Légumineuses, le *Cassia Fistula* Linné, qui est originaire de l'Asie tropicale, mais surtout cultivé aux Antilles. C'est le *Canéficier*, petit arbre d'une dizaine de mètres de hauteur, à feuilles composées ayant de 4 à 9 paires de folioles larges, ovales-oblongues ; à grandes fleurs jaunes disposées en grappes pendantes, auxquelles succèdent des gousses indéhiscentes, cylindriques, droites, à péricarpe ligneux, pendantes, pouvant atteindre 50 centimètres de long et 2 centimètres de diamètre. Ces gousses sont divisées à l'intérieur par des cloisons transversales, parallèles, en un grand nombre de loges qui contiennent chacune une graine aplatie, dure, plongée dans une pulpe noire légèrement acide.

Cette pulpe s'emploie comme laxatif et purgatif. On en fait aussi des confitures.

La Martinique en a exporté jusqu'à 112 tonnes en 1905 et 174 quintaux en 1926.

Les *Cassia occidentalis* L., et *C. sericea* Sw., à gousse comprimée, déhiscente, produisent des semences connues et très consommées torréfiées, sur la Côte Africaine, à Saint-Dominique et aux Antilles, sous le nom de *bentamarê* ou café *Mogdad*, comme succédané du café, bien que, avec du tanin et de la légumine, elles ne contiennent pas de caféine.

Les jeunes feuilles de certaines espèces de *Cassia* sont consommées comme légume.

Enfin, les *Cassia acutifolia* Delile, *C. angustifolia* Vahl, *C. obovata* Collard., petits arbrisseaux spontanés du Soudan égyptien, de l'Arabie et de la Perse, cultivés dans le Sud de l'Inde, produisent le *Séné*, feuilles et gousses employées comme purgatif drastique. Avant la guerre, la France en importait plus de 50 tonnes. Peut-être pourrait-on l'introduire au Soudant français.

Le Tamarinier (*Tamarindus indica* Linné), de la famille des Légumineuses, est un grand et bel arbre, souvent planté comme arbre d'ombrage dans tous les pays tropicaux, mais qui est originaire de l'Inde.

Sa cime est arrondie et épaisse, ses feuilles paripennées, à 10-18 folioles oblongues, peu grandes. Les fleurs d'un blanc jaunâtre, striées de rose brun, sont petites, en grappes courtes.

La gousse est indéhiscente et mesure de 10 à 15 centimètres de long sur 2 centimètres de large ; elle est épaisse, un peu comprimée, à péricarpe brun, fragile ; elle contient de 1 à 8 graines très dures, lisses, d'un brun foncé, aplaties, plongées dans une pulpe noirâtre, de consistance molle et sirupeuse, sucrée, acidulée.

Cette pulpe est un purgatif doux. Elle sert aussi à préparer des limonades et des confitures agréables.

Le QUASSIA (*Quassia amara* Linné), de la famille des Simarubacées, est un petit arbre de 3 à 5 mètres, originaire de la Guyane et du Nord brésilien, cultivé aux Indes occidentales, aux feuilles imparipennées, à pétiole commun ailé, à fleurs grandes, d'un rouge éclatant, en grappes simples ou composées, terminales.

Son bois est vendu dans les pharmacies sous forme de copeaux minces d'un blanc terne, d'une saveur amère très prononcée due à la présence du principe actif, la *Quassine*, douée de propriétés toniques et stomachiques (*Bois amer, Bois de Surinam*). Il ne contient pas de tanin et remplace parfois comme succédané le houblon dans les brasseries.

Le *Quassia amara* est cultivé dans la plupart des pays chauds ; il est à la fois très ornemental et très utile.

Un autre bois amer, tiré du *Picræna excelsa* Lindley, est souvent substitué au quassia vrai.

De nombreuses autres espèces médicinales appartiennent aux pays chauds. Leur énonciation dépasserait le cadre de cet ouvrage. Qu'il suffise de citer, entre autres, le *Melaleuca viridiflora* de la Nouvelle-Calédonie, dont le distillat de feuilles fournit le *Goménol,* cet antiseptique puissant si employé dans les affections des voies respiratoires et urinaires.

Les *Strophanthus* sont des lianes de la famille des Apocynacées, qu'on trouve en plusieurs espèces dans les forêts vierges de l'Afrique tropicale, de Madagascar et d'Extrême-Orient. On en tire la strophanthine, poison violent, chimiquement déterminé par Arnaud ; la thérapeutique y trouve un toni-cardiaque et un diurétique précieux. Notre Afrique équatoriale peut en alimenter le marché.

Les *Combretum* (*C. Raimbaulti, C. micranthum*), petits arbres de la zone soudanienne sont connus sous le nom de *Kin Kéliba*. Leurs feuilles en infusion ont des propriétés fébrifuges ; Heckel les préconisa particulièrement contre la fièvre bilieuse hématurique.

Le « Comité interministériel des plantes médicinales » s'occupe activement des possibilités de la récolte et de la culture des espèces à principes thérapeutiques dans nos colonies.

Une mention spéciale est due, finalement, à un groupe de plantes dont l'huile, extraite des graines, constitue un médicament spécifique précieux contre une des maladies les plus redoutables répandue en beaucoup de pays chauds et qui se fait même dépister encore de nos jours en Europe : la lèpre. Ce médicament est le *Chaulmoogra*.

Le chaulmoogra est obtenue d'une dizaine d'espèces de plantes appartenant à la famille des Flacourtiacées, réparties surtout dans les forêts vierges de l'Extrême-Orient, mais dont certaines se trouvent au Brésil et en Afrique occidentale. L'espèce la plus recherchée est le *Taraktogenos Kurzii* King, que l'explorateur Rock, au cours d'une mission des plus périlleuses, a pu repérer et identifier dans les forêts vierges de la Haute-Birmanie. C'est un arbre de 15 à 20 mètres de hauteur, de forme pyramidale, portant des fruits de la forme et des dimensions d'une grosse orange fauve. De nombreuses graines s'y compriment au milieu d'une pulpe qui remplit le fruit. Graines et pulpe servent aux indigènes comme stupéfiant pour la pêche aux poissons.

Aux forêts vierges du Siam et de l'Indochine et des Philippines, appartiennent plusieurs espèces d'*Hydnocarpus* dont la plus intéressante, l'*H. anthelminthica* Pierre, est connue au Cambodge sous le nom de *Krabao*. Cette espèce contient dans ses graines un principe réputé comme antilépreux. Un succédané de l'huile de chaulmoogra est l'*huile de Gorli*, provenant d'une espèce originaire de l'Afrique occidentale, récemment étudiée par D. Jouatte : l'*Oncoba echinata* Oliver, dont les indigènes font un médicament.

Enfin, les Indiens de l'Amazonie se servent, aux mêmes fins, de l'huile des graines du *Carpotroche brasiliensis*. Comme toutes ces plantes appartiennent à une même famille, celle des Flacourtiacées, on ne peut que partager le sentiment de surprise du récent historiographe du Chaulmoogra et des autres graines utilisables contre la lèpre, Em. Perrot, lorsqu'il voit, aux quatre coins du monde, des populations si diverses et si éloignées les unes des autres, découvrir des vertus curatives à des plantes différentes d'une même famille.

Spécifique contre la lèpre, l'huile de chaulmoogra semble pouvoir participer également à la lutte contre la tuberculose. Aussi s'agit-il à présent de cultiver ces arbres précieux sur une grande échelle et l'Indochine semble offrir des conditions favorables à la réussite d'essais qu'on souhaiterait d'y voir entreprendre. L'Afrique Occidentale française se préoccupe de la création de plantations de **Gorli**.

INDEX ALPHABETIQUE

BIBLIOGRAPHIE SOMMAIRE

I. — OUVRAGES

Adam (Jean). *L'Arachide, culture, produits, commerce*, etc., Paris, 1908.
Adam (J.). *Le Palmier à huile*, Paris, 1910.
Baltet (Charles). *L'art de greffer*, 8ᵉ éd., Paris, 1907.
Beattié (W.-R.). *Sweet potatoes*, Washington, 1908.
Beauverie (J.). *Les Bois industriels*, Paris, 1910.
Beauverie (J.). *Les textiles végétaux*, Paris, 1913.
Bernard (F.). *Culture et industrie du Coton aux Etats-Unis*, Paris, 1906.
Bernard (Dʳ Ch.). *Observations sur le Thé*, Buitenzorg, 1910.
Bertin. *Mission forestière coloniale*, Paris, 1918.
Blommendael (II. N.). *La fabrication de l'huile de palme à Sumatra*, Congrès caoutchouc, Paris, 1927.
Bois (D.). *Dictionnaire d'Horticulture*, Paris, 1899.
Bois (D.). *La culture des plantes potagères dans les pays chauds*, Paris, 1903.
Bois (D.). *La récolte et l'expédition des graines et des plantes vivantes*, 2ᵉ éd., Paris, 1911.
Bois (D.) et Gadegeau (E.). *Les végétaux, leur rôle dans la vie quotidienne*, 2ᵉ éd., Paris, 1911.
Bois, voir Pailleux et Bois.
Bois (D.). *Les plantes alimentaires chez tous les peuples*, 2 vol., Paris, 1927-28.
Bonavia. *Oranges and Lemons of India and Ceylan*, Londres, 1890.
Boname. *Culture de la canne à sucre à la Guadeloupe*, Paris, 1888.
Bonnet (J.). *La culture de l'olivier et la fabrication de l'huile d'olive*, Bull. Mat. Grasses, I, 1922.
Boone (Ray. C. P.). *Le Cotonnier*, T. I, Paris, 1912.
Boone (Ray. C. P.). *Le bananier, Culture, Industrie, Commerce*, Paris.
Brandis (Dietrich). *Indian trees*, London, 1906.
Brenier (II.). *Note sur le développement commercial de l'Indochine, de 1897 à 1901, comparé avec la période quinquennale 1892-1896*, Hanoï, 1902.
Brenier (H.). *Répartition saisonnière des récoltes et pluviométrie en Indochine*, Hanoï, 1908.
Brenier (H.). *La question du Soya*, Hanoï, 1910.
Bui-quang-chieu. *Les cultures vivrières du Tonkin*, Hanoï, 1905.
Capus (G.)., Leulliot (F.), Foex (E). *Le Tabac*, 3 vol., Paris, 1929.
Capus (G.). *Note sur les progrès de l'agriculture et de la colonisation française en Indochine*, Hanoï, 1902.
Capus (G.) et Bohn (G.). *Guide du naturaliste préparateur et du voyageur scientifique*, Paris, 1903.
Capus (G.). *Les riz d'Indochine*, Ann. Géogr., Paris, 1918.
Capus (G.). *La valeur économique des pluies tropicales*, Ann. Géogr., Paris, 1914.
Capus (G.). *Les colonies françaises et la culture du tabac*, Ag. Gén. Colonies, Paris, 1923.
Capus (G.). *Des possibilités de la culture du quinquina en Indochine*, Paris, 1920.

CARTER (Herbert). *Ramie (Rhea), the new textile Fibre,* Londres, 1910.
CHALOT (Ch.) et BERNARD (H.). *Culture et préparation de la vanille,* Paris, 1920.
CHALOT et LUC. *Le Cacaoyer au Congo français,* Paris, 1906.
CHARABOT. *Les parfums artificiels,* Paris, 1900.
CHARABOT. *Les productions végétales des colonies françaises,* Paris, 1908.
CHATEL (L.). *Culture de la canne à sucre à la Réunion,* Paris, 1914.
CHEVALIER (A.). *Documents sur le Palmier à huile,* Paris, 1910.
CHEVALIER (A.). *Le Cacaoyer dans l'Ouest africain,* Paris, 1908.
CHEVALIER (A.). *Les Bois de la Côte d'Ivoire,* Paris, 1909.
CHEVALIER (A.). *Les végétaux utiles de l'Afrique tropicale française.*
CHEVALIER (A.) et PERROT (E.). *Les Colcus alimentaires,* Paris, 1905.
CHEVALIER (A.) et PERROT. *Les Kolatiers et les noix de Kola,* Paris, 1911, in-8°, 484 p.,
    16 pl.
CHEVALIER (A.). *Végétaux utiles de l'Afrique tropicale française,* Paris.
CHEVALIER (A.) et DAGRON (M.). *Recherches historiques sur les débuts de la culture
    du caféier en Amérique,* Ann. Ac. Sc. Colon., 1927.
COURTET (H.). *Nos établissements en Océanie,* Paris, 1911.
CRAMER (P. J. S.). *La culture de l'Hevea, manuel du planteur.* Traduit par E. de
    Wildeman, Paris, 1911.
CRAMER (P. J. S.). *La culture de l'Hévéa,* Paris, 1911.
COLSON. *Culture et industrie de la Canne à sucre aux îles Hawaï et à la Réunion,*
    2ᵉ éd., 1905.
COLSON et CHATEL. *Culture et industrie du Manioc,* Paris, 1906.
CREVOST (Ch.). *Catalogue-Memento des produits d'Indochine,* Hanoï, 1903.
DE CANDOLLE. *Origine des plantes cultivées,* Paris, 1883.
DEERR (Noël). *Cane Sugar,* 1 vol., Manchester, 1911.
DELACROIX (Dʳ). *Les maladies et les ennemis du Caféier,* 2ᵉ éd., Paris, 1900.
DELACROIX (G.) et MAUBLANC (A.). *Maladies des plantes cultivées dans les pays chauds,*
    Paris, 1911.
DELTEIL. *La Canne à sucre,* Paris, 1885.
DESLANDES (M.). *Le Rafia,* Paris, 1906.
DOUMER (P.). *Situation de l'Indochine,* Hanoï, 1902.
DRUDE (O.). *Manuel de géographie botanique.* Traduction française par G. Poirault,
    Paris, 1897.
DUBARD et EBERHARDT. *Le Ricin,* Paris, 1902.
DUBARD (M.). *Botanique coloniale appliquée,* Paris, 1913.
DUJARDIN-BEAUMETZ et EGASSE. *Les plantes médicinales indigènes et exotiques,* Paris,
    1889.
DUGGAR (J.-F.). *Sweet potatoes,* Washington, 1900.
DUSS. *Flore des Antilles françaises,* Mâcon, 1897.
DYBOWSKI (J.). *Traité pratique des cultures tropicales.* T. Iᵉʳ. Généralités culturales.
    Cultures potagères, arboriculture fruitière, Paris, 1902.
EBERHARDT (Ph.). *La Badiane au Tonkin,* Hanoï, 1906.
ENGLER (A.). *Die Pflanzenwelt Afrikas, insbesondere seiner tropischen Gebiete,* Leip-
    zig, 1910.
FARMER (C). *La culture du Cotonnier,* Paris, 1901.
FAUCHÈRE (A). *Culture pratique du Cacaoyer,* Paris, 1906.
FAUCHÈRE. *Culture pratique du Caféierr.* Paris, 1908.
FAUCHÈRE (A.) *Guide pratique d'agriculture tropicale.* Paris, 1918-21.
FAUCHÈRE (A.). *Le Café. Production. Préparation. Commerce.* Paris, 1927.
FERGUSSON (A.-M. et J.). *All about Cinnamon.* Colombo, 1904.
FLUEKIGER et HAMBURY. *Histoire des drogues d'origine végétale,* Paris, 1878.
GAMBLE. *A manuel of Indian Timbers,* Calcutta, 1881.
GIBAULT. *Histoire des légumes,* Paris, 1911.
GILDEMEISTER (E.) et HOFFMANN (Fr.) *Die Aetherischen   Oele (Huiles essentielles),*
    2ᵉ éd., Leipzig, 1910.
GRISEBACH (A.). *La Végétation du globe* (trad. P. de Tchihatcheff), Paris, 1878, 2 vol.
GUILLAUMIN (A.). *Les Citruc cultivés et sauvages,* Paris, 1917.
GUILLAUMIN. *Les produits des Burséracées,* Paris, 1910.
GUILLOCHON. *Traité pratique d'Horticulture pour le nord de l'Afrique,* Tunis, 1907.
HAROLD HUME (H.). *Citrus fruits and their culture,* Jacksonville (Floride), 1904.

HAUTEFEUILLE (Léon). *L'Agave textile*, Hanoï, 1906.

HECKEL (D^r Ed.). *Graines grasses nouvelles ou peu connues des colonies franaçises*, Paris, 1906.

HECKEL (Prof. Ed.). *Les plantes utiles de Madagascar*, Marseille, 1910.

HECKEL et SCHLAGDENHAUFFEN. *Des Kolas africains au point de vue botanique, chimique et thérapeutique*, 1883.

HEIL (Ad.) et ESCH (D^r). *Manuel pratique de la fabrication du Caoutchouc et des produits qui en dérivent*. Traduit de l'allemand par E. Ackermann, Paris, 1909.

HEIM (Dr FRED). *Notes et études sur les productions et cultures coloniales*, Paris, 1902.

HENRY (Yves). *Détermination de la valeur commerciale des fibres de Coton*, Paris, 1902.

HENRY (Yves). *Le Caoutchouc dans l'Afrique occidentale française*, Paris, 1906.

HENRY (Yves). *Matières premières africaines*, collab. Ammann, Adam, Houard, Leroide, Lemmet, Paris, 1918.

HENRY (Y.). *Les plantes à fibres*, Paris.

HENRY (Yves). *Le Coton dans l'Afrique occidentale française*, Paris, 1906.

HORSIN DEON. *Le Sucre et l'industrie sucrière*, Paris, 1894.

HUBER (J.). *A Seringueira (Hevea brasiliensis)*, Paris, 1907.

HUBERT (Paul). *Le Bananier*, Paris, 1907.

HUCERT (Paul). *Le Cocotier*, Paris, 1906.

HUBERT (Paul) et DUPRÉ (Emile). *Le Manioc*, Paris, 1910.

JACOB DE CORDEMOY (H.). *Flore de l'île de la Réunion*, Paris, 1895.

JACOB DE CORDEMOY. *Les plantes à gommes et à résines*, Paris, 1911.

JANVILLE (P. DE). *Atlas des plantes utiles des pays chauds*, Paris, 1902.

JUMELLE. *Le Cacaoyer*, Paris, 1900.

JUMELLE. *Les cultures coloniales*, Paris, 1901 et 1916.

JUMELLE. *Les plantes à caoutchouc et à gutta-percha*, Paris, 1898.

JUMELLE. *Les plantes à tubercules alimentaires*, Paris, 1910.

JUMELLE. *Les ressources agricoles et fruitières des colonies françaises*, Marseille, 1908.

JUMELLE (H.) et PERRIER DE LA BATHIE. *Les plantes à caoutchouc du nord de Madagascar*, Paris, 1911.

JUNGFLEICH. *La production de la gutta-percha*, Paris, 1892.

KOORDERS (S.-H.) et VALETON (Th.). *Boomsoorten op Java*, Batavia, 1906.

KOPP. *Etudes sur l'Arachide*, Bull. Mat. Grasses, 6, 1922.

LALIÈRE (A.). *Le Coton*. Paris, 1906.

LAN (J.). *Les légumes annamites au Tonkin*, Hanoï, 1905.

LANESSAN (J. DE). *Les plantes utiles des colonies françaises*, Paris, 1886.

LATIÈRE. *L'Olivier et l'industrie oléicole*, Paris, 1904.

LAURENT (L.). *Le Tabac, sa culture et sa préparation*, Paris, 1901.

LECOMTE (H.). *Les bois Coloniaux*.

LECOMTE (H.). *Les bois de l'Indochine*, Paris, 1926.

LECOMTE. *Le Café*, Paris, 1902.

LECOMTE. *Le Coton. Culture et histoire économique*, Paris, 1900.

LECOMTE. *Textiles végétaux*, Paris, sans date.

LECOMTE et CHALOT. *Le Cacaoyer*, Paris, 1897.

LEPLAE (E.). *Notions générales. Les cultures au Congo belge*, Bruxelles, 1923.

LEROY (J.-H.). *Le riz à Madagascar*, Paris.

LILIENFEOLD-TOAL (A. von). *Ueber Kakaohefen*, Tropenpflanzer, 1, 1927.

LUC (M.). *Le Funtumia elastica*, Paris, 1908.

MACMILLAN (H. F.). *A Handbook of tropical Gardening and Planting*, Colombo (Ceylan), 1910.

MAIDEN. *The useful native plants of Australia*, Sydney et Londres, 1889.

MARTONNE (E. de). *Traité de Géographie physique*, Paris, 1925.

MICHOTT- (F.). *Manuel de l'Industrie du liège*, Paris, 1923.

MICHOTTE (F.). *La Ramie*, Paris, 1925.

NAUDIN et MUELLER. *Manuel de l'acclimateur*, Paris, 1887.

NEUVILLE (F.). *Technologie du Thé*, Paris, 1926.

NEWLANDS. *Sugar, a hand-book for planters and raffiners*, Londres, 1909.

NICHOLLS et RAOUL. *Petit traité d'Agriculture tropicale*, Paris, 1895.

NOTER (R. de). *Le Verger colonial*, Paris, 1925.

NGUYEN VAN DANH. *Etudes et recherches sur le paddy*, Toulouse, 1927.

OLIVIÉRI (F.-E.). *Le Cacaoyer*, Traduit de l'anglais, Paris, 1908.

PAASCHE (N.). *Die Zuckerproduktion der Welt*, Leipzig et Berlin, 1905.

PAILLIEUX et BOIS. *Le Potager d'un curieux*, 3ᵉ éd., Paris, 1899.

PERROT (Em.). *Le Karité ; l'Argan et quelques autres Sapotacées à graines grasses de l'Afrique*, Paris, 1907.

PERROT (Em.) et HURRIER -(P.). *Matière médicale et pharmacopée sino-annamites*, Paris, 1907.

PERROT (Em.) et GÉRARD. *Recherches sur les bois de différentes expèces de légumineuses africaines*, Paris, 1907.

PERROT (Em.). *La Gomme arabique, la Sené, etc.*, J. off. nat. mat. végét., Paris, 1920.

PERROT (Em.). et KHOUVINE (Y.). *Les Aleurites, huiles de bois*, Ass. Colonies-Sciences, 7, 1926.

PIERRE. *Flore forestière de la Cochinchine*.

PIESSE. *Histoire des parfums*, Paris, 1905.

PIÉDALLU (A.). *Le Sorgho et ses applications*, Paris, 1925.

POBÉGUIN (H.). *Essai sur la flore de la Guinée française*, Paris, 1906.

POISSON (H.). *Les plantes à latex du sud et du sud-est de Madagascar*, Paris, 1908.

POUCHAT. *Légumes indigènes du Tonkin susceptibles d'être consommés par les Européens*, Hanoï, 1905.

PRINSEN GEERLIGS (H.-C.). *Tratado de la fabricación del azúcar de caña*. Traduit du hollandais en espagnol par Nicolas Van Gorkum. Amsterdam, 1910.

PRUDHOMME (E.). *L'agriculture sur la côte est de Madagascar*, Paris, 1901.

PRUDHOMME (E.). *Le Quinquina*, Paris, 1902.

PRUDHOMME. *Le Cocotier*, Paris, 1906.

PRUDHOMME. *Ressources agricoles de Madagascar*, Paris, 1909.

PRUDHOMME (E.). *Plantes utiles des pays chauds*. Paris, 1929.

REIMERS. *Les Quinquinas de culture*, Paris, 1900.

RIVIÈRE (Ch.), BARROT et GODARD. *Les cultures industrielles en Algérie*, Paris, 1900.

RIVIÈRE et LECQ. *Cultures du Midi, de l'Algérie et de la Tunisie*, Paris, 1906 et 1924.

ROLES (PETER H.). *Pineapple growing*, Washington, 1901.

SAGOT et RAOUL. *Manuel pratique des cultures tropicales*, Paris, 1893.

SÉBIRE (R.-P.-A.). *Les plantes utiles du Sénégal*, Paris, 1899.

SEIGNEURIE (A.). *Dictionnaire encyclopédique de l'épicerie*, Paris, 1904.

SEMLER. *Die tropische Agricultur*, Wismar.

SERRE (Paul). *Le Tabac de Cuba et les Cigares de la Havane*, Paris, 1911.

SORNAY (P. de). *Les plantes tropicales alimentaires et industrielles de la famille des Légumineuses*, Paris, 1913.

STONE (H.). *The timbers of commerce and their identification*, Londres, 1905.

SWIGLE (Walter). *The Date palm and its culture*, Washington, 1900.

TSCHIRCH. *Die Harze und die Harzehaelter*, Leipzig, 1906.

TRABUT. *Etat de l'Horticulture en Algérie en 1900*, Alger, 1900.

TRABUT. *Etude de l'Alfa*, Alger, 1889.

TRABUT (Dʳ). *L'Oranger en Algérie*, Alger, 1908.

TYLER (F. J.). *Varieties of american Upland Cotton*, Washington, 1910.

VAN DEN HEEDE (A.). *L'art de bouturer et de marcotter*, Paris, 1902.

VAN ROMBURGH (D.). *Les plantes à caoutchouc et à gutta-percha cultivées aux Indes hollandaises*, Batavia et Paris, 1903.

VAN SOMEREN BRAND (J.-E.). *Les grandes cultures du monde*, Paris, 1905.

VESQUE (J.). *Traité de botanique*, Paris, 1885.

VILMORIN-ANDRIEUX et Cie. *Les plantes potagères*, 3ᵉ éd., Paris, 1904.

VUILLET (J.). *Le Karité et ses produits*, Paris, 1911.

WARBURG. *Les plantes à caoutchouc et leur culture* (traduit de l'allemand par Vilbouchevitch), Paris, 1902.

WATT. *Dictionnary of the économic products of India*, Calcutta, 1889-1893.

WATT (Sir George). *The Commercial products of India*, Londres, 1908.

WILDEMAN (E. de). *Les Caféiers*, Bruxelles, 1901.

WILDEMAN (E. de). *Les plantes tropicales de grande culture*, Bruxelles 1908.

WILDEMAN (E. de). *Notes sur les plantes largement cultivées par les indigènes en Afrique tropicale*, Bruxelles, 1909, in-8°, 100 p.

WILDEMAN (E. de). *Notices sur les plantes utiles ou intéressantes du Congo*, Bruxelles, 1903-1908.

WILDEMAN (E. de) et GENTIL (L.). *Lianes caoutchoutifères de l'Etat indépendant du Congo*, Bruxellés, 1904.
WILLIS (J.-C.). *Agriculture in the tropics*, Londres, 1909.
WOODROW (G. MARSHALL). *The Mango*, Londres, 1904.
WRIGHT (Herbert). *Hevea brasiliensis or Para Rubber, ils botany, cultivation, chimistry and diseases*, 3ᵉ éd., Londres, 1908.
WRIGHT (Herbert). *Para Rubber*, Colombo, 1906.
WRIGHT (Herbert). *Theobroma Cacao or Cocoa*, Colombo, 1907.
WRIGHT (Herbert). *The science of Para Rubber cultivation*, Colombo, 1907.
ZIMMERMANN (A.). *Die Sojabohne*, Tropanpflanzer, 9, 1927.

II. — PUBLICATIONS PERIODIQUES

Agriculture et élevage au Congo belge, Bruxelles.
Agricoltura coloniale, Firenze.
Annales du Jardin de Buitenzorg, Buitenzorg (Java).
Annales du Musée colonial de Marseille, Marseille.
Actes et comptes rendus de l'Association Colonies-Sciences, Paris.
Bulletin agricole de l'Algérie et de la Tunisie.
Bulletin de la Société d'Acclimatation de France, Paris.
Bulletin de l'Agence Générale des Colonies.
Bulletin de l'Association cotonnière coloniale, Paris.
Bulletin du Muséum national d'histoire naturelle de Paris.
Bulletin des Matières grasses de l'Institut colonial, Marseille.
Bulletin des sciences pharmacologiques, Paris.
Bulletin de l'Agence Economique de l'Indochine, Paris.
Bulletin économique de l'Indo-Chine, Hanoï.
Bulletin économique de Madagascar, Tananarive.
Bulletin agricole des Straits Settlements, Singapour.
Bulletin de l'Office Colonial, Bruxelles.
Bulletin of Imperial Institute, Londres.
Boletin de Agencia Genal das Colonias, Lisbonne.
Bulletin agricole du Congo belge, Bruxelles.
Coton et Culture Cotonnière, Paris.
Der Tropenpflanzer, Berlin.
Gordian, Zeitschrift für Kakao, Hambourg.
India Rubber Journal, Londres.
India Rubber World, New-York.
Indian Planting and Gardening, Calcutta.
Jamaica Bulletin of Agriculture.
Kew Bulletin of miscellaneous informations, Kew (Angleterre).
L'Agronomie Coloniale, Paris.
L'Agronomie tropicale, organe de la Société d'Etudes d'agriculture tropicale, Uccle (Belgique).
La Cochinchine agricole, Saïgon.
Les Produits Coloniaux et le matériel colonial, Instit. Colon., Marseille.
Mededeelingen du Département d'agriculture, Buitenzorg (Java).
Outre-Mer, Revue Générale de Colonisation, Paris.
Revue horticole de l'Algérie.
Revue agricole des Philippines, Manille.
Revue de botanique appliquée et d'agriculture tropicale, Paris.
Revue internationale d'agriculture, Inst. intern. d'agric., Rome.
Revue Générale du Caoutchouc, Paris.
Revue internationale des produits coloniaux, Paris.
Riz et riziculture, Paris.
Teysmannia, Batavia.
The Agricultural Ledger, Calcutta.
The tropical Agriculturist, Colombo (Ceylan).
The Indian Agriculturist, Calcutta.

TABLE DES MATIERES

C. *Les Légumes.*

D. *Les Fruits.*

E. *Plantes alimentaires stimulantes.*